U0793181

普通高等教育"十一五"国家级规划教材

电工学（土建类）

第 3 版

主编　李柏龄

参编　严　洁　尚　伟　潘爱先

张冬梅　刘沛津　孙长飞

任继红

主审　高礼魁　翟俊祥

机 械 工 业 出 版 社

本书是高等学校土建类专业的电工学教材，它是在2011年第2版的基础上，在当前电光源和照明技术飞速发展的时代背景下，根据目前土建类专业电工学课程改革的实际需要和近年来编者的教学实践进行了修订。修订时参照了少学时电工学课程教学基本要求和该专业注册工程师基础考试中电工学部分复习大纲。

全书内容分为基础篇和应用篇，基础篇包括直流电路、正弦交流电路、变压器、异步电动机及其控制、半导体二极管与直流稳压电源、半导体三极管与放大电路，应用篇包括建筑供配电、建筑电气照明系统、安全用电与建筑防雷。上述内容可在48学时内教完，对于学时较少的院校可酌情取舍。

本书内容精练，注重应用，切合土建类专业特点与实际需要，是一本实用性较强的教材。它除可作为土建类专业本科电工学教材外，还适用于高职高专、职工大学的同类专业，也可供建筑行业工程技术人员参考。

图书在版编目（CIP）数据

电工学：土建类/李柏龄主编．—3版．—北京：机械工业出版社，2015.8（2023.8重印）
普通高等教育“十一五”国家级规划教材
ISBN 978-7-111-50838-0

Ⅰ.①电…　Ⅱ.①李…　Ⅲ.①电工技术－高等学校－教材　Ⅳ.①TM1

中国版本图书馆CIP数据核字（2015）第154689号

机械工业出版社（北京市百万庄大街22号　邮政编码100037）
策划编辑：刘丽敏　责任编辑：刘丽敏　王玉鑫　臧程程
责任校对：樊钟英　封面设计：张　静
责任印制：邓　博
北京盛通商印快线网络科技有限公司印刷
2023年8月第3版第7次印刷
184mm×260mm·17.75印张·435千字
标准书号：ISBN 978-7-111-50838-0
定价：45.00元

电话服务　　　　　　　　　网络服务
客服电话：010-88361066　　机　工　官　网：www.cmpbook.com
010-88379833　　机　工　官　博：weibo.com/cmp1952
010-68326294　　金　书　网：www.golden-book.com
封底无防伪标均为盗版　　机工教育服务网：www.cmpedu.com

第 3 版前言

本教材是普通高等教育"十一五"国家级规划教材。自 2011 年第 2 版出版以来，电工与电子技术取得长足进步，尤其是高效光源层出不穷，照明技术日新月异；土建类专业电工学课程改革也在不断深化。因此，有必要对原教材进行修订，以适应时代的需要。

第 3 版保持第 2 版内容精练、重点突出、注重应用和结合专业的特点，并在以下方面进行了更新、增补和充实：

1. 由于照明技术发展十分迅速，第 2 版教材中该部分内容已显陈旧，因此对"建筑电气照明系统"一章进行了全面修改，将"高效、节能、环保、健康"的绿色照明设计理念贯穿本章始终，突出新光源、新技术的推广和应用，全部采用我国近年颁布的最新标准和规范，体现了教材的新颖性。

2. 为了帮助报考结构、土木注册工程师的考生进行本课程的考前复习，本书选编了历年电工学部分的考题，并作了精辟的分析和解答。此内容作为附录 B 列在书末。

3. 在"异步电动机及其控制"一章增补了时间控制的内容。

全书分基础篇和应用篇两部分。基础篇内容包括直流电路、正弦交流电路、变压器、异步电动机及其控制、半导体二极管与直流稳压电源、半导体三极管与放大电路；应用篇内容包括建筑供配电、建筑电气照明系统、安全用电与建筑防雷。

土建类专业电工学各院校的学时数有所差异，学时宽裕者能教完上述内容，学时少者可有所取舍，由任课老师灵活掌握。

本书由西安建筑科技大学李柏龄担任主编，全面负责本书修订。第一章和第二章分别由青岛理工大学张冬梅和潘爱先编写，第三章和第七章由长安大学尚伟编写，第四章由李柏龄编写，第五章和第六章分别由西安建筑科技大学刘沛津和孙长飞编写，第八章和第九章由李柏龄与西安建筑科技大学严洁合编，书末的全国注册结构、土木工程师资格考试基础试卷电工学部分考题选编和解析由西安建筑科技大学任继红编写，孙长飞还承担了全部修改稿的计算机录入和插图绘制工作。

本书全体编者向担任主审的西安建筑科技大学高礼魁、翟俊祥教授致以崇高的敬意，他们给编者很多支持和指导，90 岁高龄的高礼魁教授审阅了全部书稿，提出了许多宝贵的意见和有益的建议，谨此表示衷心感谢。

编　者

第 2 版前言

本教材是《电工学（土建类）（978-7-111-14853-1）》的第 2 版。它是根据目前土建类专业电工学课程改革的实际需要和编者近年来教学实践，经过总结、提高和修改而成的。修订过程中参照了少学时电工学课程教学基本要求和该专业注册工程师基础考试中电工学复习大纲。

本书保持了第 1 版文字精练和紧密联系专业实际的特色，在内容上作了适当的充实、删减和增补，以加强教材的基础性、针对性和应用性，进一步适应当前教学改革的需要。与第 1 版相比，主要变化有：①新增加“半导体二极管与直流稳压电源”“半导体三极管与放大电路”两章；②删去了“建筑弱电系统”一章；③改写“正弦交流电路”一章中三相电路部分；④在“直流电路”和“变压器”两章中分别增补了 *RC* 电路与 *RL* 电路的暂态过程和变压器的阻抗变换作用。

修订后，本书内容分为基础篇和应用篇两部分。基础篇精选内容，深入浅出。基本内容包括直流电路、正弦交流电路、变压器、异步电动机及其控制、半导体二极管与直流稳压电源、半导体三极管与放大电路；应用篇为建筑电气的主要内容，紧密结合土建专业。内容包括建筑供配电、建筑电气照明系统、安全用电与建筑防雷。

土建类专业课程繁重，电工学相比其他专业学时较少，参考学时为 32 ~ 48。对于学时宽裕的学校能教完上述内容，学时少者教师可酌情取舍，灵活掌握，既可以基础篇为主，也可以应用篇为主进行教学。

本书由西安建筑科技大学李柏龄任主编，负责全书修订与定稿。其中第一章和第二章分别由青岛理工大学（原青岛建工学院）张冬梅和潘爱先编写，第四章由李柏龄编写，第三章和第七章由长安大学尚伟编写，第五章和第六章分别由西安建筑科技大学刘沛津和孙长飞编写，第八章和第九章由西安建筑科技大学严洁编写。

全书承西安建筑科技大学高礼魁和翟俊祥教授审阅，两位教授一贯的严谨治学态度使编者受益匪浅，谨此致以衷心的感谢。

由于编者水平有限，错误与疏漏难以避免，恳请使用本书的师生和读者不吝指正。

编　者

第 1 版前言

本教材是根据全国高等学校土建类专业电工学课程教学改革的实际情况，并总结了编者近年来在该专业教学的经验编写的。编写过程中参照了 2004 年制订的少学时电工技术（电工学 I）教学基本要求。

本教材内容分为基础篇与应用篇两大部分。基础篇力求少而精，以够用为度，基本内容包括直流电路、交流电路、变压器、异步电动机及控制。应用篇为建筑电气，紧密结合土建专业，以强电为主，兼顾弱电，内容包括建筑供配电、建筑电气照明、建筑弱电系统、安全用电与建筑防雷，这部分本着迎接新世纪进行教学改革的精神，还将建筑电气发展性与拓宽性内容编入教材。

上述内容覆盖了少学时电工技术（电工学 I）的教学基本要求（其中电工测量在实验中教学，故未写入本教材），同时又满足了土建类及相关专业的特殊需要。本教材主要作为土建类专业本科电工学教材，亦可作为相关专业建筑电气教材。

本书每章末尾都附有小结，以帮助学生了解该章基本内容和要点之所在。为了培养学生分析和解决问题的能力，每章都有一定数量的习题，供教学时选用。

土建类电工学课程参考学时为 32～48，对于学时较多的学校能教完全部内容。学时少者教师可根据情况对本书内容有所取舍，可以基础篇为主，也可以应用篇为主进行教学。

本书由西安建筑科技大学李柏龄任主编，负责全书策划与定稿。其中第一章由青岛建工学院张冬梅编写，第二、七章由青岛建工学院潘爱先编写，第四章由李柏龄编写，第三、五章由长安大学尚伟编写，第六、八章由西安建筑科技大学严洁编写。另外，严洁还协助主编做了很多工作。

全书承西安建筑科技大学高礼魁教授和翟俊祥教授主审，两位教授对本书提出了许多宝贵意见和有益的建议，谨此致以衷心的感谢。

本书的编写得到参编院校的大力支持与帮助，特别是编者所在学校西安建筑科技大学对本书以重点教材给予扶持，在此顺致谢意。

由于我们水平有限，疏漏与错误在所难免，恳请使用本书的教师和读者不吝指正。意见寄西安建筑科技大学电工与电子技术教研室。

编　者

目录

基础篇

第一章　直流电路

随着科学技术发展，电工学已广泛应用于包括土木建筑在内的各个生产领域。虽然电气设备种类繁多，功能也不尽相同，但大多数电气设备都是由各种基本电路组成的，因此掌握电路的分析与计算方法十分重要。本章在介绍直流电路各种元件的伏安关系（或伏安特性）与基尔霍夫两定律的基础上，重点讨论了支路电流法、叠加原理和戴维南定理等电路的基本分析与计算方法。

应该指出，本章虽然讲的是直流电路，但上述基本规律与分析方法同样适用交流电路。

本章在最后一节还将简要介绍 *RC* 和 *RL* 电路的暂态过程，这一内容本不属于直流电路，但由于本课程学时有限，又因分析上述过程仍然依据基尔霍夫定律，故将此内容放在本章。

第一节　电路的组成与物理量

一、电路的作用与组成

就构造性而言，按一定任务将若干电气设备和元器件按一定方式相互连接，构成电流通路的总体称为电路。就功能性而言，电路就是以电流为媒介，实现能量转换和电信号（反映语音、文字、图像、电码等信息特征的电压或电流称为电信号）处理的集合体。

在实际电路中，存在着各种形式能量间的相互转换，如电能与机械能间的转换，电场能与磁场能间的转换，电能与热能、声能、化学能间的转换。各种形式能量间相互转换的过程就成为实际电路中电能或电信号的产生、传输、转换、控制的过程。

为表征电能与其他能量间相互转换的特性，可引入电源与负载的概念。这样，构成实际电路的各种电气设备与元器件，按其在电路中的作用分为三部分：

(1) 电源　电源是产生电能或电信号的设备。电源设备可以将其他形式的能量转换为电能，例如发电机将机械能转换为电能；蓄电池将化学能转换为电能；光电池将光能转换为电能。电源设备也可将一种波形的信号变换为另一种波形的信号，例如各种信号发生器，在通信、无线电技术及控制技术中常称为信号源。

(2) 负载　负载是利用电能或接收电信号的设备。负载设备将电能转换为其他形式的能量，例如电动机将电能转换为机械能；电灯将电能转换为光能；电炉将电能转换为热能；扬声器将电信号转换为声音等。

(3) 传输线　传输线是将电能或信号从电源输送到负载的中间设备。例如，架空传输线、电缆、连接导线等都可以用来传输电能或电信号。

在电工技术中，组成电路的实际元器件种类繁多，它们的电磁性质也比较复杂，难以用统一的简单数学公式描述，为研究电路的一般规律，可将实际电路元器件进行科学的抽象，即在一定条件下可将其近似等效为理想电路元件（或理想电路元件的组合）。理想电路元件具有单一的电磁性质，因而可用简单数学公式描述。与实际电路相对应，由理想电路元件所组成的电路就是电路模型。

图1-1a所示为含有一个电源即干电池，一个负载即小灯珠和两根连接导线的简单照明电路，其电路模型如图1-1b所示。该图中的电阻元件 R 作为小灯珠的电路模型，干电池用电压源 U_S 和电阻元件 R_S 的串联组合作为模型，连接导线用理想导线（设其电阻为0）表示。

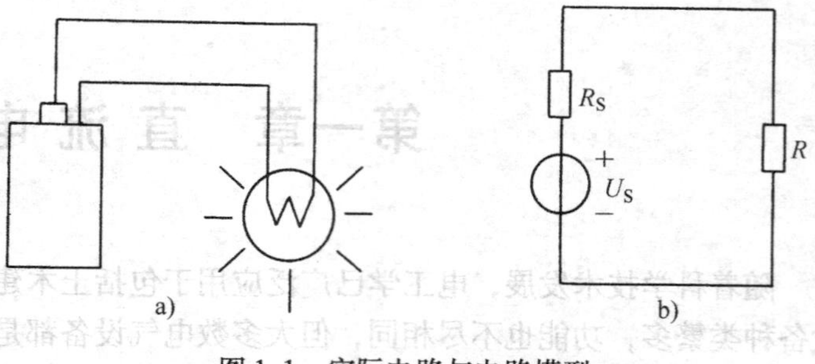

图1-1　实际电路与电路模型

用理想电路元件或它们的组合模拟实际器件就是建立电路模型（简称建模）。建模时必须考虑工作条件，并按不同精确度的要求把给定工作情况下的主要物理现象及功能反映出来。例如，在直流情况下，一个线圈的模型可以是一个电阻元件。在较低频率下，就要用电阻元件和电感元件的串联组合来模拟，在较高频率下，则用电阻元件、电容元件和电感元件的组合来模拟。可见在不同条件下，同一实际元件可能采用不同的模型。模型取得恰当，对电路的分析及计算就较准确，否则会造成很大的误差。如果模型取得太复杂会造成分析的困难；如果模型取得太简单，就不足以反映所需求解的真实情况。因此建模必须准确恰当。

在电路的分析计算中，直接的对象不是实际的电路，而是实际的电路的理想化模型。今后在电路的分析与计算时，一般均指这种理想化的模型，同时将理想电路元件简称为电路元件。

以后还会遇到“网络”一词，“网络”是电路的泛称，二者可以通用，但“网络”具有复杂的含义，所以在分析计算复杂电路或研究一般性普遍的规律时常用“网络”一词。

二、电路的物理量

线性电路的基本物理量有电压、电动势和电流，复合物理量有功率和能量等。

1. 电流及其参考方向

带电粒子（电子或离子）的定向运动形成了电流，规定正电荷运动的方向为电流方向。为了从数量上衡量电流的大小，引入电流这一物理量。一般情况下，电流是随时间变化的，即是时间函数，用符号 $i(t)$ 表示。若在 $\mathrm{d}t$ 时间内通过任意导体截面的电量是 $\mathrm{d}Q$，则通过该导体的电流 $i(t)$ 为

$$i(t)=\frac{\mathrm{d}Q}{\mathrm{d}t} \tag{1-1}$$

或者说，电流是运动电荷对时间的变化率。

若电流不随时间变化，即任意瞬时电流的大小和方向都相同，这种电流称为恒定电流，简称直流，用大写字母 I 表示。设在 t 秒内通过任意导体截面的电量是 Q，式（1-1）可写为

$$i(t) = I = \frac{Q}{t} \tag{1-2}$$

式中，电量 Q 的单位是库仑（C）；时间 t 的单位是秒（s）；电流 I 的单位是安培（A）。

安培（A）的简称为安（A），是国际单位制（SI）中的基本单位之一。若电流较小，也可用毫安（mA）或微安（μA）作单位，它们之间的关系是

$$1\text{A} = 10^3\text{mA}$$

$$1\text{mA} = 10^3\mu\text{A}$$

在电路分析中，一段电路电流的实际方向很难预先判断，尤其是交变电流的实际方向不断地变化，难以在电路中标明电流的实际方向，因此引入了电流参考方向的概念。

任意选定某一方向作为电流的参考方向，也就是计算正值方向（简称为正方向）。当计算出的电流为正值（$i>0$）时，表示实际方向与任意选定的方向相同。反之，若计算出的电流为负值（$i<0$）时，表示实际方向与任意选定的方向相反。这样，在指定电流参考方向的前提下，电流被视为代数量，电流数值的正和负，则反映了电流的实际方向。在电路中，电流的参考方向用箭头表示，如图 1-2 所示，也可用双下标表示，如 i_{AB} 表示参考方向由 A 指向 B。

图 1-2 中框图表示任意的电路元件。

2. 电压及其参考极性

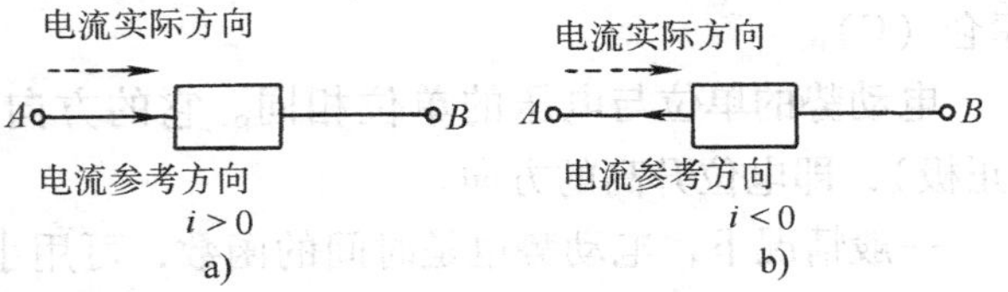

图 1-2 电流的参考方向与实际方向的关系

当电荷在电路中运动时，电场力将对这些电荷做功，为了表征电场力的做功本领，引入了电压这一物理量，它是电场力做功本领的量度。电路中任意两点 a、b 之间的电压 U_{ab} 在数值上等于电场力将单位正电荷从 a 点移到 b 点所做的功，电压 U_{ab} 可表示为

$$U_{ab} = \frac{A}{Q} \tag{1-3}$$

式中，A 为电场力将电荷 Q 从 a 点移到 b 点所做的功，其单位为焦耳（J）；Q 为电荷量，单位为库仑（C）；U_{ab} 为 a、b 两点间的电压，单位为伏特（V）。

伏特（V）简称伏。作为电压的单位还有千伏（kV）、毫伏（mV）、微伏（μV）等，它们之间的关系是

$$1\text{kV} = 10^3\text{V}$$

$$1\text{V} = 10^3\text{mV}$$

$$1\text{mV} = 10^3\mu\text{V}$$

电压又称电位差，U_{ab} 就是电路中 a 点电位与 b 点电位之差。电压的方向规定为从高电位指向低电位，即两点间的电压就是指这两点之间的电位降落。

在一般情况下，电压是任意的时间函数，用小写字母 $u(t)$ 表示两点间的瞬时电压。如果电压的大小和方向均与时间无关，为一恒定量，则称为直流电压，用大写字母 U 表示。

同理，在电路的分析与计算中，也要先假定某一方向为电压的参考方向，也就是计算正值方向（简称为正方向）。当计算出的电压为正值（$u>0$）时，表示实际方向与假定的方向相同，反之，若计算出的电压为负值（$u<0$）时，表示实际方向与假定的方向相反。这样，

在指定电压参考方向的前提下，电压也被视为代数量，电压数值的正和负，则反映了电压的实际方向。在电路中，电压的参考方向可用正（+）、负（-）极性表示其高低电位，由高电位指向低电位，有时也用箭头表示或用双下标表示，如 u_{AB} 表示电压参考方向由 A 指向 B。电压参考方向如图1-3所示。

在电路分析中，无源元件内部常取电流与电压的参考方向相同，称为关联参考方向，即只给一个参考方向；对有源元件则常取电流与电压的参考方向相反，称为非关联参考方向。

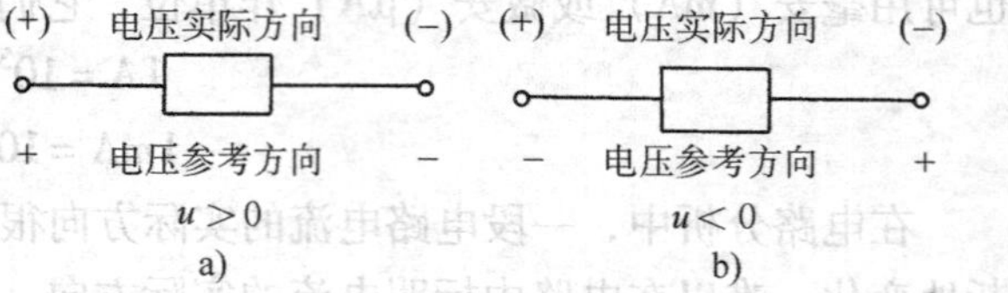

图1-3　电压的参考方向与实际方向的关系

3. 电动势

为了表征电源内部局外力做功的本领，引入电动势这一物理量。所谓电源的电动势是指电源内部的局外力推动单位正电荷从其负极（低电位端）移到正极（高电位端）所做的功，电动势用字母 E 表示，即

$$E = \frac{A}{Q} \tag{1-4}$$

式中，A 为局外力推动正电荷所做的功，单位是焦耳（J）；Q 为被推动的正电荷量，单位为库仑（C）。

电动势的单位与电压的单位相同。它的方向规定为低电位端（负极）指向高电位端（正极），即电位升高的方向。

一般情况下，电动势也是时间的函数，可用小写字母 $e(t)$ 表示。如果电动势的大小与方向与时间无关而为一常数时，则此电动势为直流电动势，用大写字母 E 表示。

电动势的参考方向可用正（+）、负（-）极性表示其高低电位，由低电位指向高电位，与电压的参考方向相反。在指定电动势的参考方向下，电动势也被视为代数量，电动势数值的正和负，则反映了电动势的实际方向。

在电路的分析与计算中，常会遇到电位的计算问题。电位用 V 表示，计算电位时，应先假定其一点为电位参考点，即零电位点。计算电路某一点的电位，就是计算该点与参考点的电位。在电工技术中，常将电气设备的机壳与大地相连，即接地，接地点用符号“⏚”表示，故常选大地为参考点；电子电路中，一般都有一公共点与机壳或底板相连，用符号“⊥”表示，也可选公共连接点为参考点。

4. 电功率

电功率简称功率，它与电压和电流密切相关。在关联参考方向下，元件吸收的功率为

$$p(t) = u(t)i(t) \tag{1-5}$$

当 $p>0$ 时，表示元件吸收功率，相当于负载；$p<0$ 时，表示元件发出功率，相当于电源。功率的单位为瓦特（W），简称为瓦。

在非关联参考方向下，元件吸收的功率为 $p(t) = -u(t)i(t)$。

5. 电能

从 $t_0 \sim t$ 时间内，元件吸收的电能为

$$W(t) = \int_{q(t_0)}^{q(t)} u\mathrm{d}q = \int_{t_0}^{t} u(\xi)i(\xi)\mathrm{d}\xi \tag{1-6}$$

电能是时间的函数，并且也是代数量。它的单位为焦耳（J）。在工程实际中，用 kW·h 作电能单位，1kW·h 俗称一度，即一个电字。

例 1-1　电路如图 1-4 所示，已知 $E_1=20\text{V}$，$E_2=10\text{V}$，$R_1=8\Omega$，$R_2=7\Omega$。试分别以 b、d 为参考点，计算电路中各点的电位。

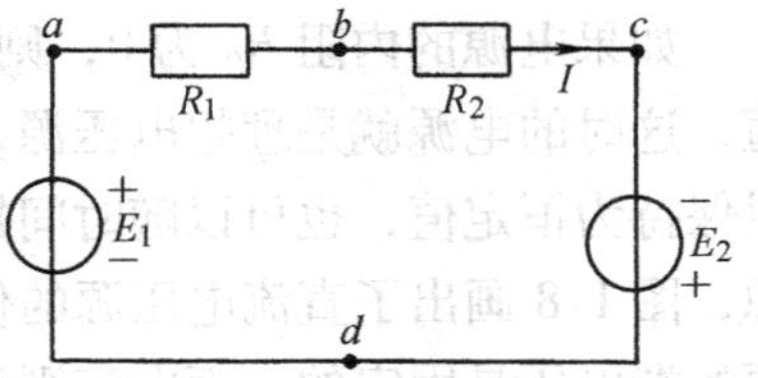

图 1-4　例 1-1 图

解　由欧姆定律得

$$I=\frac{E_1+E_2}{R_1+R_2}=\frac{20+10}{8+7}\text{A}=2\text{A}$$

如选 b 为参考点，即 $V_b=0$，则其余各点的电位为

$$V_a=U_{ab}=IR_1=2\times8\text{V}=16\text{V}$$

$$V_c=U_{cb}=-IR_2=-2\times7\text{V}=-14\text{V}$$

$$V_d=U_{db}=E_2-IR_2=(10-2\times7)\text{V}=-4\text{V}$$

若选 d 为参考点，即 $V_d=0$，则其余各点的电位为

$$V_a=U_{ad}=E_1=20\text{V}$$

$$V_b=U_{bd}=-IR_1+E_1=(-2\times8+20)\text{V}=4\text{V}$$

$$V_c=U_{cd}=-E_2=-10\text{V}$$

由此例可看出，电位的计算与参考点有关，参考点选得不同，相应的各点电位也不同。在这个例子中，当参考点由 b 点换成 d 点后，电路中各点的电位都随之改变了，如 V_a 的电位由 16V 升到 20V，其余各点的电位也同时增加 4V。

例 1-2　电路如图 1-5 所示，$u=5\text{V}$，$i=-2\text{A}$，计算元件的功率，并说明元件是吸收还是发出功率。

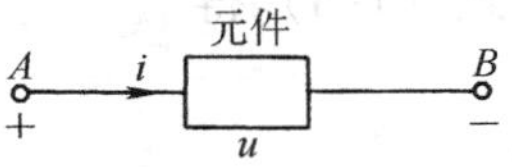

图 1-5　元件的功率

解　由电路知此题的电流和电压为关联参考方向，有

$$p=ui=5\times(-2)\text{W}=-10\text{W}<0$$

所以，元件发出功率，相当于电源。

第二节　电路的基本状态

实际电路在使用过程中，可能处于有载、空载或短路三种不同的基本状态。熟悉电路各种不同状态的特点对于正确使用和安全用电都是很重要的。下面以简单直流电路为例具体讨论这一问题，本节还将介绍电源的伏安特性以及电气设备的额定值等重要概念。

一、有载状态

简单直流电路如图 1-6 所示，其中具有电动势 E 的理想电压源与电阻 R_0 串联表示实际电源，R_L 表示负载电阻。

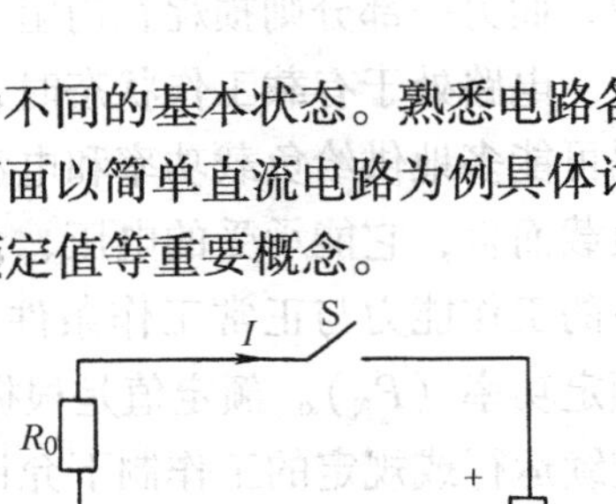

图 1-6　简单直流电路

若开关 S 闭合，就会有电流 I 通过负载电阻，电路就处于有载状态。此时，电路中的电流 I 为

$$I=\frac{E}{R_0+R_L} \tag{1-7}$$

电源的端电压为

$$U=E-IR_0 \tag{1-8}$$

式（1-8）表明了电源的端电压与其电流的关系，即电源的端电压等于电源的电动势与其内

阻上电压降之差。当电流 I 增加时，电源的端电压 U 将随之有所下降。若将式（1-8）用曲线表示，则称此曲线为电源的伏安特性或电源的外特性。在图1-7中，用纵坐标表示电源的端电压 U，横坐标表示电流 I，显然当电源的电动势 E 与其内阻 R_0 为常数时，电源的伏安特性为一向下倾斜的直线。

如果电源的内阻 R_0 为0，则有 $U=E$，即电源的端电压等于电源的电动势，为一恒定值，这时的电源就是理想电压源，简称电压源。电压源是一个理想电路元件，它的端电压可以保持为恒定值，也可以随时间按某一规律变化（如按正弦规律变化）。前者称为直流电压源，图1-8画出了直流电压源的伏安特性，它是一条平行于横轴的直线。此特性表明，电压源的端电压是固定的，而电流则随外电路的不同而不同，即通过电压源的电流取决于与之连接的负载的大小。

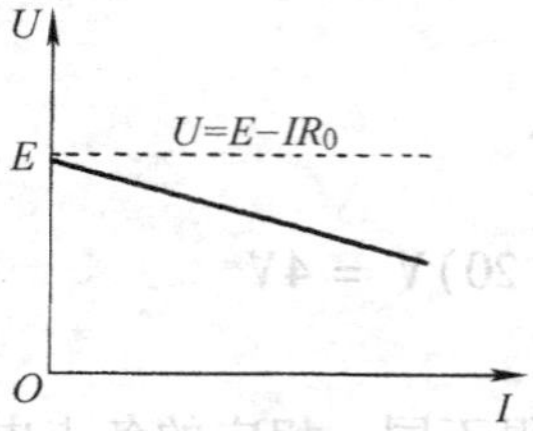

图1-7 实际电压源的伏安特性

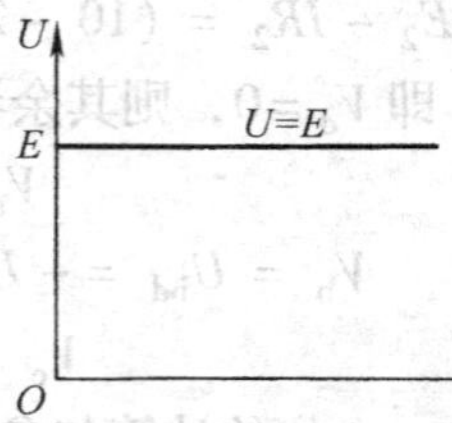

图1-8 理想电压源的伏安特性

由式（1-8）得

$$UI = EI - I^2R_0$$

即

$$P = P_E - \Delta P \qquad (1\text{-}9)$$

$$P_E = P + \Delta P$$

式中，P_E 为电源产生的功率，其值为 EI；P 为电源提供给负载的功率，其值为 UI；ΔP 为内阻上的功率损耗，其值为 I^2R_0。

式（1-9）称为功率平衡方程式，此式表明，电源产生的全部功率中一部分输送给负载，而另一部分则损耗在内阻上。

电路处于有载工作状态时，电源向负载提供功率和输出电流。对电源来讲，一般希望它尽可能多地供给负载功率和电流，那么，它提供给负载的功率和电流有无限制？另外，对于负载而言，它能承受的电压、允许通过的电流以及功率又如何确定？因此，为了表明电气设备的工作能力与正常工作条件，在电气设备铭牌上标有额定电流（I_N）、额定电压（U_N）、额定功率（P_N）。额定值是根据绝缘材料在正常寿命下的允许温升，且考虑电气设备在长期连续运行或规定的工作制下允许的最大值，同时兼顾可靠性、经济效益等因素规定的电气设备的最佳工作状态。

在使用电气设备时，应严格遵守额定值的规定。如果电流超过额定值过多或时间过长，由于导线发热、温升过高会引起电气设备绝缘材料损坏，若电压超过额定值，绝缘材料也可能被击穿。当设备在低于额定值下工作时，不仅其工作能力没有得到充分利用，而且设备不能正常工作，甚至损坏设备。例如一白炽灯的电压为220V，功率为60W，这表示该灯泡在正常使用时应把它接在220V的电源上，此时它的功率为60W，并能保证正常的使用寿命，而不能把它接在380V的电源上（为什么?）。又如某直流发电机的铭牌上标有2.5kW、

230V、10.9A，这些都是额定值。发电机实际工作时的电流和其发出的功率取决于负载的需要，而不是铭牌上的标注。通常发电机等电源设备可以近似为电压源，即其端电压基本不变。负载是与电源并联的，当负载增加时（指并联负载数目的增加），负载电流就会增加；反之，当负载减小时（指并联负载数目的减小），负载电流就会减小。

二、开路状态

开路状态又称断路状态。如图 1-6 所示电路，当开关 S 断开时，电路中的电流为零，电路则处于开路状态，对电源来讲，叫作空载。由式（1-8）可知

$$U = U_{oc} = E \tag{1-10}$$

上式表明，在开路状态下，电源的端电压即开路电压，等于电源的电动势。式中 U_{oc} 表示开路电压。

电路处于开路状态时，电源不产生功率，负载与电源内部均不消耗功率，即

$$P_E = P = \Delta P = 0 \tag{1-11}$$

三、短路状态

当两根供电线在某一点由于绝缘损坏而接通时，电源就处于短路状态，如图 1-9 所示。此时电流不再流过负载，而直接经短路连接点流回电源，由于在整个回路中只有电源内阻和部分导线电阻，电流数值较大，叫作短路电流 I_{sc}。最严重的是电源两端被短路，短路电流为

$$I_{sc} = \frac{E}{R_0} \tag{1-12}$$

短路时，外电路的电阻为 0，电源的端电压也为 0，故电源输送给负载的功率

$$P = UI_{sc} = 0 \tag{1-13}$$

由式（1-9）得

$$P_E = \Delta P = I_{sc}^2 R_0 = \frac{E^2}{R_0} \tag{1-14}$$

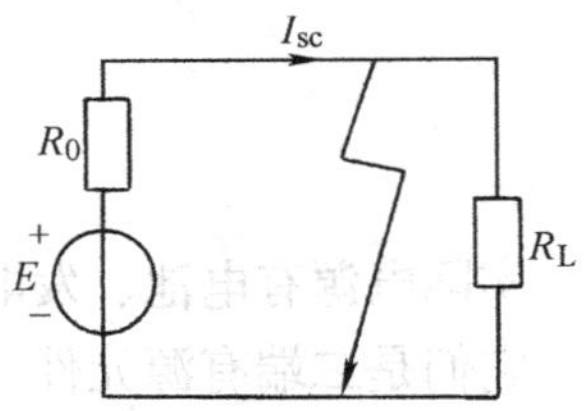

图 1-9 电压源短路状态

此式表明，电源短路时，电源产生的功率全部消耗在内阻上。

由于电源的内阻很小，所以电源短路时将产生很大的短路电流，短路电流远远超过电源和导线的额定电流，如不及时切断，将引起剧热而使电源、导线以及仪器、仪表等设备烧坏。为了防止短路所引起的事故，通常在电路中接入熔断器或断路器，一旦发生短路事故，它能迅速将事故电路自动切断。

必须指出，有时也为了某种需要，将电路的某一部分人为地短接，但这与电源短路是两回事。

例 1-3 某直流发电机：$E = 230V$，$R_0 = 0.5\Omega$，负载电阻 $R_L = 11\Omega$。试求：

1）直流发电机的端电压；

2）电源产生的功率、内阻消耗的功率和负载取用的功率。

解 1）电路中的电流为

$$I = \frac{E}{R_0 + R_L} = \frac{230}{0.5 + 11}A = 20A$$

发电机的端电压为

$$U = E - IR_0 = (230 - 20 \times 0.5)\text{V} = 220\text{V}$$

2）电源产生的功率为

$$P_E = EI = (230 \times 20)\text{W} = 4600\text{W} = 4.6\text{kW}$$

内阻消耗的功率为

$$\Delta P = I^2R_0 = (20^2 \times 0.5)\text{W} = 200\text{W} = 0.2\text{kW}$$

负载取用的功率为

$$P = UI = (220 \times 20)\text{W} = 4400\text{W} = 4.4\text{kW}$$

例1-4　测量电源电动势和内阻的电路如图1-10所示。当开关S位于位置1时，电压表读数为2.2V；开关S位于位置2时，电流表读数为1A。已知电阻 $R=2\Omega$，试求电源的电动势 E 与内阻 R_0。

解　当开关S位于位置1时，电压表内阻相当大，因此 $I=0$，故

$$U_{oc} = E = 2.2\text{V}$$

当开关S位于位置2时，由于电流表内阻很小，故

$$I = \frac{E}{R_0 + R}$$

由此可解得

$$R_0 = \frac{E}{I} - R = \left(\frac{2.2}{1} - 2\right)\Omega = 0.2\Omega$$

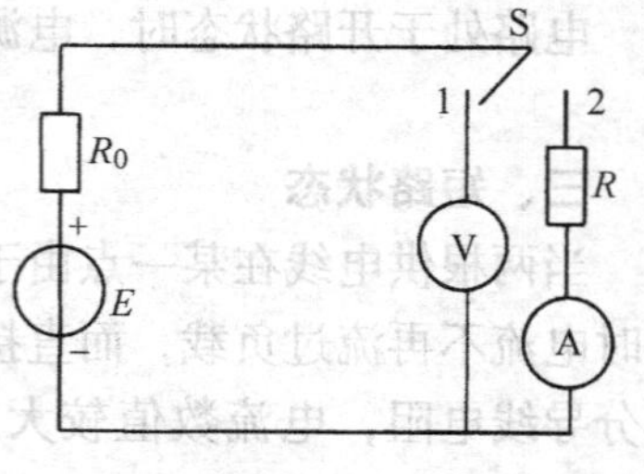

图1-10　例1-4图

第三节　电压源和电流源

实际电源有电池、发电机、信号源等。电压源和电流源是从实际电源抽象得到的电路模型，它们是二端有源元件。

一、电压源

电压源是一个理想电路元件，它的端电压 $u(t)$ 为

$$u(t) = e(t)$$

式中，$e(t)$ 为给定的时间函数，而电压 $u(t)$ 与通过元件的电流无关，总保持为给定的时间函数。电压源中电流的大小由外电路决定。电压源的图形符号如图1-11a所示，直流电压源有时用图形符号如图1-11b所示，电压值为 E。

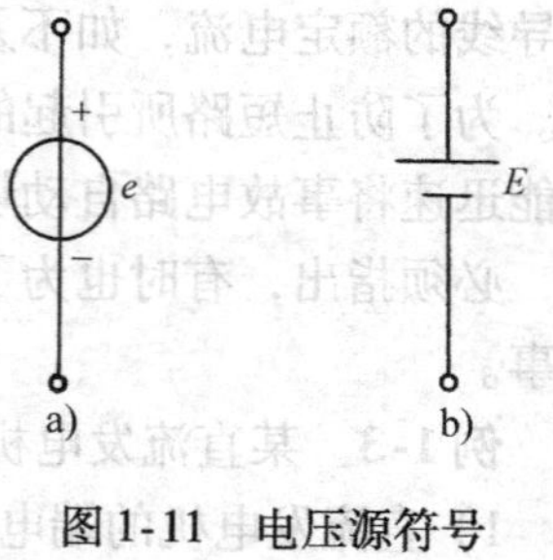

图1-11　电压源符号

电压源接外电路的情况如图1-12a所示，图1-12b是它的伏安特性，为平行于电流轴的一条直线。当 $e(t)$ 随时间改变时，这条平行于电流轴的直线也随之改变其位置。图1-12c是直流电压源的伏安特性，它不随时间改变。

由图1-12a可见，电压源的电压和通过电压源的电流的参考方向通常取为非关联参考方向，此时，电压源发出的功率为

$$p(t) = e(t)i(t)$$

它也是外电路吸收的功率。

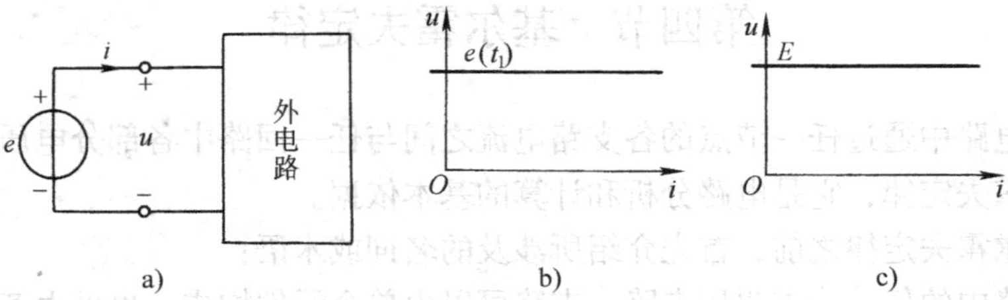

图 1-12　电压源的伏安特性

电压源不接外电路时，电流值总为 0，即前面介绍的开路状态。若令电压源的电压为 0，则此电压源的伏安特性为 i—u 平面上的电流轴，它相当于前面介绍的短路，电压源“短路”是无意义的。

二、电流源

电流源是另一种理想电源，它发出的电流为 $i(t)$

$$i(t) = i_S(t)$$

式中，$i_S(t)$ 为给定的时间函数，而电流 $i_S(t)$ 与元件的端电压无关，总保持为给定的时间函数。电流源中的端电压大小由外电路决定。电流源的图形符号如图 1-13a 所示，图 1-13b 是电流源接外电路的情况，图 1-13c 是它的伏安特性，为平行于电压轴的一条直线。当 $i(t)$ 随时间改变时，这条平行于电压轴的直线也随之改变其位置。图 1-13d 是直流电流源的伏安特性，它不随时间改变。

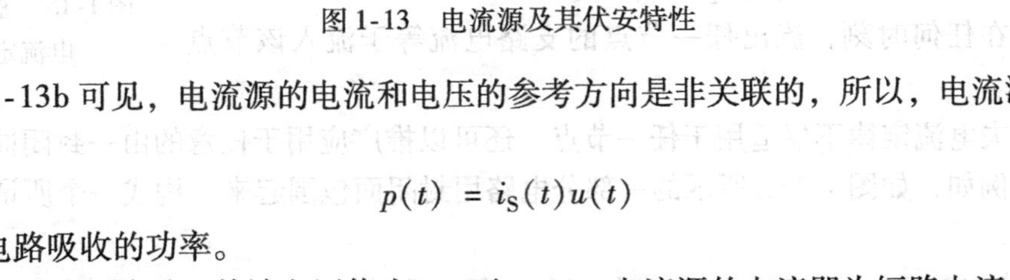

图 1-13　电流源及其伏安特性

由图 1-13b 可见，电流源的电流和电压的参考方向是非关联的，所以，电流源发出的功率为

$$p(t) = i_S(t)u(t)$$

它也是外电路吸收的功率。

电流源两端短路时，其端电压值为 0，而 $i = i_S$，电流源的电流即为短路电流。如果令电流源的电流为 0，则此电流源的伏安特性为 i—u 平面上的电压轴，它相当于前面介绍的开路，电流源“开路”是无意义的。

工程中常用的稳压电源和大型电力线路其输出电压基本不随外电路变化而改变，可以近似视为电压源；光伏电池是利用光生电压（亦称为光生伏特）效应工作的新型电源，其工作特性则比较接近电流源。一般情况下实际电源的电路模型有两种：一种是电压源与电阻的串联组合；另一种是电流源与电阻并联组合。

上述的电压源和电流源也常被称为独立电源。

第四节　基尔霍夫定律

本节介绍电路中通过任一节点的各支路电流之间与任一回路中各部分电压之间所遵循的规律，即基尔霍夫定律，它是电路分析和计算的基本依据。

在介绍基尔霍夫定律之前，首先介绍所涉及的名词或术语：

支路：电路中的任一分支叫作支路，支路可以由单个元件构成，也可由若干个元件的串联组合构成。如图1-14所示电路，有 a-c-b（E_1 和 R_1 的串联组合）、a-d-b（E_2 和 R_2 的串联组合）、a-b(R_3) 三条支路。

节点：三条或三条以上支路的连接点叫节点，如图1-14所示电路中的 a 和 b 点。

回路：电路中任一闭合路径称为回路，如图1-14所示电路中的 a-c-b-d-a、a-d-b-a、a-c-b-a。

网孔：内部不包含支路的回路称为网孔。如图1-14所示电路中的 a-c-b-d-a、a-d-b-a 是网孔，而 a-c-b-a 则不是网孔，因为它内部包含支路 a-d-b。

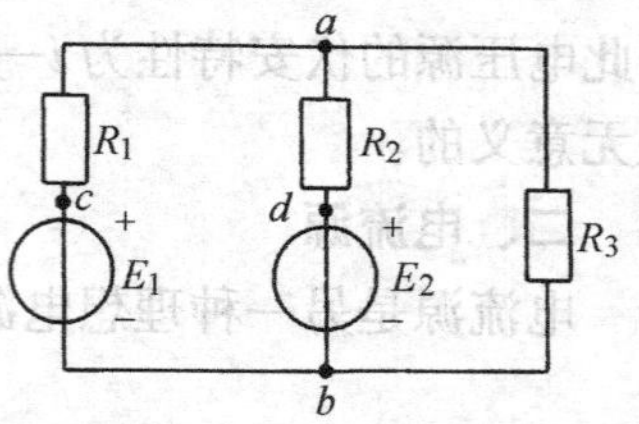

图1-14　电路举例

以下分别介绍基尔霍夫两个定律。

一、基尔霍夫电流定律（KCL）

基尔霍夫电流定律适用于节点。其内容为：在任何时刻，对任一节点，通过它的所有支路电流代数和恒等于零。该定律可写成如下形式：

$$\sum i = 0 \tag{1-15}$$

通常我们定义流入节点的电流为正，将流出该节点的电流定义为负。对于图1-15所示节点 a，有

$$i_1 + i_2 - i_3 - i_4 = 0$$

或

$$i_1 + i_2 = i_3 + i_4$$

此式表明，在任何时刻，流出任一节点的支路电流等于流入该节点的支路电流。

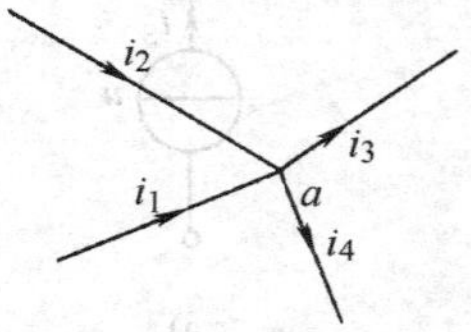

图1-15　基尔霍夫电流定律

基尔霍夫电流定律不仅适用于任一节点，还可以推广应用于任意的由一封闭曲面包围的部分电路。例如，如图1-16a所示的一部分电路用封闭面包围起来，构成一个所谓的广义节点，则有

$$I_1 + I_2 + I_3 = 0$$

对于1-16b所示的用两条导线连接的任意两个电路，有

$$I_1 - I_2 = 0$$

或

$$I_1 = I_2$$

即流过两条导线的电流相等。若将其中的一条导线断开，另一条导线中的电流也将为零。

基尔霍夫电流定律（KCL）表明了电流的连续性，它是电荷守恒的体现。这里标注的电流方向均指电流的参考方向。

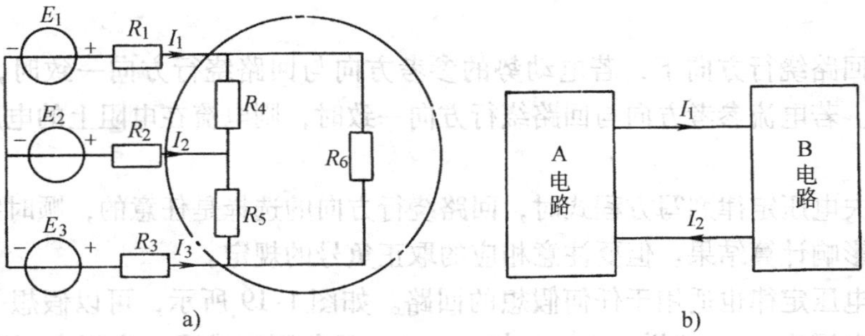

图 1-16　KCL 的推广应用

二、基尔霍夫电压定律（KVL）

基尔霍夫电压定律适用于回路。其内容为：在任何时刻，沿任一回路，所有支路电压代数和恒等于零。该定律可写成如下形式：

$$\sum u = 0 \tag{1-16}$$

式中电压的正负按如下规定：

先选定回路的绕行方向，当电压的参考方向与回路绕行方向一致时，电压为正，反之为负。

如图 1-17 所示为某电路中的一个回路，用框图表示任意的电路元件（如电压源、电阻、电感、电容等），元件电压的参考方向标于图中。如选定顺时针方向为回路的绕行方向，由基尔霍夫电压定律，得

$$u_1 + u_2 - u_3 + u_4 = 0$$

在电阻电路中，应用欧姆定律还可以将基尔霍夫电压定律写成另一种形式，如图 1-18 所示的电阻电路的回路中，按顺时针绕行方向，由式（1-16）得

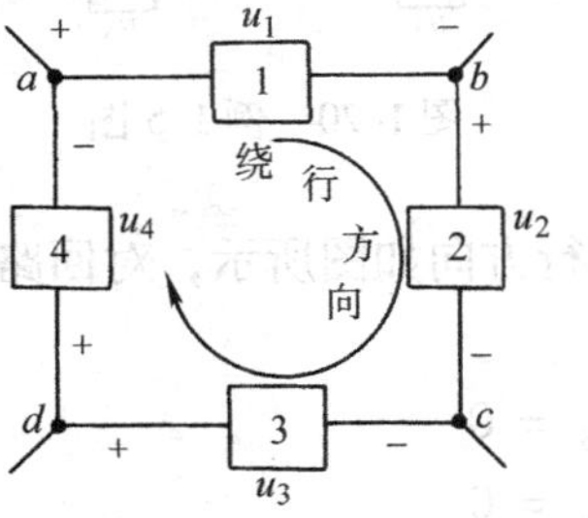

图 1-17　基尔霍夫电压定律

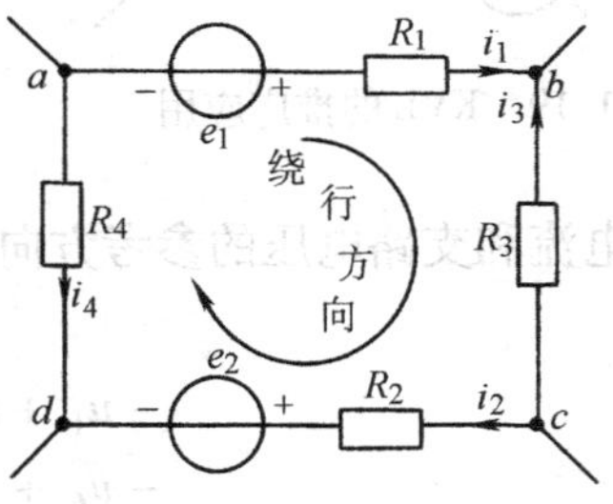

图 1-18　电阻电路的回路

$$u_{ab} + u_{bc} + u_{cd} + u_{da} = 0 \tag{1-17}$$

式中，$u_{ab} = -e_1 + i_1R_1$；$u_{bc} = -i_3R_3$；$u_{cd} = i_2R_2 + e_2$；$u_{da} = -i_4R_4$。

将以上各式代入式（1-17），整理后得

$$i_1R_1 + i_2R_2 - i_3R_3 - i_4R_4 = e_1 - e_2$$

写成一般形式，即

$$\sum (iR) = \sum e \tag{1-18}$$

此式表明，任意时刻，在任一闭合回路中，电阻上的电压（电位降落）的代数和等于电动势（电位升高）的代数和，所以基尔霍夫电压定律实质上是对电位单值性的数学描述。式（1-18）是基尔霍夫电压定律在电阻电路中的另一种常用的表达形式。式中的正负号按

如下规定：

在选定的回路绕行方向下，若电动势的参考方向与回路绕行方向一致时，该电动势为正；反之为负。若电流参考方向与回路绕行方向一致时，则电流在电阻上的电压为正，反之为负。

用基尔霍夫电压定律列写方程式时，回路绕行方向的选择是任意的，顺时针或逆时针方向均可，并不影响计算结果。但要注意相应的取正负号的规定。

基尔霍夫电压定律也适用于任何假想的回路。如图1-19所示，可以假想一个虚拟的支路，该支路的电压为 u_{ca}，这样 $a\text{-}b\text{-}c\text{-}a$ 与 $a\text{-}c\text{-}d\text{-}a$ 就分别构成了一个闭合回路（亦称广义回路）。据式（1-18），有

$$i_2R_2 - i_3R_3 - u_{ca} = e_2$$

KCL是在支路电流之间施加的线性约束关系；KVL则是对支路电压施加的线性约束关系。这两大定律仅与元件的相互连接方式有关，而与元件的性质无关。无论元件是线性的还是非线性的，KCL和KVL总是成立的。

对于一个电路应用KCL和KVL时，应对各节点和支路统一编号，并指定回路的绕行方向，同时指定各支路电流和支路电压的参考方向，一般两者取关联参考方向。

例1-5　如图1-20所示的电路中，已知 $u_1 = u_3 = 1\text{V}$，$u_2 = 4\text{V}$，$u_4 = u_5 = 2\text{V}$，求电压 u_x。

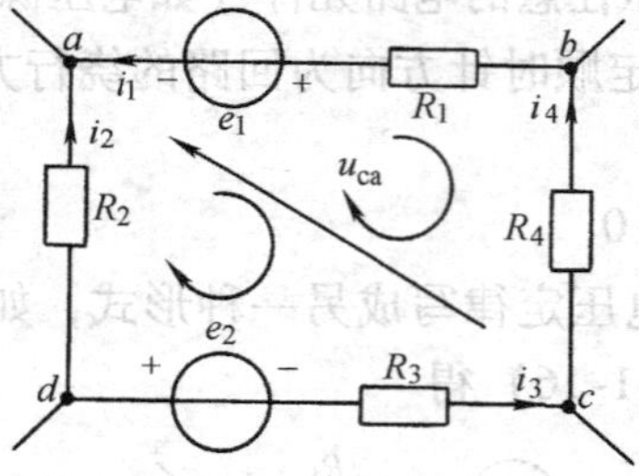

图1-19　KVL的推广应用

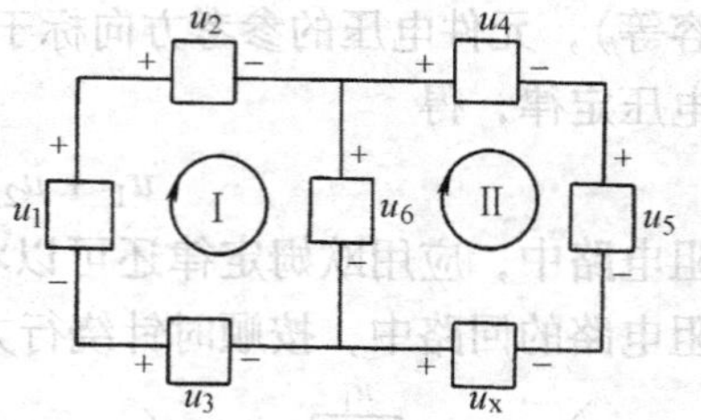

图1-20　例1-5图

解　支路电流和支路电压的参考方向及回路的绕行方向如图所示，对回路Ⅰ和Ⅱ分别列出KVL方程

$$-u_1 + u_2 + u_6 - u_3 = 0$$
$$-u_6 + u_4 + u_5 - u_x = 0$$

u_6 在方程中出现两次，一次取“+”号（与回路Ⅰ绕行方向相同），一次取“-”号，（与回路Ⅱ绕行方向相反）。将两个方程相加消去 u_6，得

$$u_x = -u_1 + u_2 - u_3 + u_4 + u_5 = 6\text{V}$$

电压 u_x 也可以利用边界回路列出KVL方程直接求得。

第五节　支路电流法

在计算复杂电路的各种方法中，支路电流法是最基本的。它以支路电流为未知量，应用基尔霍夫电流定律（KCL）和基尔霍夫电压定律（KVL）分别对节点和回路列出所需要的方程组，而后解出各未知支路电流。

下面以图1-21所示的两个电源并联的电路为例，来说明支路电流法的应用。注意列方程时，必须先在图上设定未知支路电流的参考方向。在本电路中，支路数 $b=3$，节点数 $n=2$，因为支路数是3，所以要列出3个独立方程。电动势和电流的正方向如图1-21所示。应用基尔霍夫电流定律（KCL）对节点①列出

$$I_1+I_2-I_3=0 \tag{1-19}$$

对节点②列出

$$I_3-I_1-I_2=0 \tag{1-20}$$

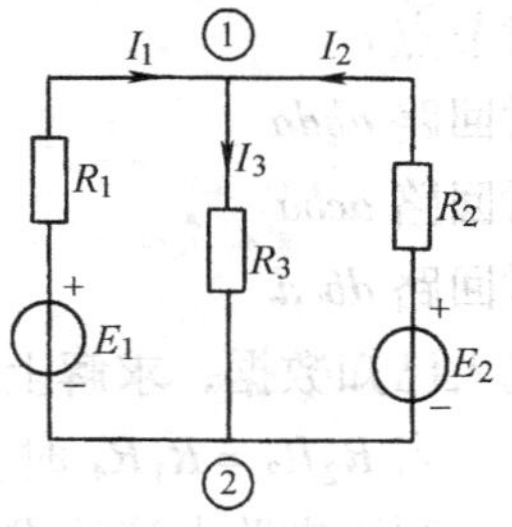

图1-21　两个电源并联的电路

式（1-19）即为式（1-20），它是非独立的方程。因此，对具有两个节点的电路，应用KCL只能列出2-1=1个独立方程。一般的，对具有 n 个节点的电路应用KCL只能得出（$n-1$）个独立方程。再应用KVL列出其余 $b-(n-1)$ 个独立方程，对独立回路所列方程一定是独立的，通常，独立回路可取自然网孔。在图1-21中有两个网孔。对左面的网孔可列出

$$E_1=I_1R_1+I_3R_3 \tag{1-21}$$

对右面的网孔可列出

$$E_2=I_2R_2+I_3R_3 \tag{1-22}$$

网孔的数目恰好等于：$b-(n-1)$。

应用KCL、KVL可列出 $(n-1)+[b-(n-1)]=b$ 个独立方程，从而解出 b 个支路电流。

例1-6　图1-21所示的电路中，设 $E_1=140\text{V}$，$E_2=90\text{V}$，$R_1=20\Omega$，$R_2=5\Omega$，$R_3=6\Omega$，试求各支路电流。

解　应用KCL、KVL列出式（1-19）、式（1-21）及式（1-22），并将已知数据代入，即

$$I_1+I_2-I_3=0$$
$$140\text{V}=20I_1+6I_3$$
$$90\text{V}=5I_2+6I_3$$

解得

$$I_1=4\text{A}\qquad I_2=6\text{A}\qquad I_3=10\text{A}$$

上述答案正确与否可以通过功率平衡方程式，即 $\sum(IE)=\sum(I^2R)$ 进行校验，读者可自行校验。

用支路电流法计算电路的步骤如下：

① 选定各支路电流做未知量并标明参考方向。

② 根据KCL对（$n-1$）个独立节点列出电流方程。

③ 根据KVL对 $b-(n-1)$ 个独立回路列出电压方程。

④ 解出 b 个支路电流。

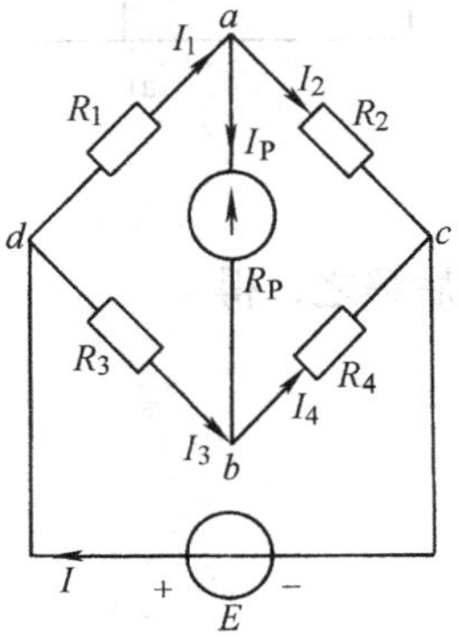

图1-22　例1-7的电路

例1-7　在图1-22所示的桥式电路中，设 $E=12\text{V}$，$R_1=R_2=R_4=5\Omega$，$R_3=10\Omega$。中间支路是一检流计，其电阻 $R_P=10\Omega$。试求检流计中的电流 I_P。

解 该电路的支路数 $b=6$，节点数 $n=4$。应用 KCL 和 KVL 列出下列六个方程

对节点 a $\qquad I_1-I_2-I_P=0$

对节点 b $\qquad I_3+I_P-I_4=0$

对节点 c $\qquad I_2+I_4-I=0$

对回路 $abda$ $\qquad I_1R_1+I_PR_P-I_3R_3=0$

对回路 $acba$ $\qquad I_2R_2-I_4R_4-I_PR_P=0$

对回路 $dbcd$ $\qquad E=I_3R_3+I_4R_4$

代入已知数据，求解上述联立方程得 $\quad I_P=0.126\text{A}$

当 $R_2R_3=R_1R_4$ 时，$I_P=0$，这时电桥平衡。

利用支路电流法求解时，如果电路较复杂，未知量与方程的个数都将很多，求解工作量就相当繁重，因此可以用高斯消去法编制程序，借助计算机求解。另外，当支路数较多而只求某一特定支路的电流时，用支路电流法计算较为繁琐，我们将在后面用戴维南定理求解。

第六节 叠加原理

叠加原理是线性电路的重要定理。它可以表述为：在多个电源共同作用的线性电路中，任何一条支路的电流或电压，都可以看成是每个电源单独作用时，在该支路所产生电流或电压的叠加（代数和）。

叠加原理的正确性可用下例说明：

以图 1-23a 所示电路中支路电流 I_1 为例，它可用前述支路电流法求出，即由基尔霍夫定律列出方程组

$$I_1-I_2+I_S=0$$
$$I_1R_1+I_2R_2=E$$

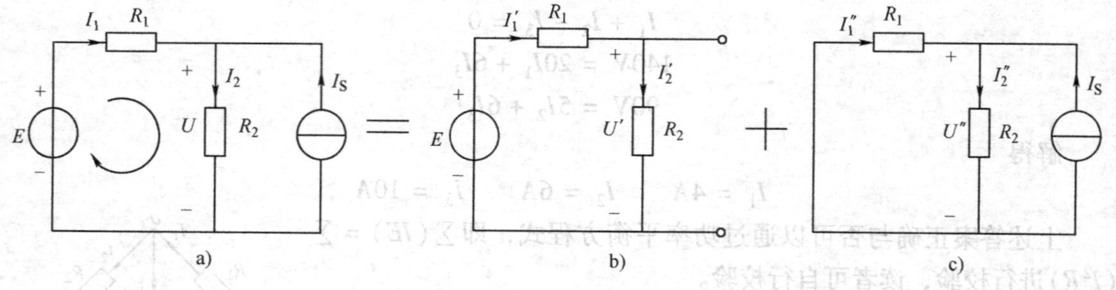

图 1-23 叠加原理

而后解之，得

$$I_1=\frac{1}{R_1+R_2}E-\frac{R_2}{R_1+R_2}I_S \tag{1-23}$$

设

$$I_1'=\frac{1}{R_1+R_2}E$$

$$I_1''=-\frac{R_2}{R_1+R_2}I_S$$

于是

$$I_1 = I_1' + I_1'' \tag{1-24}$$

式（1-23）表明，支路电流是电源的一次函数。由于各个电阻是线性的，所以

$$I_1 = K_1E + K_2I_S \tag{1-25}$$

式（1-25）中，系数 K_1 和 K_2 只与电路结构和参数有关。由于支路电流 I_1 是电压源和电流源的一次线性函数，所以 E 和 I_S 同时增大（或缩小），则支路电流 I_1 也随之按同一比例增大（或缩小）。这就是线性电路的比例性，又称齐次定理。它可表述为：在线性电路中，当所有激励（电源）都同时增大（或缩小）K 倍时，响应（电压或电流）也将同样增大（或缩小）K 倍。

由式（1-23）和式（1-24）可知，I_1'只与 E 有关，相当于图 1-23b 中电压源 E 单独作用在该支路产生的电流分量；I_1''只与 I_S 有关，相当于图 1-23c 中电流源 I_S 单独作用在同一支路产生的电流分量。其中 I_1''为负，是因为 I_S 单独作用时，I_1''的实际方向与其参考方向相反所致。

同理

$$I_2 = I_2' + I_2''$$

$$U = U' + U''$$

所谓电路中某个电源单独作用，就是假设将其余电源均置零（将电压源短接，即使其电压为零；将电流源开路，即使其电流为零）。

还需要指出，叠加原理只适用于求解电流和电压，但不能用来计算功率，这是因为功率和激励不是线性关系。

例 1-8 在图 1-23a 中，已知 $R_1 = 1\Omega$，$R_2 = 3\Omega$，$E = 4V$，$I_S = 2A$，试用叠加原理求 R_2 所在支路的电流及 R_2 消耗的功率。

解 根据叠加原理，R_2 所在支路中的电流可看成 E 和 I_S 分别单独作用时，在该支路产生的电流分量的叠加。

当电压源 E 单独作用（$I_S = 0$），如图 1-23b 所示，由欧姆定律，可求得电流分量 I_2'为

$$I_2' = \frac{E}{R_1 + R_2} = \frac{4}{1+3}\text{A} = 1\text{A}$$

当电流源 I_S 单独作用（$E = 0$），如图 1-23c 所示，由分流公式，可求得电流分量 I_2''为

$$I_2'' = \frac{R_1}{R_1 + R_2}I_S = \frac{1}{1+3} \times 2\text{A} = 0.5\text{A}$$

故

$$I_2 = I_2' + I_2'' = 1\text{A} + 0.5\text{A} = 1.5\text{A}$$

R_2 所消耗功率为

$$P_2 = I_2^2R_2 = 1.5^2 \times 3\text{W} = 6.75\text{W}$$

显然

$$P_2 \neq I_2'^2R_2 + I_2''^2R_2$$

因为

$$I_2'^2R_2 + I_2''^2R_2 = 1^2 \times 3\text{W} + 0.5^2 \times 3\text{W} = 3.75\text{W}$$

例 1-9 用叠加原理求图 1-24a 所示电路中的电压 U。

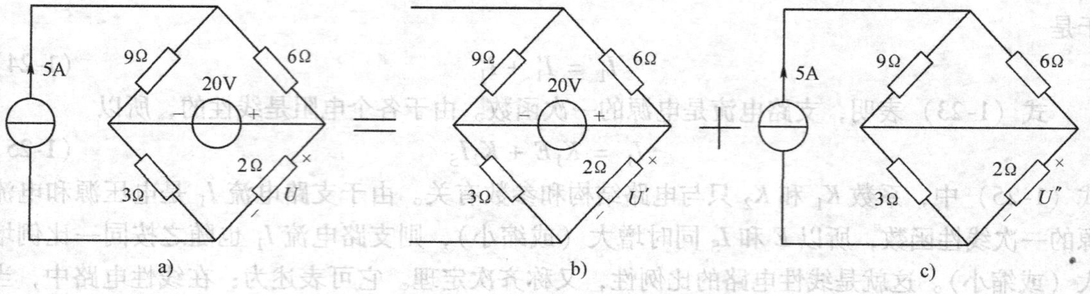

图 1-24 例 1-9 的电路图

解 将原电路分解成如图 1-24b 和 c 所示的两个电路。

在图 1-24b 中电压源单独作用，电压分量 U' 为

$$U' = \frac{2}{2+3}\times 20\text{V} = 8\text{V}$$

在图 1-24c 中电流源单独作用，电压分量 U'' 为

$$U'' = \frac{3}{3+2}\times 5\times 2\text{V} = 6\text{V}$$

最后叠加得

$$U = U' + U'' = 8\text{V} + 6\text{V} = 14\text{V}$$

第七节 戴维南定理

实际工作中，常常用到等效电源的概念，如直流稳压电源或各种信号发生器，尽管其内部结构相当复杂，但对与之相连的负载而言，它们只是具有一定内阻的电源而已。

在电路分析中，如果只求复杂电路中某一条或某一部分支路的电流或电压时，可以将待求支路从电路中分离出来，电路的其余部分用一个等效电源代替。如图 1-25 所示电路，在计算 R_3 支路电流 I_3 时，可以将图 1-25a 中点画线所包围的部分，用等效电源即图 1-25b 中点画线包围的部分代替，使问题简化为单回路电路求解。

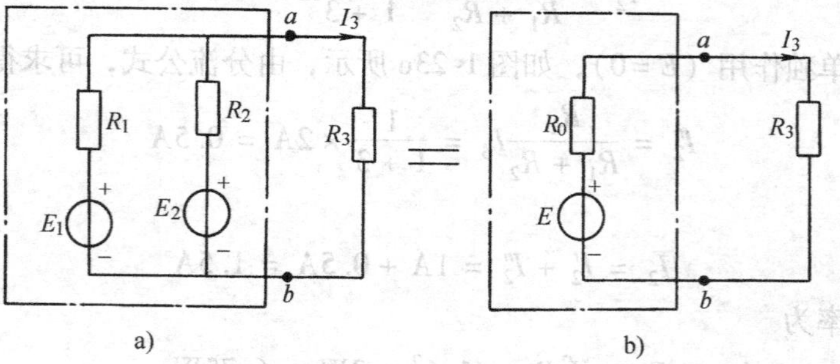

图 1-25 等效电源定理

图 1-25a 点画线所包围的那部分电路具有两个出线端，故称为二端网络（又称一端口），其中含有电源，在网络理论上称这部分电路为有源二端网络，它只是电路的一部分。

不含有电源的二端网络称为无源二端网络，如图 1-26 所示。直流无源二端网络可以用一等效电阻代替，等效电阻可以通过串、并联等关系化简求得，也可以用实验方法测求。

戴维南定理：任何线性有源二端网络都可以用一个电压源与内阻串联组合代替，如图1-27所示。其电压源的电压等于该有源二端网络的开路电压 U_{oc}；串联内阻 R_0 等于该网络中所有电源为零值（电压源短路，电流源开路）时所得无源二端网络的等效电阻。可以证明如下：

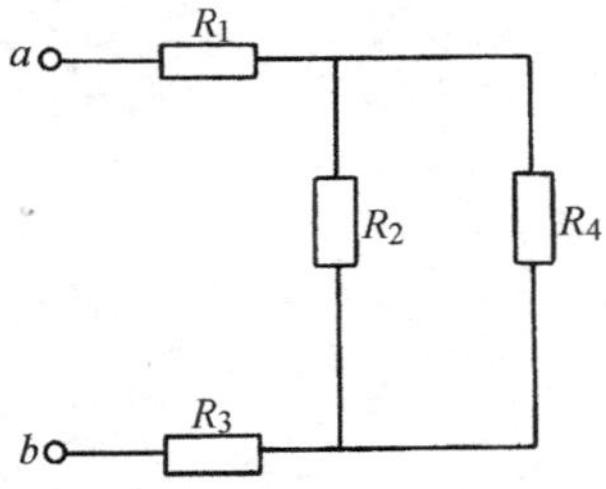

图1-26 无源二端网络

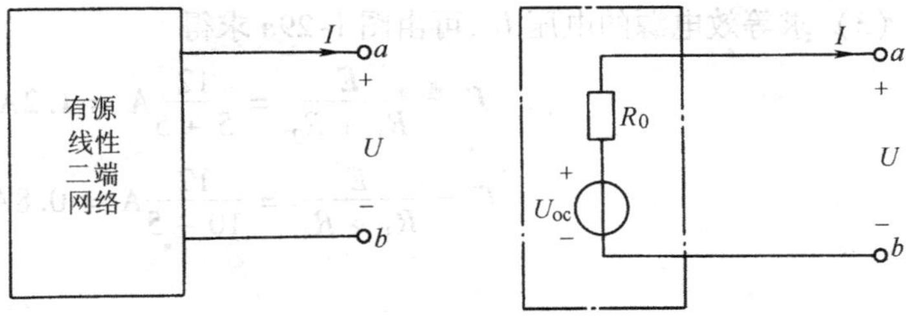

图1-27 戴维南定理

所谓等效是对外部电路而言，即 $U=U_{oc}-R_0I$，具有相同的外特性。从图1-27所示电路假想 a、b 间接有外电路并且流过电流为 I。第一步：用替代定理将外电路用电流为 I 的电流源替代，如图1-28a所示（替代定理：给定一个线性电阻电路，其中某支路的电流为 I，那么此支路就可以用一个电流等于 I 的电流源替代，替代后电路中全部电压和电流均将保持原值）。第二步：用叠加定理将图1-28a分解为图1-28b、c。由图1-28b得

$$U' = U_{oc} = U_{ab} \tag{1-26}$$

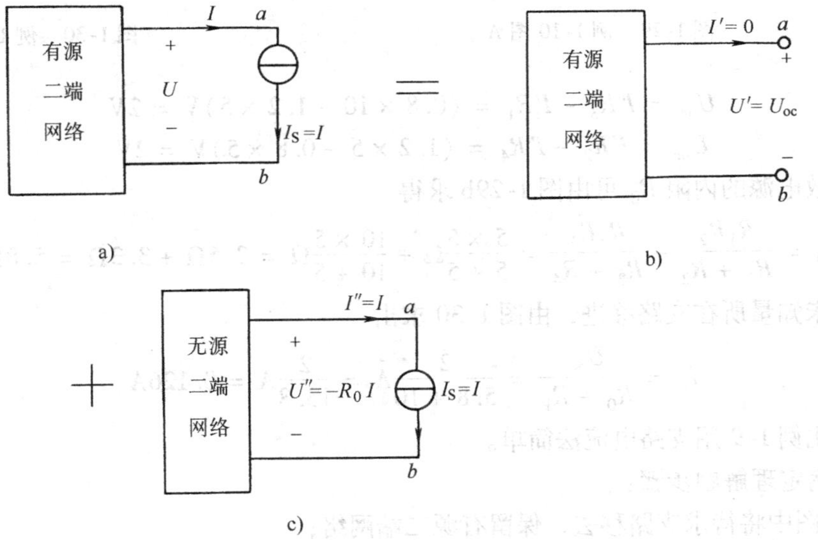

图1-28 戴维南定理的证明

由图1-28c得

$$U'' = -R_0I \tag{1-27}$$

根据叠加定理，图1-28电路中，图1-28a电路工作状态相当于图1-28b和图1-28c电路工作状态的叠加，因此

$$U = U' + U'' = U_{ab} - R_0I = U_{oc} - R_0I \tag{1-28}$$

式（1-28）即戴维南等效电路外特性，因此，戴维南定理得证。

例1-10 用戴维南定理计算例1-7电路中的电流 I_P。

解 （1）将图1-22中未知量所在支路移去，构成图1-29a所示的有源一端口 N_S。

（2）画出戴维南等效电路如图1-30所示点画线框内，即将有源二端网络转换为实际电压源的形式。

（3）求等效电源的电压 U_{oc} 可由图1-29a求得

$$I' = \frac{E}{R_1 + R_2} = \frac{12}{5+5}\text{A} = 1.2\text{A}$$

$$I'' = \frac{E}{R_3 + R_4} = \frac{12}{10+5}\text{A} = 0.8\text{A}$$

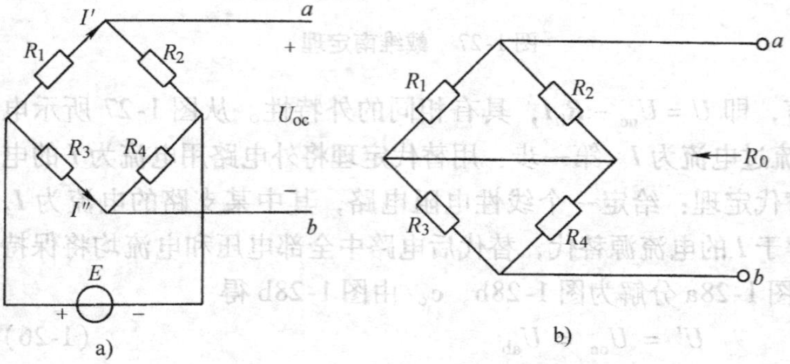

图1-29 例1-10图A

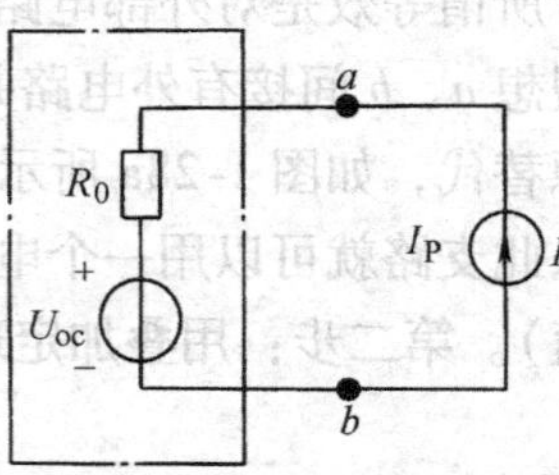

图1-30 例1-10图B

于是

$$U_{oc} = I''R_3 - I'R_1 = (0.8\times10 - 1.2\times5)\text{V} = 2\text{V}$$

或

$$U_{oc} = I'R_2 - I''R_4 = (1.2\times5 - 0.8\times5)\text{V} = 2\text{V}$$

（4）等效电源的内阻 R_0 可由图1-29b求得

$$R_0 = \frac{R_1R_2}{R_1+R_2} + \frac{R_3R_4}{R_3+R_4} = \frac{5\times5}{5+5}\Omega + \frac{10\times5}{10+5}\Omega = 2.5\Omega + 3.3\Omega = 5.8\Omega$$

（5）将未知量所在支路移进，由图1-30求出

$$I_P = \frac{U_{oc}}{R_0 + R_P} = \frac{2}{5.8+10}\text{A} = \frac{2}{15.8}\text{A} = 0.126\text{A}$$

显然，比例1-9用支路电流法简单。

用戴维南定理解题步骤：

1）在原图中将待求支路移去，保留有源二端网络；

2）画出戴维南等效电路，即实际电压源的形式；

3）求有源二端网络开路电压 U_{oc}；

4）求等效电阻 R_0；

5）将待求支路移进，求出未知量。

第八节 RC电路和RL电路的暂态过程

实际电路中，不仅有供给电能的电源和消耗电能的电阻元件，通常还会有储存能量的元件——电容和电感，前者储存电场能量，后者储存磁场能量。电阻电容电路（*RC* 电路）和电阻电感电路（*RL* 电路）在实际工程中应用较为广泛，因此了解它们的暂态过程，对工程技术人员来讲是很重要的。所谓暂态过程是指电路从一个稳态向另一个稳态变化的过渡过程。产生暂态过程的外因是电路状态的突然改变，如突然接通、断开、短路以及电路参数突然改变，统称为换路。换路时产生暂态过程的内因是电路中含有上述两种储能元件。

一、储能元件和换路定则

电容元件（如图 1-31 所示）具有储存电场能量的性质，它的特性用参数 *C* 表示。实际的电容器是由两块金属极板，其间填充某种介质而成，两个极板上获得等量异性的电荷

$$q = Cu \tag{1-29}$$

式中，*C* 是常数，称为电容量，简称电容，单位是法［拉］（F），电容较小时，也常采用微法（μF）或皮法（pF），其中

$$1\mu F = 10^{-6}F \qquad 1pF = 10^{-12}F$$

如果电容元件两端电压变化，引起电荷变化，由此形成电流

$$i = \frac{dq}{dt} = C\frac{du}{dt} \tag{1-30}$$

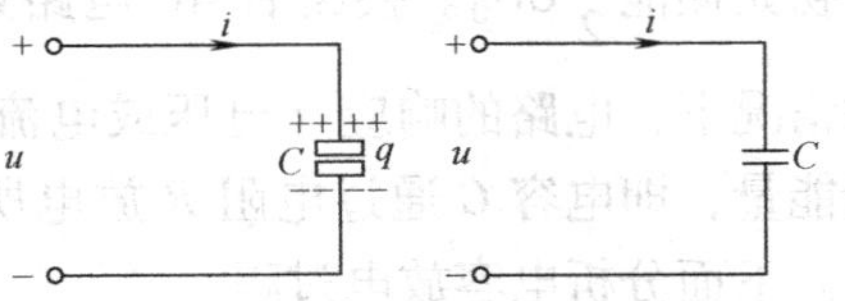

图 1-31　电容元件

式（1-30）表明，对于电容元件，通过它的电流与其端电压对时间变化率成正比。在直流电路中，由于电压恒定，故电流为零，这说明电容对直流相当开路。

电容储存的电场能量

$$W_C = \int_0^t ui\mathrm{d}t = \int_0^u Cu\mathrm{d}u = \frac{1}{2}Cu^2 \tag{1-31}$$

电感元件具有储存磁场能量的性质，其特性用参数 *L* 表示。用导电性能良好的金属导线绕制成空心线圈，可看作电感元件。

如图 1-32 所示，当电流 *i* 通过空心线圈，就产生与 *N* 匝线圈交链的总磁通 *NΦ*，它与电流 *i* 成正比，即

$$N\Phi = Li \tag{1-32}$$

式中，*L* 是常数，称为电感量或自感系数，简称电感或自感，单位是亨［利］(H)，还常常采用毫亨(mH)和微亨(μH)等单位。

如果通过线圈的电流 *i* 发生变化，磁通 *Φ* 也跟着相应地变化，根据电磁感应定律，在其两端产生感应电压

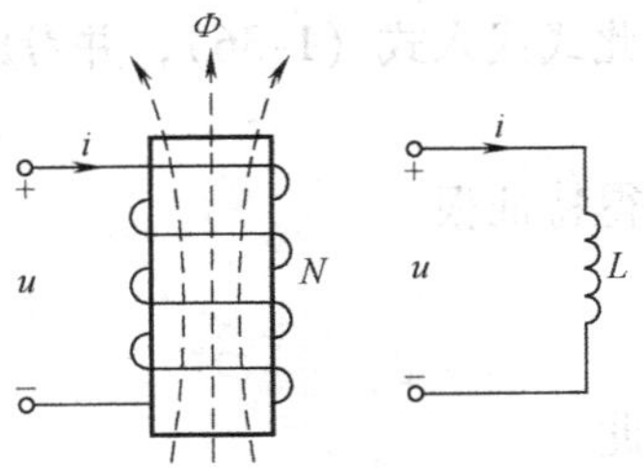

图 1-32　电感元件

$$u = N\frac{\mathrm{d}\phi}{\mathrm{d}t} = L\frac{\mathrm{d}i}{\mathrm{d}t} \tag{1-33}$$

式（1-33）表明，对于电感元件，它的端电压与其电流对时间变化率成正比。在直流电路中，由于电流为恒定值，故电压为零，这说明电感对直流相当短路。

电感储存的磁场能量

$$W_L = \int_0^t ui\mathrm{d}t = \int_0^i Li\mathrm{d}i = \frac{1}{2}Li^2 \tag{1-34}$$

式（1-31）和式（1-34）表明：电容内 *t* 时刻的储能与此时电容上电压的二次方成正比；

电感内 t 时刻的储能与该时刻电感中电流的二次方成正比。由于实际上储能元件内部储能不能跃变，因此得出一个重要结论：电容上的电压和电感中的电流不能跃变。

如果电路在 $t=0$ 时换路，用 $t=0_-$ 表示换路前的最后瞬时，$t=0_+$ 表示换路后初始瞬时，则有

$$\left.\begin{aligned} u_C(0_+) &= u_C(0_-) \\ i_L(0_+) &= i_L(0_-) \end{aligned}\right\} \tag{1-35}$$

此式通常被称为换路定则，而 $u_C(0_+)$、$i_L(0_+)$ 分别是电容电压和电感电流的初始值。

二、*RC* 电路的暂态过程

1. *RC* 电路的零输入响应

图1-33所示 *RC* 电路，开关 S 动作前是合在1位，$t=0$ 时，突然合到2位。此前电容 C 已被充电到 $u_C(0)=U_0$，电容已具有初始储能 $\frac{1}{2}CU_0^2$。换路后 *RC* 电路处在无外来输入（或激励）的情况下，电路的响应（电压或电流）是由电容 C 释放其中电场能量，即电容 C 通过电阻 R 放电所产生，故称之为零输入响应。下面分析电容放电过程。

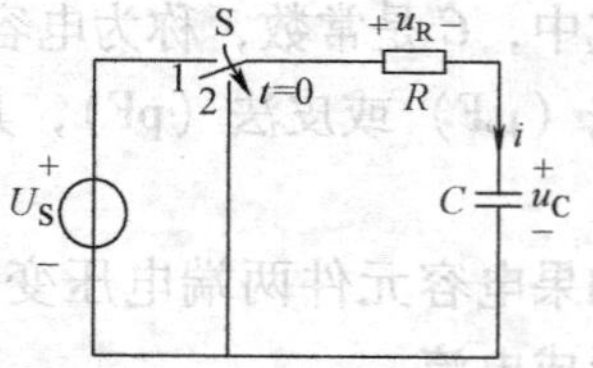

图1-33 电容的放电电路

由 KVL 得

$$u_R + u_C = 0$$

将 $u_R = Ri$ 与 $i = C\dfrac{\mathrm{d}u_C}{\mathrm{d}t}$ 代入上式，得

$$RC\frac{\mathrm{d}u_C}{\mathrm{d}t} + u_C = 0 \qquad t \geqslant 0 \tag{1-36}$$

这是一阶常系数齐次微分方程，其解应为

$$u_C = A\mathrm{e}^{pt}$$

将此式代入式（1-36），并考虑到 A 不能为零，得到以下特征方程：

$$RCp + 1 = 0$$

解得特征根

$$p = -\frac{1}{RC} \tag{1-37}$$

因此

$$u_C = A\mathrm{e}^{-\frac{t}{RC}}$$

式中，A 是待定积分常数，可由初始条件来确定。

将 $u_C(0_+) = U_0$ 代入上式得

$$A = U_0$$

于是

$$u_C = U_0\mathrm{e}^{-\frac{t}{RC}} = U_0\mathrm{e}^{-\frac{t}{\tau}} \qquad t \geqslant 0 \tag{1-38}$$

式（1-38）表明 *RC* 电路的零输入响应电容电压 u_C 是随时间按指数规律衰减的。图1-34给出了电容电压 u_C 随时间 t 的变化曲线。

式（1-38）中，$\tau = RC$，它反映了暂态过程的快慢，其单位是秒（s），故称为时间常

数。从理论上来讲，要经历无限长时间，u_C 才能衰减到零，但在实际工程中，我们认为经过 $(3 \sim 5)\tau$，暂态过程就基本结束，这是因为

$$u_C(3\tau) = U_0 e^{-3} \approx 0.05U_0$$

$$u_C(5\tau) = U_0 e^{-5} \approx 0.007U_0$$

τ 与特征根 p 的关系是

$$\tau = -\frac{1}{p} \tag{1-39}$$

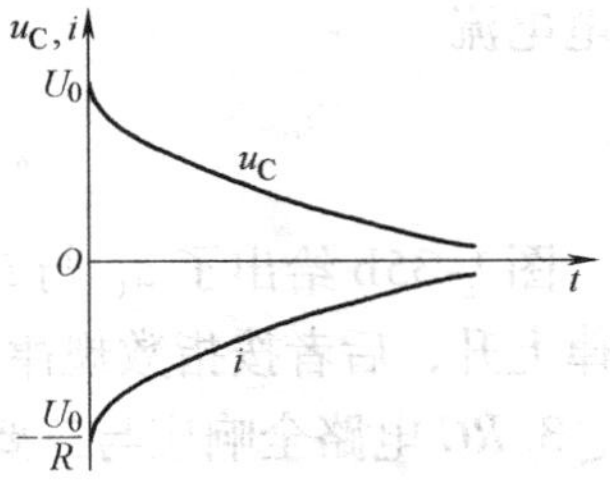

图 1-34　u_C、i 的变化曲线

电容放电电流

$$i = C\frac{du_C}{dt} = -\frac{U_0}{R}e^{-\frac{t}{RC}} \qquad t \geqslant 0 \tag{1-40}$$

式（1-40）中负号表示放电电流实际方向与其参考方向相反。放电电流 i 随时间 t 变化的曲线也画在图 1-34 中，其大小随着时间也是按指数规律衰减的。

2. *RC* 电路零状态响应

如果原先电容电压为零，即无初始储能，我们说它处于零初始状态，当外接电源时，电路中产生的电压和电流即零状态响应。在图 1-35a 所示电路中，设开关 S 原在 2 位，$t=0$ 时，开关 S 由 2 位合向 1 位。此前电容端电压 $u_C(0)=0$，换路后在电压源作用下，电容 C 被充电。下面分析电容充电过程：

由 KVL 得

$$RC\frac{du_C}{dt} + u_C = U_S \qquad t \geqslant 0 \tag{1-41}$$

上述一阶常系数非齐次微分方程式的解 u_C 应是该方程一个特解 u_C' 和与该方程对应的齐次方程的通解 u_C'' 之和，即

$$u_C = u_C' + u_C''$$

通常将 $t=\infty$ 时的稳态值 $u_C(\infty)$ 作为满足该微分方程的特解。当经历无限长时间，电路达到稳定状态后，电压源电压全部降落在电容上，即

$$u_C' = U_S$$

另外，和式（1-41）对应的齐次方程通解为

$$u_C'' = Ae^{-\frac{t}{RC}} = Ae^{-\frac{t}{\tau}}$$

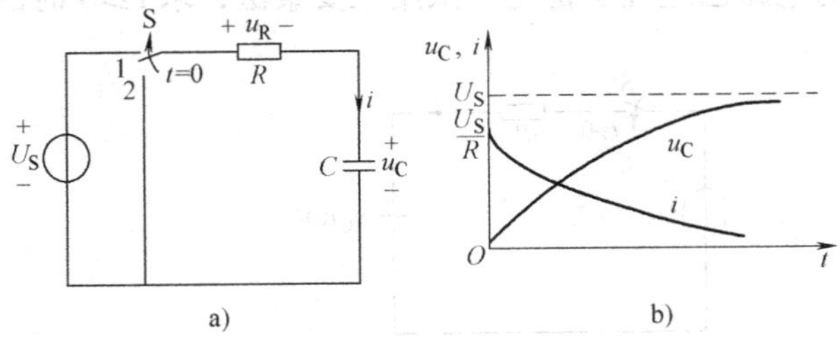

图 1-35　*RC* 电路零状态响应

a）电路图　b）u_C、i 变化曲线图

于是

$$u_C = u_C' + u_C'' = U_S + Ae^{-\frac{t}{RC}} \qquad t \geqslant 0$$

将 $u_C(0_+) = 0$ 代入上式，求得待定系数

$$A = -U_S$$

最终得到电容电压 u_C 的表达式

$$u_C = U_S(1 - e^{-\frac{t}{RC}}) = U_S(1 - e^{-\frac{t}{\tau}}) \qquad t \geqslant 0 \tag{1-42}$$

充电电流

$$i = C\frac{du_C}{dt} = \frac{U_S}{R}e^{-\frac{t}{RC}} = \frac{U_S}{R}e^{-\frac{t}{\tau}} \qquad t \geqslant 0 \tag{1-43}$$

图1-35b给出了 u_C 与 i 随时间 t 的变化曲线，它们都是按指数规律变化的，前者按指数规律上升，后者按指数规律下降。

3. *RC* 电路全响应与三要素法

有些情况下 *RC* 电路的响应是由储能元件电容的初始储能与外来输入共同引起的，即两者皆不为零，称为全响应。根据叠加原理，它是零输入响应与零状态响应的叠加，即

全响应 = 零输入响应 + 零状态响应

如图1-36电路所示，设 $u_C(0) = U_0$，$t=0$ 时开关闭合，接通直流电压源 U_S，换路后电容电压

$$u_C = U_0 e^{-\frac{t}{\tau}} + U_S(1 - e^{-\frac{t}{\tau}})$$

上式中前一项是零输入响应，后一项是零状态响应，其中 $U_S = u_C(\infty), U_0 = u_C(0_+)$，因此该响应又可写成以下形式：

$$u_C = u_C(0_+)e^{-\frac{t}{\tau}} + u_C(\infty)(1 - e^{-\frac{t}{\tau}}) = u_C(\infty) + [u_C(0_+) - u_C(\infty)]e^{-\frac{t}{\tau}}$$

推而广之，写成一般形式

$$f(t) = f(\infty) + [f(0_+) - f(\infty)]e^{-\frac{t}{\tau}} \tag{1-44}$$

式（1-44）中 $f(t)$ 表示含有一个储能元件——电容的线性电路中任何一部分的电压或电流，此式说明，只要确定了电路的初始值 $f(0_+)$、稳态值 $f(\infty)$ 与时间常数 τ 这三个要素，就可以直接写出电路响应的表达式，故称之为三要素法。应该指出，对于较为复杂的 *RC* 电路应利用上节的戴维南定理将换路后的电路等效变换成单一回路的 *RC* 电路，再由 $\tau = RC$ 求其时间常数，也就是说，R 是从电容两端看进去的戴维南等效电路的等效电阻。

例1-11　在图1-37中，$U_S = 25V$，$R_1 = 20\Omega$，$R_2 = 5\Omega$，$C = 5\mu F$，$t=0$ 时开关S闭合，此前电路已经处于稳定。试用三要素法，求 $t \geqslant 0$ 时的 u_C 和 i。

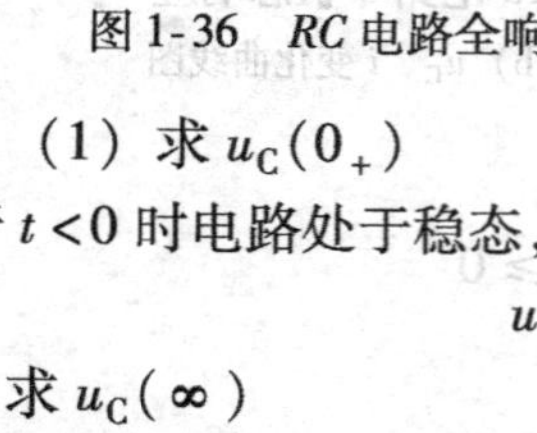

图1-36　*RC* 电路全响应

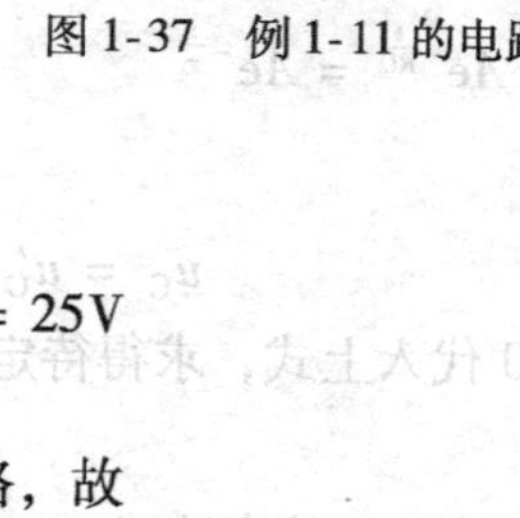

图1-37　例1-11的电路

解　（1）求 $u_C(0_+)$

由于 $t<0$ 时电路处于稳态，电容相当开路，因此

$$u_C(0_+) = u_C(0_-) = U_S = 25V$$

（2）求 $u_C(\infty)$

经历无限长时间，电路又处于稳态，电容也相当开路，故

$$u_C(\infty) = \frac{R_2}{R_1 + R_2}U_S = \frac{5}{20 + 5} \times 25V = 5V$$

(3) 求 τ

对于 RC 电路，$\tau = RC$，R 应视为从电容 C 两端看进去的戴维南等效电路的等效电阻，所以

$$\tau = RC = \frac{R_1 R_2}{R_1 + R_2} C = \frac{20 \times 5}{20 + 5} \times 5 \times 10^{-6}\mathrm{s} = 20 \times 10^{-6}\mathrm{s}$$

(4) 将 $u_C(0_+)$、$u_C(\infty)$、τ 代入三要素公式，得

$$u_C = [5 + (25 - 5)\mathrm{e}^{-\frac{t}{20\times10^{-6}}}]\mathrm{V} = (5 + 20\mathrm{e}^{-\frac{t}{20\times10^{-6}}})\mathrm{V}$$

然后，由 $i = C\dfrac{\mathrm{d}u_C}{\mathrm{d}t}$，求得电流

$$i = C\frac{\mathrm{d}u_C}{\mathrm{d}t} = 5 \times 10^{-6} \times \left(-20 \times \frac{1}{20 \times 10^{-6}}\mathrm{e}^{-\frac{t}{20\times10^{-6}}}\right)\mathrm{A} = -5\mathrm{e}^{-\frac{t}{20\times10^{-6}}}\mathrm{A}$$

三、RL 电路的暂态过程

前已指出：含有一个储能元件——电容的 RC 电路可以利用三要素法直接写出响应表达式。对于含有另一个储能元件——电感的 RL 电路，因为描述它的暂态过程的数学模型也是一阶的常系数线性微分方程，因此也可以用三要素法求解，但应注意：RL 电路的时间常数

$$\tau = \frac{L}{R} \tag{1-45}$$

下面以 RL 电路的零输入响应为例加以说明：

如图 1-38a 所示电路，开关 S 原先合在 1 位，此时电感中已有恒定的电流 I_0，即已具有初始储能 $\frac{1}{2}LI_0^2$。当 $t=0$ 时，开关 S 突然合在 2 位，电路处于零输入情况下，电感 L 中的储能通过电阻被释放出来。由 KVL 得出以 i_L 为响应的微分方程

$$L\frac{\mathrm{d}i_L}{\mathrm{d}t} + Ri_L = 0 \qquad t \geqslant 0 \tag{1-46}$$

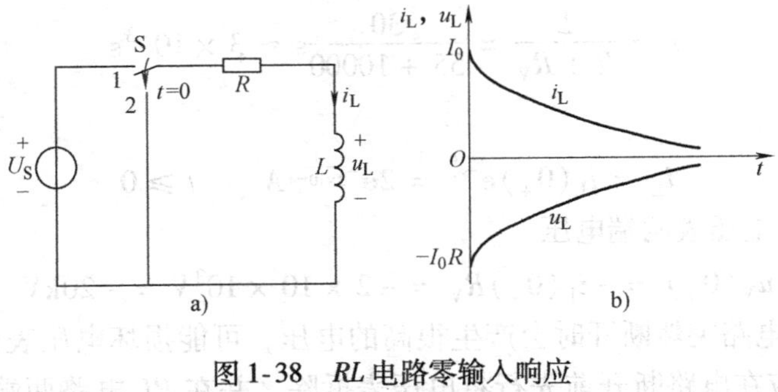

图 1-38　RL 电路零输入响应

a) 电路图　b) i_L、u_L 变化曲线图

这是一阶常系数齐次微分方程，它的特征方程为

$$Lp + R = 0$$

特征根

$$p = -\frac{R}{L}$$

因此，时间常数

$$\tau = -\frac{1}{p} = \frac{L}{R} \tag{1-47}$$

i_L 的初始值由换路定则确定

$$i_L(0_+) = i_L(0_-) = I_0$$

$t=\infty$ 时，电感中储能释放殆尽，故

$$i_L(\infty) = 0$$

将 τ、$i_L(0_+)$、$i_L(\infty)$ 代入式（1-44），得

$$i_L = I_0 e^{-\frac{R}{L}t} = I_0 e^{-\frac{t}{\tau}} \quad t \geqslant 0 \tag{1-48}$$

电感两端的电压

$$u_L = L\frac{di_L}{dt} = -I_0 R e^{-\frac{t}{\tau}} \quad t \geqslant 0 \tag{1-49}$$

图1-38b给出了 RL 电路的零输入响应 i_L、u_L 随时间 t 变化的曲线。

例1-12 图1-39a所示电路中，已知 $U=110\text{V}$，$R=55\Omega$，$L=30\text{H}$，电压表内阻 $R_V=10\text{k}\Omega$。在 $t=0$ 时，开关断开。设开关动作前电路已处于稳定，试求：

（1）$t\geqslant 0$ 时电感中的电流 i_L；

（2）开关S断开后的一瞬间电压表两端电压 $u_V(0_+)$。

解 （1）由换路定则可确定 i_L 的初始值

$$i_L(0_+) = i_L(0_-) = \frac{U}{R} = \frac{110}{55}\text{A} = 2\text{A}$$

$t=\infty$ 时，电感中电流衰减到零

$$i_L(\infty) = 0$$

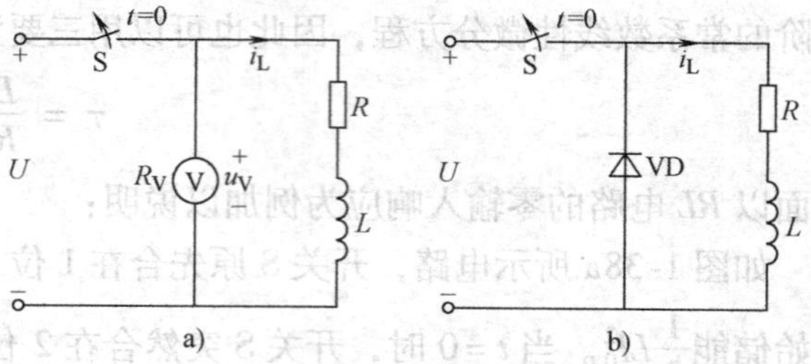

图1-39 例1-12的电路图与续流二极管

a）电路图 b）续流二极管

时间常数

$$\tau = \frac{L}{R+R_V} = \frac{30}{55+10000}\text{s} \approx 3\times 10^{-3}\text{s}$$

于是

$$i_L = i_L(0_+)e^{-\frac{t}{\tau}} = 2e^{-\frac{t}{3\times10^{-3}}}\text{A} \quad t \geqslant 0$$

（2）$t=0_+$ 时，电压表两端电压

$$u_V(0_+) = -i_L(0_+)R_V = -2\times 10\times 10^3\text{V} = -20\text{kV}$$

此例说明，RL 电路突然断开时会产生很高的电压，可能损坏电压表，还会在开关处发生高压电弧。为此应在电路断开前先行将电压表拆除，并在 RL 电路两端并联一个二极管，在开关断开时为 RL 电路提供释放磁场能量的通路，此二极管被称为续流二极管，如图1-39b所示。

本 章 小 结

1. 任何电路无论多么复杂，按电路元件在其中的作用，可分为电源、负载和传输线。电路的功能主要是传输和变换电能与传递和处理电信号。

电路分析与计算的对象是由理想电路元件组成的电路模型。本书涉及的理想电路元件有电压源、电流源、电阻元件、电感元件和电容元件。

2. 电工学中常用的物理量有电压、电流、电动势、功率和能量。一般情况下，上述物理量随时间变化，分别用字母 $u(t)$、$i(t)$、$e(t)$ 和 $p(t)$ 表示，能量用 $W(t)$ 表示。在直流电路中，上述物理量均为恒定值，分别用字母 U、I、E、P 和 W 表示。

3. 电路中电压、电流等物理量通常用参考方向结合代数量的方法表示它的大小和方向。参考方向是电工学中的一个最基本的概念，它贯穿全书的始终。参考方向可任意规定，但也有一定的习惯，一旦选好，则应以此为准进行分析和计算。

参考方向有关联参考方向和非关联参考方向之分。一般负载取关联参考方向，而电源取非关联参考方向。

4. 电路的基本状态可分为有载状态、开路状态和短路状态。以简单直流电路为例，这三种状态的特点是：

有载状态：$I=\dfrac{E}{R_0+R_L}$　　$U=E-IR_0$　　$P=UI$

开路状态：$I=0$　　$U_{oc}=E$　　$P=0$

短路状态：$I_{sc}=\dfrac{E}{R_0}$　　$U=0$　　$P_E=I_{sc}^2R_0$

在电气设备的使用过程中，要考虑其额定值。电气设备在其额定值下工作是最佳工作状态。

5. 实际电源可以用理想电压源（电动势为 E）与其内阻 R_0 的串联来表示。实际电流源可以用理想电流源（大小为 I_S）与其内阻 R_0 的并联来表示。对于直流电源，其端电压 U 与电流 I 的关系（或称伏安关系）为

$$U = E - IR_0$$

或

$$I = I_S - \frac{U}{R_0}$$

将上两式用 $U—I$ 平面的曲线表示，则称此曲线为电源的伏安特性或外特性。

当 $R_0=0$ 时，电压源内部无损耗，此时的电压源就是理想电压源，本书简称电压源，它的伏安关系为

$$U = E$$

当 $R_0=\infty$ 时，电流源内部无损耗，此时的电流源就是理想电流源，本书简称电流源，它的伏安关系为

$$I = I_S$$

它们的伏安特性都是平行于坐标轴的直线。

6. 基尔霍夫定律是电路的基本定律，它包括基尔霍夫电流定律 KCL 和基尔霍夫电压定律 KVL。基尔霍夫定律只与电路的连接方式有关，而与电路元件的性质无关，通常又称电路的结构（拓扑）约束，它与上述的元件约束一起构成了电路的两大约束。

KCL：在任何时刻，对任一节点，通过它的所有支路电流代数和恒等于零。即

$$\sum i=0$$

KVL：在任何时刻，沿任一回路，所有支路电压代数和恒等于零。即

$$\sum u=0$$

对于电阻电路应用欧姆定律，可将上式写成另一种形式，即

$$\sum(iR)=\sum e$$

各种元件的伏安关系和基尔霍夫定律这两类约束是电路分析与计算的基本依据。

7. 支路电流法：以支路电流为未知量、以基尔霍夫定律与欧姆定律为依据建立方程并求解的方法。其步骤为：

① 确定支路数 b，从而明确未知量与方程的个数，选定各支路电流的参考方向。

② 电路如有 n 个节点，则对 $(n-1)$ 个节点利用KCL建立节点电流方程。

③ 利用KVL建立 $(b-n+1)$ 个回路电压方程，通常选网孔来建立回路电压方程。

④ 联立求解上述方程，从而求得各支路电流。

8. 线性电路的比例性：在线性电路中如果所有的激励同时增加（或缩小）K 倍，则其响应也随之增加（或缩小）K 倍。

9. 线性电路的叠加性：在有若干激励共同作用的线性电路中，任一支路的响应（电压或电流）都可看作每一激励单独作用在该支路所产生响应分量的代数和。

10. 戴维南定理适应于仅对某一部分（或某一条）电路感兴趣，其思路是将感兴趣的某一部分电路移去，把剩下复杂的有源二端网络简化为实际电压源的形式，再将感兴趣的某一部分电路移进，从而使问题简化。

11. RC 和 RL 电路暂态过程各种响应都按指数规律变化，可以写成一般形式

$$f(t)=f(\infty)+[f(0_+)-f(\infty)]e^{-\frac{t}{\tau}}$$

初始值 $f(0_+)$、稳态值 $f(\infty)$ 与时间常数 τ 被称为三要素，其中时间常数 τ，对于 RC 电路，$\tau=RC$；对于 RL 电路，$\tau=L/R$。R 是储能元件以外的戴维南等效电阻。

习 题 一

1-1 如图1-40所示的电路中，$E_1=E_2=E_3=4V$，$R_1=R_2=R_3=R_4$，则 A 点电位 V_A 是多少？

1-2 如图1-41所示的电路中，试计算 R_{ab}、R_{cd} 的值。

1-3 在图1-42所示的电路中，试分别求出满足下述条件的 R_L 值。

1) $U=3V$；

2) $I=1.5A$；

3) 电阻 R_L 消耗的功率为12W。

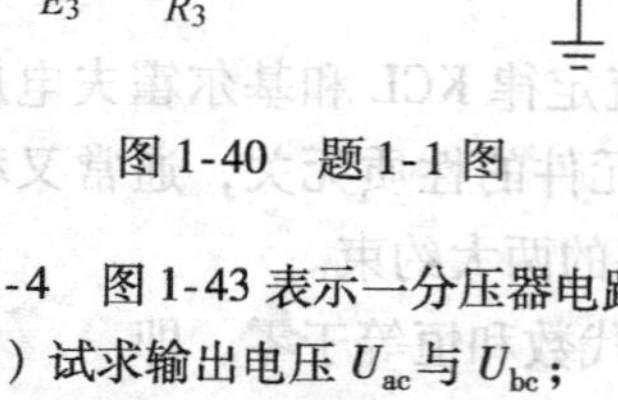

图1-40 题1-1图

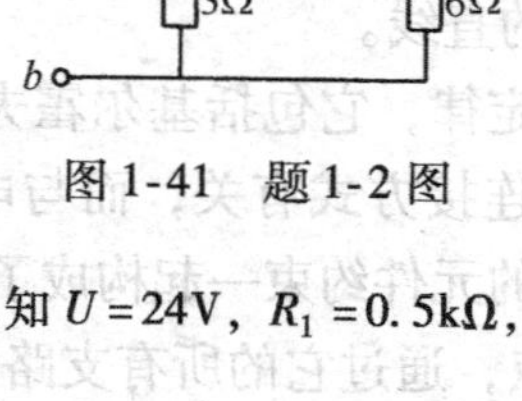

图1-41 题1-2图

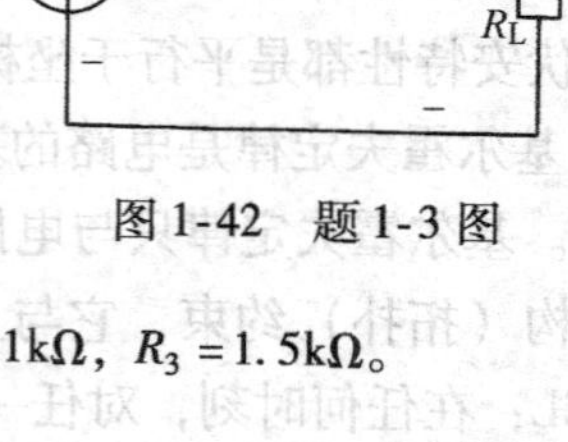

图1-42 题1-3图

1-4 图1-43表示一分压器电路，已知 $U=24V$，$R_1=0.5k\Omega$，$R_2=1k\Omega$，$R_3=1.5k\Omega$。

1) 试求输出电压 U_{ac} 与 U_{bc}；

2) 若将负载电阻 $R_L=1.5k\Omega$ 接在 b、c 之间，输出电压 U_{bc} 是否发生变化？此时 U_{bc} 为多少？

1-5 如图1-44a、b所示的电路中：

1）u、i 的参考方向是否关联？

2）u、i 的乘积表示什么功率？

3）如果在图 1-44a 中 $u>0$，$i<0$；图 1-44b 中 $u>0$，$i>0$，元件实际吸收还是发出功率？

1-6 若某元件端口上电压和电流取关联参考方向，而 $u = 170\cos(100\pi t)\text{V}, i = 7\sin(100\pi t)\text{A}$。求：

1）该元件吸收功率的最大值；

2）该元件发出功率的最大值。

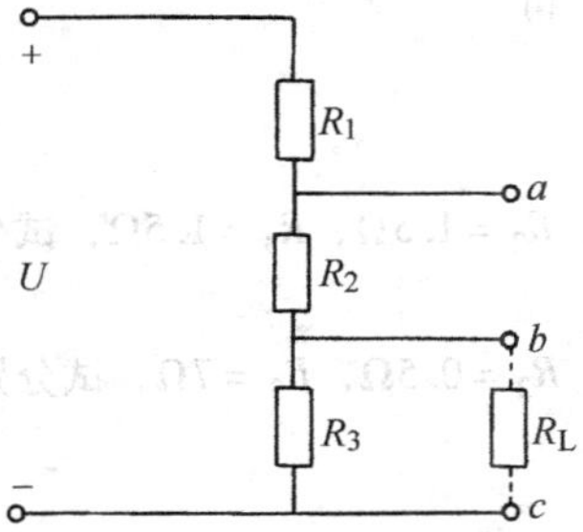

图 1-43 题 1-4 图

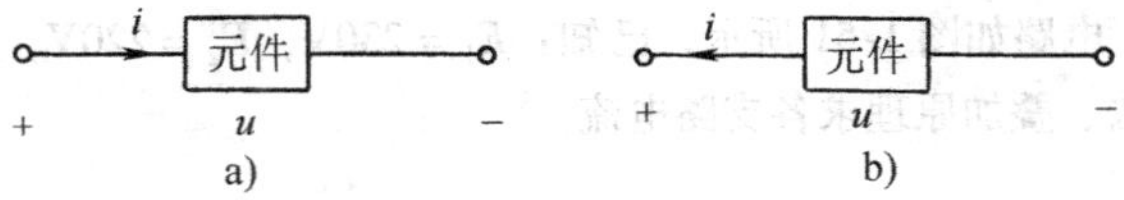

图 1-44 题 1-5 图

1-7 试求图 1-45a、b 中每个元件的功率。

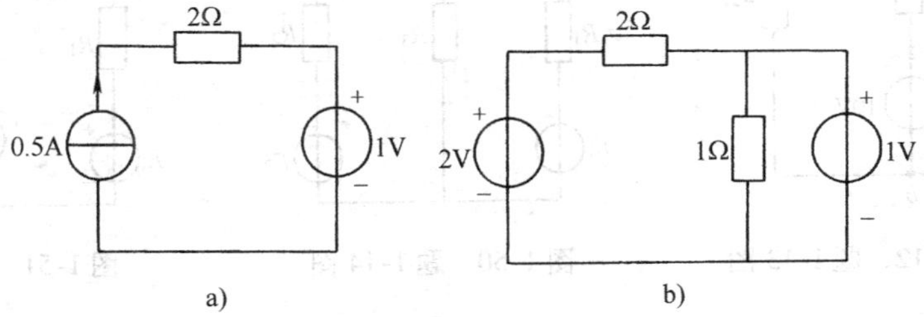

图 1-45 题 1-7 图

1-8 电路如图 1-46 所示，欲使电压 $U_{AB}=10\text{V}$，试问 E 为何值？

1-9 今有 0.25W、10kΩ 和 0.25W、39kΩ 的两个电阻器，此处所标瓦数为电阻器的额定功率。试求：

1）将这两个电阻器串联使用，允许的最高电压与最大电流；

2）将这两个电阻器并联使用，允许的最高电压与最大电流。

1-10 电路如图 1-47 所示。已知 $E_S=150\text{V}$，$R_1=6\Omega$，$R_2=20\Omega$，R_3 可调。试分别求 $R_3=5\Omega$、0、∞ 三种情况下的 U、I_2 和 I_3。

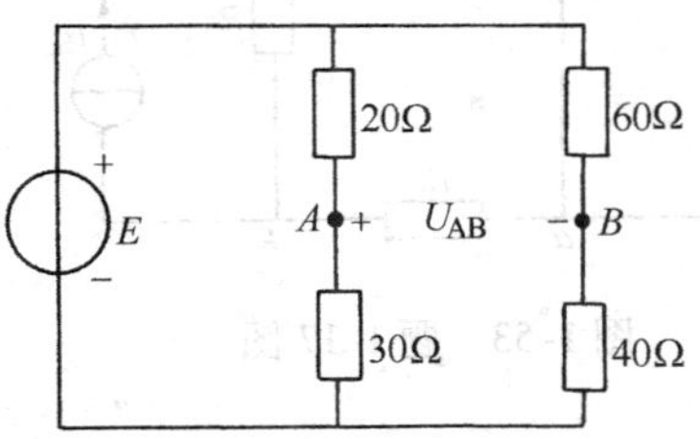

图 1-46 题 1-8 图

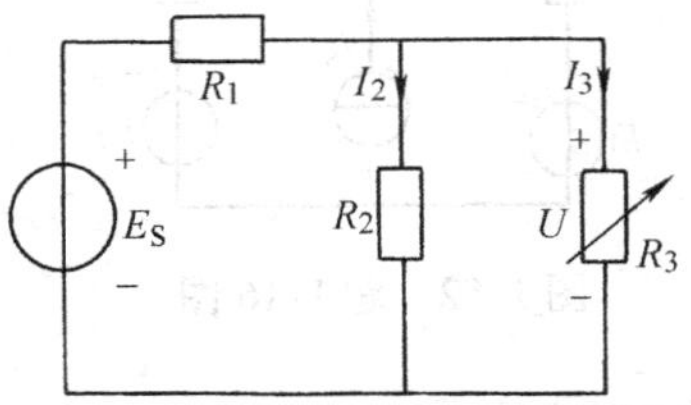

图 1-47 题 1-10 图

1-11 利用 KCL 和 KVL 求解图 1-48a、b 中的电压 u。

1-12 用支路电流法求图 1-49 所示电路中各支路的电流，并用一未列过回路电压方程的回路或通过功率平衡方程进行校核。

1-13 用线性电路的叠加原理求图 1-49 中各支路电流。

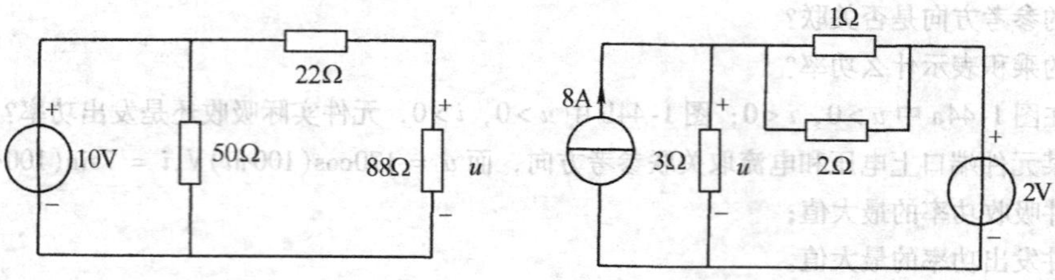

a)　　　　　　　　b)

图1-48　题1-11图

1-14　电路如图1-50所示，已知：$E_1=24\text{V}$，$E_2=12\text{V}$，$R_1=0.5\Omega$，$R_2=1.5\Omega$，$R_3=1.5\Omega$，试分别用支路电流法、叠加原理求各支路电流。

1-15　电路如图1-51所示，已知：$E_1=230\text{V}$，$E_2=220\text{V}$，$R_1=2\Omega$，$R_2=0.5\Omega$，$R_3=7\Omega$，试分别用支路电流法、叠加原理求各支路电流。

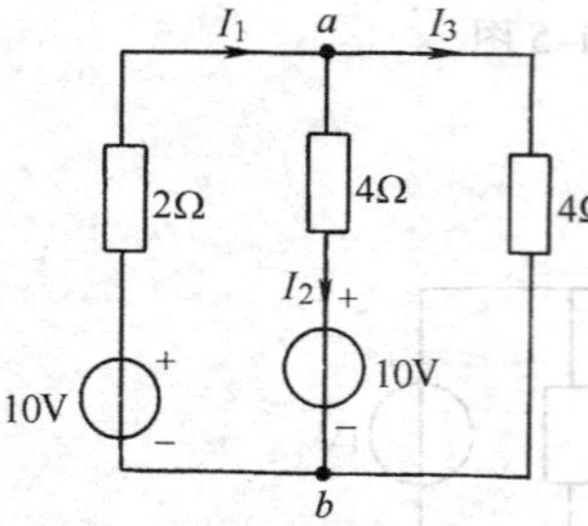

图1-49　题1-12、题1-13图

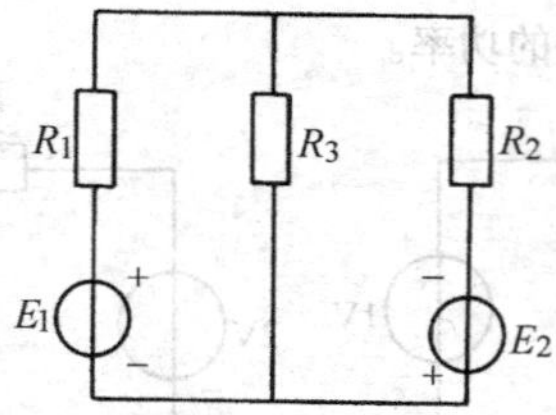

图1-50　题1-14图

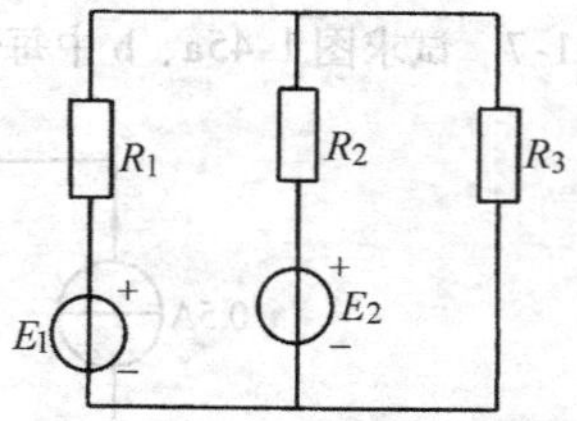

图1-51　题1-15图

1-16　电路如图1-52所示，已知：$E_1=12\text{V}$，$E_2=6\text{V}$，$I_S=3\text{A}$，电路其余参数如图，试分别用支路电流法、叠加原理求各支路电流和各电源的输出功率。

1-17　电路如图1-53所示，已知：$R_1=R_7=1\Omega$，$R_2=R_6=2\Omega$，$R_3=6\Omega$，$R_4=10\Omega$，$R_5=8\Omega$，$E_1=9\text{V}$，$I_S=2\text{A}$。求：

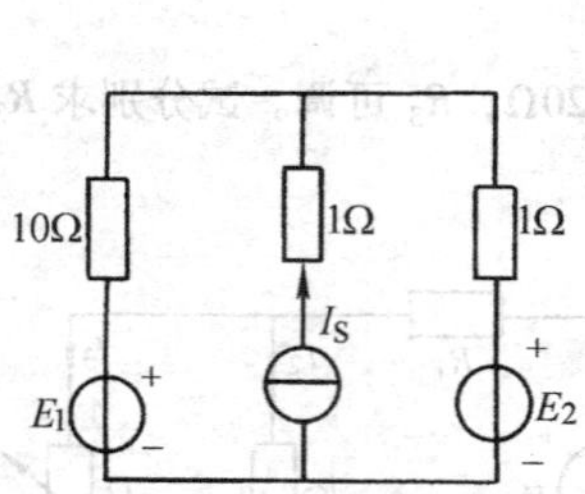

图1-52　题1-16图

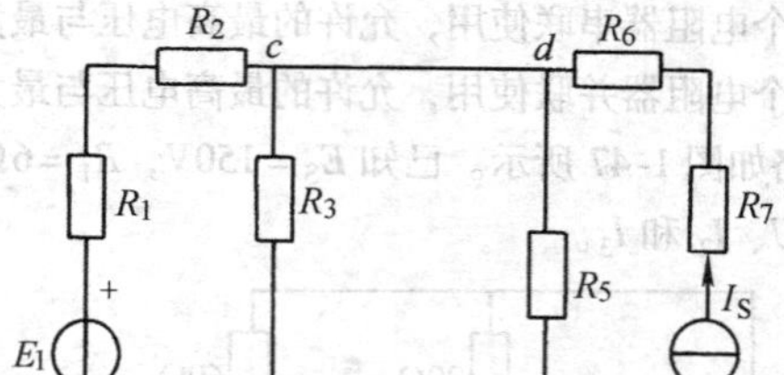

图1-53　题1-17图

1）各支路中的电流；

2）cd导线中的电流。

1-18　电路如图1-54所示，1）当将开关S合在a点时，求电流I_1、I_2、I_3；2）当将开关S合在b点时，利用1）的结果，用叠加原理求电流I_1、I_2、I_3。

1-19　电路如图1-55所示，试用叠加原理求电路$R=3.5\Omega$中的电流。

1-20　电路如图1-56所示，已知：$U_{S1}=U_{S4}=10\text{V}$，$R_2=R_3=R_5=R_6=1\text{k}\Omega$。用戴维南定理，求$R_5$支

路电流。

1-21　求图 1-57 所示含源一端口网络的戴维南等效电路。

1-22　用戴维南定理求图 1-58 电路中 45Ω 电阻上的电压 U。

1-23　用戴维南定理求图 1-59 电路中的电流 I。

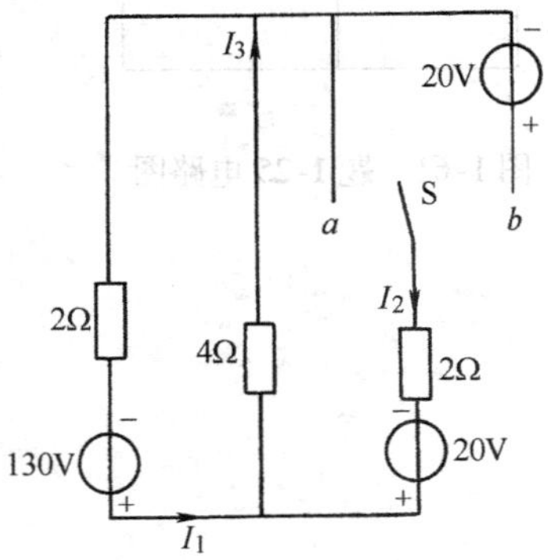

图 1-54　题 1-18 图

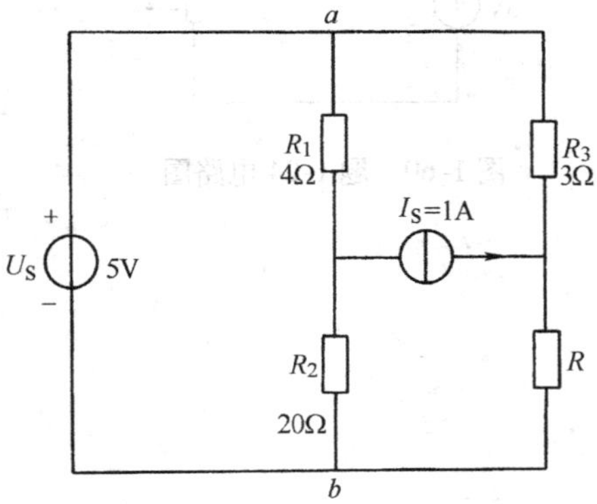

图 1-55　题 1-19 图

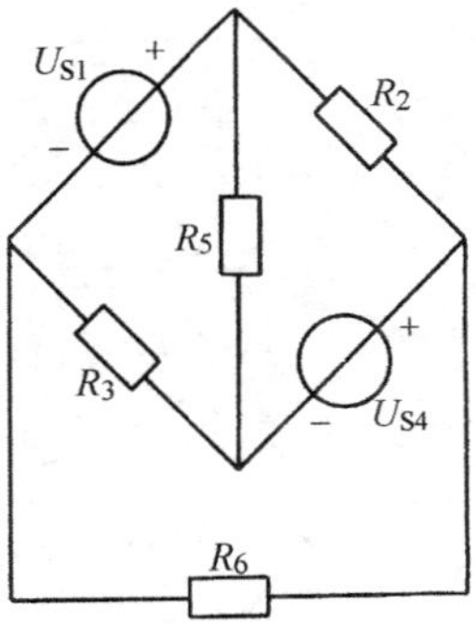

图 1-56　题 1-20 图

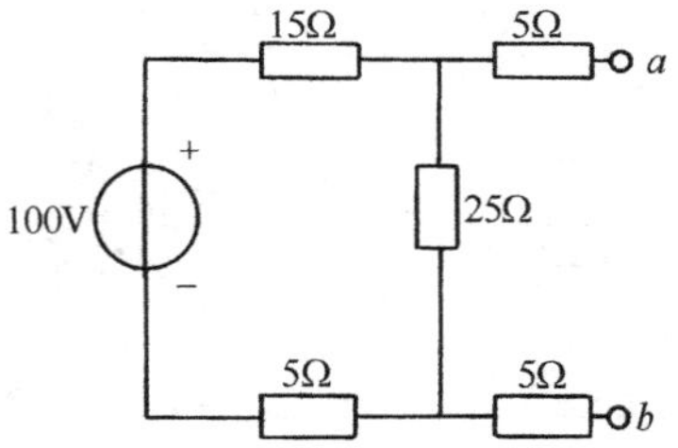

图 1-57　题 1-21 图

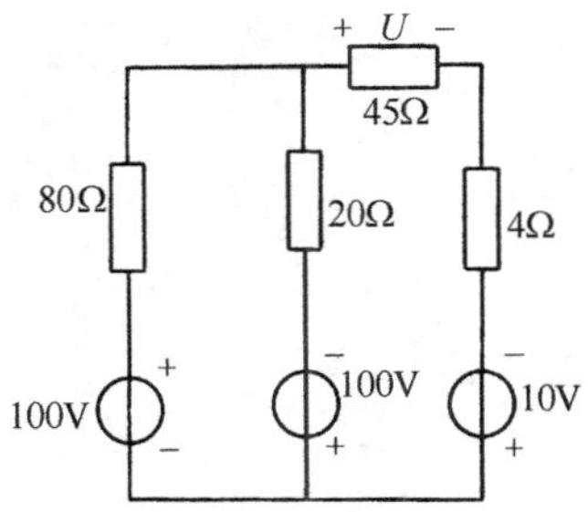

图 1-58　题 1-22 图

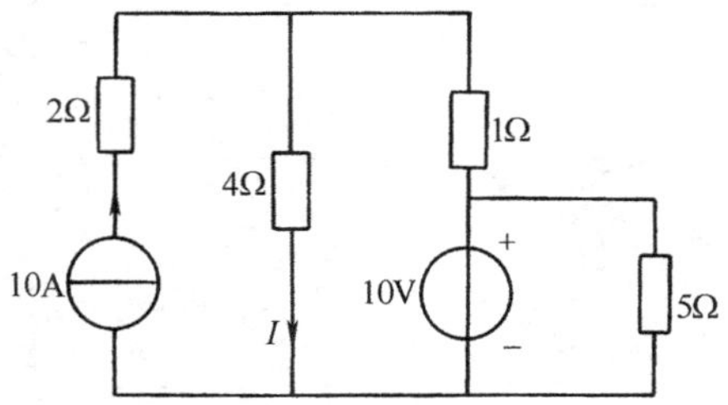

图 1-59　题 1-23 图

1-24　电路如图 1-60 所示，已知开关 S 闭合前，电容电压为 0，在 $t=0$ 时开关 S 闭合，求 S 闭合后电容电压 u_C 与图中 2Ω 电阻上的电压 u_o。

1-25　图 1-61 所示电路，$t=0$ 时开关 S 断开，此前电路已处于稳定状态，求开关 S 断开后，电感中的电流 i_L 与输出电压 u_o。

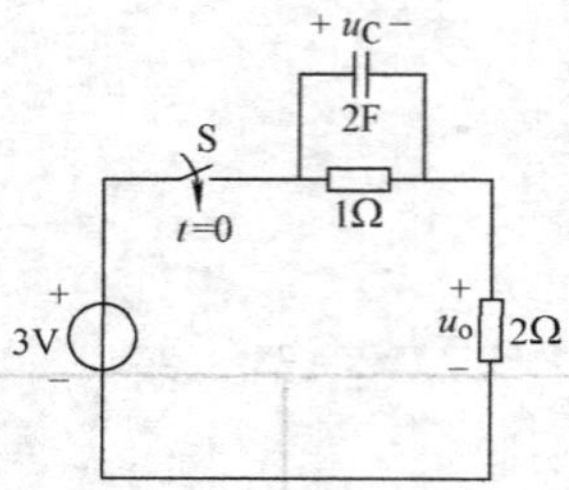

图1-60　题1-24电路图

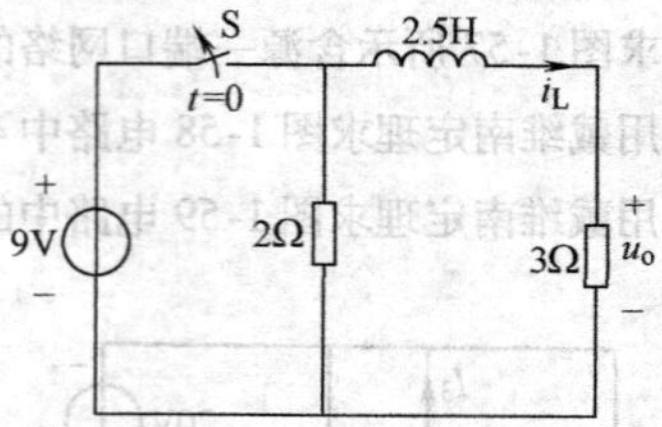

图1-61　题1-25电路图

第二章　正弦交流电路

正弦交流电，或简称交流电，它在实际工程中应用极为广泛，例如电气照明的电源和土建施工中的动力电源，以及我们日常生活中所用的电源，几乎全都是正弦交流电，即使在有些场所需要用直流电，也是通过整流设备把交流电变成直流电的。因此学习正弦交流电路的理论，掌握其分析和计算方法是很重要的。

由于正弦交流电具有随着时间按正弦规律变化的特点，正弦交流电路中会出现一些用直流电路概念无法解释的现象，例如总电压可能小于部分电压，总电流也可能小于分支电流等。因此掌握正弦交流电的特殊性是非常重要的。

正弦交流电路在分析与计算方法上与直流电路相同，上一章所提及的电路分析方法在运用相量法后，可以全部推广应用于正弦交流电路。本章的分析仍然是以基尔霍夫定律和各种元件的伏安关系为主要依据的。

在这一章中，我们首先介绍正弦交流电的三个特征量，接下来介绍相量法，并以相量法为工具分析单一参数的正弦交流电路，*RLC* 串联正弦交流电路，以及元件的串联和并联，介绍谐振现象和功率因数的提高。电力系统广泛采用三相交流电，本章还要介绍三相电路的基本知识。

这一章是本课程的重要内容，它是以后各章的基础。

第一节　正弦交流电的基本概念

正弦交流电泛指按正弦规律随时间变化的电压或电流。正弦量在任意时刻的值，即瞬时值是时间 t 的函数。瞬时值用 $u(t)$或 $i(t)$表示，为了书写简便，今后常写成 u、i。

以正弦电流为例，在指定参考方向前提下，电流 i 可用三角函数表示为

$$i = I_m\sin(\omega t + \psi) \tag{2-1}$$

上述电流的变化规律可以用波形图直观地表示。如图 2-1 所示画出了正弦电流随时间变化的曲线，此曲线即称为波形图。其中图 2-1a 的波形图是以 t 为横坐标画出的；图 2-1b 的波形图是以 ωt 为横坐标画出的。

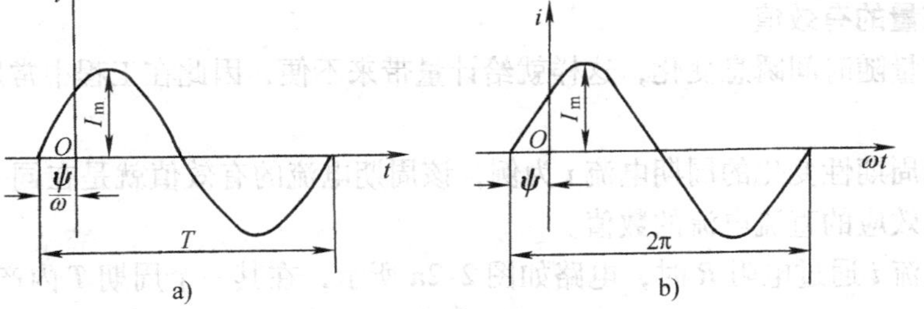

图 2-1　正弦交流电的波形图

显然，正弦电流的特征可以由 I_m、ω、ψ 这三个参数决定，故我们称这三个参数为正弦

量的特征量，亦称为正弦量的三要素。现简述如下：

一、正弦量的特征量

1. 初相位

式（2-1）中的（$\omega t+\psi$）反映了正弦量变化的进程，被称为相位角，或简称相位。为了表示与机械角度有别，一般把相位角的角度称为电角度。

ψ 是当 $t=0$ 时的相位角，即

$$\psi = (\omega t + \psi)\big|_{t=0} \tag{2-2}$$

故称 ψ 为初相角或初相位，简称初相，它的单位是弧度（rad）或度（符号为“°”，如30°、60°等）。从图2-1的波形图可以看出，初相的值与所选择时间起点有关，它反映了正弦量的初始值，例如正弦电流

$$i(0) = I_m \sin\psi \tag{2-3}$$

式中，$i(0)$ 表示正弦电流的初始值。

2. 角频率（或频率、周期）

角频率表示正弦量每秒所经历的电角度，或者说它是相位角变化速率。用 ω 表示角频率，即

$$\omega = \frac{\mathrm{d}}{\mathrm{d}t}(\omega t + \psi) \tag{2-4}$$

它的单位是弧度/秒（rad/s）。

角频率是表示正弦量变化快慢的特征量，表示正弦量变化快慢除角频率外，还常用频率和周期。

频率表示正弦量每秒变化的次数，用 f 表示。它的单位是赫兹（Hz），简称赫。因为正弦量变化一次经历 2π 电角度，因此有

$$f = \frac{\omega}{2\pi} \quad 或 \quad \omega = 2\pi f \tag{2-5}$$

周期则表示正弦量变化一次所需时间，用 T 表示，它的单位是秒（s）。显然周期与频率有如下关系：

$$T = \frac{1}{f} \quad 或 \quad f = \frac{1}{T} \tag{2-6}$$

3. 幅值

正弦量的瞬时值中最大的值叫幅值或最大值。它表明了正弦量变化的规模。幅值用大写字母，并加注下标 m 表示，如正弦电压和电流分别用 U_m 和 I_m 表示。

二、正弦量的有效值

由于正弦量随时间瞬息变化，这样就给计量带来不便，因此在工程中常用有效值表示正弦量的大小。

以随时间周期性变化的周期电流 i 为例，该周期电流的有效值就是在同一时间段，与其有同等电流热效应的直流电流的数值。

当周期电流 i 通过电阻 R 时，电路如图2-2a所示，在其一个周期 T 内产生的热量 Q_1 为

$$Q_1 = \int_0^T i^2 R \mathrm{d}t = R\int_0^T i^2 \mathrm{d}t \tag{2-7}$$

若直流电流 I 通过同一电阻 R 时，如图2-2b所示，在同一时间 T 内所产生的热量 Q_2 为

$$Q_2 = I^2RT \tag{2-8}$$

由上述有效定义，$Q_1 = Q_2$。故周期电流有效值

$$I = \sqrt{\frac{1}{T}\int_0^T i^2 \mathrm{d}t} \tag{2-9}$$

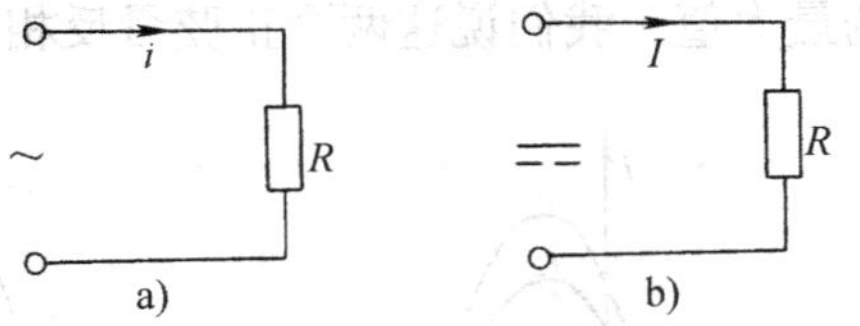

图 2-2　有效值的定义

因此，周期量的有效值亦称为方均根值。当周期量为正弦量时，如正弦电流

$$i = I_m \sin(\omega t + \psi)$$

将其代入式（2-9），得

$$I = \sqrt{\frac{1}{T}\int_0^T I_m^2 \sin^2(\omega t + \psi)\mathrm{d}t} = I_m\sqrt{\frac{1}{T}\int_0^T \sin^2(\omega t + \psi)\mathrm{d}t}$$

其中

$$\int_0^T \sin^2(\omega t + \psi)\mathrm{d}t = \int_0^T \frac{1 - \cos 2(\omega t + \psi)}{2}\mathrm{d}t = \frac{T}{2}$$

因此

$$I = \frac{I_m}{\sqrt{2}} = 0.707 I_m \tag{2-10}$$

对于正弦电压，其有效值

$$U = \frac{U_m}{\sqrt{2}} = 0.707 U_m \tag{2-11}$$

式（2-10）与式（2-11）说明了正弦电流与电压有效值与其幅值之间有固定的$\sqrt{2}$关系。这样一来，正弦电流与电压的瞬时值可用以下三角函数式表达：

$$\left.\begin{aligned} i &= \sqrt{2} I \sin(\omega t + \psi_i) \\ u &= \sqrt{2} U \sin(\omega t + \psi_u) \end{aligned}\right\} \tag{2-12}$$

一般情况下，如无特殊声明，所言正弦量的大小，均指的是有效值，如通常所说照明电路的电源电压 220V，交流电动机的电源电压 380V，以及电气设备的额定电压与额定电流、交流测量仪表的读数等。

三、同频率正弦量的相位差

为了比较同频率的正弦量的相位关系，引入相位差的概念。顾名思义，相位差就是两个同频率正弦量的相位之差，一般用字母 φ 表示。

例如：有两个同频率的正弦电流

$$i_1 = I_{1m}\sin(\omega t + \psi_1)$$
$$i_2 = I_{2m}\sin(\omega t + \psi_2)$$

由上述定义，得

$$\varphi = (\omega t + \psi_1) - (\omega t + \psi_2) = \psi_1 - \psi_2 \tag{2-13}$$

上式表明，同频率的正弦量的相位差与时间无关，而仅由两者的初相决定。

当两个同频率的正弦量的相位差 $\varphi = 0$ 时，即 $\psi_1 = \psi_2$，如图 2-3a 所示。

i_1 与 i_2 同时达到零值、最大值，我们称它们同相；当 $\varphi > 0$ 即 $\psi_1 > \psi_2$，如图 2-3b 所示，i_1 先于 i_2 达到零值、最大值；我们说 i_1 超前 i_2 一个 φ 角，或者说 i_2 滞后 i_1 一个 φ 角；当两

个正弦量的相位差 $\varphi = \pm\pi$ 时，如图2-3c所示，若 i_1 达到正的最大值，i_2 与此同时达到负的最大值，我们说这两个正弦量反相。

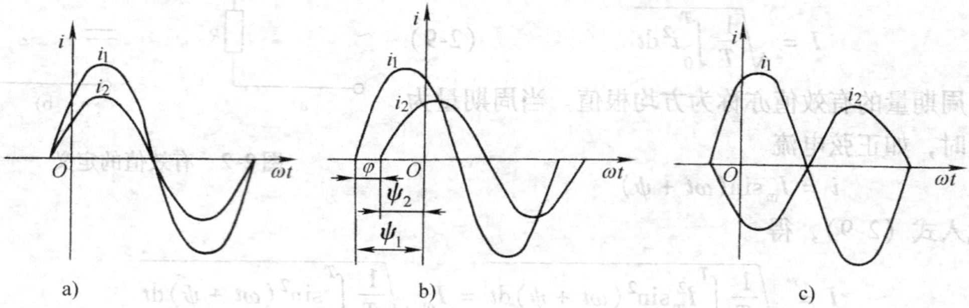

图2-3　正弦量的相位差

值得指出，超前、滞后本是相对的，例如在图2-3b中，可以说 i_1 超前 i_2 一个 φ 角，也可以说 i_1 滞后 i_2 一个（$2\pi-\varphi$）角。为了避免混乱，规定 $|\varphi| \leqslant \pi$。鉴于同样原因，也规定正弦量的初相 ψ 在主值范围取值，且 $|\psi| \leqslant \pi$。

例2-1　有两个正弦电压，u_1 与 u_2 其波形图分别如图2-4a和b所示，已知：$U_{1m}=80V$，$U_{2m}=100V$；$\Delta t_1=2ms$，$\Delta t_2=4ms$；$T_1=20ms$，$T_2=24ms$。试写出正弦电压 u_1 和 u_2 的三角函数表达式。

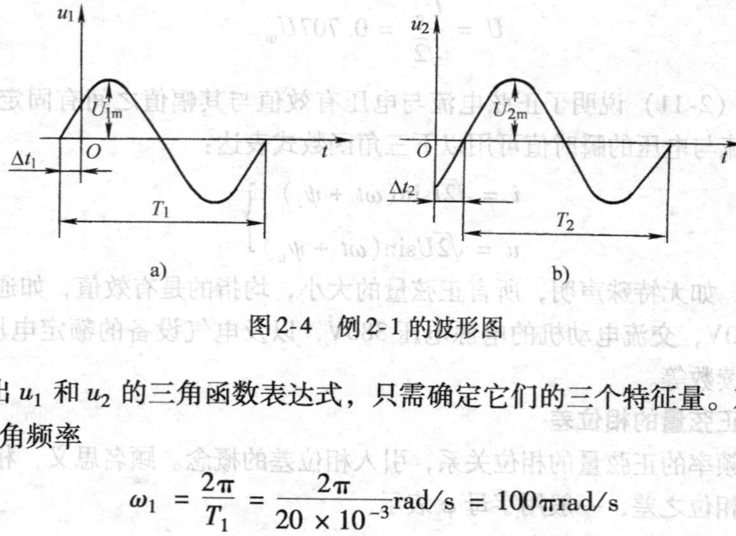

图2-4　例2-1的波形图

解　要写出 u_1 和 u_2 的三角函数表达式，只需确定它们的三个特征量。对于 u_1，已知幅值 $U_{1m}=80V$，角频率

$$\omega_1 = \frac{2\pi}{T_1} = \frac{2\pi}{20\times10^{-3}}\text{rad/s} = 100\pi\text{rad/s}$$

初相的绝对值

$$|\psi_1| = \omega_1\Delta t_1 = 100\pi\times2\times10^{-3}\text{rad} = \frac{\pi}{5}\text{rad}$$

由于 $u_1(0)>0$，故

$$\psi_1 = \frac{\pi}{5}\text{rad}$$

根据上述三个特征量，u_1 的三角函数表达式为

$$u_1 = 80\sin\left(100\pi t + \frac{\pi}{5}\right)\text{V}$$

对于 u_2，已知 $U_{2m}=100\text{V}$，角频率

$$\omega_2=\frac{2\pi}{T_2}=\frac{2\pi}{24\times10^{-3}}\text{rad/s}=\frac{250}{3}\pi\text{rad/s}\approx83.3\pi\text{rad/s}$$

初相的绝对值

$$|\psi_2|=\omega_2\Delta t_2=\frac{250}{3}\pi\times4\times10^{-3}\text{rad}=\frac{\pi}{3}\text{rad}$$

由于 $u_2(0)<0$，故

$$\psi_2=-\frac{\pi}{3}\text{rad}$$

同样可写出的 u_2 三角函数表达式

$$u_2=100\sin\left(83.3\pi t-\frac{\pi}{3}\right)\text{V}$$

第二节　正弦量的相量表示法

上一节，我们曾经指出，正弦量由其三个特征量唯一地确定，它可以用三角函数式表示，也可以用波形图表示。但是如果利用其三角函数式进行各种数学运算，比如进行正弦量的加减，可以想像是异常麻烦的，借助波形图逐点将波形加减同样很不方便，因此必须寻找一种简捷的运算工具。

数学知识告诉我们，同频率正弦量加、减，其结果仍然是同频率的正弦量，正弦量的求导与积分，结果也是同一频率的正弦量。所以在某一频率的正弦电压源激励下的电路，其各部分电压与各支路电流都是同一频率的正弦量。这样一来，正弦量可以用相量即旋转的矢量（以正弦量的频率 ω 逆时针旋转）来表示，矢量的大小即正弦量的有效值或最大值，矢量与横轴之间的夹角即正弦量的初相位。因为 ω 不变，所以在进行正弦量运算时，可以只考虑有效值（或最大值）与初相。

众所周知，由两个实数决定的物理量可以用矢量与复数表示，如力、速度等。下面让我们简要地回顾一下复数的基本知识。

一、复数与复平面上的矢量

复数是两个实数结合而产生的一种数，如复数

$$A=a_1+\text{j}a_2 \tag{2-14}$$

式中，a_1、a_2 都是实数，a_1 称为复数 A 的实部，a_2 称为复数 A 的虚部，$\text{j}=\sqrt{-1}$，为虚数单位。式（2-14）通常称为复数的直角坐标型。复数可以用复平面上的点表示，如图 2-5 所示，复数 A 即可用复平面上的点 A 表示，该点的横坐标为 a_1，纵坐标为 a_2，如图 2-5a 所示。复数与复平面每一个点具有一一对应的关系。

复数还可以用复平面上的矢量表示，图 2-5b 中矢量 OA 长度 a 称为复数 A 的模，矢量 OA 与实数轴的夹角 ψ 称为复数 A 的辐角，这样复数 A 可以用以下形式表示：

$$A=a(\cos\psi+\text{j}\sin\psi) \tag{2-15}$$

根据尤拉公式

$$\text{e}^{\text{j}\psi}=\cos\psi+\text{j}\sin\psi$$

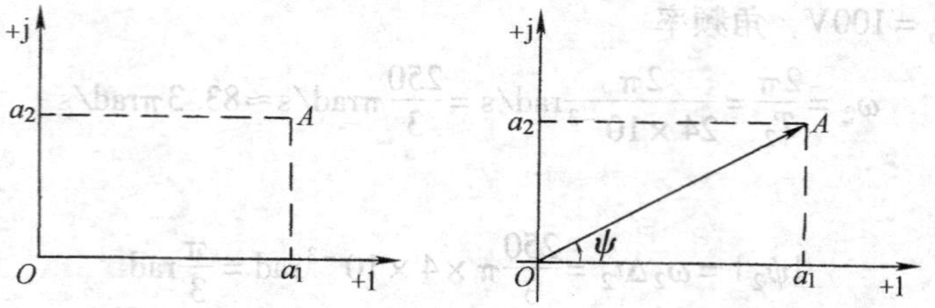

a)　　　　b)

图 2-5　复数的表示

a）复数与复平面上的点　b）复数与矢量

故复数 A 又可写成指数形式，即复数的指数型

$$A = a\mathrm{e}^{\mathrm{j}\psi} \tag{2-16}$$

复数的指数形式在电工技术中常被简写成

$$A = a\underline{/\psi}$$

复数的直角坐标型与指数型可以相互转换，当由直角坐标型化成指数型时，有

$$\left.\begin{aligned} a &= \sqrt{a_1^2 + a_2^2} \\ \psi &= \arctan\frac{a_2}{a_1} \end{aligned}\right\} \tag{2-17}$$

反过来，由指数型化成直角坐标型则按

$$\left.\begin{aligned} a_1 &= a\cos\psi \\ a_2 &= a\sin\psi \end{aligned}\right\} \tag{2-18}$$

复数相加（减），可以把复数的实部和实部相加（减），虚部和虚部相加（减），例如设 $A = a_1 + \mathrm{j}a_2$，$B = b_1 + \mathrm{j}b_2$，则

$$A \pm B = (a_1 \pm b_1) + \mathrm{j}(a_2 \pm b_2) \tag{2-19}$$

复数的加法还可以借助复平面上的矢量利用平行四边形规则或者多边形规则进行。其方法由图 2-6a 与 b 表示。

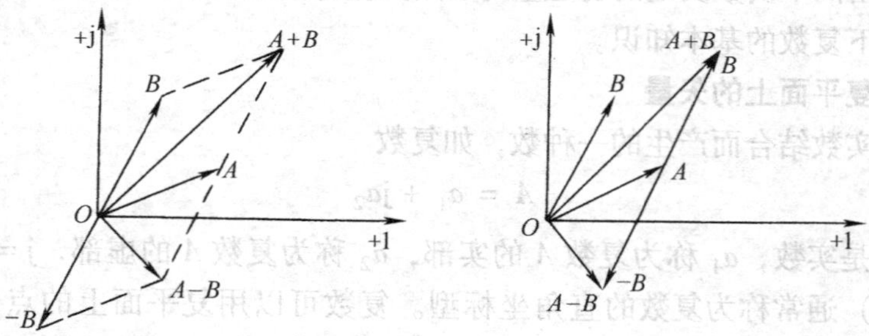

a)　　　　b)

图 2-6　复数相加（减）的几何作图法

a）平行四边形规则　b）多边形规则

复数相减时只要注意到，减一个复数，相当于加一个相反的复数。图 2-6a 与 b 同时给出了复数相减的几何作图法。

复数的乘除化成指数型较为简便，设 $A = a\underline{/\psi_{\mathrm{a}}}$，$B = b\underline{/\psi_{\mathrm{b}}}$

$$AB = ab \angle \psi_a + \psi_b$$

$$\frac{A}{B} = \frac{a}{b} \angle \psi_a - \psi_b \tag{2-20}$$

复数 $e^{j\varphi}$ 是一个模为 1、辐角为 φ 的复数。给任意一个复数（$A = ae^{j\psi}$）乘以 $e^{j\varphi}$，相当于把代表该复数的矢量 OA 逆时针方向旋转 φ 角，这是因为：

$$Ae^{j\varphi} = ae^{j\psi}e^{j\varphi} = ae^{j(\psi+\varphi)} = a \angle \psi + \varphi$$

所以通常称 $e^{j\varphi}$ 为旋转因子。

因为 $\pm j = e^{\pm j90°}$，所以任意复数 A 乘以 $+j$，相当将代表该复数的矢量逆时针方向转过 90°；乘以 $-j$，则相当于将代表该复数的矢量顺时针方向转过 90°。图 2-7a 和 b 分别表示了复数 A 乘以 $\pm j$ 的几何意义。

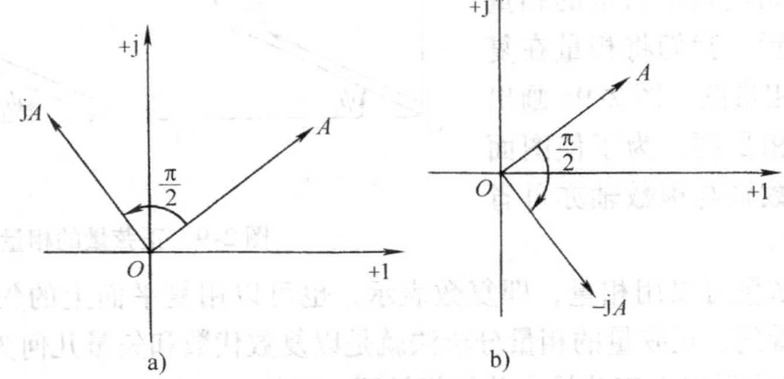

图 2-7　复数 A 乘以 $\pm j$ 的几何意义

二、相量的概念与正弦量的相量表示法

与三角函数表达式和波形图一样，利用复平面上的旋转矢量可以完整地体现正弦量的三个特征量。设有一正弦量 $i = I_m \sin(\omega t + \psi_i)$，在复平面上作一旋转矢量，令其模等于正弦量的幅值 I_m，该矢量的起始位置（$t = 0$）与实数轴夹角等于正弦量的初相 ψ_i，旋转矢量按逆时针方向以角速度 ω 等速旋转，为了表示与空间矢量（如力、速度等）有别，我们称代表正弦量的旋转矢量为旋转相量，并记以 $\dot{I}_m e^{j\omega t}$，其中 $e^{j\omega t}$ 是随时间 t 变化的旋转因子。

如图 2-8 所示表示了上述旋转相量，从该图不难看出，旋转相量任意瞬时在虚数轴上的投影正是此时正弦量的瞬时值。

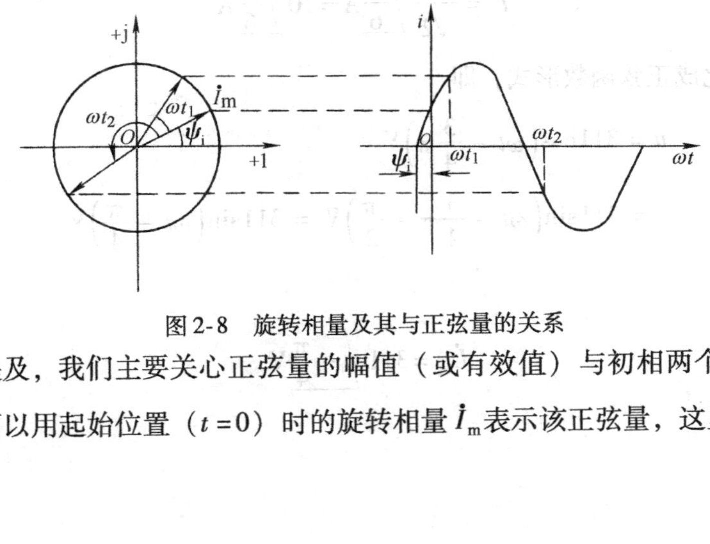

图 2-8　旋转相量及其与正弦量的关系

前面已经提及，我们主要关心正弦量的幅值（或有效值）与初相两个特征量，为了方便起见，我们可以用起始位置（$t = 0$）时的旋转相量 $\dot{I}_m$ 表示该正弦量，这里

$$\dot{I}_m = I_m e^{j\psi_i} = I_m \angle \psi_i$$

显然这是一个复数，这个复数与给定频率的正弦量有一一对应关系，我们将这个代表正弦量的复数称为相量。同理，正弦电压 $u = U_m \sin(\omega t + \psi_u)$ 也可以用下述相量表示：

$$\dot{U}_m = U_m e^{j\psi_u} = U_m \angle \psi_u$$

由于在实际工程中往往用有效值表示正弦量的大小，因此相量也常用有效值表示：

$$\dot{U} = U e^{j\psi_u} = U \angle \psi_u, \quad \dot{I} = I e^{j\psi_i} = I \angle \psi_i \tag{2-21}$$

为了避免混淆，前者称为幅值相量，用 $\dot{I}_m$、$\dot{U}_m$ 表示；后者称为有效值相量，用 $\dot{I}$ 、$\dot{U}$ 表示。这里顺便指出，有效值相量不再表示起始位置（$t=0$）时的旋转相量。

前面已经指出，复数可以用复平面上的矢量表示，因此代表正弦量的相量也可以用矢量来表示。我们将相量在复平面上的矢量图叫相量图。图2-9a画出代表正弦电流 i 的相量图，为了使图面清晰，复平面的实数轴与虚数轴亦可省去，如图2-9b所示。

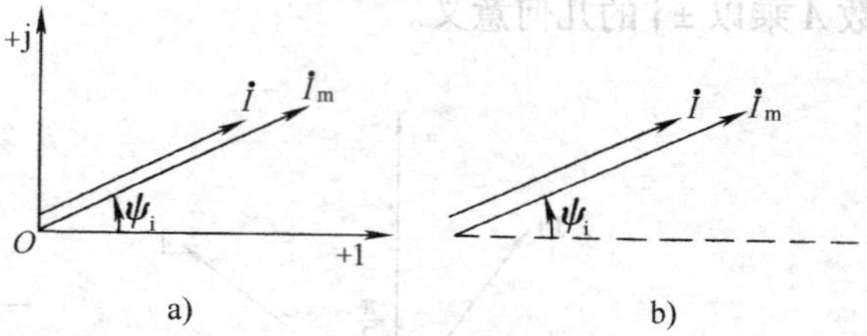

a)　　b)

图2-9　正弦量的相量图

综上所述，正弦量可以用相量，即复数表示，也可以用复平面上的矢量图示，即相量图。今后我们将会看到，正弦量的相量分析法就是以复数代数和矢量几何为工具的。

例2-2　用相量表示以下正弦量，并作相量图。已知

$$i = 14.1\sin\left(\omega t + \frac{\pi}{6}\right)\text{A}$$

$$u = 311\cos\left(\omega t - \frac{3}{4}\pi\right)\text{V}$$

解　将电流 i 用幅值相量表示为

$$\dot{I}_m = 14.1 \angle \frac{\pi}{6}\text{A}$$

或用有效值相量表示

$$\dot{I} = \frac{14.1}{\sqrt{2}} \angle \frac{\pi}{6}\text{A} = 10 \angle \frac{\pi}{6}\text{A}$$

对于电压 u 应先化成正弦函数形式，即

$$u = 311\cos\left(\omega t - \frac{3}{4}\pi\right)\text{V}$$

$$= 311\sin\left(\omega t - \frac{3}{4}\pi + \frac{\pi}{2}\right)\text{V} = 311\sin\left(\omega t - \frac{\pi}{4}\right)\text{V}$$

故

$$\dot{U}_m = 311 \angle -\frac{\pi}{4}\text{V}$$

或

$$\dot{U}=\left(\frac{311}{\sqrt{2}}\angle -\frac{\pi}{4}\right)\text{V}=220\angle -\frac{\pi}{4}\text{V}$$

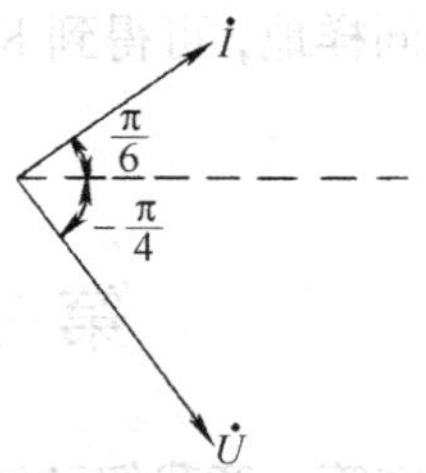

图 2-10　例 2-2 的相量图

相量图如图 2-10 所示。

例 2-3　如图 2-11 所示正弦交流电路中，已知

$$u_1=60\sqrt{2}\sin\omega t\text{V}$$

$$u_2=120\sqrt{2}\sin(\omega t+90°)\text{V}$$

$$u_3=40\sqrt{2}\sin(\omega t-90°)\text{V}$$

试求 u。

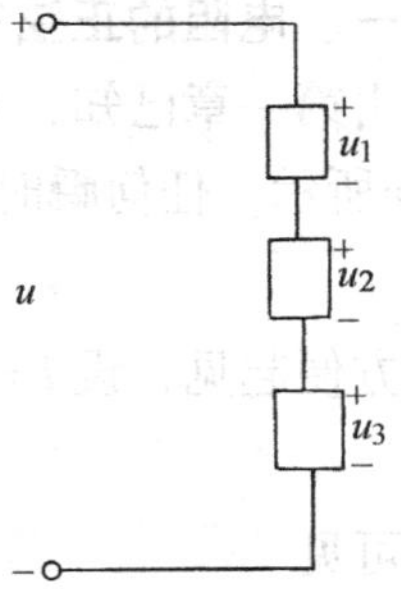

图 2-11　例 2-3 的电路图

解　解法一：用以复数代数为工具的相量法（即复数法）求解。

由 KVL，有

$$u=u_1+u_2+u_3$$

首先将各正弦电压用以下相量表示：

$$\dot{U}_1=60\text{V},\ \dot{U}_2=120\angle 90°\text{V}=\text{j}120\text{V}$$

$$\dot{U}_3=40\angle -90°\text{V}=-\text{j}40\text{V}$$

然后复数相加计算以上正弦电压之和，即

$$\dot{U}=\dot{U}_1+\dot{U}_2+\dot{U}_3=(60+\text{j}120-\text{j}40)\text{V}=(60+\text{j}80)\text{V}$$
$$=100\angle 53.1°\text{V}$$

据此，写出正弦电压 u 的瞬时值三角函数表达式

$$u=100\sqrt{2}\sin(\omega t+53.1°)\text{V}$$

解法二：用相量图法，即借助相量的几何作图求解。

首先作出代表 u_1 的相量 $\dot{U}_1$，由于该相量正好在水平位置，故称为参考相量。再按复数相加的多边形规则，以 $\dot{U}_1$ 的终点作为第二个相量 $\dot{U}_2$ 的起点作出 $\dot{U}_2$，继而再在第二个相量的终点作相量 $\dot{U}_3$，最后从第一个相量 $\dot{U}_1$ 的起点指向相量 $\dot{U}_3$ 的终点作出上述相量之和 $\dot{U}$，如图 2-12 所示。

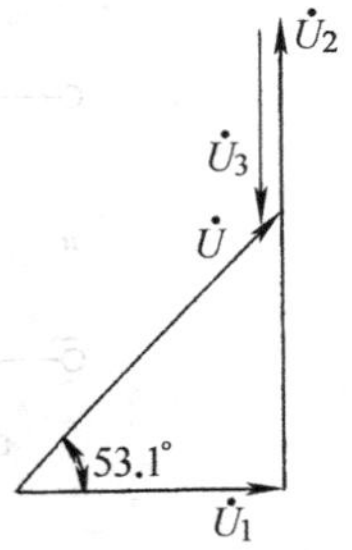

图 2-12　例 2-3 的相量图

由相量图的几何关系

$$U=\sqrt{U_1^2+(U_2-U_3)^2}=\sqrt{60^2+(120-40)^2}\ \text{V}=100\text{V}$$

$$\varphi=\arctan\frac{U_2-U_3}{U_1}=\arctan\frac{120-40}{60}=53.1°$$

故

$$u=100\sqrt{2}\sin(\omega t+53.1°)\text{V}$$

在例 2-3 中，与 $u=u_1+u_2+u_3$ 对应的相量表达式

$$\dot{U}=\dot{U}_1+\dot{U}_2+\dot{U}_3$$

被称为 KVL 的相量形式，写成一般形式

$$\sum\dot{U}=0 \tag{2-22}$$

同样地，可得到KCL的相量形式

$$\sum \dot{I} = 0 \tag{2-23}$$

第三节　电阻、电感和电容的正弦交流电路

在第一章我们已经提及了电阻、电感和电容3种无源元件的基本性质，本节我们将分别讨论它们的正弦交流电路，这是分析正弦交流电路的基础，因为任何复杂电路，都可视为上述元件的组合。

一、电阻的正弦交流电路

由第一章已知，对于电阻元件，在电压参考极性与电流参考方向一致的前提下，如图2-13a所示，任何瞬时都服从欧姆定律，即

$$u = iR \tag{2-24}$$

为了方便起见，设 $i = I_m \sin\omega t = \sqrt{2} I \sin\omega t$，代入式（2-24）得

$$u = RI_m \sin\omega t = \sqrt{2} RI \sin\omega t$$

由此可见

$$\left.\begin{aligned} U_m &= RI_m \text{ 或 } U = RI \\ \varphi &= \psi_u - \psi_i = 0 \end{aligned}\right\} \tag{2-25}$$

式（2-25）表明，对于电阻的正弦交流电路，电压的幅值（或有效值）在电阻 R 一定的条件下与电流的幅值（或有效值）成正比；电压与电流同相，它们的波形如图2-13b所示。

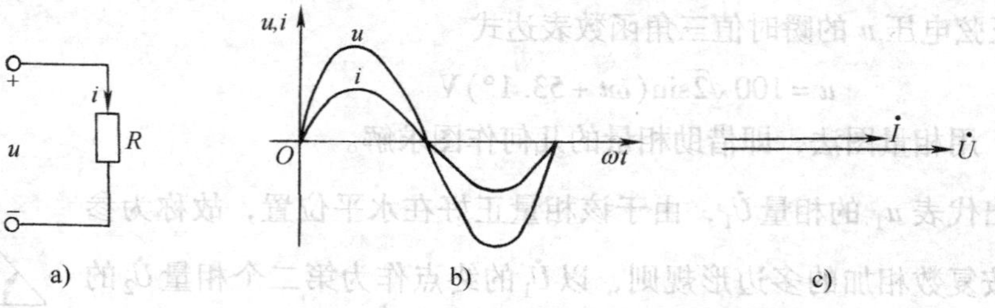

图2-13　电阻的正弦交流电路
a) 电路图　b) 波形图　c) 相量图

若用相量表示上述关系更为简捷，即

$$\dot{U}_m = R\dot{I}_m \quad \text{或} \quad \dot{U} = R\dot{I} \tag{2-26}$$

上式称为电阻元件伏安关系的相量形式，它同时给出了电压与电流的数量关系与相位关系。电压与电流的相量图如图2-13c所示。

由于电阻上的电压和电流都是时间 t 的函数，所以功率 $p = ui$ 也是时间 t 的函数，我们称其为瞬时功率。设

$$u = U_m \sin\omega t = \sqrt{2} U \sin\omega t$$

$$i = I_m \sin\omega t = \sqrt{2} I \sin\omega t$$

则瞬时功率

$$p = ui = 2UI\sin^2\omega t = UI(1 - \cos 2\omega t) \tag{2-27}$$

上式表明，电阻的瞬时功率 p 由两部分组成：一部分是恒定部分 UI；另一部分是时间 t 的正弦函数，其角频率是 2ω。由于余弦值不大于1，所以 p 永远不能为负。这说明电阻在正弦交流电路中总是消耗电能的。电阻的瞬时功率 p 随时间 t 变化的曲线如图 2-14 所示。

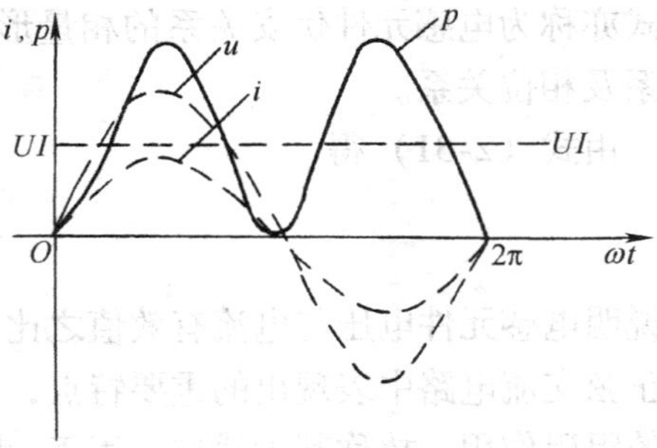

图 2-14 电阻的瞬时功率

因为瞬时功率是随时间变化的，故其实用价值不大，在工程计算和测量中常用到平均功率概念。平均功率是指瞬时功率在一个周期内的平均值，一般用大写字母 P 表示。电阻的平均功率

$$P = \frac{1}{T}\int_0^T p\mathrm{d}t = \frac{1}{T}\int_0^T UI(1 - \cos 2\omega t)\mathrm{d}t = UI \tag{2-28}$$

由 $U = IR$，电阻的平均功率还可表示为

$$P = I^2R = \frac{U^2}{R} \tag{2-29}$$

平均功率表示实际消耗的功率，故也称有功功率，单位用瓦（W）表示。顺便指出，一般情况下如无特殊声明，所言功率均指平均功率。

二、电感的正弦交流电路

对于电感元件，电压参考极性与电流参考方向如图 2-15a 所示，由电磁感应定律可知，其伏安关系为

$$u = L\frac{\mathrm{d}i}{\mathrm{d}t} \tag{2-30}$$

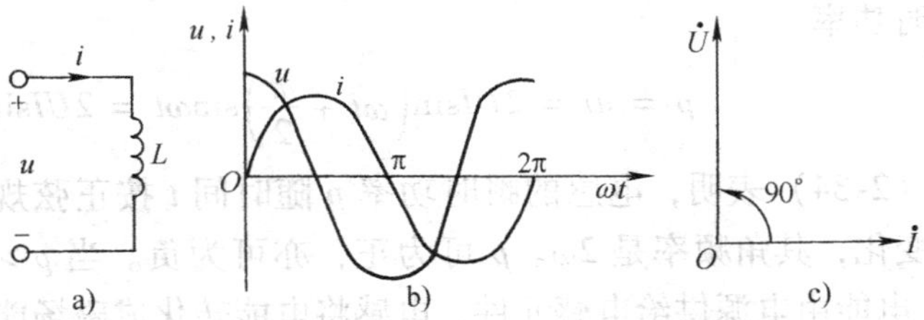

图 2-15 电感的正弦交流电路

a）电路图 b）波形图 c）相量图

设流过电感的电流

$$i = I_m \sin\omega t = \sqrt{2}I\sin\omega t$$

将上式代入式（2-30），得

$$\begin{aligned} u &= L\frac{\mathrm{d}i}{\mathrm{d}t} = L\frac{\mathrm{d}}{\mathrm{d}t}(I_m\sin\omega t) = \omega L I_m \cos\omega t \\ &= \omega L I_m \sin\left(\omega t + \frac{\pi}{2}\right) = \sqrt{2}\omega L I \sin\left(\omega t + \frac{\pi}{2}\right) \end{aligned}$$

不难看出

$$\left.\begin{aligned} U_m = \omega L I_m \quad 或 \quad U = \omega L I \\ \varphi = \psi_u - \psi_i = \frac{\pi}{2} \end{aligned}\right\} \tag{2-31}$$

式（2-31）表明，电感的正弦交流电路中，电压的幅值（或有效值）在电源频率 f 与电感 L 一定的条件下与电流的幅值（或有效值）成正比；电压比电流超前 $\pi/2$。电压与电流的波形图和相量图如图 2-15b 和 c 所示。

上述关系用相量表示为

$$\dot{U} = \mathrm{j}\omega L\dot{I} \tag{2-32}$$

上式亦称为电感元件伏安关系的相量形式，它也给出了电感电压与电流（有效值）的数量关系及相位关系。

由式（2-31）得

$$\frac{U}{I}=\omega L=2\pi fL$$

这说明电感元件电压与电流有效值之比不仅与电感 L 有关，还与频率 f 有关，这是电感元件在正弦交流电路中表现出的重要特点，显然 ωL 具有电阻的量纲，它表示了电感对正弦交流电的阻碍作用，故称其为感抗，用 X_L 表示，即

$$X_L = \omega L = 2\pi fL \tag{2-33}$$

由于感抗在电感 L 一定时，与频率 f 成正比，所以当频率 $f=0$ 时，即在直流电路中，$X_L=0$，此时电感元件相当于短路；当频率增高，感抗随之增加，如 $f\to\infty$，则 $X_L\to\infty$，近乎开路。因此，我们说电感具有高频扼流作用。

下面讨论电感在正弦交流电路中的功率。

设

$$i=I_m\sin\omega t=\sqrt{2}I\sin\omega t$$

$$u=U_m\sin\left(\omega t+\frac{\pi}{2}\right)=\sqrt{2}U\sin\left(\omega t+\frac{\pi}{2}\right)$$

瞬时功率

$$p = ui = 2UI\sin\left(\omega t+\frac{\pi}{2}\right)\sin\omega t = 2UI\sin\omega t\cos\omega t = UI\sin 2\omega t \tag{2-34}$$

式（2-34）表明，电感的瞬时功率 p 随时间 t 按正弦规律变化，其角频率是 2ω。p 可为正，亦可为负。当 $p>0$，电能由电源供给电感元件，电感将电能转化成磁场能储存其中；当 $p<0$，电感将所储存的磁场能量释放出来又返还电源。换言之，电感元件在正弦交流电路中不断进行能量的吞吐，这也是储能元件与耗能元件的重要区别。瞬时功率 p 随时间 t 变化的曲线如图2-16所示。

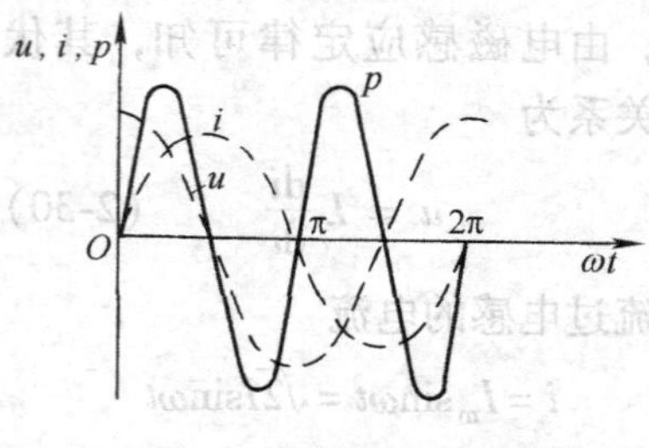

图2-16　电感的瞬时功率

电感元件的平均功率，或称有功功率

$$P = \frac{1}{T}\int_0^T p\mathrm{d}t = \frac{1}{T}\int_0^T UI\sin 2\omega t\mathrm{d}t = 0 \tag{2-35}$$

这说明，电感元件与电源之间只有能量交换，并不消耗能量。

为了衡量电感元件与电源之间进行能量交换的规模，我们将上述瞬时功率的最大值叫作无功功率，用字母 Q_L 表示，它的单位用乏（var），以示与平均功率有别。电感元件的无功功率

$$Q_L = UI = I^2X_L = \frac{U^2}{X_L} \tag{2-36}$$

三、电容的正弦交流电路

如图2-17a所示的电容的正弦交流电路，电压的参考极性和电流的参考方向如该图所注。由 $\mathrm{d}q=c\mathrm{d}u$，故

$$i = C\frac{\mathrm{d}u}{\mathrm{d}t} \tag{2-37}$$

设 $u = U_{\mathrm{m}}\sin\omega t = \sqrt{2}U\sin\omega t$，并将其代入式（2-37），得

$$\begin{aligned} i &= C\frac{\mathrm{d}}{\mathrm{d}t}(U_{\mathrm{m}}\sin\omega t) = \omega CU_{\mathrm{m}}\cos\omega t \\ &= \omega CU_{\mathrm{m}}\sin\left(\omega t + \frac{\pi}{2}\right) = \sqrt{2}\omega CU\sin\left(\omega t + \frac{\pi}{2}\right) \end{aligned}$$

因此

$$\left.\begin{aligned} I_{\mathrm{m}} &= \omega CU_{\mathrm{m}} \quad 或 \quad I = \omega CU \\ \varphi &= \psi_{\mathrm{u}} - \psi_{\mathrm{i}} = -\frac{\pi}{2} \end{aligned}\right\} \tag{2-38}$$

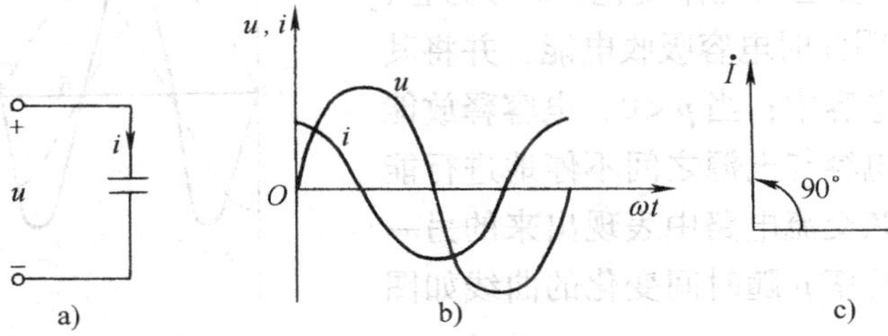

图 2-17 电容的正弦交流电路

a）电路图 b）波形图 c）相量图

式（2-38）表明，在电容的正弦交流电路中，电流的幅值（或有效值）在电源频率 f 与电容 C 一定的条件下与电压的幅值（或有效值）成正比；就相位而言，电压滞后电流 π/2，或者说，电流超前电压 π/2。其波形图如图 2-17b 所示。

式（2-38）的两个关系式可用相量简洁地表示为

$$\dot{I} = \mathrm{j}\omega C\dot{U} \quad 或 \quad \dot{U} = -\mathrm{j}\frac{1}{\omega C}\dot{I} \tag{2-39}$$

式（2-39）说明了电容元件电压相量与电流相量的关系，也称其为电容元件伏安关系的相量形式。该式一并给出了电容元件电压与电流的数量关系与相位关系。图 2-17c 表示电压和电流的相量图，由式（2-38）得

$$\frac{U}{I} = \frac{1}{\omega C} = \frac{1}{2\pi fC}$$

这说明电容的正弦交流电路中，电压与电流有效值之比不仅与电容 C 有关，而且还与频率 f 有关，这是电容元件在正弦交流电路中所表现的重要特点。$1/(\omega C)$ 也具有电阻的量纲，它体现了电容对正弦交流电的阻碍作用，故称为容抗，用 X_{C} 表示，即

$$X_{\mathrm{C}} = \frac{1}{\omega C} = \frac{1}{2\pi fC} \tag{2-40}$$

式（2-40）表明，在电容 C 一定的条件下，容抗 X_{C}，与频率 f 成反比。如当 $f=0$，即在直流电路中 $X_{\mathrm{C}}\to\infty$，此时电容相当于开路，也就是说，电容有隔直作用；若频率 f 增高，容抗随之减小，当 $f\to\infty$，则 $X_{\mathrm{C}}\to 0$，此时电容相当于短路。

最后讨论电容在正弦交流电路中的功率。

为了与电感的性质相比较，我们也设有电流为

$$i = I_m \sin\omega t = \sqrt{2} I \sin\omega t$$

则

$$u = U_m \sin\left(\omega t - \frac{\pi}{2}\right) = \sqrt{2} U \sin\left(\omega t - \frac{\pi}{2}\right)$$

此时可求得瞬时功率

$$\begin{aligned} p = ui &= 2UI\sin\left(\omega t - \frac{\pi}{2}\right)\sin\omega t \\ &= -2UI\sin\omega t\cos\omega t = -UI\sin 2\omega t \end{aligned} \tag{2-41}$$

式(2-41)表明，电容的瞬时功率 p 是以 UI 为幅值，以 2ω 为角频率随时间 t 按正弦规律变化。p 可为正，亦可为负。当 $p>0$，说明此时电容吸收电能，并将其转化成电场能量储存于电容中；当 $p<0$，电容释放能量，并将其返还电源。电容与电源之间不停地进行能量交换，这是电容在正弦交流电路中表现出来的另一重要特性。电容的瞬时功率 p 随时间变化的曲线如图 2-18 所示。

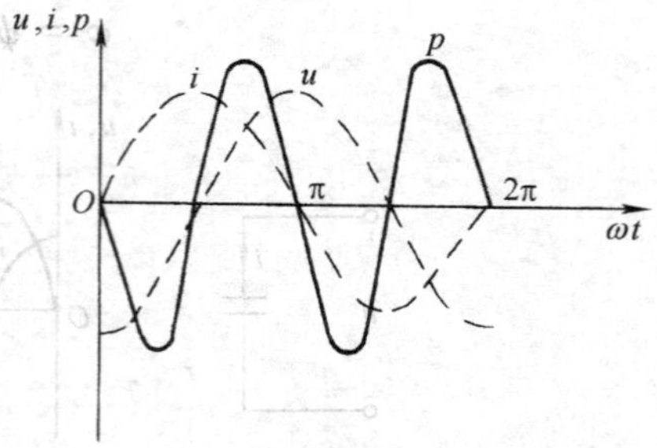

图 2-18　电容的瞬时功率

同样，电容的平均功率或称有功功率

$$P = \frac{1}{T}\int_0^T p\mathrm{d}t = 0$$

为了衡量电容与电源之间进行能量交换的规模，并体现电容与电感不同的性质，我们将电容的瞬时功率的幅值的负值定义为电容的无功功率，并用 Q_C 表示，单位也是乏（var）。即

$$Q_C = -UI = -I^2 X_C = -\frac{U^2}{X_C} \tag{2-42}$$

以上介绍了电阻、电感和电容元件的正弦交流电路，前已述及，表征这些元件特性的唯一参数是电阻 R、电感 L 和电容 C。但一般实际电路中往往同时具有这 3 种参数，这时我们可以将其视为上述元件的组合加以分析。

例 2-4　在图 2-19a 中，已知 $R = 10\Omega$，$L = 31.8\text{mH}$，$C = 318\mu\text{F}$，$u = 220\sqrt{2}\sin 314t\text{V}$，试求流过 R、L 和 C 的电流 i_R、i_L、i_C 以及线路电流，并作电压与电流的相量图。

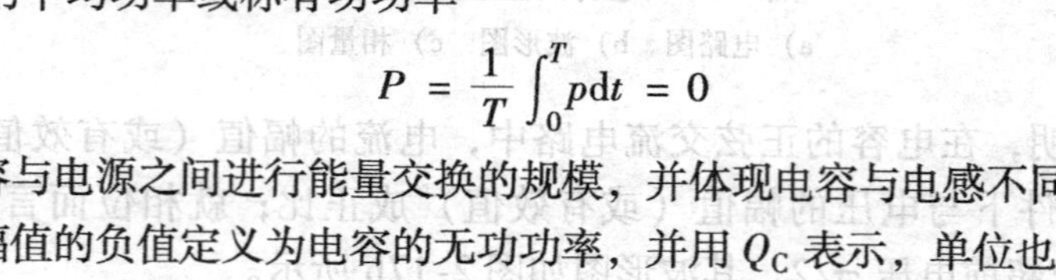

图 2-19　例 2-4 的电路图与相量图

a）电路图　b）相量图

解　由已知条件，$\dot{U}=220\underline{/0^\circ}\text{V}$；电感元件的感抗

$$X_L=\omega L=314\times31.8\times10^{-3}\Omega=10\Omega$$

电容元件的容抗

$$X_C=\frac{1}{\omega C}=\frac{1}{314\times318\times10^{-6}}\Omega=10\Omega$$

由各种元件伏安关系的相量形式，求得

$$\dot{I}_R=\frac{\dot{U}}{R}=\frac{220\underline{/0^\circ}}{10}\text{A}=22\underline{/0^\circ}\text{A}$$

$$\dot{I}_L=\frac{\dot{U}}{\text{j}X_L}=\frac{220\underline{/0^\circ}}{\text{j}10}\text{A}=-\text{j}22\text{A}=22\underline{/-90^\circ}\text{A}$$

$$\dot{I}_C=\text{j}\omega C\dot{U}=\frac{\dot{U}}{-\text{j}X_C}=\frac{220\underline{/0^\circ}}{-\text{j}10}\text{A}=\text{j}22\text{A}=22\underline{/90^\circ}\text{A}$$

由 KCL 的相量形式，求得线路电流

$$\dot{I}=\dot{I}_R+\dot{I}_L+\dot{I}_C=(22-\text{j}22+\text{j}22)\text{A}=22\text{A}$$

因此，各电流的瞬时值表达式为

$$i_R=22\sqrt{2}\sin314t\text{A}$$

$$i_L=22\sqrt{2}\sin(314t-90^\circ)\ \text{A}$$

$$i_C=22\sqrt{2}\sin(314t+90^\circ)\ \text{A}$$

$$i=22\sqrt{2}\sin314t\text{A}$$

电压和电流相量图如图 2-19b 所示。

第四节　RLC 串联交流电路

上一节中，我们已经分析了电阻、电感和电容的正弦交流电路，本节将以上述分析为基础，采用相量法分析 *RLC* 串联交流电路。

RLC 串联交流电路如图 2-20a 所示，电流参考方向与各部分电压参考极性由该图标定。

由 KVL，在任何瞬时都有

$$u=u_R+u_L+u_C$$

如用相量形式，则有

$$\dot{U}=\dot{U}_R+\dot{U}_L+\dot{U}_C \tag{2-43}$$

又由电阻、电感和电容伏安关系的相量形式，各元件上的电压为

$$\dot{U}_R=R\dot{I};\quad \dot{U}_L=\text{j}\omega L\dot{I};\quad \dot{U}_C=-\text{j}\frac{1}{\omega C}\dot{I}$$

将以上各式代入式（2-43），得

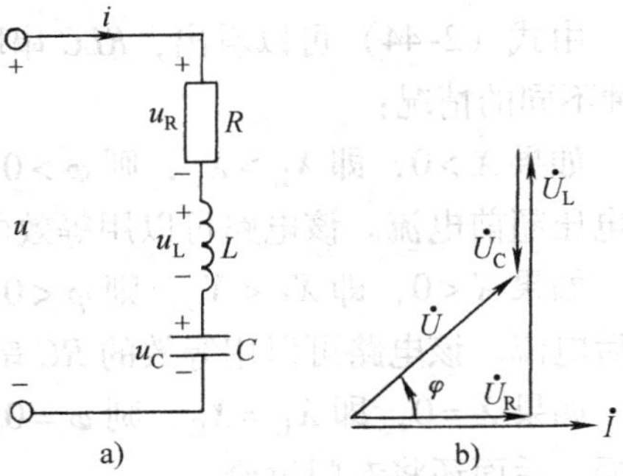

图 2-20　*RLC* 串联交流电路
a）电路图　b）相量图

$$\dot{U}=R\dot{I}+\mathrm{j}\omega L\dot{I}-\mathrm{j}\frac{1}{\omega C}\dot{I}=\left[R+\mathrm{j}\left(\omega L-\frac{1}{\omega C}\right)\right]\dot{I}$$

$$=[R+\mathrm{j}(X_L-X_C)]\dot{I}=(R+\mathrm{j}X)\dot{I}=Z\dot{I} \tag{2-44}$$

式中

$$Z=R+\mathrm{j}\left(\omega L-\frac{1}{\omega C}\right)=R+\mathrm{j}(X_L-X_C)=R+\mathrm{j}X$$

$$=\sqrt{R^2+X^2}\angle\arctan\frac{X}{R}=|Z|\angle\varphi \tag{2-45}$$

称为复数阻抗，它是一个纯粹的复数，一般用大写字母 Z 表示。它的实部是电阻 R，虚部：$X=X_L-X_C$ 称为电抗。该复数的模 $|Z|=\sqrt{R^2+X^2}$ 称为阻抗，它的辐角 $\varphi=\arctan\frac{X}{R}$ 称为阻抗角。不难看出，阻抗角正是电压与电流的相位差。复数阻抗 Z 体现了 R、L 和 C 在正弦交流电路中的共同作用。为了便于记忆，我们用一直角三角形表示以上各量之间的关系，该直角三角形称为阻抗三角形，如图 2-21 所示。

由以上分析可以看出，引入复数阻抗的概念，电压与电流相量有如此简洁的关系，即

$$\dot{U}=Z\dot{I} \tag{2-46}$$

该式称为欧姆定律的相量形式。

如果设电流 $\dot{I}=I\angle 0°$，即以电流 $\dot{I}$ 作为参考相量，先作出 $\dot{U}_R$，再按多边形规则作出 $\dot{U}_L$ 和 $\dot{U}_C$。其中 $\dot{U}_R$ 与 $\dot{I}$ 同相，$\dot{U}_L$ 超前 $\dot{I}$ 的角度为 $\frac{\pi}{2}$，$\dot{U}_C$ 滞后 $\dot{I}$ 的角度为 $\frac{\pi}{2}$。最后由 $\dot{U}_R$ 的起点指向 $\dot{U}_C$ 的终点，作出电压 $\dot{U}$。相量图如图 2-20b 所示。为了便于记忆，我们将上述相量图中由各部分电压组成的直角三角形分离出来，如图 2-22 所示，并称其为电压三角形；显然，电压三角形与阻抗三角形是相似的。

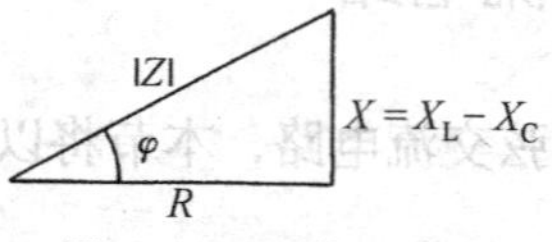

图 2-21　阻抗三角形

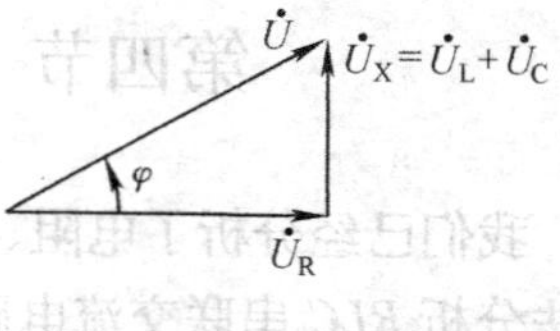

图 2-22　电压三角形

由式（2-44）可以看出，RLC 串联交流电路的性质与电抗 $X=X_L-X_C$ 有关。下面讨论 3 种不同的情况：

如果 $X>0$，即 $X_L>X_C$，则 $\varphi>0$。这说明电感起主要作用，我们说电路呈电感性，此时电压超前电流。该电路可以用等效的 RL 串联电路来表示。

如果 $X<0$，即 $X_L<X_C$，则 $\varphi<0$，这说明电容起主要作用，电路呈电容性，此时电压滞后电流。该电路可以用等效的 RC 串联电路来表示。

如果 $X=0$，即 $X_L=X_C$，则 $\varphi=0$。此时电路呈电阻性，电压与电流同相，这种现象叫谐振，后面还将专门讨论。

这里顺便指出，上节讨论的电阻、电感、电容的正弦交流电路，也可看作 RLC 串联交流电路的特例。对于电阻正弦交流电路有 $Z_R=R$；对于电感正弦交流电路有 $Z_L=\mathrm{j}X_L=\mathrm{j}\omega L$；对于电容正弦交流电路有 $Z_C=-\mathrm{j}X_C=-\mathrm{j}\frac{1}{\omega C}$。

最后讨论 RLC 串联交流电路的功率。

设 $i=\sqrt{2}\sin\omega t, u=\sqrt{2}U\sin(\omega t+\varphi)$，瞬时功率

$$\begin{aligned} p=ui&=2UI\sin(\omega t+\varphi)\sin\omega t \\ &=UI[\cos\varphi-\cos(2\omega t+\varphi)] \end{aligned} \tag{2-47}$$

式（2-47）表明，RLC 串联交流电路的瞬时功率 p 可分为两部分：其一是恒定部分 $UI\cos\varphi$，它是耗能元件——电阻所消耗的功率；其二是按 2ω 的角频率依正弦规律的变化部分，它反映了储能元件与电源之间进行能量互换的情况。瞬时功率随时间变化的曲线如图 2-23 所示。

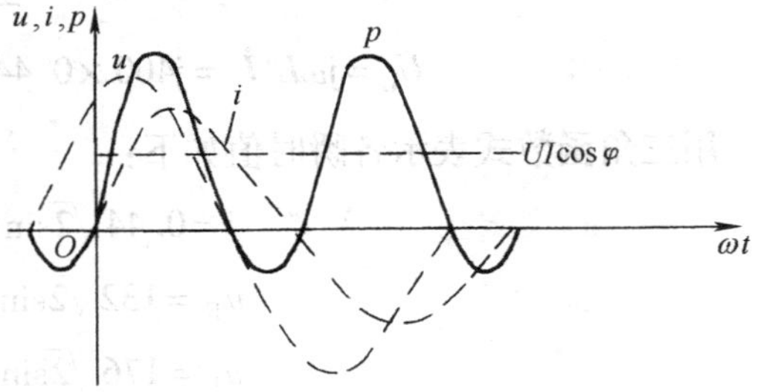

图 2-23 RLC 串联交流电路的瞬时功率

RLC 串联交流电路的平均功率

$$\begin{aligned} P&=\frac{1}{T}\int_0^T ui\mathrm{d}t=\frac{1}{T}\int_0^T UI[\cos\varphi-\cos(2\omega t+\varphi)]\mathrm{d}t \\ &=UI\cos\varphi=U_{\mathrm{R}}I=I^2R \end{aligned} \tag{2-48}$$

RLC 串联交流电路的无功功率是由电感与电容决定的，无功功率

$$\begin{aligned} Q&=Q_{\mathrm{L}}+Q_{\mathrm{C}}=U_{\mathrm{L}}I-U_{\mathrm{C}}I=(U_{\mathrm{L}}-U_{\mathrm{C}})I \\ &=UI\sin\varphi=I^2X \end{aligned} \tag{2-49}$$

由式 $P=UI\cos\varphi$ 可见，由于电压和电流在一般情况下不同相，电压与电流有效值之乘积并不是平均功率（或有功功率），而是要打一个折扣 $\cos\varphi$，我们称 $\cos\varphi$ 为功率因数，φ 也称为功率因数角。电压与电流有效值的乘积 UI 叫作视在功率（或表观功率），用 S 表示。视在功率

$$S=UI=\sqrt{P^2+Q^2}=I^2|Z| \tag{2-50}$$

其单位是伏安（V·A），实际工程中，变压器的供电能力，或称变压器的容量就是用视在功率表示的。

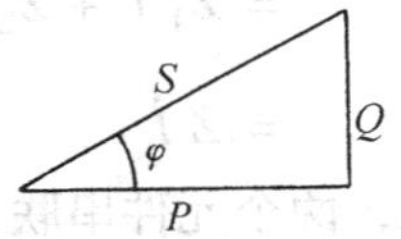

图 2-24 功率三角形

为了便于记忆，同样地，将上述各种功率之间的关系用一直角三角形表示，并称之为功率三角形，如图 2-24 所示，它与阻抗三角形、电压三角形也是相似的。

例 2-5 $u=220\sqrt{2}\sin(314t+30°)$ V 的电压施于 RL 串联电路两端，已知 $R=300\Omega$，$L=1.27$H，电路如图 2-25a 所示。试求电流 i 以及电阻、电感上的电压 u_{R} 和 u_{L}。

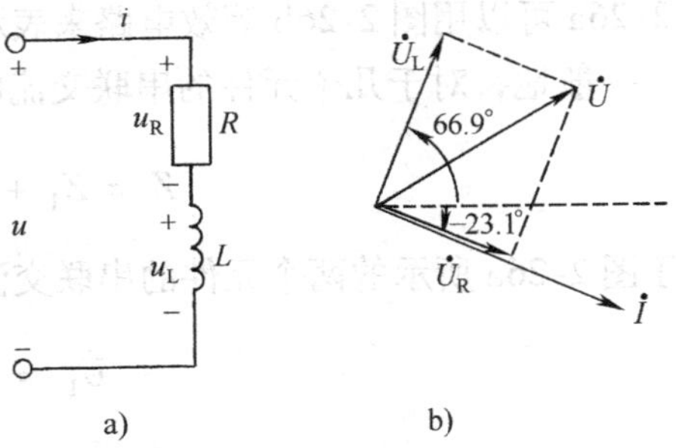

图 2-25 例 2-5 电路图与相量图

a）电路图 b）相量图

解 由已知条件，$\dot{U}=220\angle 30°$V；电路的复数阻抗为

$$\begin{aligned} Z&=R+\mathrm{j}\omega L=(300+\mathrm{j}314\times1.27)\Omega \\ &=300\Omega+\mathrm{j}400\Omega \\ &=500\angle 53.10°\Omega \end{aligned}$$

由欧姆定律的相量形式，得

$$\dot{I}=\frac{\dot{U}}{Z}=\frac{220\underline{/30^\circ}}{500\underline{/53.1^\circ}}\text{A}=0.44\underline{/-23.1^\circ}\text{A}$$

根据电阻、电感的伏安关系相量形式，得

$$\dot{U}_R=R\dot{I}=300\times0.44\underline{/-23.1^\circ}\text{V}=132\underline{/-23.1^\circ}\text{V}$$

$$\dot{U}_L=j\omega L\dot{I}=j400\times0.44\underline{/-23.1^\circ}\text{V}=176\underline{/66.9^\circ}\text{V}$$

用三角函数式表示各瞬时值如下：

$$i=0.44\sqrt{2}\sin(314t-23.1^\circ)\text{A}$$

$$u_R=132\sqrt{2}\sin(314t-23.1^\circ)\text{V}$$

$$u_L=176\sqrt{2}\sin(314t+66.9^\circ)\text{V}$$

电流与电压相量图如图2-25b所示。

第五节　阻抗的串联与并联

由前面分析已知，在交流电路中，一般负载的参数如电阻、电感、电容元件及其串联，电压相量$\dot{U}$与电流相量$\dot{I}$的比值都是一个复数，即复数阻抗Z。本节将介绍复数阻抗的串并联性质。

一、阻抗的串联

图2-26a是两个阻抗组成的串联交流电路。它们的复数阻抗分别用Z_1和Z_2表示。由KVL的相量形式，有

$$\begin{aligned}\dot{U}&=\dot{U}_1+\dot{U}_2\\&=Z_1\dot{I}+Z_2\dot{I}=(Z_1+Z_2)\dot{I}\\&=Z\dot{I}\end{aligned}\qquad(2\text{-}51)$$

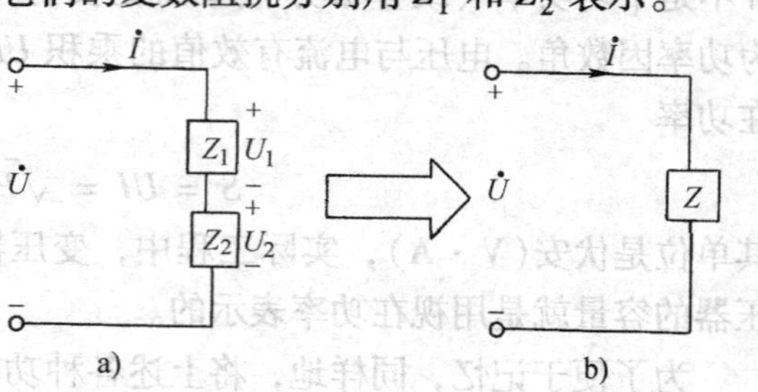

图2-26　阻抗的串联

a）电路图　b）等效电路

因此，两个元件串联，可以用一个等效复数阻抗Z表示，这个等效复数阻抗

$$Z=Z_1+Z_2\qquad(2\text{-}52)$$

图2-26a可以用图2-26b等效电路来表示。

一般地，对于几个元件的串联交流电路，其等效阻抗

$$Z=Z_1+Z_2+\cdots+Z_n=\sum_{k=1}^{n}Z_k\qquad(2\text{-}53)$$

对于图2-26a所示的两个元件的串联交流电路，每个元件上的电压分配关系为

$$\left.\begin{aligned}\dot{U}_1&=Z_1\dot{I}=\frac{Z_1}{Z_1+Z_2}\dot{U}\\\dot{U}_2&=Z_2\dot{I}=\frac{Z_2}{Z_1+Z_2}\dot{U}\end{aligned}\right\}\qquad(2\text{-}54)$$

二、阻抗的并联

图2-27a表示两个阻抗的并联电路，它们的复数阻抗分别是Z_1和Z_2。

由KCL的相量形式，有

$$\dot{I}=\dot{I}_1+\dot{I}_2=\frac{\dot{U}}{Z_1}+\frac{\dot{U}}{Z_2}=\left(\frac{1}{Z_1}+\frac{1}{Z_2}\right)\dot{U}=\frac{1}{Z}\dot{U} \tag{2-55}$$

同样地，两个元件并联也可以用一个等效复数阻抗Z表示，图2-27b表示图2-27a的等效电路，由式（2-55）得

$$\frac{1}{Z}=\frac{1}{Z_1}+\frac{1}{Z_2}$$

即

$$Z=\frac{Z_1Z_2}{Z_1+Z_2} \tag{2-56}$$

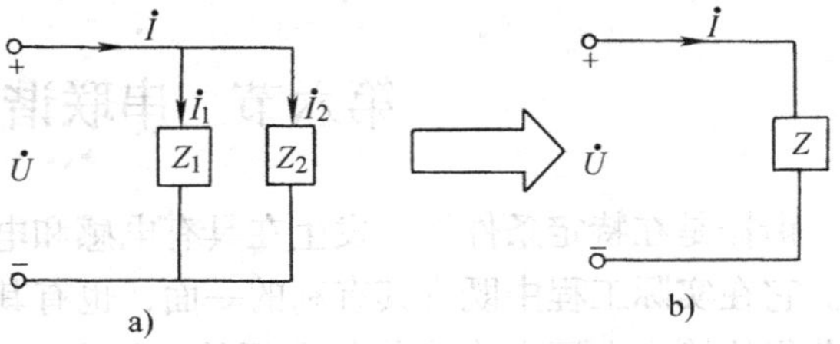

图2-27　阻抗的并联

一般地，对于n个元件相并联，其等效复数阻抗Z有

$$\frac{1}{Z}=\frac{1}{Z_1}+\frac{1}{Z_2}+\cdots+\frac{1}{Z_n}=\sum_{k=1}^{n}\frac{1}{Z_k} \tag{2-57}$$

对图2-27a所示的两个元件的并联电路，各支路电流分配关系是：

$$\left.\begin{aligned}\dot{I}_1&=\frac{\dot{U}}{Z_1}=\frac{Z\dot{I}}{Z_1}=\frac{Z_2}{Z_1+Z_2}\dot{I}\\ \dot{I}_2&=\frac{\dot{U}}{Z_2}=\frac{Z\dot{I}}{Z_2}=\frac{Z_1}{Z_1+Z_2}\dot{I}\end{aligned}\right\} \tag{2-58}$$

读者由以上分析不难看出，在正弦交流电路中，将电压、电流用相量表示，电路参数用复数阻抗表示，则直流电阻电路的公式、定律等均可以推广应用之。

例2-6　图2-28表示RC选频电路，当电路参数R、C一定时，在某一频率下可使$\dot{U}_1$与$\dot{U}_2$同相。试问该频率f_0是多少？此时$\frac{U_2}{U_1}=?$

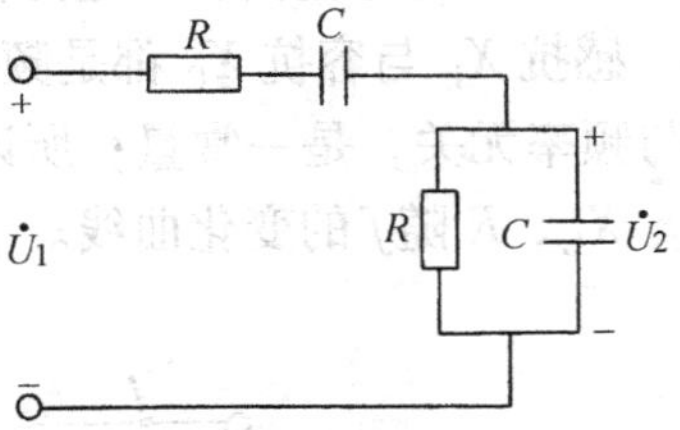

图2-28　例2-6的电路图

解　设R、C串联部分的复数阻抗为Z_1，R、C并联部分的复数阻抗为Z_2，则

$$Z_1=R+\frac{1}{j\omega C}=\frac{1+j\omega RC}{j\omega C}$$

$$\frac{1}{Z_2}=\frac{1}{R}+j\omega C=\frac{1+j\omega RC}{R}$$

由电压分配关系

$$\dot{U}_2=\frac{Z_2}{Z_1+Z_2}\dot{U}_1=\frac{1}{1+\frac{Z_1}{Z_2}}\dot{U}_1=\frac{1}{3+j\left(\omega RC-\frac{1}{\omega RC}\right)}\dot{U}_1$$

由上式可以看出，当时$\omega RC-\frac{1}{\omega RC}=0$时，$\dot{U}_2$和$\dot{U}_1$同相，并由上述条件可以得出

$$f_0 = \frac{1}{2\pi RC}$$

此时，$\dot{U}_2 = \frac{1}{3}\dot{U}_1$，因此

$$\frac{U_2}{U_1} = \frac{1}{3}$$

第六节　串联谐振与并联谐振

谐振是在特定条件下，发生在具有电感和电容两种储能元件的交流电路中的一种特殊现象。它在实际工程中既有其有利的一面，也有其有害的一面。如在无线电技术中常用串联谐振获得比输入电压高许多倍的电压等，但在电力系统中常常由于谐振而产生过电压、过电流，破坏电力系统的正常工作。因此研究谐振的规律是有实际意义的。下面我们讨论常见的两种谐振电路，即串联谐振电路与并联谐振电路。

一、串联谐振

如图2-29所示的 *RLC* 串联电路，由第五节分析已知，一般情况下，电流

$$\dot{I} = \frac{\dot{U}}{Z} = \frac{\dot{U}}{R + j(X_L - X_C)} = \frac{\dot{U}}{R + j\left(\omega L - \frac{1}{\omega C}\right)}$$

如果式中 $X_L = X_C$，即

$$\omega L = \frac{1}{\omega C} \tag{2-59}$$

此时，电压与电流同相，电路呈电阻性，该状态称为谐振。

感抗 X_L 与容抗 X_C 都是频率的函数，前者与频率 f 成正比，后者与频率 f 成反比；电阻 R 与频率无关，是一常量；所以阻抗 $|Z|$ 随频率 f 变化的曲线如图2-30所示。该图还给出 X_L、X_C、R 随 f 的变化曲线。

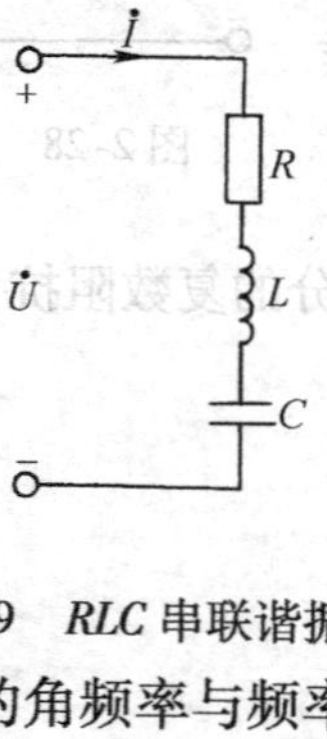

图2-29　*RLC* 串联谐振电路

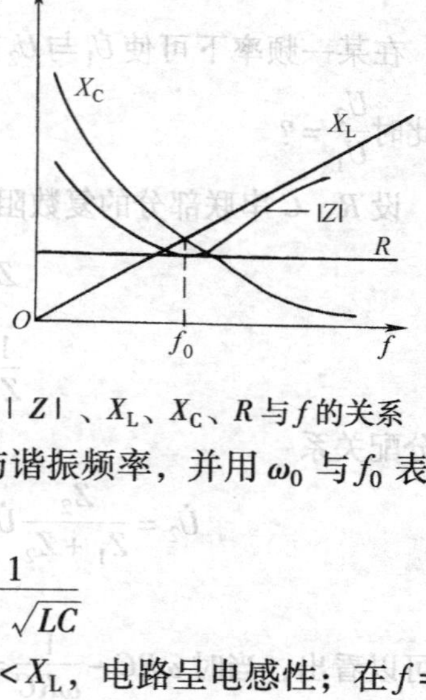

图2-30　$|Z|$、X_L、X_C、R 与 f 的关系

我们将谐振时的角频率与频率分别称为谐振角频率与谐振频率，并用 ω_0 与 f_0 表示，由式(2-59)不难得出

$$\omega_0 = \frac{1}{\sqrt{LC}} \quad 或 \quad f_0 = \frac{1}{2\pi\sqrt{LC}} \tag{2-60}$$

当 $f<f_0$，由于 $X_C > X_L$，电路呈电容性；$f>f_0$，又因 $X_C < X_L$，电路呈电感性；在 $f=f_0$ 时，

$X_L = X_C$，电路发生谐振，呈电阻性。

由式（2-59）还可以看出，改变f、L、C三个量中任意一个，都可满足谐振条件，使电路发生谐振。

串联谐振时，有以下特性。

1）因为串联谐振时，$X_L = X_C$ 所以此时电路阻抗

$$|Z_0| = \sqrt{R^2 + X^2} = \sqrt{R^2 + (X_L - X_C)^2} = R \tag{2-61}$$

正如图 2-30 所示，谐振时阻抗最小，并等于电阻 R。如果偏离谐振频率，阻抗都将显著增加。

在电源电压一定的条件下，此时电路中的电流

$$I_0 = \frac{U}{|Z_0|} = \frac{U}{R} \tag{2-62}$$

因此，谐振时电流最大，如偏离谐振频率，电流明显减小。电流 I 随频率 f 变化的曲线如图 2-31 所示，一般称该曲线为谐振曲线。

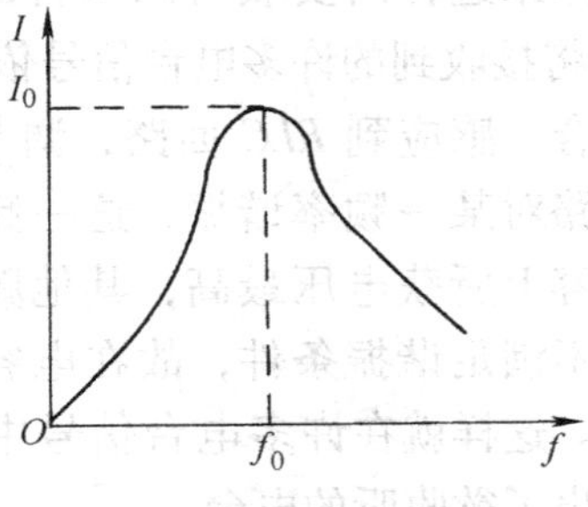

图 2-31 串联谐振曲线

2）串联谐振时，电感和电容上的电压

$$\dot{U}_{L0} = j\omega_0 L\ \dot{I}$$

$$\dot{U}_{C0} = -j\frac{1}{\omega_0 C}\dot{I}$$

因为谐振时，$\omega_0 L = \dfrac{1}{\omega_0 C}$，所以

$$\dot{U}_{L0} = -\dot{U}_{C0}$$

由 KVL 的相量形式，电源电压

$$\dot{U} = \dot{U}_{R0} + \dot{U}_{L0} + \dot{U}_{C0} = \dot{U}_{R0} \tag{2-63}$$

式（2-63）表明，串联谐振时，电源电压全部施于电阻之上，电感与电容上的电压由于大小相等、相位相反互相抵消。串联谐振时，电压与电流的相量图如图 2-32 所示。

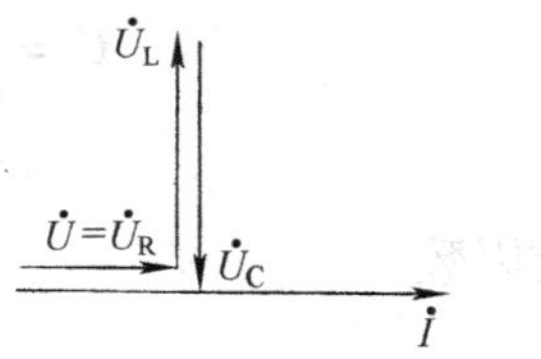

图 2-32 串联谐振的相量图

如果电阻 R 比感抗 X_L（或容抗 X_C）很小时，即满足 X_L（或 X_C）>> R 时，电感或（电容）上的电压

$$U_{L0} = U_{C0} = I_0 X_L = I_0 X_C$$

而电源电压

$$U = I_0 R$$

的缘故。

在无线电技术中，利用这一特性可以获得比信号电压高许多倍的电压。通常把电感（或电容）电压与电源电压之比叫作谐振电路的品质因数，或称 Q 值，即

$$Q = \frac{U_{L0}}{U} = \frac{U_{C0}}{U} = \frac{\omega_0 L}{R} = \frac{1}{\omega_0 RC} \tag{2-64}$$

或者说，串联谐振时，电感（或电容）上电压是电源电压的 Q 倍，即

$$U_{L0} = U_{C0} = QU \tag{2-65}$$

3）在串联谐振时，由于电压与电流同相，即 $\varphi=0$，因此，电路的平均功率

$$P=IU\cos\varphi=IU$$

无功功率

$$Q = IU\sin\varphi = I(U_L - U_C) = 0 \tag{2-66}$$

即

$$Q_L = -Q_C$$

式(2-65)与式(2-66)表明，串联谐振时，电源只向电阻提供平均功率（或有功功率），电容与电感所需的无功功率完全由二者互相补偿。

普通晶体管收音机的输入电路：如图2-33a所示，其等效电路如图2-33b，它就是利用串联谐振来选择所要收听的电台的。通过天线线圈 L_1 将接收到的许多电台信号依靠 L_1 与 L 的互感耦合，感应到 RLC 回路，调节可变电容 C，使电路对某一频率谐振，这一频率的电台信号在电容上所获电压最高，其他频率的电台信号由于不满足谐振条件，故在电容上所获电压都很低。这样就在许多电台信号中“百里挑一”地选出了欲收听的电台。

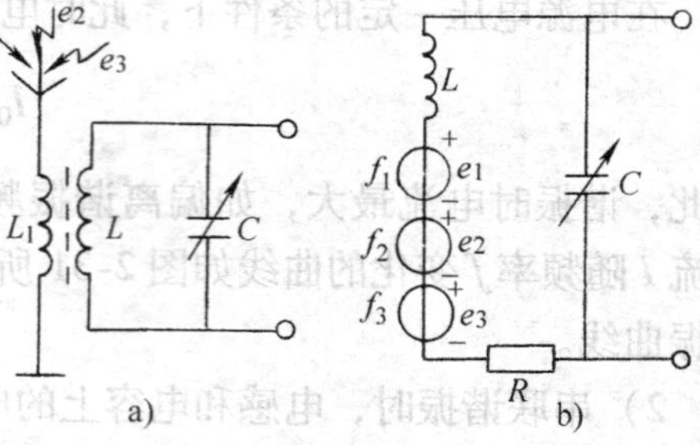

图2-33 普通晶体管收音机的输入电路及其等效电路
a）晶体管收音机输入电路 b）等效电路

例2-7 某晶体管收音机输入电路如图2-33所示，已知 $R=10\Omega$，$L=0.26\text{mH}$，调节可变电容，欲收听频率为690kHz的广播电台节目，问电容应调到何值？试求品质因数。若信号电压为5mV，求电容上的电压。

解 由 $f_0=\dfrac{1}{2\pi\sqrt{LC}}$ 可得

$$C=\frac{1}{(2\pi f_0)^2L}=\frac{1}{(2\pi\times690\times10^3)^2\times0.26\times10^{-3}}\text{F}$$
$$=205\times10^{-12}\text{F}=205\text{pF}$$

品质因数

$$Q=\frac{2\pi f_0L}{R}=\frac{2\pi\times690\times10^3\times0.26\times10^{-3}}{10}=113$$

当信号电压为5mV时，电容上所获得的电压

$$U_{C0}=QU=113\times5\text{mV}=565\text{mV}=0.565\text{V}$$

二、并联谐振

由电感线圈和电容器构成的并联谐振电路如图2-34a所示，在这里因为考虑线圈的损耗，故将其视为电阻与电感元件的串联组合。设电源电压为 $\dot U$，为由欧姆定律的相量形式，可求得各支路的电流相量

$$\dot I_1=\frac{\dot U}{R+\mathrm{j}\omega L}$$

$$\dot I_C=\mathrm{j}\omega C\,\dot U$$

由 KCL 的相量形式，线路电流

$$\dot{I}=\dot{I}_1+\dot{I}_C=\frac{\dot{U}}{R+\mathrm{j}\omega L}+\mathrm{j}\omega C\dot{U}$$

$$=\left[\frac{R}{R^2+\omega^2L^2}+\mathrm{j}\left(\omega C-\frac{\omega L}{R^2+\omega^2L^2}\right)\right]\dot{U} \tag{2-67}$$

由上式可见，欲使电流与电压同相，必须

$$\omega C-\frac{\omega L}{R^2+\omega^2L^2}=0$$

即

$$\omega C=\frac{\omega L}{R^2+\omega^2L^2} \tag{2-68}$$

此时，电路发生谐振，由式(2-68)可以求出并联谐振的角频率与频率

$$\left.\begin{aligned}\omega_0&=\sqrt{\frac{1}{LC}-\frac{R^2}{L^2}}\\ f_0&=\frac{1}{2\pi}\sqrt{\frac{1}{LC}-\frac{R^2}{L^2}}\end{aligned}\right\} \tag{2-69}$$

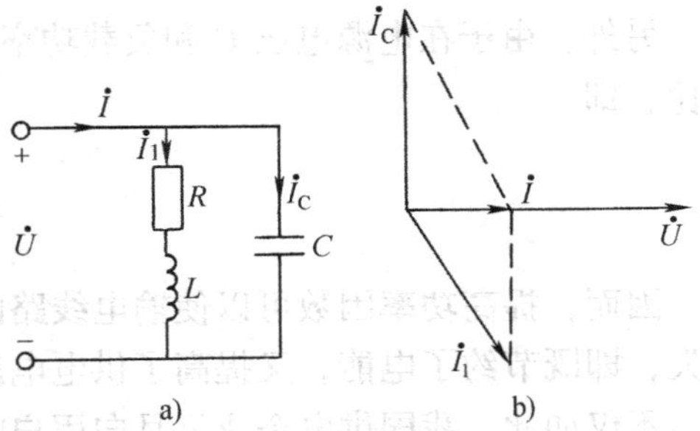

图 2-34　并联谐振电路图与相量图

a）电路图　b）相量图

如果忽略线圈的损耗，即满足 $R \ll \omega_0 L$，电路的谐振频率则为

$$f_0\approx\frac{1}{2\pi\sqrt{LC}} \tag{2-70}$$

并联谐振时，线路电流 $\dot{I}$ 与电源电压 $\dot{U}$ 同相，其相量图如图 2-34b 所示。

由式(2-67)与式(2-68)，可求得并联谐振的复数阻抗

$$Z_0=\frac{\dot{U}}{\dot{I}}=\frac{R^2+\omega_0{}^2L^2}{R}$$

显然这是一个实数，如将式(2-69)代入上式，得

$$Z_0=\frac{L}{RC}$$

由于线圈的等效电阻 R 一般很小，即满足 $R \ll \omega_0 L$。因此，并联谐振时出现高阻抗；由式(2-67)与式(2-68)还可以看出，在电源电压一定的条件下，并联谐振时，线路电流最小。

并联谐振在无线电技术中也获得广泛应用，这里不再赘述。

第七节　功率因数的提高

前已提及，交流电路的平均功率(或有功功率)不仅与其电压和电流的有效值有关，还与它们的相位差有关，即

$$P=UI\cos\varphi$$

式中，$\cos\varphi$ 就是功率因数；φ 是电压与电流的相位差，也就是阻抗角。

实际工程中，交流电源，如交流发电机或电力变压器，其供电能力是由其额定电压 U_N 与额定电流 I_N 决定的，但其输出并提供给负载的有功功率则与负载的性质，即功率因数有关。设负载的功率因数为 $\cos\varphi$，则

$$P = U_N I_N \cos\varphi$$

工厂中的大多数负载，如异步电动机、电弧炉、电焊机及气体放电灯等都是感性负载，其功率因数均小于1。因此，电源供给负载的有功功率 P 往往小于 $U_N I_N$，后者反映了电源的潜力。

假设一台电力变压器，其额定容量（即视在功率 $S_N = U_N I_N$）为5000kV·A，如果负载功率因数 $\cos\varphi = 1$，此变压器可向负载供出5000kW的功率，但如果功率因数 $\cos\varphi = 0.5$，就只能向负载提供2500kW的功率。显然，功率因数低，就不能充分发挥电源的潜力。

另外，由于在电源电压 U 和负载功率 P 一定的条件下，线路电流 I 与功率因数 $\cos\varphi$ 成反比，即

$$I = \frac{P}{U\cos\varphi}$$

因而，提高功率因数可以使输电线路的电流减少，从而也减少了线路的电能损耗与电压损失，即既节约了电能，又提高了供电电压的质量。

不仅如此，我国供电企业每月向用户收取电费，就是按当月功率因数加以调整，即功率因数低于规定标准（如0.95或0.9），要增收一定比例的电费；而高于规定标准时，可减免一定比例的电费。因此提高功率因数也使用户获得了经济实惠。

总而言之，提高功率因数对电力系统大有好处。

为了提高功率因数又不改变负载的工作电压通常采用并联补偿法，即给感性负载两端并联容量合适的电容器。电路如图2-35a所示。

这样做在不改变感性负载的电压、电流、功率以及功率因数的情况下，由于电容的无功功率恒为负

$$Q_C = -UI_C$$

从而抵消（或补偿）了感性负载所需的一部分无功功率，此时电路的无功功率

$$Q = Q_L + Q_C = Q_L - |Q_C|$$

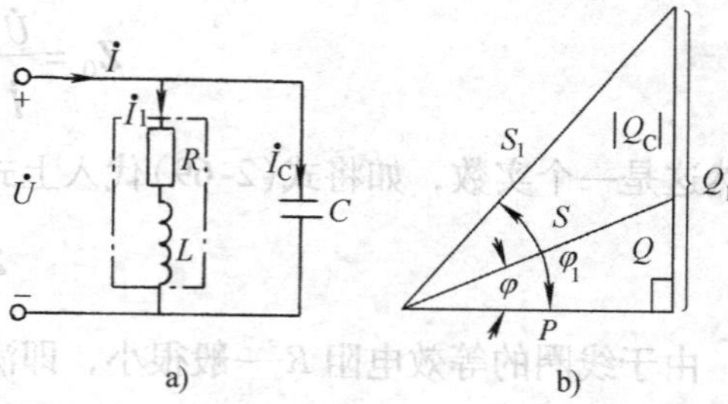

图2-35　提高功率因数的电路图与功率三角形
a）电路图　b）功率三角形

功率关系如图2-35b所示。其中 Q_L 表示感性负载的无功功率；$|Q_C|$ 表示电容器的无功功率的大小，通常称为无功补偿容量；φ_1 表示感性负载的功率因数角，φ 是包括电容器在内的整个电路的功率因数角。

由于电路的无功功率与未并联电容器相比，较为减少，因此，电路的功率因数提高了。

由图2-35b所示的功率三角形，无功补偿容量

$$|Q_C| = Q_L - Q = P(\tan\varphi_1 - \tan\varphi)$$

因此，欲将功率因数由 $\cos\varphi_1$ 提高到 $\cos\varphi$，所并联电容器的电容值

$$C = \frac{|Q_C|}{\omega U^2} = \frac{P}{\omega U^2}(\tan\varphi_1 - \tan\varphi) \tag{2-71}$$

例 2-8　一感性负载，其功率 $P = 100\text{kW}$，功率因数 $\cos\varphi_1 = 0.6$，电源电压 $U = 220\text{V}$，频率 $f = 50\text{Hz}$。今欲使功率因数为 $\cos\varphi = 0.9$，试求无功补偿容量与电容器的电容值。

解　并联电容器前，即感性负载的功率因数角

$$\varphi_1 = \arccos 0.6 = 53.1°$$

并联电容器后，即整个电路的功率因数角

$$\varphi = \arccos 0.9 = 25.8°$$

补偿容量

$$|Q_C| = P(\tan\varphi_1 - \tan\varphi) = 100(\tan 53.1° - \tan 25.8°)\text{kvar} = 84.8\text{kvar}$$

电容值

$$C = \frac{|Q_C|}{\omega U^2} = \frac{84.8 \times 10^3}{2\pi \times 50 \times 220^2}\text{F} = 5.58 \times 10^{-3}\text{F} = 5580\mu\text{F}$$

第八节　三 相 电 源

因为三相制在发电、送电以及电能转换等方面的突出优点，世界上的交流电力系统几乎全部采用三相制。所谓三相制就是由三个频率相同、大小相等而相位彼此互差 120°的正弦电压源共同供电的体制。

三相交流电是由三相交流发电机产生的。图 2-36 是三相交流发电机结构示意图。发电机由两部分构成，即固定部分（或称为定子）与旋转部分（或称为转子）。在定子铁心内壁的凹槽内放置有三个完全相同的绕组，绕组始端分别用 U_1、V_1、W_1 表示，末端分别用 U_2、V_2、W_2 表示，三个始端（或末端）空间上互差 120°。三相发电机的转子是由直流电励磁的磁极，磁极做成适当的形状，以使定子与转子之间空气隙磁感应强度按正弦规律分布。

当转子由原动机拖动以角速度 ω 顺时针匀速旋转时，每一定子绕组，即发电机每一相由于切割磁力线而产生感应电动势，图 2-36 表明了转子在图示位置时，各绕组电动势的实际方向，感应电动势参考极性为末端"－"，始端"＋"，由此所生感应电压是大小相等、频率相同而相位互差 120°的正弦电压，被称为对称三相电压。它们的参考极性如图 2-37 所示。

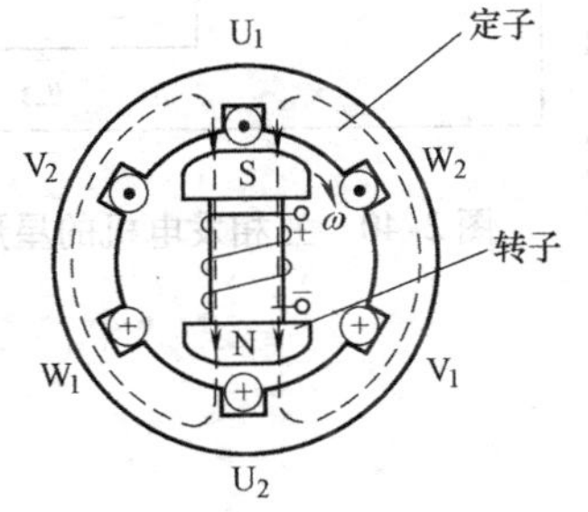

图 2-36　三相交流发电机结构示意图

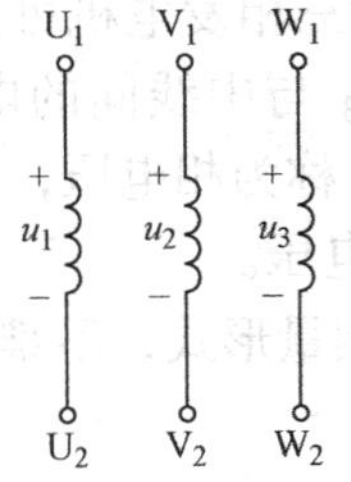

图 2-37　三相定子绕组与三相电压

如以 u_1 为参考正弦量，则此对称三相电压瞬时值为

$$
\left.\begin{aligned}
u_1 &= U_{pm}\sin\omega t = \sqrt{2}U_p\sin\omega t\\
u_2 &= U_{pm}\sin(\omega t-120°) = \sqrt{2}U_p\sin(\omega t-120°)\\
u_3 &= U_{pm}\sin(\omega t+120°) = \sqrt{2}U_p\sin(\omega t+120°)
\end{aligned}\right\}\quad(2\text{-}72)
$$

式中，U_{pm}表示每相电压幅值；U_p 表示每相电压的有效值。其波形图如图 2-38 所示。

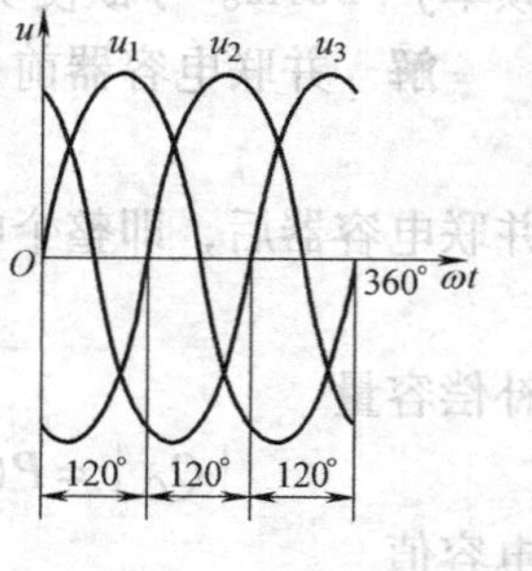

图 2-38　三相电压波形图

如用相量表示，则

$$
\left.\begin{aligned}
\dot{U}_1 &= U_p\angle 0° = U_p\\
\dot{U}_2 &= U_p\angle -120° = U_p\left(-\frac{1}{2}-\mathrm{j}\frac{\sqrt{3}}{2}\right)\\
\dot{U}_3 &= U_p\angle 120° = U_p\left(-\frac{1}{2}+\mathrm{j}\frac{\sqrt{3}}{2}\right)
\end{aligned}\right\}\quad(2\text{-}73)
$$

相量图如图 2-39 所示。

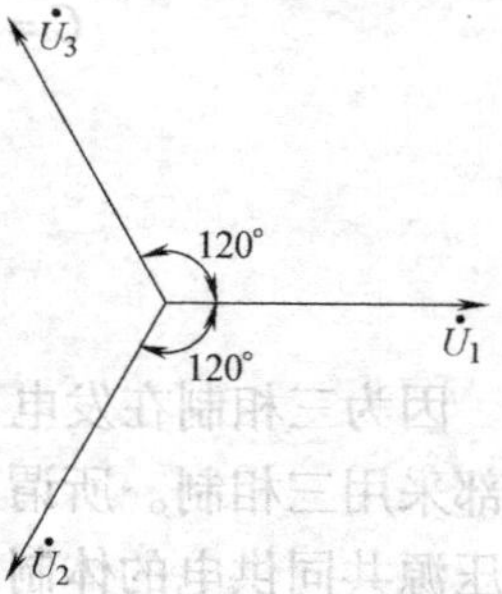

图 2-39　三相电压相量图

三相电压达到最大值的先后次序称为相序。在图 2-38 中，首先是第一相电压 u_1 达到最大值，继而是第二相电压 u_2，再后是第三相电压 u_3，它们的相序就是 U→V→W，并称为正序。

显然，对称三相电压有

$$u_1+u_2+u_3=0$$

且

$$\dot{U}_1+\dot{U}_2+\dot{U}_3=0$$

即对称三相电压任意瞬时之和以及相量之和都恒等于零。

三相发电机的三相绕组各自能产生正弦电压，它们可以独立地向负载供电，构成三个彼此无关的单相交流电路，但是这就失去了三相供电的优点。实际的三相发电机通常在内部将其三相绕组联结成星形（Y）。

三相发电机星形联结时，每相绕组末端连在一起，这个联结点 N 称为中性点，自该点引出的导线叫中性线（简称为中线）。如果中性线与大地相连，此时又称之为零线。这种三相电力系统称为中性点接地系统。由三相绕组始端引出的导线用 L_1、L_2、L_3 表示，称为相线与端线。三相发电机的星形联结如图 2-40 所示。

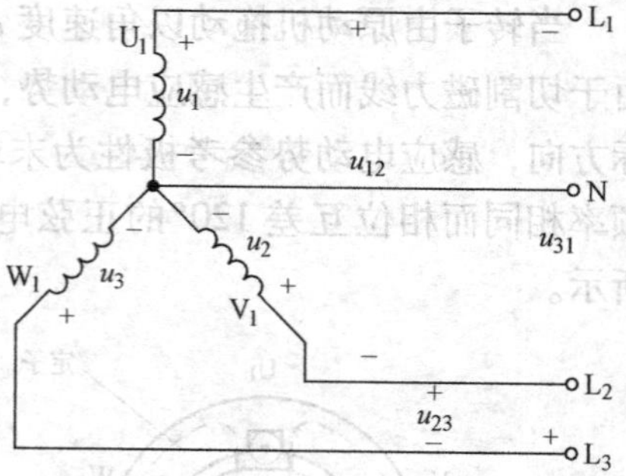

图 2-40　三相发电机的星形联结

星形联结的三相发电机可提供两种电压。其中三根相线 L_1、L_2、L_3 与中线间的电压（即各相绕组的端电压）u_1、u_2、u_3 称为相电压，各根相线之间的电压 u_{12}、u_{23}、u_{31} 称为线电压。

由 KVL 的相量形式，不难得到

$$
\left.\begin{aligned}
\dot{U}_{12} &= \dot{U}_1-\dot{U}_2\\
\dot{U}_{23} &= \dot{U}_2-\dot{U}_3\\
\dot{U}_{31} &= \dot{U}_3-\dot{U}_1
\end{aligned}\right\}\quad(2\text{-}74)
$$

将式(2-73)代入式(2-74)，得

$$\dot{U}_{12}=U_p-U_p\left(-\frac{1}{2}-j\frac{\sqrt{3}}{2}\right)=U_p\left(\frac{3}{2}+j\frac{\sqrt{3}}{2}\right)=\sqrt{3}U_p\left(\frac{\sqrt{3}}{2}+j\frac{1}{2}\right)$$

$$=\sqrt{3}U_p\angle 30^\circ=\sqrt{3}U_1\angle 30^\circ$$

同理

$$\left.\begin{aligned}\dot{U}_{23}&=\sqrt{3}\dot{U}_2\angle 30^\circ\\ \dot{U}_{31}&=\sqrt{3}\dot{U}_3\angle 30^\circ\end{aligned}\right\}\tag{2-75}$$

式（2-75）表明，星形联结三相电源线电压为相电压的$\sqrt{3}$倍，即

$$U_l=\sqrt{3}U_p$$

式中，U_l 表示线电压有效值，U_p 表示相电压有效值，在我国低压配电系统一般采用 220V/380V 电压，其中 U_p 为 220V，U_l 为 380V；另外，在相位上线电压超前相应的相电压 30°，如 $\dot{U}_{12}$ 超前 $\dot{U}_1$ 相位 30°。

上述结论还可以通过相量图的几何关系直观地获得。星形联结三相电源线电压和相电压相量图如图 2-41 所示。

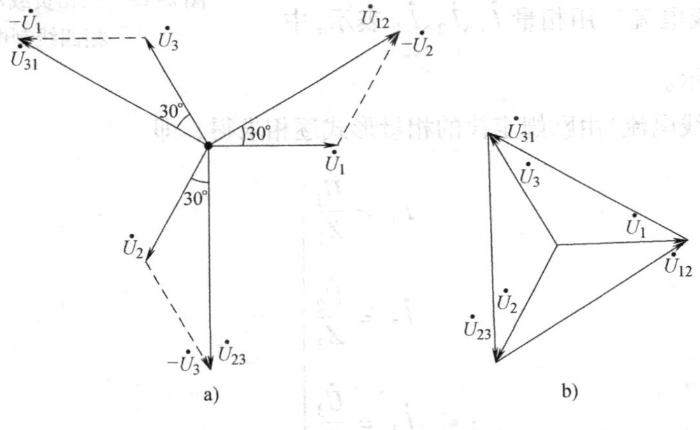

图 2-41　星形联结三相电源线电压和相电压相量图

第九节　三相负载的联结

实际的负载可分为单相和三相负载两种。前者如各类电光源和各种家用电器，它们一般有两个出线端，应按其所需额定电压接入三相电源的相线与中性线之间或者接在相线之间；后者如三相电动机，一般有三个出线端，应接在三相电源的相线上。

下面讨论三相负载的星形联结与三角形联结。

一、三相负载的星形（Y）联结

图 2-42 表示三相负载星形联结的实际电路，这里三相电源提供两种电压，即相电压 220V 和线电压 380V，电灯由于其额定电压为 220V，故分别跨接于相线与中性线之间，三相电动机由其铭牌标出的电压 380V，Y 联结，如图 2-42 所示接到三根相线上。

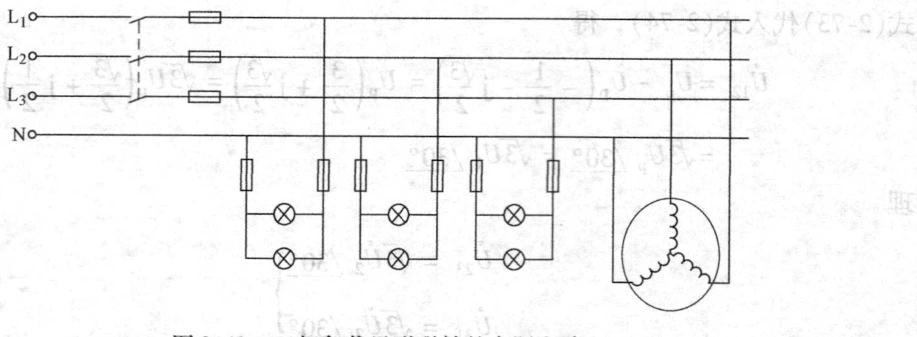

图2-42　三相负载星形联结的实际电路

为了便于研究，将三相负载星形联结的三相四线制电路表示成图2-43所示的形式。图中，Z_1、Z_2、Z_3分别表示三相负载每一相的复数阻抗，我们称流过各相负载的电流为相电流，流过相线的电流为线电流，由图2-43不难看出，线电流等于相电流，即

$$I_l = I_p$$

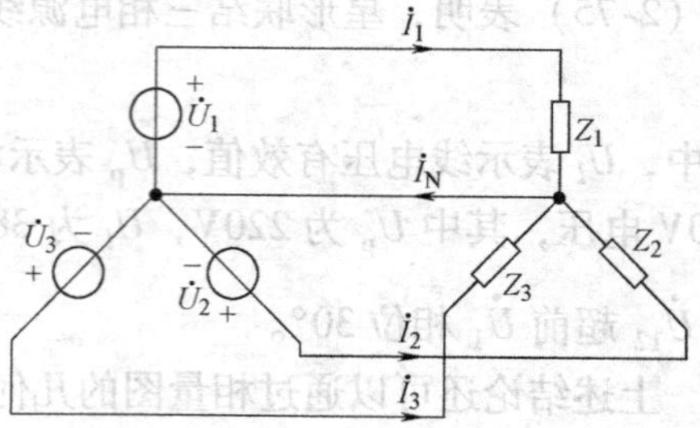

图2-43　三相负载星形联结的三相四线制电路

将每相电流（或线电流）用相量$\dot{I}_1$、$\dot{I}_2$、$\dot{I}_3$表示，中性线电流用$\dot{I}_N$表示。

各相电流（或线电流）由欧姆定律的相量形式逐相求得，即

$$\left.\begin{aligned}\dot{I}_1 &= \frac{\dot{U}_1}{Z_1}\\ \dot{I}_2 &= \frac{\dot{U}_2}{Z_2}\\ \dot{I}_3 &= \frac{\dot{U}_3}{Z_3}\end{aligned}\right\} \tag{2-76}$$

中性线电流由KCL的相量形式计算

$$\dot{I}_N = \dot{I}_1 + \dot{I}_2 + \dot{I}_3 \tag{2-77}$$

如果$Z_1 = Z_2 = Z_3$，即$|Z_1| = |Z_2| = |Z_3| = |Z|$，且$\varphi_1 = \varphi_2 = \varphi_3 = \varphi$时，称之为对称三相负载，此时，由式（2-76），各相电流（或线电流）分别为

$$\left.\begin{aligned}\dot{I}_1 &= \frac{\dot{U}_1}{Z_1} = \frac{\dot{U}_1}{Z}\\ \dot{I}_2 &= \frac{\dot{U}_2}{Z_2} = \frac{\dot{U}_1\angle -120^\circ}{Z} = \dot{I}_1\angle -120^\circ\\ \dot{I}_3 &= \frac{\dot{U}_3}{Z_3} = \frac{\dot{U}_1\angle 120^\circ}{Z} = \dot{I}_1\angle 120^\circ\end{aligned}\right\} \tag{2-78}$$

式(2-78)表明，在对称三相负载的情况下，各相电流(或线电流)大小相等，相位彼此互差120°，即各相电流(或线电流)也是对称的。

这时，中性线电流

$$\dot{I}_N = \dot{I}_1 + \dot{I}_2 + \dot{I}_3 = \dot{I}_1 + \dot{I}_1 \angle -120^\circ + \dot{I}_1 \angle 120^\circ = 0 \qquad (2\text{-}79)$$

因此在该情况下接不接中性线对负载工作毫无影响，故中性线可以省去，此时成为图2-44所示对称三相负载的三相三线制电路。对称三相负载联结成星形，其电压和电流相量图如图2-45所示。

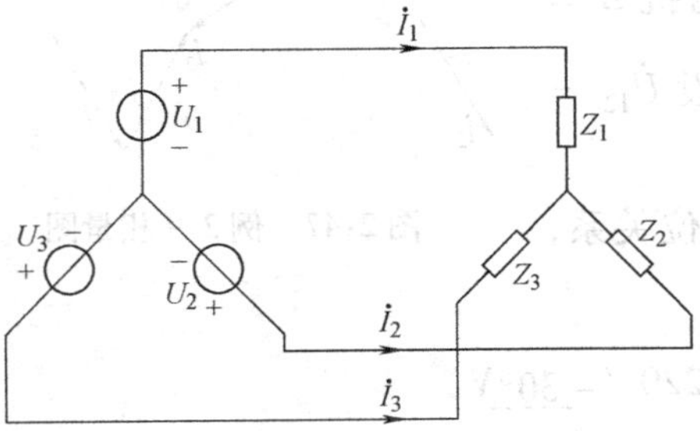

图2-44　对称三相负载的三相三线制电路

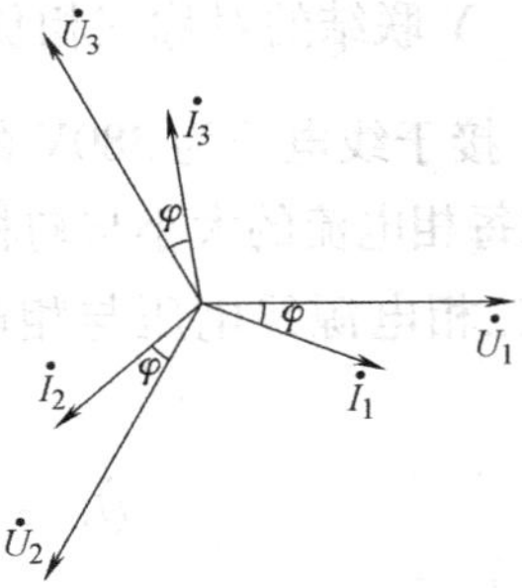

图2-45　对称三相负载星形联结的相量图

由上面分析可以看出，对于星形联结的对称三相负载，计算相电流(或线电流)可以只计算一相(通常选择第一相)，其余两相由相电流(或线电流)的对称性直接推出。

例2-9　如图2-46所示，有六只220V、40W的白炽灯，接到220V/380V的三相四线制电源上，其中第一相接三只，第二相接两只，第三相接一只，求线电流与中性线电流。

解　每只灯泡的电阻

$$R = \frac{220^2}{40}\Omega = 1210\Omega$$

各相灯泡的等效电阻

$$R_1 = \frac{R}{3} = \frac{1210}{3}\Omega = 403\Omega$$

$$R_2 = \frac{R}{2} = \frac{1210}{2}\Omega = 605\Omega$$

$$R_3 = R = 1210\Omega$$

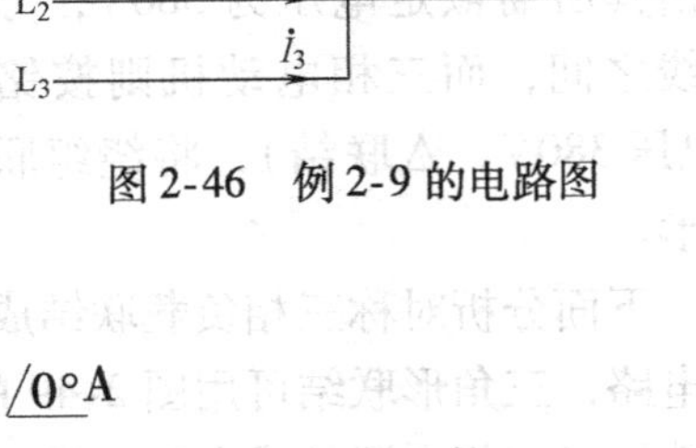

图2-46　例2-9的电路图

设 $\dot{U}_1 = 220\angle 0^\circ$V，各线电流分别为

$$\dot{I}_1 = \frac{\dot{U}_1}{R_1} = \frac{220\angle 0^\circ}{403}\text{A} = 0.545\angle 0^\circ\text{A}$$

$$\dot{I}_2 = \frac{\dot{U}_2}{R_2} = \frac{220\angle -120^\circ}{605}\text{A} = 0.365\angle -120^\circ\text{A}$$

$$\dot{I}_3 = \frac{\dot{U}_3}{R_3} = \frac{220\angle 120^\circ}{1210}\text{A} = 0.183\angle 120^\circ\text{A}$$

中性线电流

$$\dot{I}_N = \dot{I}_1 + \dot{I}_2 + \dot{I}_3 = (0.545\,\angle 0^\circ + 0.365\,\angle -120^\circ + 0.183\,\angle 120^\circ)\text{A}$$
$$= [0.545 + (-0.183 - \text{j}0.316) + (-0.091 + \text{j}0.158)]\text{A}$$
$$= (0.271 - \text{j}0.158)\text{A} = 0.313\,\angle -30^\circ\text{A}$$

各线电流与中性线的电流相量图如图2-47所示。

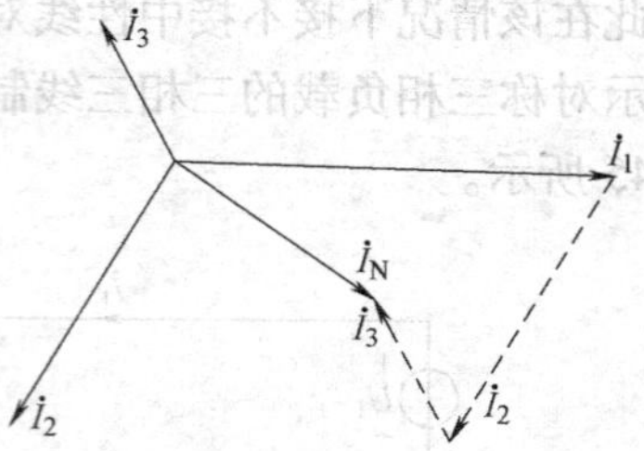

图2-47 例2-9相量图

由以上结果来看，由于三相负载分布不均衡，中性线电流还是很大的，所以在设计与安装照明线路时，应尽量使灯泡均衡分布在三相电路上。

例2-10 Y联结的对称三相负载，每相复数阻抗 $Z = (6 + \text{j}8)\Omega$，接于线电压为380V的三相电源上，设 $\dot{U}_{12} = 380\,\angle 0^\circ$，求每相电流的大小与初相。

解 由三相电源线电压与相电压大小及其相位关系，得相电压

$$\dot{U}_1 = \frac{380}{\sqrt{3}}\,\angle -30^\circ\text{V} = 220\,\angle -30^\circ\text{V}$$

该相电流

$$\dot{I}_1 = \frac{\dot{U}_1}{Z} = \frac{220\,\angle -30^\circ}{6 + \text{j}8}\text{A} = \frac{220\,\angle -30^\circ}{10\,\angle 53.1^\circ}\text{A} = 22\,\angle -83.1^\circ\text{A}$$

其余两相电流由对称性推知

$$\dot{I}_2 = 22\,\angle -203.1^\circ\text{A} = 22\,\angle 156.9^\circ\text{A}$$

$$\dot{I}_3 = 22\,\angle 36.9^\circ\text{A}$$

二、三相负载的三角形（△）联结

图2-48表示三相负载三角形（△）联结的实际电路。这里三相电源的线电压为380V，其中具有两个出线端的单相负载由其所需额定电压为380V，分别接于相线之间，而三相电动机则按铭牌要求（电压380V，△联结），将绕组联结成三角形。

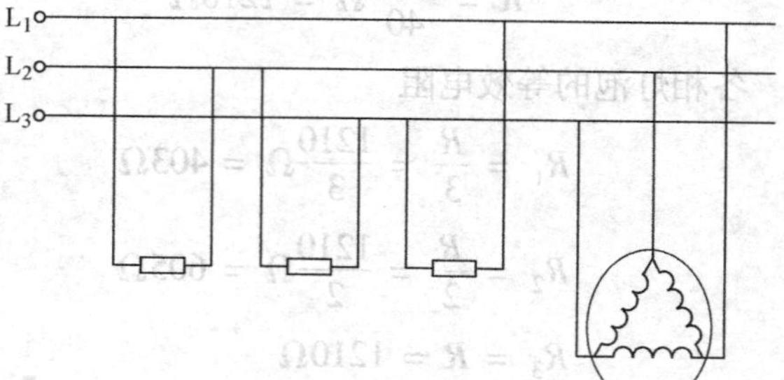

图2-48 三相负载三角形联结的实际电路

下面分析对称三相负载联结成三角形的电路，三角形联结可用图2-49的一般形式表示。由上述电路不难看出，三相负载的相电压就等于三相电源的线电压，即

$$U_p = U_l$$

在图2-49中，流过三相负载每一相的电流即相电流，分别用 $\dot{I}_{12}$、$\dot{I}_{23}$、$\dot{I}_{31}$ 表示，流经各相线的电流即线电流，分别用 $\dot{I}_1$、$\dot{I}_2$、$\dot{I}_3$ 表示，其参考方向如图2-49所示。

每相电流可由欧姆定律相量形式求得，即

$$\left.\begin{aligned}\dot I_{12}&=\frac{\dot U_{12}}{Z}\\ \dot I_{23}&=\frac{\dot U_{23}}{Z}=\frac{\dot U_{12}\angle-120^\circ}{Z}=\dot I_{12}\angle-120^\circ\\ \dot I_{31}&=\frac{\dot U_{31}}{Z}=\frac{\dot U_{12}\angle120^\circ}{Z}=\dot I_{12}\angle120^\circ\end{aligned}\right\}\quad(2\text{-}80)$$

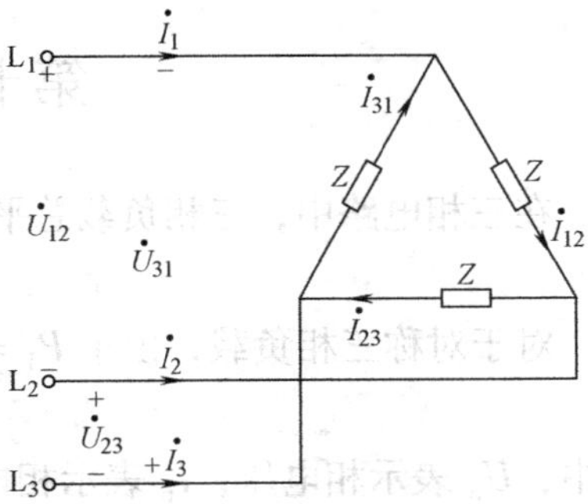

图 2-49　对称三相负载三角形联结

式（2-80）表明，对称三相负载三角形联结时，各相电流是对称的。

各线电流由 KCL 的相量形式求得，即

$$\left.\begin{aligned}\dot I_1&=\dot I_{12}-\dot I_{31}\\ \dot I_2&=\dot I_{23}-\dot I_{12}\\ \dot I_3&=\dot I_{31}-\dot I_{23}\end{aligned}\right\}\quad(2\text{-}81)$$

为了便于分析，设 $\dot I_{12}=I_p\angle0^\circ$，则 $\dot I_{23}=I_p\angle-120^\circ$，$\dot I_{31}=I_p\angle120^\circ$，由式（2-81）求得线电流

$$\dot I_1=\dot I_{12}-\dot I_{31}=I_p\angle0^\circ-I_p\angle120^\circ=I_p-I_p\left(-\frac{1}{2}+\mathrm{j}\frac{\sqrt3}{2}\right)=\sqrt3 I_p\left(\frac{\sqrt3}{2}-\mathrm{j}\frac{1}{2}\right)$$

$$=\sqrt3 I_p\angle-30^\circ=\sqrt3\dot I_{12}\angle-30^\circ$$

同理可得

$$\left.\begin{aligned}\dot I_2&=\sqrt3\dot I_{23}\angle-30^\circ\\ \dot I_3&=\sqrt3\dot I_{31}\angle-30^\circ\end{aligned}\right\}\quad(2\text{-}82)$$

上式表明，对称三相负载联结成三角形，其线电流也是对称的，它的大小是相电流的$\sqrt3$倍，而线电流相位滞后相应的相电流 30°。

上述线电流与相电流的相量图如图 2-50 所示。

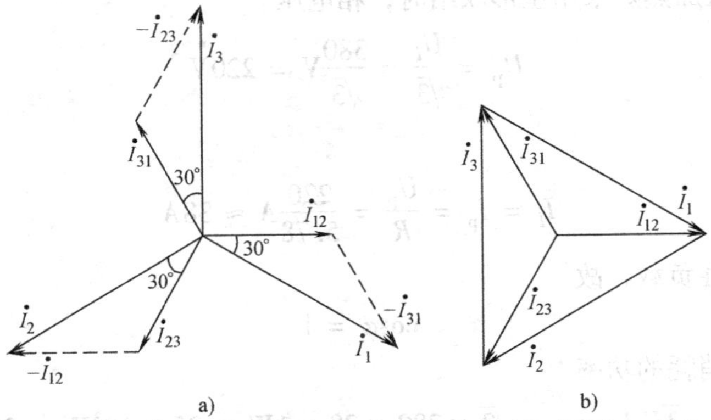

图 2-50　对称三相负载三角形联结的线电流、相电流相量图

第十节　三相负载的功率

在三相电路中，三相负载总平均功率（或有功功率）为各相负载平均功率之和，即

$$P = P_1 + P_2 + P_3$$

对于对称三相负载，由于 $P_1 = P_2 = P_3 = U_p I_p \cos\varphi$，故

$$P = 3U_p I_p \cos\varphi \tag{2-83}$$

式中，U_p 表示相电压，I_p 表示相电流，φ 角为每相负载的功率因数角，即每相负载相电压与相电流的相位差。

在实际工作中，测量线电压与线电流较为方便，三相负载总平均功率（或有功功率）表达式常用线电压、线电流表示。因为

若三相负载采取星形联结，有

$$U_p = \frac{U_l}{\sqrt{3}}, I_p = I_l$$

若三相负载采用三角形联结，有

$$U_p = U_l, I_p = \frac{I_l}{\sqrt{3}}$$

从而得出用线电压、线电流表示的三相负载总平均功率（或有功功率）的另一表达式

$$P = \sqrt{3}U_l I_l \cos\varphi \tag{2-84}$$

应注意，式中 $\cos\varphi$ 仍表示每相负载功率因数，即 φ 仍表示相电压与相电流的相位差。此式还表明，对称三相负载总平均功率（或有功功率）表达式与其接法无关。

同理，对称三相负载总无功功率和视在功率分别是

$$Q = 3U_p I_p \sin\varphi = \sqrt{3}U_l I_l \sin\varphi \tag{2-85}$$

$$S = \sqrt{P^2 + Q^2} = 3U_p I_p = \sqrt{3}U_l I_l \tag{2-86}$$

例 2-11　工业上用的三相电阻加热炉，常常利用改变电阻丝的接法控制功率大小，从而达到调节炉温的目的。有一台三相电阻加热炉，每相电阻 $R = 5.78\Omega$，今接在线电压 $U_l = 380\text{V}$ 的三相电源上，试问采用星形联结和采用三角形联结时；三相电阻加热炉消耗的电功率?

解　(1) 电阻加热炉采用星形联结时，相电压

$$U_p = \frac{U_l}{\sqrt{3}} = \frac{380}{\sqrt{3}}\text{V} = 220\text{V}$$

线电流，即相电流

$$I_l = I_p = \frac{U_p}{R} = \frac{220}{5.78}\text{A} \approx 38\text{A}$$

电阻加热炉是电阻性负载，故

$$\cos\varphi = 1$$

此时，电阻加热炉消耗的功率

$$P_Y = \sqrt{3}U_l I_l \cos\varphi = \sqrt{3} \times 380 \times 38 \times 1\text{W} \approx 25 \times 10^3\text{W} = 25\text{kW}$$

(2) 采用三角形联结时，每相负载的相电压

$$U_p = U_l = 380V$$

相电流

$$I_p = \frac{U_p}{R} = \frac{380}{5.78}A \approx 66A$$

此时，电阻加热炉消耗的功率

$$P_{\triangle} = 3U_pI_p\cos\varphi = 3 \times 380 \times 66 \times 1W \approx 75 \times 10^3W = 75kW$$

上述结果表明，在同一电源下，对称三相负载三角形联结所消耗的功率是星形联结的3倍。

本章小结

1. 正弦量的瞬时值可以用三角函数式表示，如正弦电流

$$i = I_m\sin(\omega t + \psi) = \sqrt{2}I\sin(\omega t + \psi)$$

其中，I_m 为该正弦电流的幅值，I 为有效值，两者之间有 $I = \frac{I_m}{\sqrt{2}}$；ω 称为角频率；ψ 称为初相。一般称幅值、角频率、初相位为正弦量的三个特征量。

正弦量随时间变化的曲线称为波形图，它可以形象地表示正弦量的变化规律。

2. 当频率一定的条件下，正弦量仅由两个特征量，即幅值（或有效值）与初相来决定。因此正弦量可以用复数表示，这就是相量。如正弦电流

$$i = I_m\sin(\omega t + \psi) = \sqrt{2}I\sin(\omega t + \psi)$$

可用相量（复数）表示成

$$\dot{I}_m = I_m \underline{/\psi} \quad 或 \quad \dot{I} = I\underline{/\psi}$$

由于复数与复平面上的矢量是一一对应的，因此正弦量也可以用复平面上的矢量来图示，这就是相量图。

正弦交流电路的分析和计算通常是以复数代数与矢量几何为工具的。前者称为相量（复数）法，后者称为相量图法。

3. 电阻、电感、电容三种基本元件的交流电路有：

电阻：$\dot{U} = R\dot{I}$，$P_R = IU = I^2R$，$Q = 0$

电感：$\dot{U} = j\omega L\dot{I}$，$P = 0$，$Q_L = IU = I^2X_L$

电容：$\dot{U} = -j\frac{1}{\omega C}\dot{I}$（或$\dot{I} = j\omega C\dot{U}$），$P = 0$，$Q_C = -IU = -I^2X_C$

由于电阻是耗能元件，电能只能从电源供给电阻而不能返还；电感与电容是储能元件，它们与电源之间进行能量交换，且两者之间无功功率可以相互补偿。上述能量交换情况可用图2-51表示。

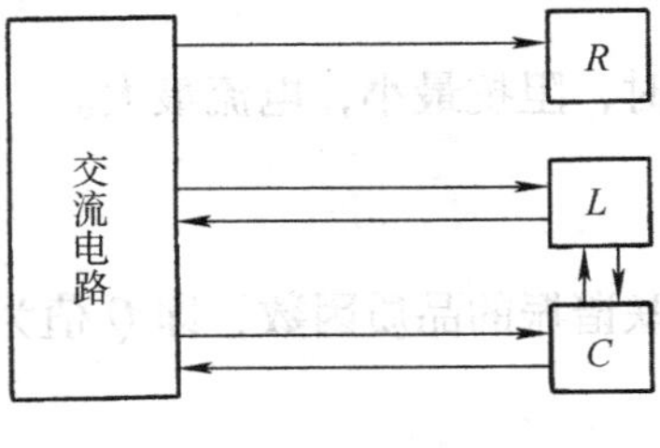

图2-51　能量交换图

4. *RLC* 串联交流电路，如用相量表示电压与电流的关系，则为

$$\dot{U} = Z\dot{I} = \left[R + \mathrm{j}\left(\omega L - \frac{1}{\omega C}\right)\right]\dot{I} = [R + \mathrm{j}(X_L - X_C)]\dot{I}$$

式中，Z 称为复数阻抗。其模 $|Z|$ 称为阻抗，辐角 φ 称为阻抗角，其中

$$|Z| = \sqrt{R^2 + (X_L - X_C)^2} = \sqrt{R^2 + X^2}$$

$$\varphi = \arctan\frac{X_L - X_C}{R} = \arctan\frac{X}{R}$$

前者反映了电压与电流的数量关系，后者反映了电压与电流的相位关系。

该电路的平均功率（或有功功率）

$$P = UI\cos\varphi = I^2 R$$

无功功率

$$Q = UI\sin\varphi = I^2 X$$

视在功率

$$S = UI = \sqrt{P^2 + Q^2}$$

5. 两个复数阻抗分别为 Z_1 与 Z_2 的元件串联，其等效复数阻抗

$$Z = Z_1 + Z_2$$

分压公式为

$$\dot{U}_1 = \frac{Z_1}{Z_1 + Z_2}\dot{U} \quad \dot{U}_2 = \frac{Z_2}{Z_1 + Z_2}\dot{U}$$

两个复数阻抗分别为 Z_1 与 Z_2 的元件并联，等效复数阻抗

$$Z = \frac{Z_1 Z_2}{Z_1 + Z_2}$$

分流公式为

$$\dot{I}_1 = \frac{Z_2}{Z_1 + Z_2}\dot{I} \quad \dot{I}_2 = \frac{Z_1}{Z_1 + Z_2}\dot{I}$$

利用等效复数阻抗的概念，可以将一个其内包含串、并联的复杂电路逐步化简，最终用一个等效复数阻抗表示。

将电压、电流用相量表示，将电路参数（R、L、C）用复数阻抗表示，则直流电阻电路的定律、公式等可以直接应用于正弦交流电路。

6. 谐振是具有两种储能元件（电感和电容）的交流电路在特定条件下所发生的特殊现象。它表现为此时电压与电流同相，电路呈电阻性。

串联谐振时谐振频率

$$f_0 = \frac{1}{2\pi\sqrt{LC}}$$

此时，阻抗最小，电流最大。

$$Z_0 = R \quad I_0 = \frac{U}{R}$$

串联谐振的品质因数，即 Q 值为

$$Q = \frac{U_{L0}}{U} = \frac{U_{C0}}{U} = \frac{\omega_0 L}{R} = \frac{1}{\omega_0 RC}$$

并联谐振时，如忽略线圈损耗，则谐振频率亦为

$$f_0 = \frac{1}{2\pi\sqrt{LC}}$$

并联谐振具有高阻性，此时电流最小。

7. 提高功率因数可以充分发挥电源的潜力，减小线路中电压与功率损耗，因此有重要的经济意义。其具体做法是在感性负载两端并联容量合适的电容器。

8. 电力系统广泛采用三相交流电，三相电压是三个大小相等、频率相同、相位互差120°的正弦电压，它由三相交流发电机产生，通常为星形联结，它可以获得两种电压，即相电压和线电压，两者大小关系为

$$U_l = \sqrt{3}U_p$$

且在相位上，线电压超前相应相电压30°。

9. 三相负载采取星形联结时，对于不对称负载，如照明负载，必须接成三相四线制，对于三相对称负载，中性线则可省去。

在三相对称电路中，负载采取星形联结，有

$$I_l = I_p \quad U_l = \sqrt{3}U_p$$

如采用三角形联结

$$I_l = \sqrt{3}I_p \quad U_l = U_p$$

10. 三相对称负载平均功率（或有功功率）、无功功率、视在功率分别是

$$P = 3U_pI_p\cos\varphi = \sqrt{3}U_lI_l\cos\varphi$$

$$Q = 3U_pI_p\sin\varphi = \sqrt{3}U_lI_l\sin\varphi$$

$$S = \sqrt{P^2 + Q^2} = 3U_pI_p = \sqrt{3}U_lI_l$$

习 题 二

2-1 已知正弦电压瞬时值分别为

$$u_1 = 220\sqrt{2}\sin(314t + 30°)\text{V}$$

$$u_2 = 127\sqrt{2}\sin(314t - 45°)\text{V}$$

$$u_3 = 380\sqrt{2}\cos(314t + 90°)\text{V}$$

1）试指出它们的幅值、有效值、频率、周期与初相位；

2）在同一直角坐标系中画出它们的波形图，并比较它们的相位关系；

3）用相量（复数）表示上述正弦电压，并在同一复平面上作出它们的相量图。

2-2 用相量法分别计算下列正弦量之和：

1）$i = 4\sin(\omega t + 60°)\text{A} + 6\sin(\omega t + 30°)\text{A}$；

2）$i = 3\sin\omega t\text{A} + 4\cos\omega t\text{A}$；

3）$u = 20\sin314t\text{V} + 20\cos314t\text{V} + 10\sin(314t - 90°)\text{V}$。

2-3 试写出下列相量所代表的正弦量瞬时值的三角函数表达式（设各正弦量角频率为 ω）：

1）$\dot{U} = (6 - j8)\text{V}$　　2）$\dot{U} = -10\text{V}$

3）$\dot{U} = 10\angle 53.1°\text{V}$　　4）$\dot{U} = (-8 + j6)\text{V}$

设以上正弦量的角频率 $\omega = 314\text{rad/s}$。

2-4 在图2-52所示各交流电路中，已知 $U=10\text{V}$，$U_1=6\text{V}$，试求电路中电压表的读数。

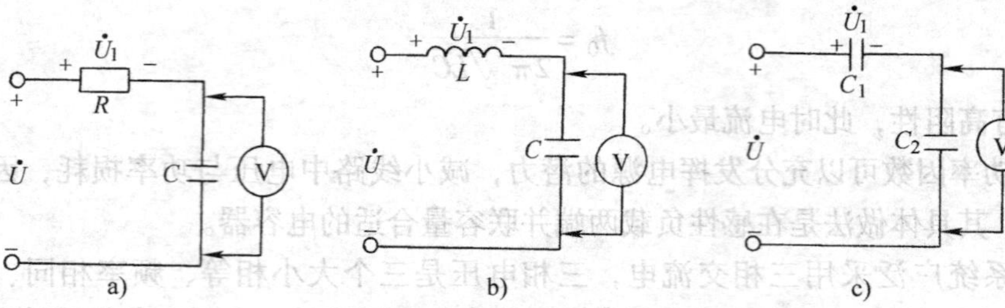

图2-52 习题2-4的电路图

2-5 某 RC 移相电路如图2-53a所示，已知 $R=16\text{k}\Omega$，$C=0.01\mu\text{F}$，$f=995\text{Hz}$，求输出电压 u_0 与输入电压 u_1 的相位差。u_0 较 u_1 是超前还是滞后？如果将 R 与 C 对调一下位置，如图2-53b所示，u_0 较 u_1 是超前还是滞后？

2-6 某正弦电压 $u=120\sqrt{2}\sin 314t\text{V}$ 施于 RL 串联电路，已知电流有效值为12A，电路消耗功率为720W。

1）求电路的功率因数；

2）求 R、L 值。

2-7 RLC 串联交流电路如图2-54所示，已知 $R=10\Omega$，$L=0.1\text{H}$，$C=0.1\mu\text{F}$，$\omega=10^4\text{rad/s}$，今已得知电阻上的电压 $U_R=10\text{mV}$，试求电流 I、电感电压 U_L、电容电压 U_C 以及总电压 U，并求该电路的平均功率 P 与无功功率 Q。

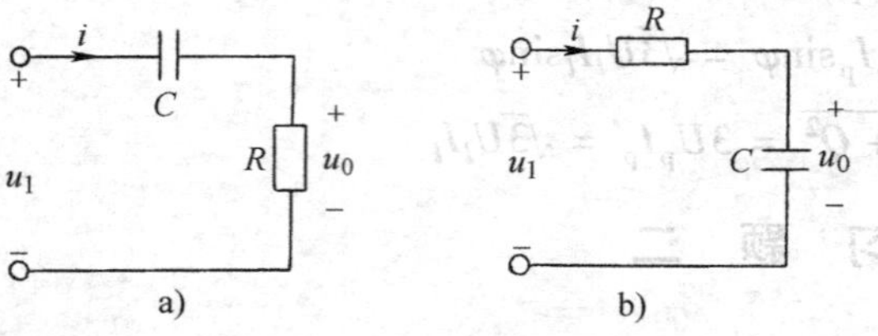

图2-53 习题2-5的电路图

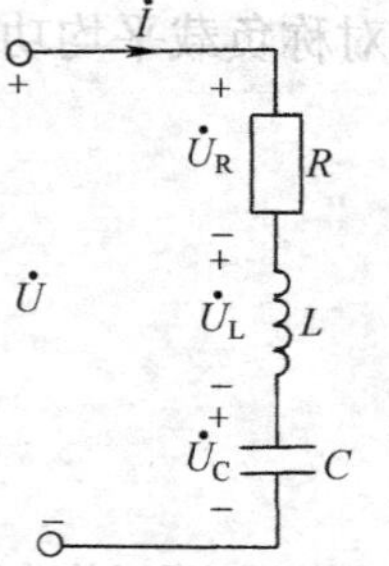

图2-54 习题2-7的电路图

2-8 某并联交流电路如图2-55所示，已知 $I_1=4\text{A}$，$I_2=3\text{A}$，试求下列情况下的电流 I。

1）$Z_1=R_1$，$Z_2=R_2$；

2）$Z_1=R$，$Z_2=\text{j}X_L$；

3）$Z_1=\text{j}X_L$，$Z_2=-\text{j}X_C$。

2-9 某线圈，其等效电阻 $R=400\Omega$，电感 $L=1\text{H}$，今与6.25μF的电容器相并联，如图2-56所示，已知角频率 $\omega=400\text{rad/s}$，试求电压 u 与电流 i 的相位差，并说明该电路呈电感性还是电容性。

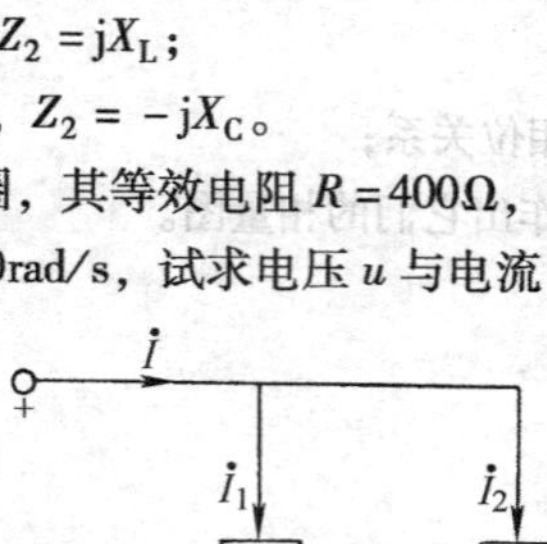

图2-55 习题2-8的电路图

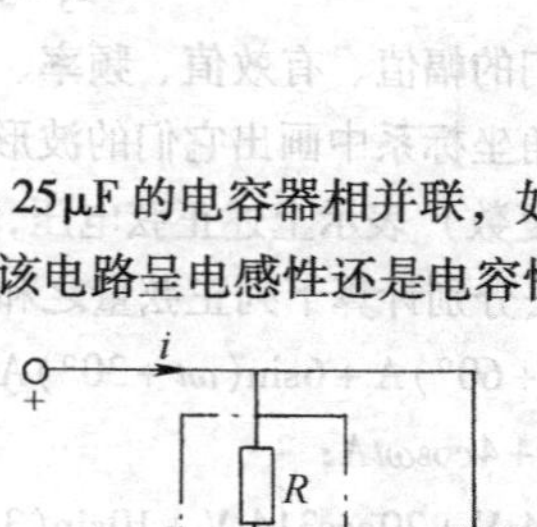

图2-56 习题2-9的电路图

2-10 三个负载串联，其复数阻抗分别为 $Z_1=(5+j7)\Omega$，$Z_2=(2-j2)\Omega$，$Z_3=(1+j3)\Omega$，正弦电源电压 U =50V，电路如图 2-57 所示，试求：

1）电流 I 与各负载上的电压 U_1、U_2 和 U_3；

2）整个电路的平均功率（或有功功率）、无功功率和视在功率；

3）每个负载的平均功率、无功功率与视在功率，并验证以下关系：

$$P=P_1+P_2+P_3$$

$$Q=Q_1+Q_2+Q_3$$

$$S\neq S_1+S_2+S_3$$

2-11 两个负载并联，已知 $Z_1=(1+j1)\Omega$，$Z_2=(2-j1)\Omega$；电流 $I=5\text{A}$，电路如图 2-58 所示，试求：

1）电压 U 和每一负载的电流 I_1 与 I_2，并作相量图；

2）总的平均功率、无功功率与视在功率；

3）每个负载的平均功率、无功功率与视在功率，并验证：$P=P_1+P_2$，$Q=Q_1+Q_2$，$S\neq S_1+S_2$。

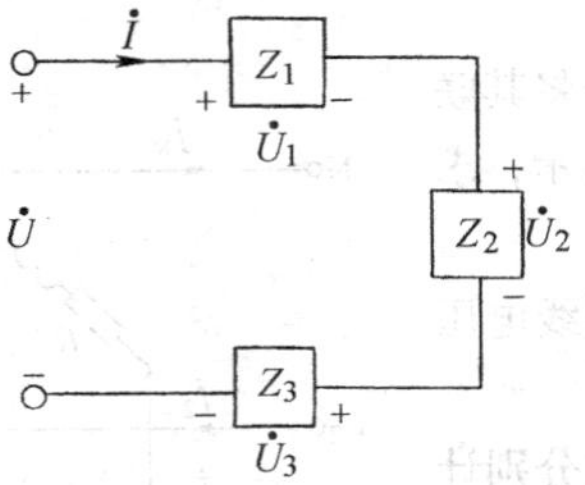

图 2-57 习题 2-10 的电路图

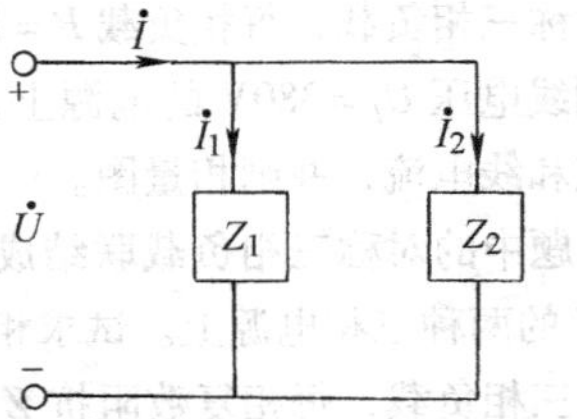

图 2-58 习题 2-11 的电路图

2-12 电路如图 2-59 所示，已知 $R_1=20\Omega$，$X_C=10\Omega$，$R_2=12\Omega$，$X_L=16\Omega$，电源电压 $U=220\text{V}$，$\omega=314\text{rad/s}$，求各支路电流 I_1、I_2、I_3 与线路电流 I，并作电压和电流的相量图。

2-13 RLC 串联谐振电路中，接入频率 $f=2\text{MHz}$，$U=100\mu\text{V}$ 的正弦电压，已知电感 $L=30\mu\text{H}$，电路的品质因数（Q 值）为 40，今欲调节电容 C 使之谐振，试求 C 的大小，并求谐振时电流 I_0 与电容电压 U_C。

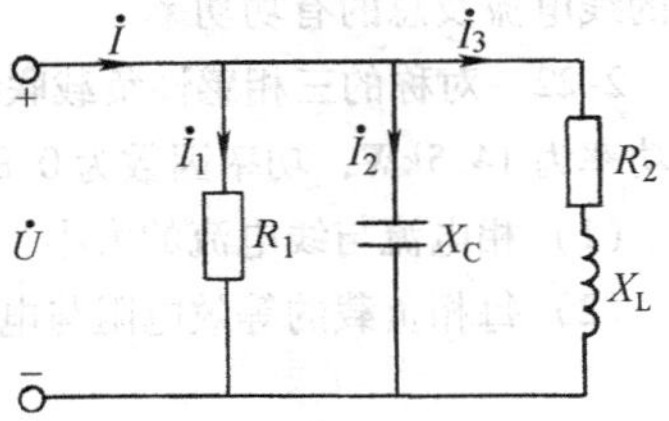

图 2-59 习题 2-12 的电路图

2-14 某功率为 1000kW 的感性负载接在 2300V、50Hz 的正弦交流电路中，该负载的功率因数为 0.8，今欲将功率因数提高到 0.9，求电容 C 的数值。

2-15 今有一感性负载与电阻 R 相并联，电路如图 2-60 所示，已知电源电压为 220V，接在电路中的电流表 A_1、A_2、A_3 的读数分别为 10A、9A、17A，试求该感性负载的功率与功率因数，以及整个电路（包括 A_2 所在支路的电阻在内）的功率与功率因数（提示：利用相量图进行分析）。

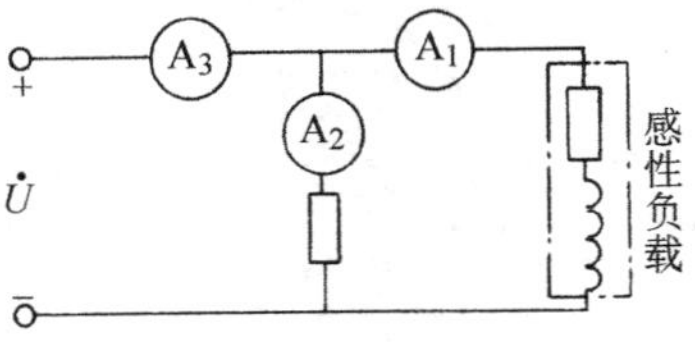

图 2-60 习题 2-15 的电路图

2-16 某建筑施工工地，今欲在 220V/380V 的三相四线制供电线路中安装三盏 220V、1000W 的投光型白炽灯，应如何连接，绘出电路图。试求下述两种情况各相线与中性线的电流：

（1）三盏灯同时点亮；

（2）熄灭一盏灯，设熄灭的是第三相的投光灯。

2-17 星形联结的三相负载，各相负载的复数阻抗分别是 $Z_1=(4+j3)\Omega$，$Z_2=6\Omega$，$Z_3=j10\Omega$，今接入三相四线制电路，电路如图 2-61 所示，线电压 $U_l=380\text{V}$。试求相电流、线电流以及中性线电流。

2-18 电路如图 2-62 所示，有 90 只 220V、40W 的白炽灯平均分配在线电压 $U_l=380\text{V}$ 的三相四线制电路中，即在每相上都接 30 只白炽灯。试求：

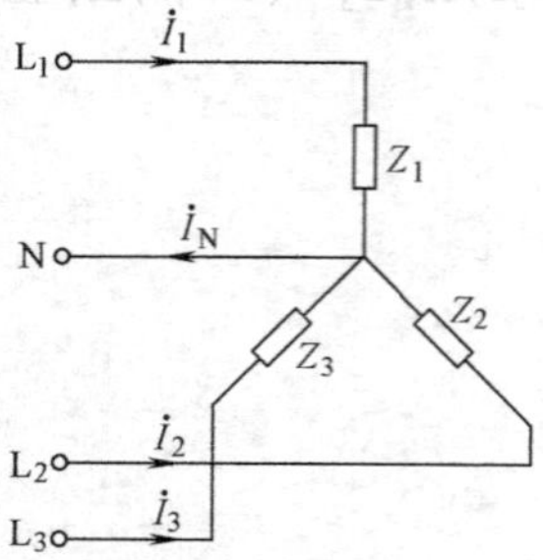

图 2-61　习题 2-17 电路图

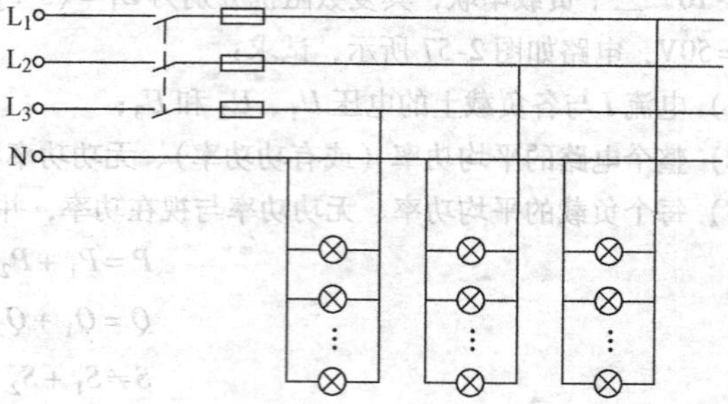

图 2-62　习题 2-18 电路图

（1）所有灯泡全部点亮时各相电流（线电流）以及中性线电流；

（2）当第一相点亮 10 只灯泡，第二相点亮 20 只，第三相全部点亮时各相电流（线电流）以及中性线电流。

2-19　某对称三相负载，每相负载 $R=10\Omega$，$X_L=15\Omega$，今将其联结成星形，接到线电压 $U_l=380V$ 的电源上，电路如图 2-63 所示，求相电压、相电流和线电流，并画相量图。

2-20　将上题中的对称三相负载联结成三角形，分别接到线电压为 220V 与 380V 的两种三相电源上。试求相电流与线电流。

2-21　对称三相负载，每相复数阻抗 $Z=(12+j16)\Omega$，试分别计算该负载作星形联结和三角形联结接在线电压 $U_l=380V$ 的三相电源上的线电流及总的有功功率。

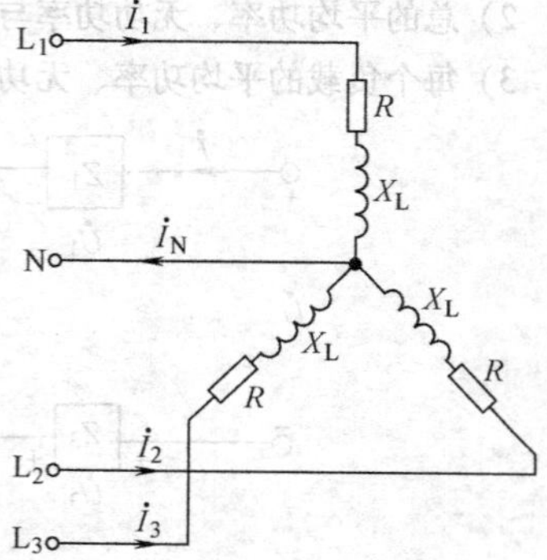

图 2-63　习题 2-19 电路图

2-22　对称的三相感性负载联结成三角形，接在线电压 $U_l=380V$ 的三相电源上，已知三相负载消耗的总功率为 14.5kW，功率因数为 0.8（感性）。试求：

（1）相电流与线电流的大小；

（2）每相负载的等效电阻与电抗。

第三章　变　压　器

变压器是根据电磁感应原理变换电压、电流的静止电机。掌握变压器的工作原理，了解其性能和使用是必要的。本章先介绍变压器的用途和结构，然后着重分析单相变压器的工作原理，空载运行和有载运行的物理过程，以及运行特性。由于三相变压器在工农业生产及建筑电气工程中应用极为广泛，进而讲述了三相变压器的有关知识。最后简要介绍特殊变压器的工作特点和使用方法。

第一节　变压器的用途及结构

一、变压器的用途

变压器是输送交流电能的设备，它可以把一种交流电压和电流变换为同频率的另一交流电压和电流。因此变压器在工农业生产、科学实验和日常生活中有着十分广泛的用途。

在电力系统中，变压器是一个极其重要的电气设备。要把发电厂生产的电能远距离输送到用电区域，应采用高压输电。因为输送一定的电功率，当功率因数不变时，输电电压愈高，线路中的电流就愈小。这样不但可以减小输电线上的功率损耗，而且还可以减小导线截面积以节省导电材料。根据输送电功率的大小及输电距离的远近，来选择相应的输电电压等级。目前，我国国家标准规定的输电电压等级主要有：35 kV、110 kV、220 kV、330 kV 和500kV。因而必须使用升压变压器，才能将电能送入高压电网。当把电能输送到用电区域后，要用降压变压器把输电电压降低到配电电压 6 ~ 10kV 再进行电能分配。用电设备额定电压多为380V 或220V，还需要配电变压器进一步降压至负载电压。由此可见从电厂发出的电能输送到用户的整个过程中，通常要经过多次变压，因此变压器对电力系统的经济和安全运行，有着十分重要的意义。

除了上述输配电用的电力变压器外，变压器还有其他方面的用途，如加热用的电炉变压器；焊接金属用的电焊变压器；安全用的行灯变压器；实验用的调压器；测量仪表用的互感器以及电子技术中的电源变压器等。尽管变压器的种类繁多，用途各种各样，但其结构都是大同小异的。下面以电力变压器为例来说明变压器的结构。

二、变压器的结构

变压器的主体由铁心和绕组两部分组成。此外，变压器运行时要发热，还应有相应的冷却装置；为把各绕组出线端从油箱内引出，在油箱顶上装有绝缘套管以及其他附件等，油浸式电力变压器外形如图 3-1 所示。

1. 铁心

铁心是变压器的磁路部分。为了产生较强的磁场，并减小磁滞和涡流损耗，铁心通常采用厚度为0. 35 ~0. 5mm 的硅钢片叠压而成，片与片之间涂以绝缘漆。铁心分为铁心柱和铁轭两部分，铁心柱上套绕组，而铁轭则将铁心柱连接成闭合磁路。

按铁心与绕组相对位置的不同，铁心结构的基本型式有心式和壳式两种。图 3-2a、b 及

图3-3分别为单相心式、单相壳式及三相心式变压器的铁心和绕组。

心式变压器的结构特点是绕组包围着铁心。由于心式变压器用硅钢片量较少，构造简单，绕组的安装和绝缘也比较容易，因此多用于容量较大的变压器中。壳式变压器的结构特点是铁心包围着绕组。壳式变压器虽用铜量较少，但制造工艺较心式变压器复杂，一般常用于小容量的变压器中。

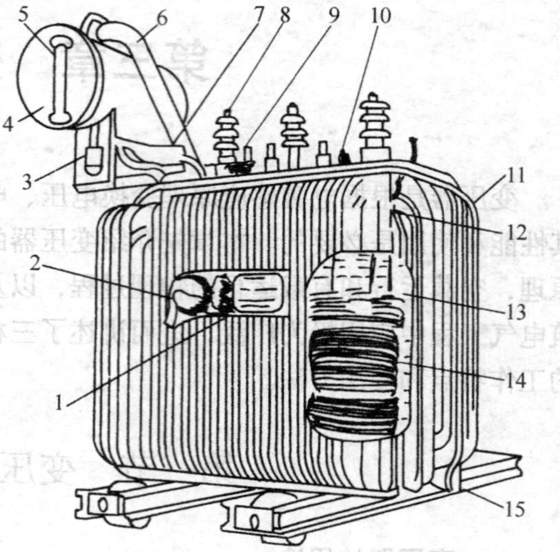

图3-1 变压器外形

1—铭牌 2—温度计 3—吸湿器 4—储油柜 5—油位计 6—防爆管 7—气体继电器 8—高压套管 9—低压套管 10—分接开关 11—散热器 12—油箱 13—铁心 14—线圈及绝缘层 15—放油阀

2. 绕组

绕组是变压器的电路部分，小容量的变压器多用高强度的漆包线绕制成线圈，而大、中型容量的变压器则用有绝缘层的圆形或扁形铜线或铝线绕成，绕制时多采用圆筒形，将低压绕组套在铁心上，高压绕组同心地套在低压绕组的外面。为了加强绝缘，彼此之间再用绝缘纸筒隔开。

电力变压器按绕组导线材质分为铜绕组和铝绕组两大类。工厂变电所过去大多采用铝绕组变压器，目前低损耗的铜绕组变压器已在现代工厂变电所广泛应用。

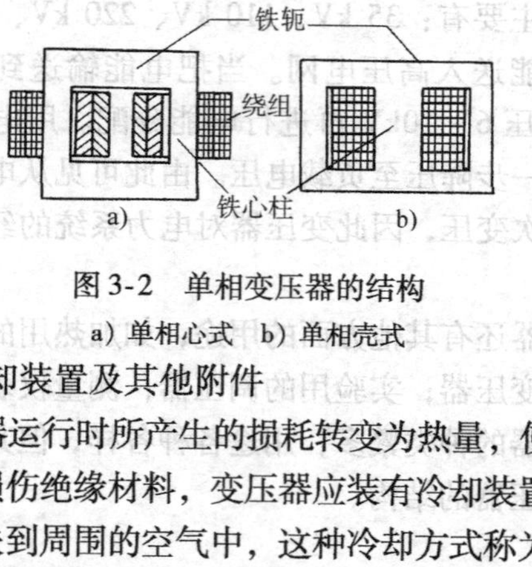

图3-2 单相变压器的结构

a）单相心式 b）单相壳式

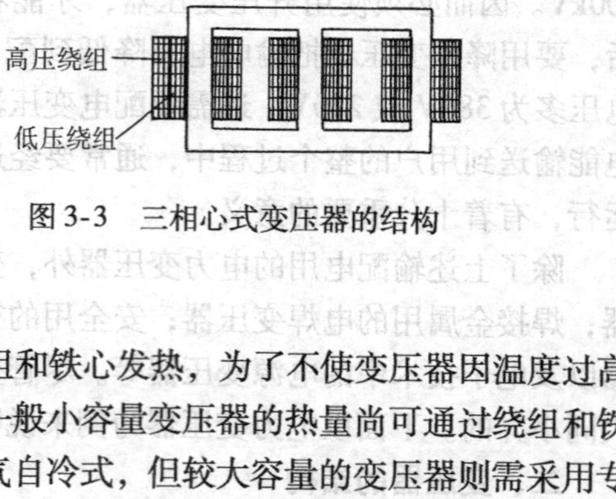

图3-3 三相心式变压器的结构

3. 冷却装置及其他附件

变压器运行时所产生的损耗转变为热量，使绕组和铁心发热，为了不使变压器因温度过高而烧坏或损伤绝缘材料，变压器应装有冷却装置。一般小容量变压器的热量尚可通过绕组和铁心直接散失到周围的空气中，这种冷却方式称为空气自冷式，但较大容量的变压器则需采用专门的冷却装置，如图3-1所示变压器为油浸自冷式，其冷却装置由油箱（即外壳）、储油柜、散热器和绝缘变压器油等组成。铁心和绕组浸在变压器油中，运行时产生的热量由变压器油循环传至散热器，同时还使高低压绕组之间、高低压绕组和外壳、铁心之间的绝缘良好。储油柜是防止油膨胀和显示油位高低的附件。对于容量更大的变压器还可以再采用其他更有效的冷却措施，如用液压泵强迫使变压器油循环流动或用风扇吹风冷却，使其冷却效果更好。

为了使带电的引出线与油箱绝缘，并使其固定，高、低压绕组从油箱引出时必须穿过绝缘套管。绝缘套管的结构与尺寸取决于高、低压绕组的电压等级。此外，变压器还装有分接开关、气体继电器、防爆管、吸湿器和放油阀等附件。

变压器除了按用途、结构和冷却装置分类外，还可以按交流电相数不同分为单相变压器和三相变压器。

第二节 单相变压器的工作原理

最简单的单相变压器是在一个闭合的铁心上绕有两个匝数不等而彼此绝缘的线圈而成。其工作原理图及其符号如图 3-4 所示。我们将与电源相连接的线圈称为一次绕组，与负载连接的线圈则称为二次绕组，其匝数分别用 N_1 与 N_2 表示。在图 3-4a 中还标注了有关电流、电压、电动势以及磁通的参考方向或参考极性。

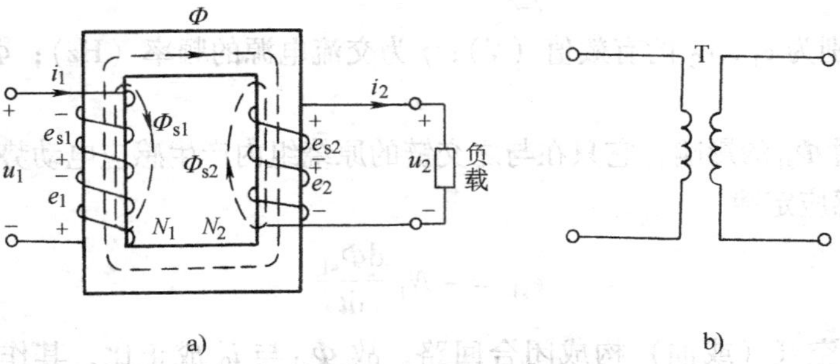

图 3-4 变压器的工作原理图及其符号

a) 工作原理图 b) 文字与图形符号

下面分两种情况来讨论变压器的工作原理。

一、空载运行与电压变换

把一次绕组接正弦交流电压 u_1，二次绕组开路，此时二次电流 i_2 为零，变压器处于空载运行。空载时，一次绕组电流 $i_1 = i_0$，并称之为空载电流。该电流产生一个交变磁动势 i_0N_1，并产生交变磁场。由于铁心的磁导率远大于空气（或油）的磁导率，故绝大部分磁通经铁心而闭合，它既交链一次绕组，又交链二次绕组，称其为主磁通，用 Φ 表示。Φ 的参考方向与 i_0 的参考方向符合右手螺旋定则。除此以外，还有极少量磁通不经过铁心而是通过空气（或油）而闭合，它仅与一次绕组交链，称为一次绕组的漏磁通，用 Φ_{s1} 表示。由于主磁通与漏磁通不仅在大小上相差很大，而且在磁路性质上也有本质的区别，所以在讨论变压器工作原理时将二者分开处理。

根据电磁感应定律，主磁通在一、二次绕组中产生的感应电动势分别为

$$e_1 = -N_1\frac{\mathrm{d}\Phi}{\mathrm{d}t}$$

$$e_2 = -N_2\frac{\mathrm{d}\Phi}{\mathrm{d}t}$$

当变压器一次绕组接入正弦电压 u_1 时，Φ 也按正弦规律变化。设 $\Phi = \Phi_m \sin\omega t$，则

$$\begin{aligned} e_1 &= -N_1\frac{\mathrm{d}}{\mathrm{d}t}(\Phi_m\sin\omega t) = -N_1\omega\Phi_m\cos\omega t \\ &= 2\pi f N_1\Phi_m\sin(\omega t - 90°) \\ &= E_{1m}\sin(\omega t - 90°) \end{aligned} \tag{3-1}$$

同理

$$e_2 = -N_2 \frac{d}{dt}(\Phi_m \sin\omega t) = -N_2\omega\Phi_m\cos\omega t$$

$$= 2\pi f N_2 \Phi_m \sin(\omega t - 90°)$$

$$= E_{2m}\sin(\omega t - 90°) \tag{3-2}$$

式（3-1）与式（3-2）说明：在相位上，e_1 与 e_2 均比 Φ 滞后 90°；另外在数值上，有

$$E_1 = \frac{1}{\sqrt{2}}E_{1m} = 4.44 f N_1 \Phi_m \tag{3-3}$$

$$E_2 = \frac{1}{\sqrt{2}}E_{2m} = 4.44 f N_2 \Phi_m \tag{3-4}$$

式中，E_1、E_2 分别为 e_1、e_2 的有效值（V）；f 为交流电源的频率（Hz）；Φ_m 为主磁通的最大值（Wb）。

再考虑漏磁通 Φ_{s1} 的影响，它只在与之交链的原绕组内产生感应电动势 e_{s1}，称其为漏磁电动势，由电磁感应定律

$$e_{s1} = -N_1 \frac{d\Phi_{s1}}{dt}$$

因为 Φ_{s1} 通过空气（或油）构成闭合回路，故 Φ_{s1} 与 i_0 成正比，其作用可用漏磁电感 L_{s1} 表示，即

$$L_{s1} = \frac{N_1\Phi_{s1}}{i_0} = 常数$$

所以

$$e_{s1} = -N_1\frac{d\Phi_{s1}}{dt} = -L_{s1}\frac{di_0}{dt}$$

此外，一次绕组具有一定电阻，用 R_1 表示，当 i_0 流过时，其上产生电压降 u_{R_1}，即

$$u_{R_1} = i_0 R_1$$

按图 3-4 所规定的各物理量的参考极性与方向，由 KVL 可知

$$u_1 + e_{s1} + e_1 = i_0 R_1$$

即

$$u_1 = i_0R_1 - e_{s1} - e_1 = i_0R_1 + L_{s1}\frac{di_0}{dt} - e_1 \tag{3-5}$$

式（3-5）称为空载时一次绕组的电压平衡方程式。如认为空载电流 i_0 为正弦量，则式(3-5)可用相量形式表示，即

$$\dot{U} = \dot{I}_0R_1 - \dot{E}_{s1} - \dot{E}_1 = \dot{I}_0R_1 + j\dot{I}_0X_{s1} - \dot{E}_1 = \dot{I}_0Z_1 - \dot{E}_1 \tag{3-6}$$

式中，X_{s1} 为一次绕组漏磁感抗，$X_{s1} = 2\pi f L_{s1}$，单位为欧（Ω）；$Z_1 = R_1 + jX_{s1}$ 为一次绕组的复数阻抗。

在空载时，因为 I_0 数值很小，一次绕组的阻抗 $|Z_1|$ 亦很小，因此其上压降 $I_0|Z_1|$ 数值与感应电动势 E_1 的数值相比要小得多，故可认为

$$U_1 \approx -E_1$$

其有效值有

$$U_1 \approx E_1 = 4.44 f N_1 \Phi_m \quad (3\text{-}7)$$

式（3-7）说明，当频率f、匝数N_1一定时，主磁通Φ的大小与电源电压U_1的大小成正比。所以当电源电压不变时，主磁通也基本保持不变。

对于二次绕组，因为空载时，二次绕组电流$i_2=0$，所以二次绕组的端电压u_{20}即等于二次绕组的感应电动势e_2，即

$$u_{20} = e_2$$

如用相量表示，即

$$\dot{U}_{20} = \dot{E}_2$$

其有效值有

$$U_{20} = E_2 = 4.44 f N_2 \Phi_m \quad (3\text{-}8)$$

式中，U_{20}称为二次绕组的空载电压。

由式（3-7）、式（3-8）可得变压器空载运行时一、二次绕组电压之比

$$\frac{U_1}{U_{20}} \approx \frac{E_1}{E_2} = \frac{N_1}{N_2} = K \quad (3\text{-}9)$$

式中，K称为变压器的电压比。该式说明：变压器空载时，一、二次绕组端电压比近似等于一、二次绕组的匝数比。当$N_1 > N_2$时，$K>1$，此时变压器作为降低电压之用，因为一次绕组工作电压高，称为高压绕组；二次绕组工作电压低，称为低压绕组。如果当$N_1 < N_2$，即$K<1$时，变压器则作为升压之用，一次绕组为低压绕组，二次绕组为高压绕组。因此，如果适当地改变一、二次绕组的匝数，就可达到变换电压之目的。

例 3-1 有一单相降压变压器，一次绕组接在35kV的工频电源上，二次绕组的空载电压为6.3kV，铁心的截面积为1200cm²，若铁心中磁感应强度$B_m=1.4\text{T}$（$1\text{T}=1\text{Wb/m}^2$），试求该变压器的电压比K及一、二次绕组的匝数N_1、N_2。

解

$$K \approx \frac{U_1}{U_{20}} \approx \frac{35\times 10^3}{6.3\times 10^3} = 5.6$$

铁心中的磁通

$$\Phi_m = B_m S = 1.4 \times 1200 \times 10^{-4}\text{Wb} = 0.168\text{Wb}$$

由式（3-7）与式（3-9）可求得一、二次绕组的匝数。一次绕组的匝数

$$N_1 = \frac{U_1}{4.44 f \Phi_m} = \frac{35\times 10^3}{4.44\times 50\times 0.168} = 938$$

二次绕组的匝数

$$N_2 = \frac{N_1}{K} = \frac{938}{5.6} = 168$$

二、有载运行与电流变换

把一次绕组接入正弦交流电压u_1，二次绕组接上负载，则变压器处于有载运行，如图3-4a所示，在二次绕组感应电动势e_2的作用下，二次绕组的电路中则产生电流i_2。与此同时，一次绕组的电流从空载电流i_0相应地增大到i_1。若负载增加，则一次绕组电流i_1也随着负载电流i_2的增加而增大。显然，变压器有载运行时的物理过程与空载运行有所不同。从电路来看，一、二次绕组之间并不存在“电”的直接联系，那么一次绕组的电流为什么会随着二次绕组的电流变化而变化呢？这种物理现象，可由变压器的磁动势平衡方程予以

解释。

变压器有载运行时，二次绕组电流 i_2 产生了磁动势 i_2N_2，该磁动势也在铁心中产生磁通。根据楞次定律，i_2N_2 产生的磁通总是要阻碍原来主磁通的变化，起着削弱主磁通的作用。但是外加电源电压 U_1 及其频率 f 保持不变，一次绕组的匝数 N_1 固定，又因为一次绕组中的阻抗压降，不仅在空载时很小，即使在额定负载下，虽然有些增加，但与电源电压 U_1 相比，还是很小的，故仍可忽略不计。由式（3-7）可知，当频率 f、匝数 N_1 一定，且 $U_1 \approx E_1$ 时，主磁通 Φ_m 也基本保持不变，这意味着铁心中 Φ_m 在有载运行和空载运行时近似相等。因此，二次绕组电流 i_2 的出现，使一次绕组中的电流 i_1 及其产生的磁动势 i_1N_1 相应增加，其增加的部分恰好与 i_2N_2 相抵消，从而保持铁心中的主磁通不变。

变压器空载时主磁通由 i_0N_1 产生，而有载时由 i_1N_1 和 i_2N_2 共同产生。由于主磁通基本保持不变，故有载时其合成磁动势与空载磁动势相等。由此可得磁动势平衡方程式

$$i_1N_1 + i_2N_2 = i_0N_1$$

如认为电流为正弦量，则可用相量式表示

$$\dot{I}_1N_1 + \dot{I}_2N_2 = \dot{I}_0N_1$$

或

$$\dot{I}_1N_1 = (-\dot{I}_2N_2) + \dot{I}_0N_1 \tag{3-10}$$

式（3-10）表明，变压器二次绕组接上负载后，一次绕组电流所产生的磁动势 $\dot{I}_1N_1$ 增加了一个分量（$-\dot{I}_2N_2$）。该分量与二次绕组磁动势相位相反、数值相等，以抵消 $\dot{I}_2N_2$ 的作用，保持主磁通 Φ_m 基本不变，即二次绕组产生的磁动势对一次绕组磁动势具有去磁作用。

前已述及，变压器空载电流 I_0 很小，当变压器带额定负载运行时，I_0N_1 与 I_1N_1、I_2N_2 相比可忽略不计，因此，由式（3-10）得

$$\dot{I}_1N_1 \approx -\dot{I}_2N_2 \tag{3-11}$$

由此可得变压器有载运行时，一、二次绕组电流之比

$$\frac{I_1}{I_2} \approx \frac{N_2}{N_1} = \frac{1}{K}$$

或

$$I_1 = \frac{1}{K}I_2 \tag{3-12}$$

式（3-12）表明，变压器一、二次绕组电流之比近似与其匝数成反比，说明变压器有变换电流的作用。该式还说明，当变压器的匝数比固定不变时，则一次绕组电流 I_1 随二次绕组电流 I_2 的增加而增加，当二次绕组输出功率增加时，一次绕组从电源吸取的功率也随之增加。

变压器在工作时，$U_2 \approx U_{20}$，因此单相变压器一、二次绕组电压与电流关系为

$$\frac{U_1}{U_2} \approx \frac{N_1}{N_2} \approx \frac{I_2}{I_1}$$

因此

$$U_1I_1 \approx U_2I_2$$

即

$$S_1 \approx S_2$$

这明说一、二次侧的视在功率近似相等。

变压器有载运行时，二次侧电流 i_2 同样产生漏磁通 Φ_{s2}，并产生漏磁电动势 e_{s2}，再考虑到二次绕组具有一定电阻 R_2，由 KVL 可列出变压器有载运行时，一、二次侧的电压平衡方程式

$$u_1 = i_1R_1 - e_{s1} - e_1 = i_1R_1 + L_{s1}\frac{di_1}{dt} - e_1 \tag{3-13}$$

$$u_2 = e_2 + e_{s2} - i_2R_2 = e_2 - L_{s2}\frac{di_2}{dt} - i_2R_2 \tag{3-14}$$

如用相量表示，则

$$\dot{U}_1 = \dot{I}_1R_1 + j\dot{I}_1X_{s1} - \dot{E}_1 = \dot{I}_1Z_1 - \dot{E}_1 \tag{3-15}$$

$$\dot{U}_2 = \dot{E}_2 - j\dot{I}_2X_{s2} - \dot{I}R_2 = \dot{E}_2 - \dot{I}_2Z_2 \tag{3-16}$$

式中，$X_{s2} = 2\pi fL_{s2}$，即二次绕组的漏磁感抗，单位为欧（Ω）；$Z_2 = R_2 + jx_{s2}$为二次绕组的复数阻抗。

由式（3-15）与式（3-16）可得出变压器有载运行的等效电路，如图 3-5 所示，图中 Z_L 为负载的复数阻抗。

例 3-2 某建筑工地的行灯变压器，容量 $S = 300\text{V} \cdot \text{A}$，一次电压 $U_1 = 380\text{V}$，二次电压 $U_2 = 24\text{V}$。若在二次接入 24V、60W 的白炽灯 4 盏，求一、二次电流 I_1、I_2。

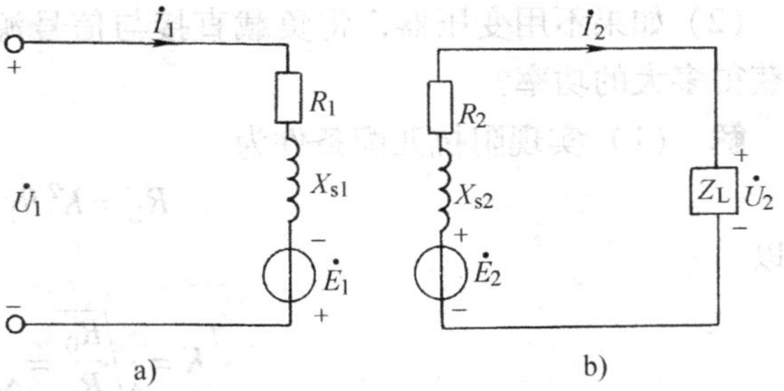

图 3-5 变压器的等效电路

a）一次侧 b）二次侧

解 白炽灯为电阻性的负载，其功率因数 $\cos\varphi_2 = 1$，故

$$I_2 = \frac{P_2}{U_2\cos\varphi_2} = \frac{60 \times 4}{24 \times 1}\text{A} = 10\text{A}$$

变压器电压比

$$K = \frac{U_1}{U_2} = \frac{380}{24} = 16$$

所以，一次电流

$$I_1 = \frac{1}{K}I_2 = \frac{1}{16} \times 10\text{A} = 0.63\text{A}$$

三、变压器的阻抗变换作用

变压器应用于正弦交流电路，不仅能变换电压和电流，还有变换阻抗的作用。图 3-6a 所示变压器电路中，二次绕组接有负载，其复数阻抗为 Z_L，图 3-6b 是图 3-6a 的等效电路，所谓等效，是指两者输入端的电压和电流相同，Z_L'是折算到一次侧的等效阻抗，或称为输

入阻抗。若$\dfrac{N_1}{N_2}=K$，则该阻抗大小为

$$|Z_L'| = \frac{U_1}{I_1} = \frac{KU_2}{I_2/K} = K^2|Z_L| \tag{3-17}$$

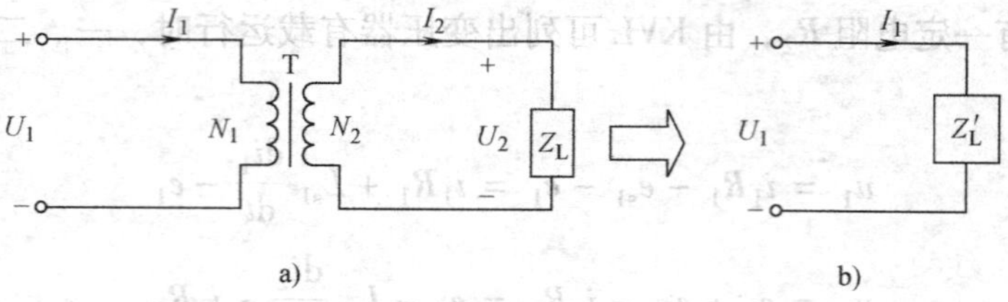

图3-6　变压器的阻抗变换

式（3-17）表明了变压器的变换阻抗作用，即负载阻抗大小，经过变压器的变换以后增加到K^2倍。因此，在一些电子设备中，往往利用变压器改变其匝数比，使负载阻抗增大（或减小）到恰好等于信号源的内阻抗，从而使负载获得最大功率，即实现所谓阻抗匹配。

例3-3　在图3-7所示电路中，交流信号源电压$U_S=24V$，内阻$R_0=64\Omega$，负载电阻$R_L=4\Omega$。

（1）要实现阻抗匹配，求变压器的匝数比和负载获得的功率。

（2）如果不用变压器，将负载直接与信号源相连接，负载获得多大的功率？

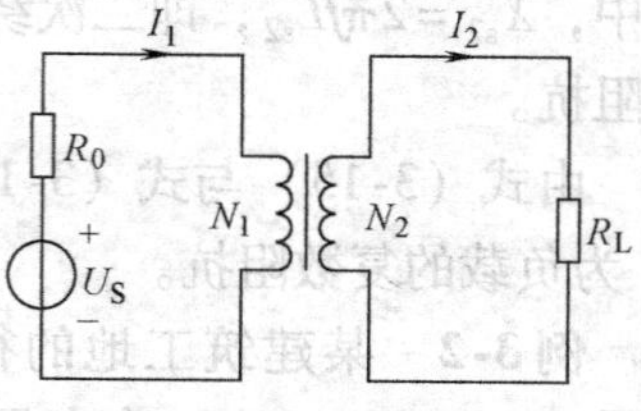

图3-7　例3-3的电路图

解　（1）实现阻抗匹配条件为

$$R_L' = K^2 R_L = R_0$$

所以

$$K = \sqrt{\frac{R_0}{R_L}} = \sqrt{\frac{64}{4}} = 4$$

此时负载获得的最大功率

$$P_{max} = \left(\frac{U_S}{R_0 + R_L'}\right)^2 R_L' = \left(\frac{24}{64+64}\right)^2 \times 64W = 2.25W$$

（2）负载直接与交流信号源相连接，负载获得功率

$$P = \left(\frac{U_S}{R_0 + R_L}\right)^2 R_L = \left(\frac{24}{64+4}\right)^2 \times 4W = 0.5W$$

第三节　变压器的运行特性

变压器的运行性能通常用外特性和效率表示。

一、变压器的外特性

因为变压器一、二次绕组都有电阻和漏磁感抗，当变压器有载时，必然在其上产生电压降，由式（3-15）和式（3-16）可知，当负载电流I_2增加时，一、二次绕组的阻抗压降也随之增加，由于电源电压U_1为定值，因此二次电压U_2要发生变化。为了表示有载时二次

电压 U_2 随负载电流 I_2 的变化规律，一般用变压器的外特性来描述，即变压器的电源电压 U_1 一定、负载的功率因数 $\cos\varphi_2$ 为常数时，把二次电压 U_2 随负载电流 I_2 的变化曲线 $U_2=f(I_2)$ 称为变压器的外特性，如图3-8所示。对于电阻性和电感性负载而言，外特性是下降的，其下降程度由负载的功率因数及一、二次绕组阻抗的大小决定。负载功率因数愈低和一、二次绕组阻抗愈大，则下降程度愈明显。

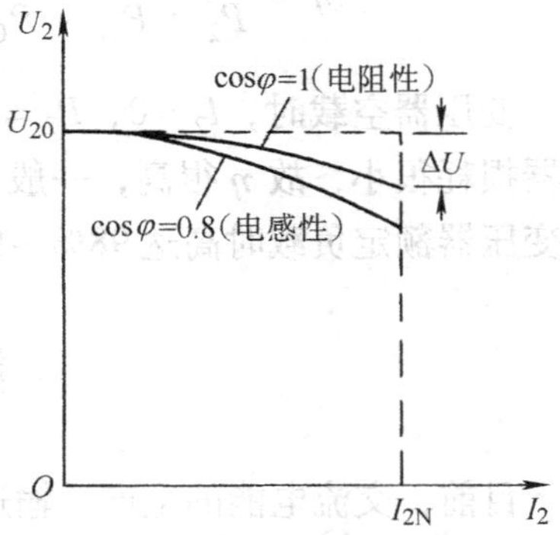

图3-8　变压器的外特性

二次电压 U_2 随负载电流 I_2 变化的情况除用外特性表示外，还可以用电压调整率 $\Delta U\%$ 表示。所谓电压调整率是指空载时二次电压 U_{20} 与额定负载时电压 U_2 之差与空载电压 U_{20} 之比的百分数，即

$$\Delta U\% = \frac{U_{20}-U_2}{U_{20}}\times 100\% \tag{3-18}$$

$\Delta U\%$ 的大小，反映了变压器供电电压的稳定程度，是衡量供电质量优劣的标志之一。对于负载而言（电焊变压器除外），要求 $\Delta U\%$ 愈小愈好。在一般变压器中，由于二次绕组内阻抗甚小，$\Delta U\%$ 约为5%左右，而用于输配电的电力变压器约为2%～3%。

二、变压器的损耗和效率

1. 变压器的损耗

在变压器运行过程中会产生损耗。损耗主要有铁损耗 P_{Fe} 和铜损耗 P_{Cu}。铁损耗包括磁滞损耗 P_h 和涡流损耗 P_e 即

$$P_{Fe} = P_h + P_e$$

实验证明：$P_h \propto fB_m^2$、$P_e \propto f^2B_m^2$。当电源电压 U_1 及其频率 f 不变时，由于 B_m 与 f 均为常数，故 P_{Fe} 亦为常数，所以铁损耗又称不变损耗。

铜损耗是指变压器在有载运行时一、二次电流在各自绕组的电阻上所消耗的有功功率，即

$$P_{Cu} = I_1^2R_1 + I_2^2R_2$$

显然流过一、二次绕组的电流 I_1、I_2 愈大，铜损耗 P_{Cu} 就愈大。可见它随着变压器负载的变化而改变。所以铜损耗又称可变损耗。

2. 变压器的效率

变压器输出有功功率 P_2 与输入有功功率 P_1 之比，称为变压器的效率，通常用百分数表示，即

$$\eta = \frac{P_2}{P_1}\times 100\% \tag{3-19}$$

变压器有载运行时，二次输出功率为

$$P_2 = U_2I_2\cos\varphi_2$$

根据能量守恒关系，一次输入功率应为

$$P_1 = P_2 + P_{Fe} + P_{Cu} = U_2I_2\cos\varphi_2 + P_{Fe} + P_{Cu}$$

故效率又可表示为

$$\eta = \frac{P_2}{P_2 + P_{Fe} + P_{Cu}} \times 100\% = \frac{U_2 I_2 \cos\varphi_2}{U_2 I_2 \cos\varphi_2 + P_{Fe} + P_{Cu}} \times 100\%$$

变压器空载时，$I_2 = 0$，$P_2 = 0$，所以 $\eta = 0$。有载时，η 随着 I_2、$\cos\varphi_2$ 而变化。由于变压器损耗很小，故 η 很高，一般中小型电力变压器额定负载时 η 约为 90% ~95%，大型电力变压器额定负载时高达 98% ~99%。

第四节　三相变压器

目前，交流电能的生产、输送和分配几乎都采用三相制，所以，在电力系统中广泛使用的是三相变压器，三相变压器可以由三个单相变压器组成，也可以做成一个具有整体结构的三铁心柱式三相变压器，其结构如图 3-9 所示。它有三根铁心柱，在每根铁心柱上绕有属于同一相的高、低压绕组。三相高压绕组分别用 U_1U_2、V_1V_2、W_1W_2 表示；对应的低压绕组用 u_1u_2、v_1v_2、w_1w_2 表示。

一、三相变压器的联结方式

三相变压器原则上高压绕组与低压绕组均可联结成星形或三角形，即有四种可能的联结方式：Yy、Yd、Dy 及 Dd。这些符号的大写字母表示高压绕组的联结，小写字母表示低压绕组的联结。为了制造和运行的方便，我国通常采用 Yyn、Yd 及 YNd 三种联结方式，其中 Yn 表示星形联结有中性线。图 3-10 给出了常见的 Yyn 与 Yd 联结的三相变压器的图形和文字代号。其中 U、V、W 表示一次端子代号，u、v、w 表示二次端子代号，n 表示中性线。

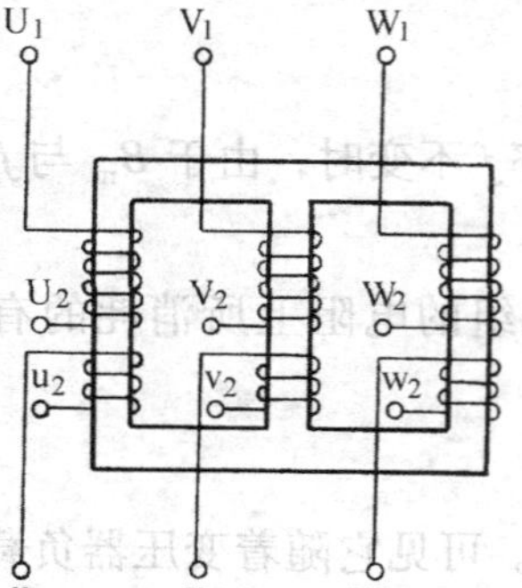

图 3-9　三铁心柱式三相变压器

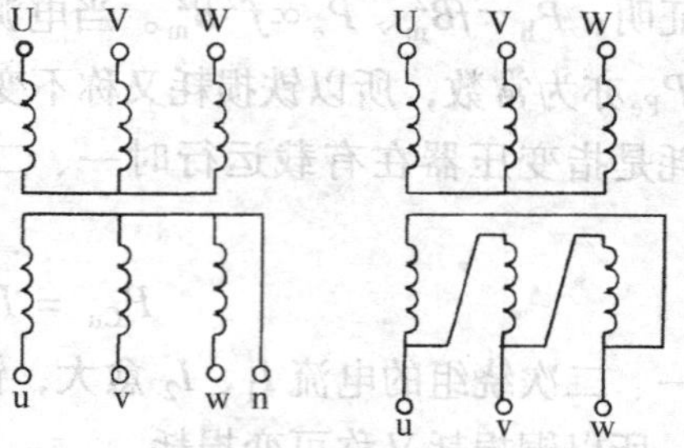

图 3-10　Yyn 和 Yd 联结的三相变压器的图形和文字代号

Yyn 联结多用于容量不大的三相配电变压器，以供动力和照明混合供电。低压侧额定电压一般为 400/230V，高压侧额定电压不超过 35kV，最大容量一般为 1800kV · A，宜采用三相心式变压器。建筑供电大都选用这种联结方式。

Yd 联结多用于低压侧电压为 10kV 的线路中，高压侧不超过 60kV，最大容量一般为 5600kV · A。

YNd 联结主要用于高压或超高压输电的电力变压器。

采用 Yd 和 YNd 联结时，由于高压绕组联结成星形，相电压是线电压的 $1/\sqrt{3}$，因此每相绕组的绝缘要求可以降低。由于低压绕组联结成三角形，相电流只有线电流的 $1/\sqrt{3}$，故而导线的截面面积可以减小。

在此，必须着重指出：三相变压器高压侧的线电压 U_{1l} 与低压侧的线电压 U_{2l} 之比，即电压的变换，不仅与高、低压绕组的每相匝数有关，而且还与绕组的联结方式有关。在 Yyn 联结时，高、低压边线电压的关系如图 3-11a 所示。

$$\frac{U_{1l}}{U_{2l}}=\frac{\sqrt{3}U_{1p}}{\sqrt{3}U_{2p}}=\frac{U_{1p}}{U_{2p}}=\frac{N_1}{N_2}=K$$

式中，U_{1p}、U_{2p} 分别为高、低压侧的相电压。

在 Yd 联结时，高、低压侧的线电压关系如图 3-11b 所示。

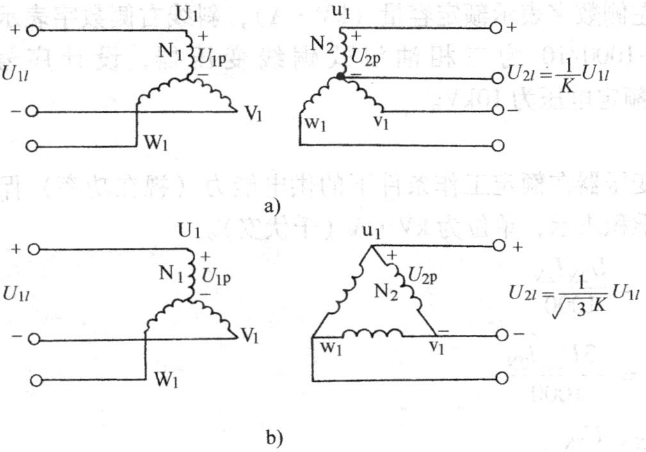

图 3-11 三相变压器高、低压线电压变换举例

a) Yyn 联结 b) Yd 联结

$$\frac{U_{1l}}{U_{2l}}=\frac{\sqrt{3}U_{1p}}{U_{2p}}=\sqrt{3}\frac{N_1}{N_2}=\sqrt{3}K$$

例 3-4 某三相变压器高压绕组每相匝数为 2080，低压绕组每相匝数为 80，如果高压绕组所加线电压 $U_{1l}=6000\text{V}$。试求在 Yyn 和 Yd 两种联结方式时低压绕组的线电压 U_{2l} 及相电压 U_{2p}。

解 依题意，变压器每相绕组的匝数比 K 为

$$K=\frac{N_1}{N_2}=\frac{2080}{80}=26$$

当 Yyn 联结时，低压侧的线电压和相电压分别为

$$U_{2l}=\frac{1}{K}U_{1l}=\frac{1}{26}\times 6000\text{V}=231\text{V}$$

$$U_{2p}=\frac{U_{2l}}{\sqrt{3}}=\frac{231}{\sqrt{3}}\text{V}=133\text{V}$$

当 Yd 联结时，低压侧的线电压与相电压分别为

$$U_{2l}=\frac{1}{\sqrt{3}K}U_{1l}=\frac{1}{\sqrt{3}\times 26}\times 6000\text{V}=133\text{V}$$

$$U_{2p} = U_{2l} = 133\text{V}$$

二、变压器的额定值

变压器的外壳上都有一块金属牌，牌上标刻有变压器的型号和各种额定技术数据，故称铭牌。它相当于一个简单的说明书，使用者只有正确理解铭牌数据的意义，才能正确使用这台变压器。

1. 型号

根据国家有关规定，厂家生产的每一台变压器都有一定的型号，用来表示变压器的特征和性能。一般由两部分组成：前一部分用汉语拼音字母表示变压器的类型和特点；后一部分由数字组成，斜线左侧数字表示额定容量（kV·A），斜线右侧数字表示高压侧的额定电压（kV）。例如，S9—1000/10 为三相油浸式铜线变压器，设计序号为 9，额定容量 1000kV·A，高压侧额定电压为 10kV。

2. 额定容量 S_N

额定容量是指变压器在额定工作条件下的供电能力（视在功率）保证值。以二次额定电压、额定电流的乘积表示，单位为 kV·A（千伏安）。

单相变压器 $S_N = \dfrac{U_{2N}I_{2N}}{1000}$

三相变压器 $S_N = \dfrac{\sqrt{3}U_{2N}I_{2N}}{1000}$

3. 额定电压 U_{1N}、U_{2N}

根据变压器绝缘强度等条件，在额定运行情况下规定的一次的允许外施电源电压，称为一次额定电压 U_{1N}。变压器在空载时，分接开关接在额定分接头，一次加额定电压时，二次的开路电压称为二次的额定电压 U_{2N}。三相变压器的额定电压均指线电压。单位为 V 或 kV。

4. 额定电流 I_{1N}、I_{2N}

它是变压器绕组允许长时间连续通过的工作电流，即满载电流，单位为 A（安）。根据变压器的允许发热程度和冷却条件来决定。三相变压器的额定电流均指线电流。

5. 温升

指变压器在额定运行状态下，允许超过周围标准环境温度的数值。我国规定标准环境温度为40℃。温升的大小与变压器的损耗和散热条件有关。根据绕组的绝缘材料耐热等级确定的最高允许温度减去标准环境温度就是变压器的允许温升。

6. 额定频率 f_N

变压器的允许的外施电源频率。我国的电力变压器频率都是工频 50Hz。

表 3-1 给出了 S9 系列部分 6kV、10kV 级三相铜线低损耗电力变压器的技术数据。

表 3-1　S9 系列部分 6kV、10kV 电力变压器的技术数据

型号	额定容量/kV·A	额定电压/kV		联结组标号	损耗/W		空载电流（%）	阻抗电流（%）
		一次	二次		空载	负载		
S9—30/10(6)	30	11,10.5,10,6.3,6	0.4	Yyn0	130	600	2.1	4
S9—50/10(6)	50	11,10.5,10,6.3,6	0.4	Yyn0	170	870	2.0	4
				Dyn11	175	870	4.5	4

（续）

型号	额定容量/kV·A	额定电压/kV		联结组标号	损耗/W		空载电流（%）	阻抗电流（%）
		一次	二次		空载	负载		
S9—63/10(6)	63	11,10.5,10,6.3,6	0.4	Yyn0	200	1040	1.9	4
				Dyn11	210	1030	4.5	4
S9—80/10(6)	80	11,10.5,10,6.3,6	0.4	Yyn0	240	1250	1.8	4
				Dyn11	250	1240	4.5	4
S9—100/10(6)	100	11,10.5,10,6.3,6	0.4	Yyn0	290	1500	1.6	4
				Dyn11	300	1470	4.0	4
S9—125/10(6)	125	11,10.5,10,6.3,6	0.4	Yyn0	340	1800	1.5	4
				Dyn11	360	1720	4.0	4
S9—160/10(6)	160	11,10.5,10,6.3,6	0.4	Yyn0	400	2200	1.4	4
				Dyn11	430	2100	3.5	4
S9—200/10(6)	200	11,10.5,10,6.3,6	0.4	Yyn0	480	2600	1.3	4
				Dyn11	500	2500	3.5	4
S9—250/10(6)	250	11,10.5,10,6.3,6	0.4	Yyn0	560	3050	1.2	4
				Dyn11	600	2900	3.0	4
S9—315/10(6)	315	11,10.5,10,6.3,6	0.4	Yyn0	670	3650	1.1	4
				Dyn11	720	3450	3.0	4
S9—400/10(6)	400	11,10.5,10,6.3,6	0.4	Yyn0	800	4300	1.0	4
				Dyn11	870	4200	3.0	4
S9—500/10(6)	500	11,10.5,10,6.3,6	0.4	Yyn0	960	5100	1.0	4
				Dyn11	1030	4950	3.0	4
		11,10.5,10	6.3	Yd11	1030	4950	1.5	4.5
S9—630/10(6)	630	11,10.5,10,6.3,6	0.4	Yyn0	1200	6200	0.9	4.5
				Dyn11	1300	5800	3.0	5
		11,10.5,10	6.3	Yd11	1200	6200	1.5	4.5
S9—800/10(6)	800	11,10.5,10,6.3,6	0.4	Yyn0	1400	7500	0.8	4.5
				Dyn11	1400	7500	2.5	5
		11,10.5,10	6.3	Yd11	1400	7500	1.4	5.5
S9—1000/10(6)	1000	11,10.5,10,6.3,6	0.4	Yyn0	1700	10300	0.7	4.5
				Dyn11	1700	9200	1.7	5
		11,10.5,10	6.3	Yd11	1700	9200	1.4	5.5

第五节　特殊变压器

一、单相自耦变压器

单相自耦变压器只有一个绕组，它既是一次绕组，又兼作二次绕组。其中可把一次绕组的一部分兼作二次绕组，如图 3-12 所示，同样也可把二次绕组的一部分兼作一次绕组。因此一、二次绕组间既有磁的耦合作用，又有电气的直接联系，这是自耦变压器在结构上与普通变压器的主要差别。但自耦变压器同普通变压器一样也具有电压变换和电流变换的作用。设一次绕组的匝数为 N_1，二次绕组的匝数为 N_2，由于一次、二次绕组被同一主磁通所交链，所以一、二次电压仍和它们的匝数成正比

$$\frac{U_1}{U_2} \approx \frac{N_1}{N_2} = K$$

当电源电压 U_1 一定时，主磁通基本不变，同样存在着磁动势平衡关系，所以一次、二次的电流仍和它们的匝数成反比

$$\frac{I_1}{I_2} \approx \frac{N_2}{N_1} = \frac{1}{K}$$

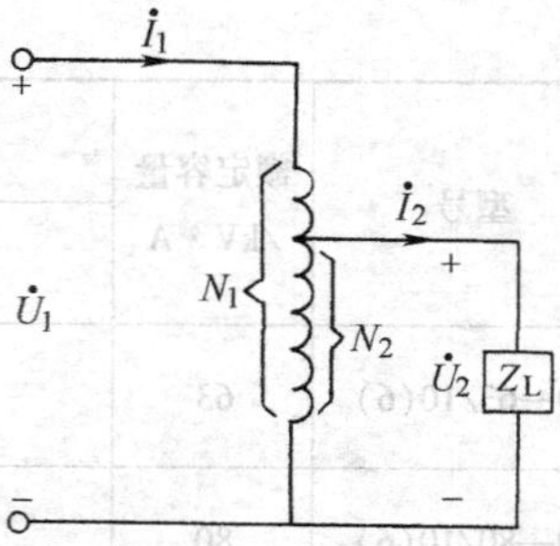

图3-12　单相自耦变压器原理图

自耦变压器比普通变压器结构简单，效率更高，但由于一、二次有电的联系，因此不能用于电压比较高的场合，万一公共绕组部分断线时高电压将直接加在低压边，容易发生意外，所以在建筑施工中不允许把自耦变压器代替行灯变压器使用。

实验室中常用的调压器是一种可以改变二次绕组匝数的自耦变压器，其外形和电路如图3-13所示。在制造时，将二次绕组的分接头a做成沿着径向裸露的绕组表面自由滑动的电刷触头，通过手柄可以改变电刷的位置来改变二次绕组的匝数，从而达到平滑地调节输出电压大小的目的。

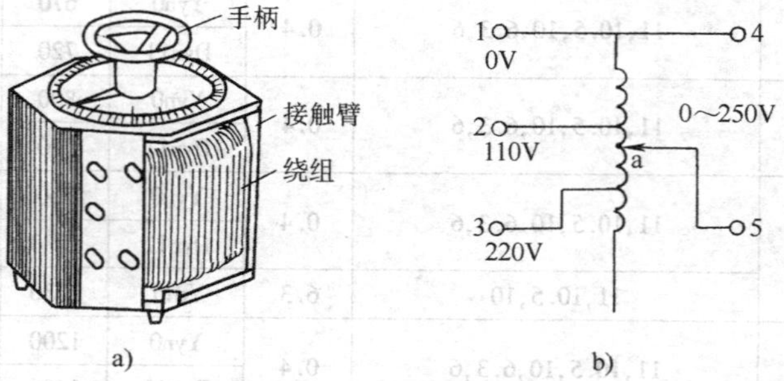

图3-13　调压器外形图和电路图

a）外形图　b）电路图

二、仪用互感器

仪用互感器是用于电工测量和自动保护装置中的另一种特殊变压器。在测量交流电路的高电压、大电流时，不能用普通的低量程电压表和电流表直接进行测量，而且这对操作人员也不安全。因此人们就利用变压器的变压变流原理，将高电压、大电流变为低电压、小电流后再进行测量。这种供仪表配套使用的变压器，统称为仪用互感器。

1. 电压互感器

电压互感器如图3-14a所示，它相当于一台小容量的降压变压器，使用时匝数较多的一次绕组与被测线路并联，即施加被测电压 U_1，而匝数较少的二次绕组接入电压表或功率表的电压线圈。由于电压表的阻抗较大，互感器工作时相当于运行在空载状态。互感器一、二次侧电压之比称为电压比，并用额定电压的比值形式标注在铭牌上。为了方便，二次侧的额定电压一般设计为100V。电压互感器的电压比为

$$K_u = \frac{U_1}{U_2} = \frac{N_1}{N_2}$$

当电压表读数为 U_2 时，被测电压 $U_1 = K_u U_2$。当电压互感器和电压表配套使用时，也可在表盘上按电压比关系直接刻度，标出实际的被测电压值，便于直接读数。

从变压器原理可知：一、二次绕组匝数比严格地等于一、二次感应电动势之比。因此，造成一、二次电压测量误差的主要原因是空载电流在一、二次绕组中引起的漏阻抗压降。通常用高导磁率的优质硅钢片做铁心，并使磁路不饱和来减小空载励磁电流，从而减小误差。

使用电压互感器时，必须注意以下几点：

① 二次侧并接的电压线圈不能太多，否则超过额定容量。

② 二次绕组不能短路，否则会产生很大的短路电流烧坏互感器。

③ 铁心和二次绕组一端应牢固接地，可防止线圈绝缘损坏时，二次侧出现高压，危及操作人员安全。

2. 电流互感器

电流互感器的原理示意图如图 3-14b 所示。它相当于一台小容量的升压变压器，一次绕组与被测电路串联，匝数很少；二次绕组与电流表或功率表的电流线圈连接，匝数较多。根据变压器的变流原理，被测电路的大电流通过互感器的一次绕组时，二次绕组将通过较小的电流，再用测量仪表进行测量。图 3-14c 是 LMJ_1—0.5 型电流互感器的外形图。它用于 500V 以下的配电装置中，穿过它的母线就是一次绕组（1 匝）。

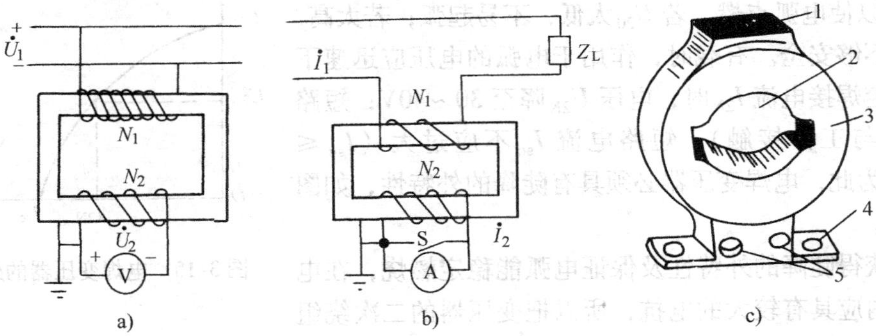

图 3-14 电压、电流互感器原理接线图和外形图

a) 电压互感器原理图 b) 电流互感器原理图 c) LMJ_1—0.5 型电流互感器外形图

1—铭牌 2—一次母线穿过口 3—铁心，外绕二次绕组，环氧树脂浇注

4—安装板 5—二次接线端

由于电流表的阻抗都较小，所以电流互感器工作时相当于变压器的短路运行状态，但这并不是一种故障状态，因为它和普通变压器不同之处在于一次侧几乎没有外施电压，且一次电流就是被测电流，并不受二次侧状态的影响。

一次电流与二次电流之比称为电流互感器的电流比 K_i，也用额定电流的比值标在互感器的铭牌上，为了方便，二次额定电流一般设计为 5A。电源互感器的电流比为

$$K_i = \frac{N_2}{N_1} = \frac{I_1}{I_2}$$

当电流表读数为 I_2 时，被测电流 $I_1=K_iI_2$。为方便计量，同样可按电流比关系直接在表盘上标刻被测电流值（当互感器和电流表配套时）。

电压互感器的一次侧和二次侧都应加装熔断器。电流互感器的测量误差主要是受励磁电流的影响。用高导磁材料做铁心，加之一次电压很小的缘故，可使励磁电流很小很小。这样就可使按电流比关系的电流测量误差大大降低。

使用电流互感器时，也必须注意：

① 二次电路决不允许开路，否则 $I_2=0$，没有磁动势 N_2I_2 的去磁作用，使一次电流 I_1 全部用于励磁，使铁心中的磁通猛增，铁耗增大，铁心发热到不允许的程度，而且更严重的是会使二次绕组感应出很高的电动势，会击穿绝缘材料，损坏设备，危及人身安全。因此可与电流表并联一个短路连接片，拆卸仪表时，可连通短路连接片短接二次绕组后再拆仪表，更换仪表后再打开短路连接片。

② 铁心和二次绕组一端必须牢固接地，以防止绕组绝缘击穿时，高压线路的高电压通过一次绕组传到二次绕组，危及人身安全。

③ 二次侧串联的电流表或功率表的电流线圈不能太多。

三、电焊变压器

交流电焊机的主要组成部分是一台特殊的变压器，即电焊变压器。在建筑工地应用十分广泛。为了保证焊接质量，电焊变压器应满足如下要求：

空载时，要有较高的电弧点火电压 U_{20}（约 60 ~ 80V），足以使电弧点燃。若 U_{20} 太低，不易起弧；若太高，则操作时不够安全。有载时，作用于电弧的电压应迅速下降，在额定焊接电流 I_{2N} 时，电压 U_{2N} 降至 30 ~ 40V；短路时（焊条与工件接触），短路电流 I_{sc} 不应过大（$I_{sc}\leqslant 1.5I_{2N}$）。为此，电焊变压器必须具有陡降的外特性，如图 3-15 所示。

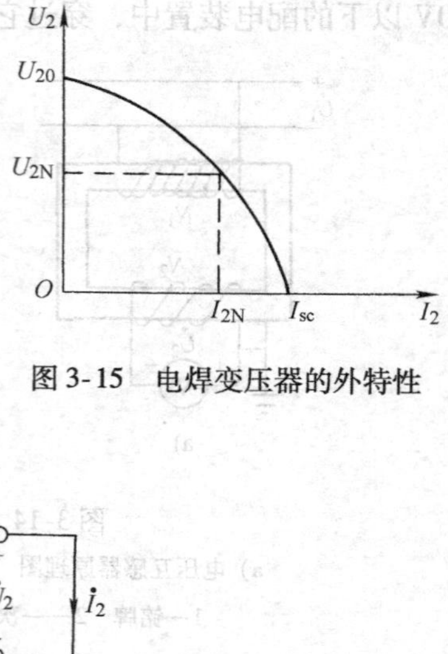

图 3-15　电焊变压器的外特性

为了获得陡降的外特性及保证电弧能稳定燃烧，在电焊变压器内应具有较大的电抗，所以把变压器的二次绕组与铁心电抗器相串联，如图 3-16 所示。

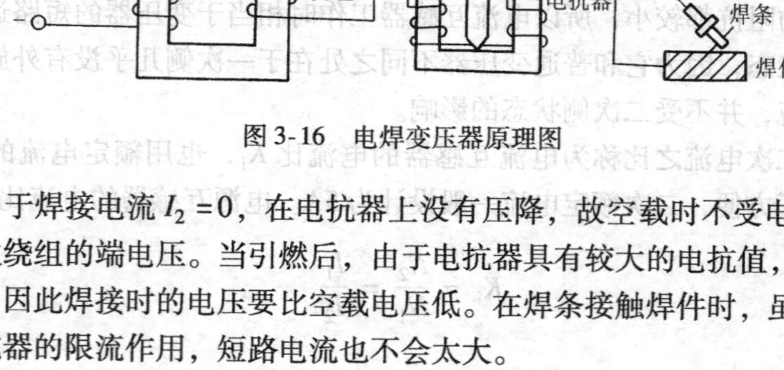

图 3-16　电焊变压器原理图

空载时，由于焊接电流 $I_2=0$，在电抗器上没有压降，故空载时不受电抗器的影响，点火电压等于二次绕组的端电压。当引燃后，由于电抗器具有较大的电抗值，焊接电流必在其上产生电压降，因此焊接时的电压要比空载电压低。在焊条接触焊件时，虽然二次侧电路被短接，但因电抗器的限流作用，短路电流也不会太大。

根据焊接件的厚薄及焊条的粗细，可以通过手轮转动螺杆，使电抗器上铁心移动，以改变电抗值的大小，从而达到调节焊接电流的目的，以适用于不同焊活的需要。

本章小结

1. 变压器由硅钢片叠成的闭合铁心和绕在其上的一、二次绕组构成。它是根据电磁感应实现电能传递的。使用时一次绕组由电网输入电能，二次绕组向用电设备输出电能。所以变压器对电网来说它是负载，对用电设备来说它又是电源。

2. 变压器按其一、二次绕组的匝数比进行电压、电流与阻抗变换，即

$$\frac{U_1}{U_2} \approx \frac{N_1}{N_2} = K$$

$$\frac{I_1}{I_2} \approx \frac{N_2}{N_1} = \frac{1}{K}$$

$$|Z'_L| = K^2 |Z_L|$$

3. 变压器的电源电压与铁心主磁通的关系为

$$U_1 \approx E_1 = 4.44 f N_1 \Phi_m$$

变压器运行时，超过额定电压会使磁通增加，铁损增大，超过额定电流会使铜损增大，都将导致变压器过热。故单相变压器的容量为

$$S_N = U_{2N} I_{2N} = U_{1N} I_{1N}$$

式中，U_{1N}、I_{1N}和U_{2N}、I_{2N}分别为一、二次电压和电流的额定值。

4. 变压器的运行特性主要有外特性和效率。外特性反映了变压器有载运行时，U_2与I_2的变化关系，即

$$U_2 = f(I_2)$$

也可以用电压调整率表示，即

$$\Delta U\% = \frac{U_{20} - U_2}{U_{20}} \times 100\%$$

电压调整率的大小，表明了变压器有载运行时二次电压的稳定性，直接影响电网的供电质量。

变压器的效率是输出有功功率与输入有功功率的比值，即

$$\eta = \frac{P_2}{P_1} \times 100\% = \frac{P_2}{P_2 + P_{Fe} + P_{Cu}} \times 100\%$$

效率的高低，直接反映了变压器运行的经济性。

5. 三相变压器一、二次电压的变换，不仅与一、二次绕组的匝数有关，而且还与绕组的联结方式有关。主要的联结方式 Yyn、Yd 和 YNd 三种。在工厂和建筑供电中多采用 Yyn 联结。三相变压器的额定容量为

$$S_N = \sqrt{3} U_{2N} I_{2N} \approx \sqrt{3} U_{1N} I_{1N}$$

式中，额定电压、额定电流均指线电压、线电流。

6. 自耦变压器是指一、二次侧共用一个绕组的变压器。若二次侧采用滑动触头接触线圈时，二次电压能够均匀地调节，所以又称调压器。调压器使用时一、二次侧不可对换反

接，而且一、二次侧公用端应与电源的中性线（零线）相接，以确保安全。

电流互感器是仪用变压器的一种，用来测量大电流，使用时二次绕组不允许开路，而且二次绕组的一端及铁心一定要接地。电压互感器是另一种仪用变压器，用来测量高电压，使用时二次绕组不允许短路，同样，二次绕组的一端及铁心也必须接地。

电焊变压器是一种具有陡降外特性的特殊变压器，为此它必须具有较大的内阻抗。

习　题　三

3-1　一台一、二次绕组的匝数比为2:1的单相变压器额定运行，一、二次电压之比为多少？一、二次电流之比为多少？若不计损耗，二次输出功率与一次输入功率之比又是多少？

3-2　某三相变压器每相绕组的电压比为K，当变压器作Yyn联结时，一、二次侧的线电压之比为多少？当变压器作Yd联结时，一、二次侧的线电压之比又是多少？

3-3　有一电子设备采用输出变压器，已知信号源电压最大值$U_{Sm}=56V$，内阻$R_0=350\Omega$，负载电阻$R_L=3.5\Omega$。试问：

（1）负载电阻获得最大功率时，变压器的匝数比K等于多少？

（2）此时获得最大功率是多少？

3-4　有一台单相变压器的容量为300V·A，额定电压$U_{1N}/U_{2N}=220/36V$，能接入此变压器二次侧电路中正常工作的用电器其额定电压是多少？若用电器为电阻性，其额定功率是多少？

3-5　某工地有380V的动力设备，也有220V的照明灯具，所选变压器的接线方式应是什么？

3-6　有一交流铁心线圈，接于工频电源，若铁心中主磁通最大值$\Phi_m=2.25\times10^{-3}Wb$，现又在该铁心上绕一线圈，其匝数为200。当此线圈开路时，求其端电压。

3-7　有一单相照明变压器，额定容量$S_N=10kV\cdot A$，一、二次绕组的额定电压$U_{1N}/U_{2N}=3300/220V$。今欲在二次侧上接60W、220V的白炽灯，如果变压器在额定状态下运行，这种规格的灯泡可接多少只？并求一、二次侧的额定电流I_{1N}、I_{2N}。

3-8　有一台三相变压器，额定容量$S_N=100kV\cdot A$，一次额定电压$U_{1N}=10kV$，一次绕组每相匝数$N_1=2100$，二次绕组每相匝数$N_2=84$。试求：

1）当采用Yyn联结时，二次侧的额定电压与额定电流；

2）当采用Yd联结时，二次侧的额定电压与额定电流；

3）当联结方式改变后，S_N是否改变？

3-9　某建筑工地拟选用一台Yy0联结的三相配电变压器，欲将高压电网为10kV的交流电压变换为400V，以供电力和照明负载用电。已知三相负载$P_2=252kW$、负载的功率因数$\cos\varphi_2=0.8$，试估算所需变压器的额定容量S_N及一、二次侧的额定电流I_{1N}、I_{2N}，并初选变压器的型号。

第四章　异步电动机及其控制

异步电动机也称感应电动机。由于它具有结构简单，运行可靠，维护方便，价格低廉，并且可以直接使用交流电源等一系列优点，所以应用相当广泛。异步电动机有单相与三相之分，单相异步电动机用在只有单相电源的场合，例如家用电器等。实际工程中大部分生产机械，例如，土建施工中经常使用的起重机、混凝土搅拌机等都是由三相异步电动机拖动的。

本章将讨论三相异步电动机的构造、工作原理、机械特性、使用方法以及控制等。

异步电动机是利用载流导体在磁场中受力而将电能转换成机械能的电磁机械，其工作原理与前面章节所介绍的变压器有相似之处，因此，在讨论异步电动机时，我们采用某些与变压器相同的分析方法。但变压器是静止的，异步电动机是旋转的，这一点应引起读者注意。

为了对电动机等电气设备实现自动控制，当前在建筑工地还较多地采用继电-接触器控制线路，本书在使读者了解常用低压电器的基础上，介绍了几种基本控制线路，它是学习较为复杂的继电-接触器控制线路的基础。

可编程序控制器（PLC）是以中央处理器为核心，综合了计算机和自动控制等先进技术发展起来的一种新型工业控制器。因受学时所限，本书只作简单介绍。

第一节　三相异步电动机的构造

常见的三相异步电动机的构造如图4-1所示。它由两个基本部分组成：定子——静止部分；转子——旋转部分。其中定子和转子又分别具有各自的电路和磁路。电路部分是它们各自的绕组，分别称为定子绕组和转子绕组，磁路部分是它们各自的铁心，分别称为定子铁心和转子铁心。现分述如下：

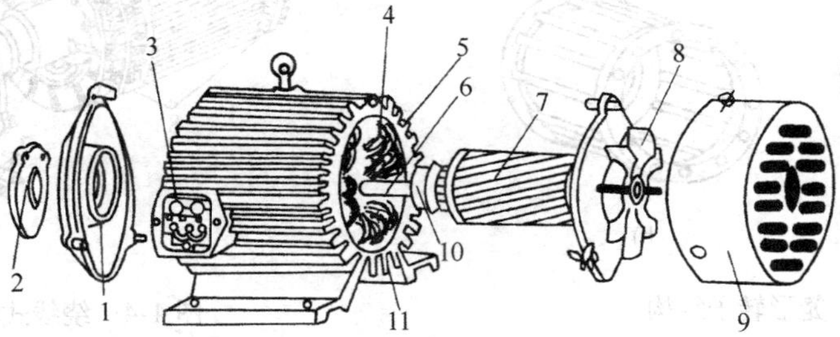

图4-1　三相异步电动机的构造

1—端盖　2—轴承盖　3—接线盒　4—定子铁心　5—定子绕组　6—转轴

7—转子　8—风扇　9—罩壳　10—轴承　11—机座

一、定子

三相异步电动机的定子安装在机座内，机座通常用铸铁或铸钢制成，机座内装有用内圆冲有槽孔的、互相绝缘的硅钢片叠制的圆筒形铁心。采用硅钢片是为了利用其高磁导率，缩小电动机的体积，互相绝缘的硅钢片则可以降低电动机铁心的涡流与磁滞损失，而槽孔用于安装定子绕组。定子绕组是用有绝缘外层的导线（漆包线或纱包线）绕制而成，其有效导体部分嵌入铁心内壁的槽孔内。整个定子结构如图4-2所示。

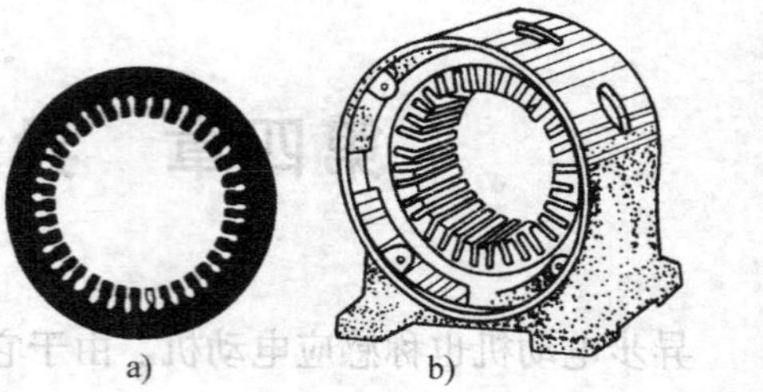

图4-2　定子铁心结构

a）定子硅钢片　b）定子铁心

三相异步电动机的定子绕组分为三组，在空间对称分布。每一组称为定子绕组的一个相，称三相绕组的U相、V相、W相。首端依次为U_1、V_1、W_1和尾端U_2、V_2、W_2。

二、转子

转子铁心是外圆冲有槽孔的、互相绝缘的硅钢片叠制的圆柱形铁心，硅钢片如图4-3a所示，电动机转轴由其中心穿过。转子绕组一般可分两种形式：

1. 笼型

在转子铁心外壁的槽孔内压入铜条，将全部铜条的两端分别用两个端环短路，便构成了转子绕组，如图4-3b所示。对于中小型电动机，转子导体与短路环用铝铸成一体。这样，既简化了制造工艺，又节省了铜材料，使电动机成本大为降低。

2. 绕线转子

这种结构的转子是在转子铁心的槽孔内嵌入对称的三相绕组，并把其末端接在一起，首端分别接在转轴上的、三个彼此绝缘的集电环上，每个环通过用弹簧压紧的电刷，使转子绕组可与电动机外部的变阻器接通，如图4-4所示。改变转子电阻可使电动机的电流、转矩特性变化，进行起动或调速控制。而笼型异步电动机不能使转子电阻改变。

绕线转子异步电动机的结构比较复杂，价格也较高，因此其应用不如笼型异步电动机广泛。一般用在重载起动的场合，如建筑工程中的起重设备。

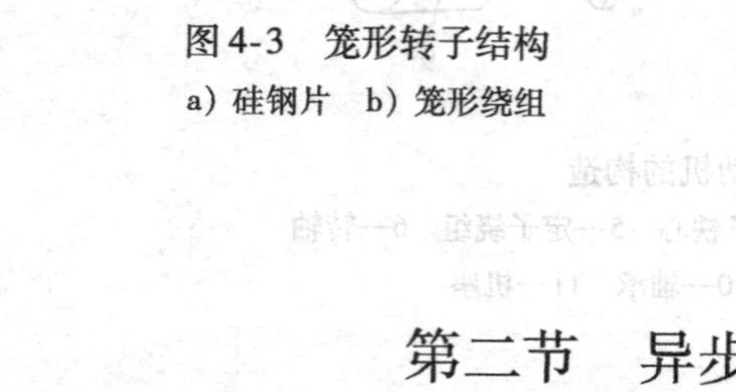

图4-3　笼形转子结构

a）硅钢片　b）笼形绕组

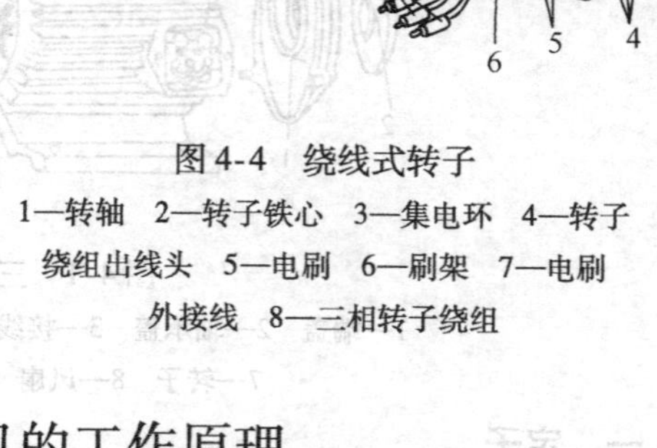

图4-4　绕线式转子

1—转轴　2—转子铁心　3—集电环　4—转子绕组出线头　5—电刷　6—刷架　7—电刷外接线　8—三相转子绕组

第二节　异步电动机的工作原理

三相异步电动机的工作基于电磁感应的两个基本现象：

① 通电导体周围产生感应磁场。

② 磁场中载流导体受电磁力作用。

一、旋转磁场的产生

1. 旋转磁场的产生原理

对在定子空间彼此相隔120°安放的三相绕组 U_1、U_2，V_1、V_2，W_1、W_2，如图4-5a 所示，采用星形联结如图4-5b 所示，即将其尾端相接，首端分别按 i_U 进 U_1、i_V 进 V_1、i_W 进 W_1 的规律，通入图4-6所示的对称的下列三相电流

$$\left.\begin{aligned} i_U &= I_m \sin\omega t \\ i_V &= I_m \sin(\omega t - 120°) \\ i_W &= I_m \sin(\omega t + 120°) \end{aligned}\right\} \tag{4-1}$$

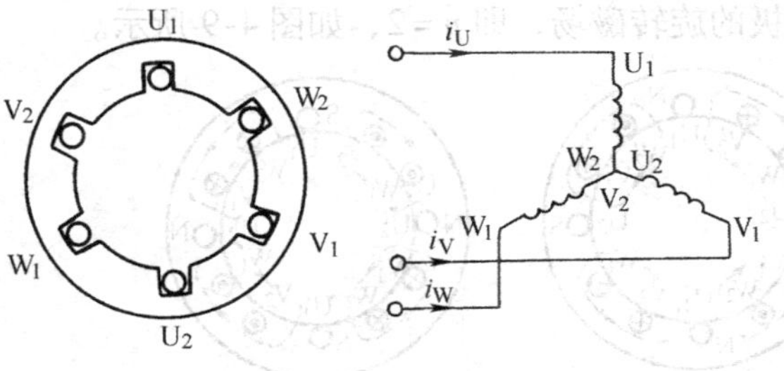

a)　　b)

图4-5　两极定子绕组

a）绕组空间安排　b）绕组接线

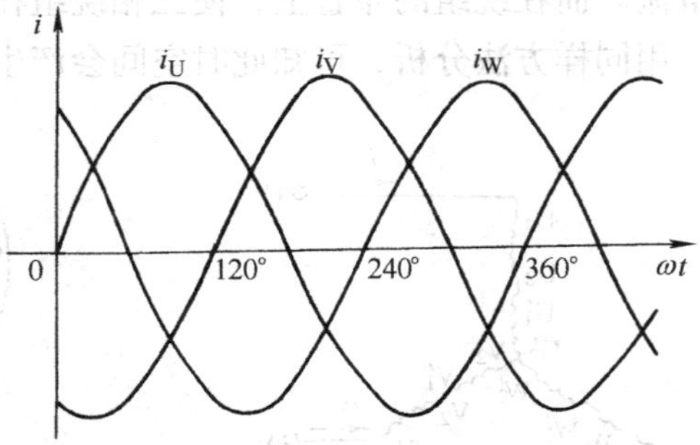

图4-6　三相电流

三相异步电动机每相绕组由多匝导线绕制而成，为了方便起见，每相绕组只取一匝，分别选取 $\omega t=0$、$\omega t=120°$、$\omega t=240°$三个瞬时来分析上述三相电流产生的合成磁场。

当 $\omega t=0$ 时，$i_U=0$，U_1U_2 绕组电流为零。此时 i_V 为负，电流从 V_1V_2 绕组的末端 V_2 流入，由首端 V_1 流出；i_W 为正，电流从 W_1W_2 绕组的首端 W_1 流入，由末端 W_2 流出。根据右手螺旋定则，可以画出其合成磁场，磁力线自上而下，可见 N 极正对首端 U_1 的位置，如图4-7a 所示。

当 $\omega t=120°$时，$i_V=0$，V_1V_2 绕组无电流；此时 i_U 为正，电流从 U_1U_2 绕组的首端 U_1 流入，由末端 U_2 流出；i_W 为负，电流从 W_1W_2 绕组的末端 W_2 流入，从首端 W_1 流出，其合成磁场如图4-7b 所示。N 极正对 V_1 的位置，与 $\omega t=0$ 时相比，其合成磁场在空间顺时针旋转了120°。

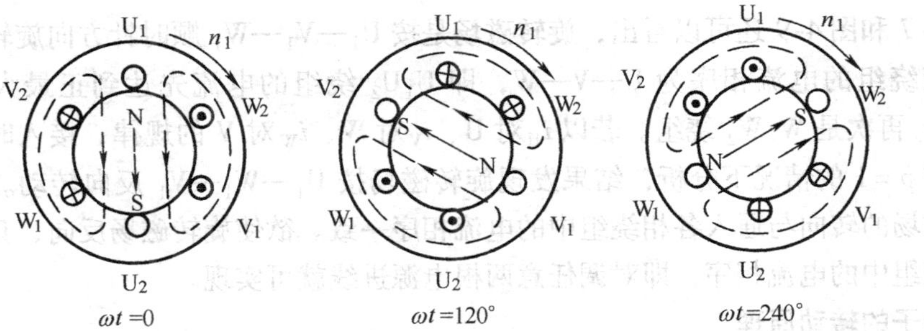

a)　　b)　　c)

图4-7　两极旋转磁场产生

同理可画出 $\omega t=240°$时的合成磁场。由图4-7c可见，N极又较前顺时针旋转了120°。当 $\omega t=360°$时，电流在时间上变化一周，变化360°电角度，定子内的合成磁场在空间旋转360°，也转过一周。

由以上分析可以看出，随着定子绕组通入的三相电流不断变化，由它所产生的合成磁场就在定子空间不停地旋转，故称旋转磁场。

2. 旋转磁场的转速

上述情况，合成磁场具有两个磁极，一对极，故其磁极对数 $p=1$。如果定子绕组的每一相由两个串联的线圈组成：U相绕组由 U_1U_2 与 $U_1'U_2'$组成，V相绕组由 V_1V_2 与 $V_1'V_2'$组成，W相绕组由 W_1W_2 与 $W_1'W_2'$组成，并联结成星形，仍然按上述对应关系通入对称三相电流。而在绕组的布置上，使三相绕组在空间相隔60°，如图4-8所示。

用同样方法分析，可知此时空间会产生四极的旋转磁场，即 $p=2$，如图4-9所示。

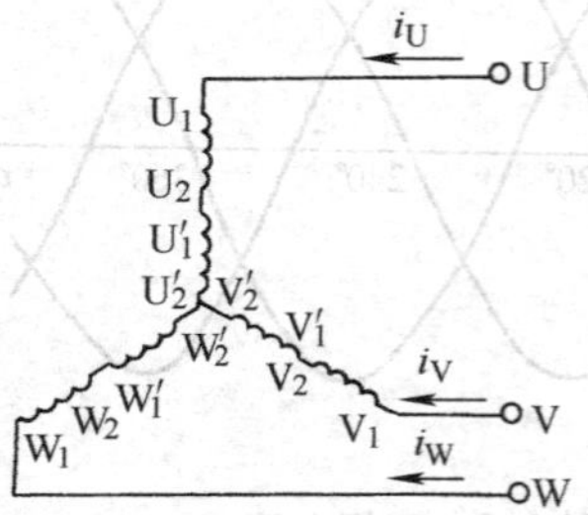

图4-8 四极定子绕组接线

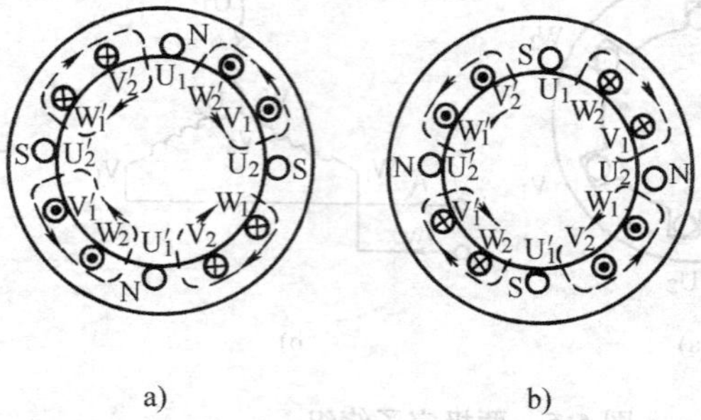

图4-9 四极定子旋转磁场

a) $\omega t=0°$ b) $\omega t=180°$

由图4-7与图4-9的比较可以看出，正弦交流电流变化一周，两极的旋转磁场在空间转过360°（即一转），而四极的旋转磁场只转过180°（即1/2转），依此类推，当旋转磁场具有 p 对磁极时，正弦交流电每变化一周，其旋转磁场在空间转过 $1/p$ 转。因此，旋转磁场转速 n_1 与定子绕组的电流频率 f_1 及磁极对数 p 之间有如下关系：

$$n_1=\frac{60f_1}{p} \tag{4-2}$$

旋转磁场的转速 n_1 又称为同步转速。在我国，因工频 $f_1=50\text{Hz}$，所以两极旋转磁场的转速为3000r/min，四极旋转磁场的转速为1500r/min，六极旋转磁场的转速为1000r/min等。

3. 旋转磁场的转向

由图4-7和图4-9还可以看出，旋转磁场是按 U_1—V_1—W_1 顺时针方向旋转的。这是因为通入三相绕组的电流相序为U—V—W，即 U_1U_2 绕组的电流先达到正最大值，其次是 V_1V_2 绕组，再次是 W_1W_2 绕组。若以 i_U对U、i_V对W、i_W对V的规律，接入时间上对称三相电流，在 $p=1$ 的情况下分析，结果发现旋转磁场按 U_1—W_1—V_1 反向转动。我们由此可知，旋转磁场的转向与通入各相绕组中的电流相序一致。欲使旋转磁场反向，只要改变通入三相定子绕组中的电流相序，即对调任意两根电源进线就可实现。

二、转子的转动原理

当闭合后的转子置于以速度 n_1 在空间旋转的磁场中时，转子绕组的导体有效边与旋转磁场发生相对运动，因而在导体中产生感应电动势，感应电动势的方向由右手定则判断，并标于图 4-10 中。

由于导体闭合，感应电动势在导体中又产生了电流。通电导体在磁场中受力，其方向由左手定则判断后标于图 4-10 中。所有导体所受之力对转轴产生一个电磁转矩，使转子按顺时针方向以速度 n 旋转。由于电动机是基于电磁感应现象旋转的，故称感应式电动机。

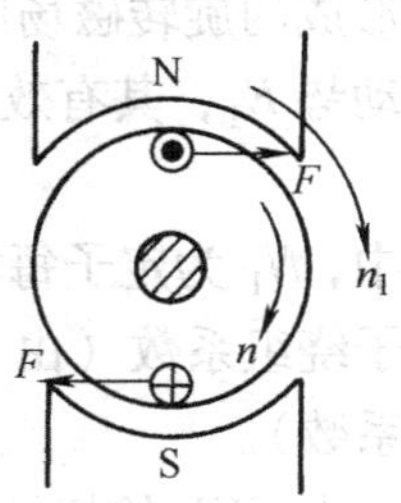

图 4-10　转子的转动原理

显然，转子靠电磁转矩旋转时，其转速 n 永远低于旋转磁场的转速 n_1，如果 $n=n_1$，此时转子绕组与旋转磁场没有相对运动，转子绕组中不产生感应电流，因此也不产生电磁转矩，转子就不会旋转。由此可见，转子总是以小于旋转磁场的转速转动，异步电动机由此得名。

通常，我们把旋转磁场的转速 n_1 与转子转速 n 的差值和旋转磁场转速 n_1 的比称为异步电动机的转差率，用 s 表示，即

$$s = \frac{n_1 - n}{n_1} \tag{4-3}$$

转差率是分析异步电动机运行的一个重要参数，其额定值 $s_N = 0.01 \sim 0.09$。由此可知，电动机在额定转速下运行时，异步电动机的转子转速接近于同步转速，转差率则描述了转子转速和同步转速之间的相近程度。当电动机起动时，$n=0$，$s=1$，达到其最大值。另外，通过额定转差率，我们还可以获得下述信息：当 $n_1 = 3000$r/min 时，$n_N = 29\times\times$ r/min；当 $n_1 = 1500$r/min 时，$n_N = 14\times\times$ r/min；当 $n_1 = 1000$r/min 时，$n_N = 9\times\times$ r/min；……，其中 $n_N = 14\times\times$ r/min 的电动机在现场使用最多。

第三节　异步电动机的机械特性

一、异步电动机的电磁转矩

由上一节分析知道，异步电动机的电磁转矩是由旋转磁场与载有电流的转子绕组相互作用而产生，因此电磁转矩的大小与旋转磁场的每极磁通 Φ 以及转子电流 I_2 成正比，又因为异步电动机的转子电路有感抗存在，转子电流与电动势之间有相位差 φ_2，所以与磁通相互作用而产生电磁转矩的只是转子电流的有功分量 $I_2\cos\varphi_2$，故电磁转矩式中，K_T 是与电动机结构有关的常数，$\cos\varphi_2$ 即转子电路的功率因数。电磁转矩如下式表示：

$$T = K_T \Phi I_2 \cos\varphi_2 \tag{4-4}$$

为了对异步电动机的电磁转矩有进一步的了解，下面以 R_1 和 X_1 分别表示定子绕组的电阻和漏磁感抗；漏磁感抗 X_1 是由仅与定子绕组交链而不与转子绕组交链的漏磁通产生；R_2 和 X_2 表示转子绕组的电阻和漏磁感抗，X_2 也是由只与转子绕组交链的漏磁通产生。其一相等效电路如图 4-11 所示。

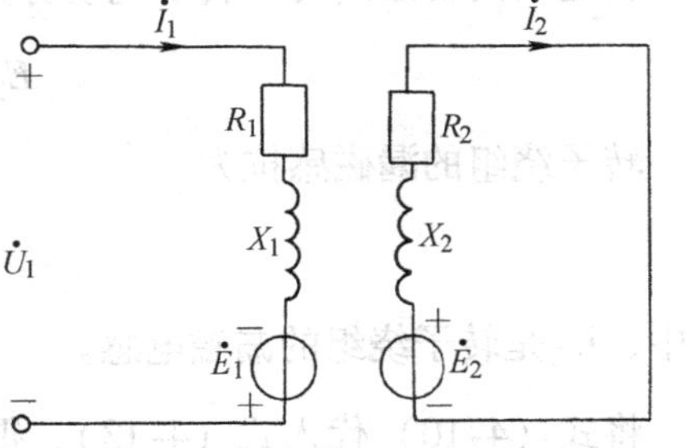

图 4-11　一相等效电路

设定子每相绕组的匝数为 N_1，定子绕组接三相电压，设相电压为 U_1，相电流为 I_1，三相电流

所形成的旋转磁场以 $n_1=60f_1/p$ 的转速在空间旋转，旋转磁场切割每相定子绕组产生感应电动势 E_1，其有效值

$$E_1 = 4.44K_1f_1N_1\Phi \tag{4-5}$$

式中，N_1 为定子每相绕组的匝数；f_1 为三相电源的频率；Φ 为旋转磁场的每极磁通；K_1 为定子绕组系数（由于三相异步电动机每相定子绕组并非集中绕在一起，故 N_1 要乘以小于1的系数）。

由 KVL 的相量形式，对定子的一相等效电路有

$$\dot{U}_1 = \dot{I}_1(R_1 + jX_1) - \dot{E}_1 \tag{4-6}$$

因为定子绕组的阻抗压降比电动势小得多，一般可以忽略，故其有效值相量

$$\dot{U}_1 \approx -\dot{E}_1 \tag{4-7}$$

有效值

$$U_1 \approx E_1 = 4.44K_1f_1N_1\Phi \tag{4-8}$$

式（4-8）表明，当定子绕组所加相电压 U_1 和频率 f_1 一定时，旋转磁场的每极磁通 Φ 保持不变。

同理，旋转磁场在转子每相绕组产生的感应电动势的有效值

$$E_2 = 4.44K_2f_2N_2\Phi \tag{4-9}$$

式中，N_2 为转子每相绕组的匝数；K_2 为转子绕组系数；f_2 为转子电动势（或转子电流）的频率。

若旋转磁场与转子的相对转速越大，即转差率越大，则转子电动势的频率越高。旋转磁场以（n_1-n）的相对转速切割转子绕组，所以转子电动势的频率

$$f_2 = \frac{p(n_1 - n)}{60} = \frac{n_1 - n}{n_1} \cdot \frac{pn_1}{60} = sf_1 \tag{4-10}$$

即转子电动势的频率与转差率成正比。异步电动机在起动的初始瞬时，$n=0$，$s=1$，此时转子电动势频率最高，即 $f_2=f_1$，随着转速上升，f_2 将逐步下降。

将式（4-10）代入式（4-9），得

$$E_2 = 4.44K_2sf_1N_2\Phi \tag{4-11}$$

在起动的初始瞬时，转子电动势为

$$E_{20} = 4.44K_2f_1N_2\Phi \tag{4-12}$$

转子绕组的漏磁感抗为

$$X_2 = 2\pi f_2L_{s2} \tag{4-13}$$

式中，L_{s2}是转子绕组的漏磁电感。

将式（4-10）代入式（4-13），得

$$X_2 = s2\pi f_1L_{s2} = sX_{20} \tag{4-14}$$

式中，$X_{20}=2\pi f_1L_{s2}$是起动的初始瞬时，即 $n=0$ 时绕组的漏磁感抗。

转子绕组的阻抗为

$$|Z_2| = \sqrt{R_2^2 + X_2^2} = \sqrt{R_2^2 + (sX_{20})^2} \tag{4-15}$$

因此，每相转子电流

$$I_2 = \frac{E_2}{\sqrt{R_2^2 + X_2^2}} = \frac{sE_{20}}{\sqrt{R_2^2 + (sX_{20})^2}} \tag{4-16}$$

一相转子电路的功率因数

$$\cos\varphi_2 = \frac{R_2}{|Z_2|} = \frac{R_2}{\sqrt{R_2^2 + (sX_{20})^2}} \tag{4-17}$$

由式（4-16）与式（4-17），可以得出转子电路的电流 I_2 及其功率因数 $\cos\varphi_2$ 随转差率 s 的变化曲线如图 4-12 所示。

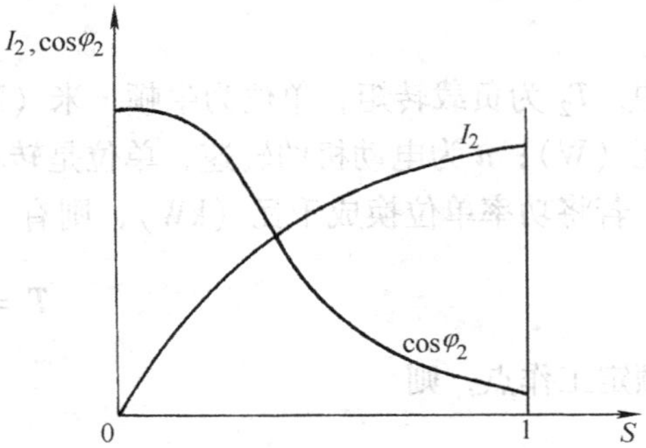

图 4-12 I_2 及 $\cos\varphi_2$ 随转差率 s 的变化曲线

将式（4-16）与式（4-17）代入式（4-4）得

$$T = K_T \Phi E_{20} \frac{sR_2}{R^2 + (sX_{20})^2} \tag{4-18}$$

在电动机结构与频率给定的条件下，由式（4-12）与式（4-8）可知，$\Phi \propto E_{20} \propto U_1$，因此式（4-18）可以写成

$$T = K \frac{sR_2 U_1^2}{R_2^2 + (sX_{20})^2} \tag{4-19}$$

式中，K 是不同于 K_T 的另一常数。

由式（4-19）可见，电磁转矩 T 与定子绕组每相电压 U_1 的二次方成正比，因此，即使电源电压有较小波动，对异步电动机的电磁转矩的影响也很大。

二、异步电动机的机械特性

由式（4-19）可见，在电源电压 U_1 与转子电阻 R_2 一定时，电磁转矩 T 仅随转差率 s 变化，由式（4-19）并参照图 4-12 可画出 T 随 s 的变化曲线，即 $T=f(s)$ 曲线，如图 4-13 所示。若把图 4-13 的 $T=f(s)$ 曲线的 s 坐标改成转速 n，并按顺时针方向转过 90°，便可得到异步电动机的转速 n 与电磁转矩 T 的关系曲线，即 $n=f(T)$ 曲线，如图 4-14 所示。

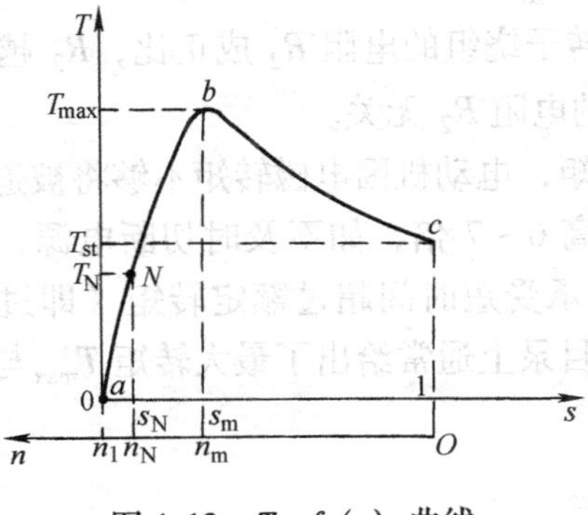

图 4-13 $T=f(s)$ 曲线

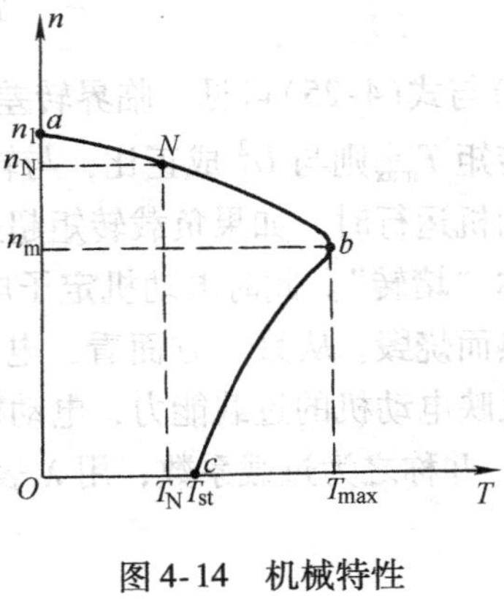

图 4-14 机械特性

图4-14的 $n=f(T)$ 曲线称为异步电动机的机械特性。通常异步电动机的机械特性可根据电动机产品目录中的数据作出。

由图4-14可以看到机械特性曲线上有四个特殊点，使用中经常出现，必须了解清楚。

1）$n=n_1$（$s=0$），$T=0$，对应特性曲线上的 a 点，由于电动机转速 n 事实上不可能等于旋转磁场的转速 n_1，所以该点称为理想空载工作点。

2）$n=n_N$（$s=s_N$），$T=T_N$，对应特性曲线上的 N 点，此时电动机轴上输出的转矩为额定转矩 T_N，其转速为额定转速 n_N，该点称为额定工作点。

在电动机等速旋转时，如果忽略损耗转矩，电磁转矩应与负载转矩相平衡，即

$$T = T_2 = \frac{P_2}{\frac{2n\pi}{60}} = 9.55\frac{P_2}{n} \tag{4-20}$$

式中，T_2 为负载转矩，单位为牛顿·米（N·m）；P_2 为电动机轴上输出的机械功率，单位是瓦（W）；n 为电动机的转速，单位是转/分（r/min）。

若将功率单位换成千瓦（kW），则有

$$T = 9550\frac{P_2}{n} \tag{4-21}$$

在额定工作点，则

$$T_N = 9550\frac{P_N}{n_N} \tag{4-22}$$

式中，额定输出功率 P_N 与额定转速 n_N 一般由电动机铭牌或产品目录给出。

3）$n=n_m$（$s=s_m$），$T=T_{max}$，对应特性曲线上的 b 点，称为临界工作点。此时异步电动机的电磁转矩具有最大值，该转矩 T_{max} 称为最大转矩。它可按数学中求最大值的方法由式（4-19）求出，即令

$$\frac{dT}{ds} = 0 \tag{4-23}$$

求得产生最大转矩的转差率

$$s_m = \frac{R_2}{X_{20}} \tag{4-24}$$

此式中 s_m 称为临界转差率，将式（4-24）代入式（4-19）得

$$T_{max} = K\frac{U_1^2}{2X_{20}} \tag{4-25}$$

由式(4-24)与式(4-25)可见，临界转差率 s_m 与转子绕组的电阻 R_2 成正比，R_2 越大，s_m 越大；最大转矩 T_{max} 则与 U_1^2 成正比，与转子绕组的电阻 R_2 无关。

在电动机运行时，如果负载转矩超过最大转矩，电动机因电磁转矩不够将被迫停转，这一现象俗称“堵转”。此时电动机定子电流会升高6~7倍，如不及时切断电源，电动机会因严重过热而烧毁。从另一方面看，电动机具有承受短时间超过额定转矩（即过载）的能力。为了反映电动机的过载能力，电动机的产品目录上通常给出了最大转矩 T_{max} 与额定转矩 T_N 的比值，并称之为过载系数，用 λ 表示，即

$$\lambda = \frac{T_{max}}{T_N} \tag{4-26}$$

4）$n=0$（$s=1$），即电动机起动的初始瞬时，此时 $T=T_{st}$，T_{st}称为初始起动转矩，通常简称起动转矩，对应于特性曲线上的 c 点，称为起动工作点。将 $s=1$ 代入式（4-19），求得起动转矩

$$T_{st}=K\frac{R_2U_1^2}{R_2^2+X_{20}^2} \tag{4-27}$$

由式（4-27）可以看出，起动转矩 T_{st}与 U_1^2 成正比，并与转子电路电阻 R_2 有关。当电源电压 U_1 降低时，起动转矩 T_{st}会显著减小。

对绕线转子异步电动机，在转子电路串入适当电阻，可增加起动转矩。综上所述，电源电压 U_1 与转子电阻 R_2 对异步电动机的机械特性影响较大，图 4-15 分别给出了不同电源电压和不同转子电阻下的机械特性。

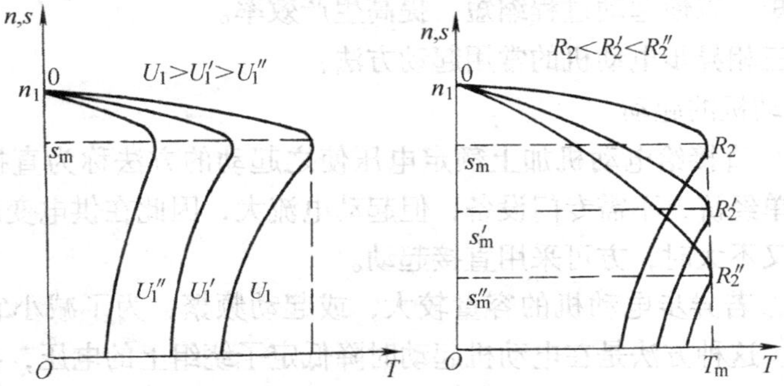

图 4-15　人为机械特性

电动机在旋转时，作用在其轴上有两种转矩：一种是电磁转矩 T，另一种是包括负载转矩与机械损耗转矩的阻转矩 T_L，如果 $T=T_L$，电动机等速稳定运转；当 $T>T_L$ 时，电动机转速增加；当 $T<T_L$ 时，电动机转速下降。

通常，异步电动机运行在图 4-14 所示特性曲线的 ab 段。若负载转矩增大，致使 $T_L>T$，电动机的转速 n 下降。由图 4-14 可见，随着转速 n 的下降，电磁转矩 T 将增加。当 $T=T_L$ 时，电动机在新的稳定状态下运行，这时转速略低。当负载转矩减小时与上述情况相反，这时电动机将以较高转速稳定运行，故将此段称为稳定运行区。

从图 4-14 还可以看出，特性曲线 ab 段比较平坦，即随着负载转矩的变化，转速变化不大，这种机械特性谓之硬特性。由图 4-15 则可以看出，绕线转子异步电动机转子电路串入电阻后使机械特性变软。

第四节　异步电动机的起动和调速

一、异步电动机的起动

电动机从接通电源开始旋转，转速逐渐升高，一直达到稳定转速为止，这一过程称为起动。在实际生产过程中，起动性能的优劣（主要表现为起动电流 I_{st}与起动转矩 T_{st}的大小）对生产工作有一定影响。为此，了解电动机的起动性能，选择合适的起动方法，对于电动机的使用者来说是必要的。

当三相异步电动机接通电源后，电动机开始起动的初始瞬时，$n=0$，$s=1$，旋转磁场以

最大的相对转速 n_1 切割转子绕组，转子绕组的感应电动势及感应电流都很大。如前所述，异步电动机的定子绕组和转子绕组的电磁关系与变压器的一次绕组和二次绕组的电磁关系相类似，因此定子绕组在此时产生了很大的起动电流 I_{st}，其值约为额定电流的4～7倍。通常，电动机的起动时间很短，一般约为几秒到十几秒，而在起动过程中，电动机不断地加速；随着转差率的减小，转子电动势、转子电流以及定子电流均跟着减小，这意味着定子绕组中通过很大的起动电流的时间很短，只要不是频繁起动，不会使电动机产生过热。但很大的起动电流，会使电源内部和供电线路上的压降增大，接在同一线路中的其他负载的端电压下降，从而影响其他负载的正常工作，例如使附近的照明灯泡变暗，使附近正在工作的异步电动机转矩减小等。另外由异步电动机的机械特性曲线得知，异步电动机起动的初始瞬时，起动转矩 T_{st} 并不大。由此可见，电动机起动时既要把起动电流限制在一定数值之内，又要有足够大的起动转矩，以使起动过程缩短，提高生产效率。

下面讨论几种三相异步电动机的常用起动方法：

1. 笼型异步电动机的起动

（1）直接起动　直接给电动机加上额定电压使之起动的方法称为直接起动，或称全压起动。这种方法简单经济，不需专门设备，但起动电流大，因此在供电变压器容量允许，而电动机的额定功率又不大时，方可采用直接起动。

（2）减压起动　若异步电动机的容量较大，或起动频繁，为了减小它的起动电流，一般采用减压起动法。这种方法是在电动机起动时降低定子绕组上的电压，当电动机起动完毕后，再加上全压（额定电压）投入运行。由于降低了定子绕组上的电压，起动电流也就减小了。但起动转矩与电压的二次方成正比，故起动转矩也显著减小，因此减压起动只能用于轻载或空载起动的场合，通常采用的减压起动方法有。

1）Y—△换接起动。对正常运行采用△联结的异步电动机，在起动时先改联结成Y，待起动完毕电动机转速接近稳定后再联结成△，这种起动方法称为Y—△换接起动。

由于起动时，定子绕组改联结成Y，使加在定子每相绕组上的电压只有△联结的$\frac{1}{\sqrt{3}}$。如图4-16所示定子绕组的两种联结，设三相电源的线电压为 U_l，起动时每相定子绕组的等效阻抗为 $|Z|$，Y联结的相电流和线电流用 I_{pY} 和 I_{lY} 表示，△联结的相电流与线电流用 $I_{p\triangle}$ 与 $I_{l\triangle}$ 表示。

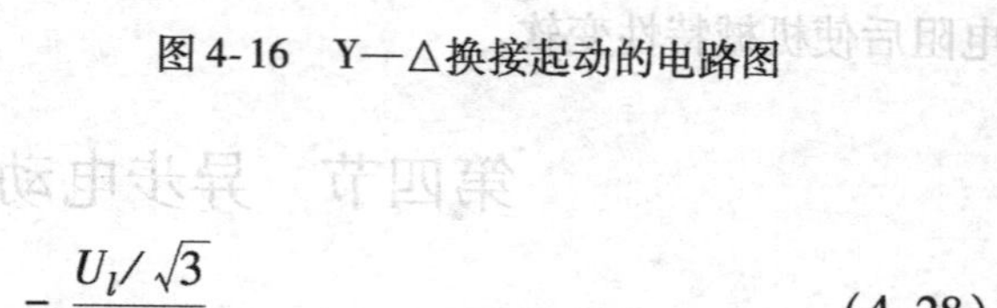

图4-16　Y—△换接起动的电路图

Y联结起动时

$$I_{lY} = I_{pY} = \frac{U_l/\sqrt{3}}{|Z|} \tag{4-28}$$

△联结起动时

$$I_{p\triangle} = \frac{U_l}{|Z|}$$

$$I_{l\triangle} = \sqrt{3}I_{p\triangle} = \sqrt{3}\frac{U_l}{|Z|} \tag{4-29}$$

比较式（4-28）和式（4-29）可以看出

$$\frac{I_{lY}}{I_{l\triangle}} = \frac{1}{3} \tag{4-30}$$

Y 联结起动电流只有△联结的 1/3。但由于起动转矩与定子绕组上所加电压的二次方成正比，所以起动转矩也减小到直接起动的 1/3。

Y—△换接起动可用三刀双掷开关来实现，如图 4-17 所示。图中 Q2 表示三刀双掷开关，起动时先将 Q2 扳下投入“起动”位置，接着合上电源开关 Q1，于是电动机在 Y 联结下起动，待转速上升到接近稳定值时，再将 Q2 从“起动”位置倒向“运行”位置，电动机在△联结下进入正常运行。

Y—△换接起动所用设备除了三刀双掷开关外，还可使用 QX1 和 QX3 系列的 Y—△起动器，或用继电-接触器控制线路来实现自动控制。

Y—△起动的优点是设备简单，维护方便，起动过程没有电能损耗，适用于轻载起动的场合。

2）用自耦变压器减压起动。利用自耦变压器起动的电路如图 4-18 所示。起动时将 S 置于“起动”位置，此时异步电动机的定子绕组接到自耦变压器的副绕组上，故加在电动机定子绕组上的电压小于电网电压，从而减小了起动电流，等到电动机转速接近稳定值时，再将 S 扳向“运行”位置，这时异步电动机便脱离自耦变压器，直接与电网相接。用于自耦变压器减压起动的专用设备有 QJ3 系列手动自耦变压器。容量较大的笼型异步电动机常采用自耦变压器减压起动的方法。

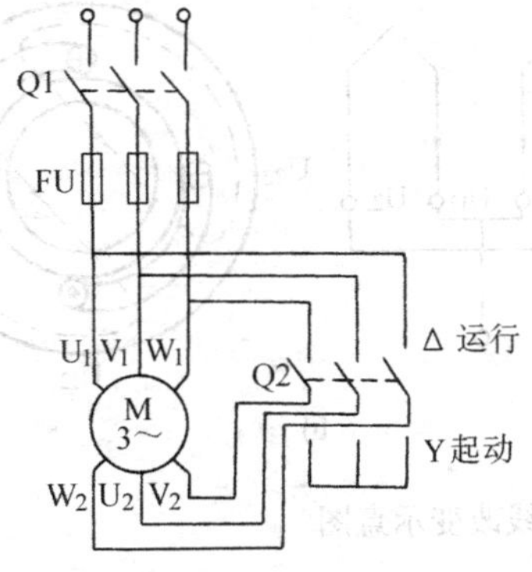

图 4-17 Y—△换接起动

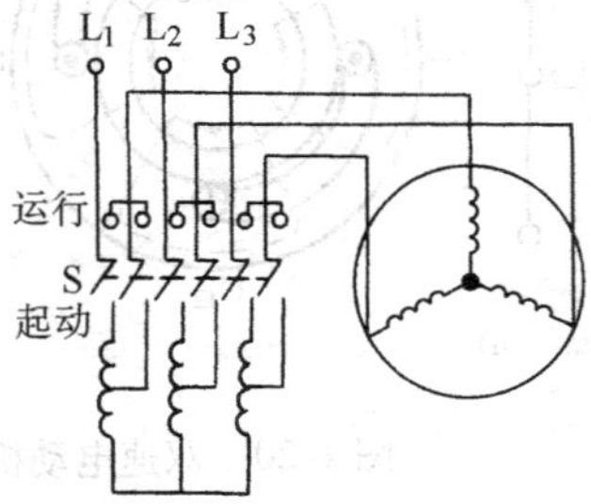

图 4-18 自耦变压器起动控制原理图

2. 绕线转子异步电动机的起动

绕线转子异步电动机可以通过集电环与电刷在转子电路接入附加电阻（起动电阻）来起动，电路如图 4-19 所示。

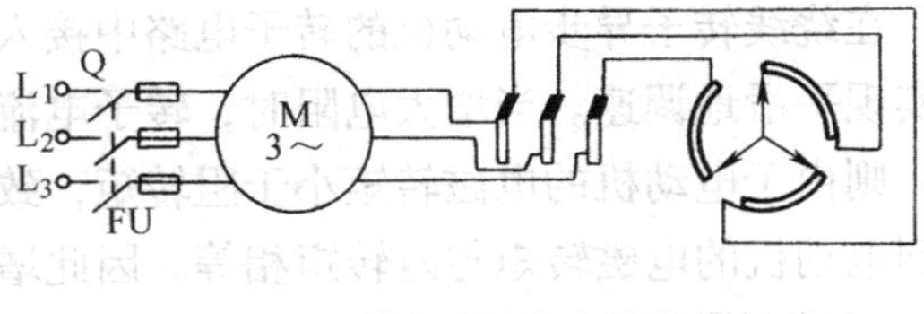

图 4-19 绕线转子异步电动机的起动

起动时，首先将起动电阻调节到最大电阻值，合上电源开关 Q，电动机开始转动。因转子电路串入电阻，转子电流得以减小，从而达到减小起动电流的目的。随着电动机转速的升高，使变阻器电阻值逐步减小，当转速达到稳定值，将变阻器短接，电动机投入正常运行。由于绕线转子异步电动机在转子电路串入适当电阻，可以提高起动转矩，因此，这种起动方法不仅可以限制起动电流，又可使起动转矩增大，这是减压起动所不具备的优点。

二、异步电动机的调速

人为地在同一负载下使电动机的转速从某一数值改变为另一数值，以满足生产过程的需要，这一过程称为调速。这和电动机在不同负载下的转速变化是完全不同的两个概念。由于电动机转速

$$n = n_1(1-s) = (1-s)\frac{60f_1}{p} \tag{4-31}$$

因此，电动机的调速可通过改变磁极对数 p、转差率 s 以及电源的频率 f_1 来实现。

1. 改变磁极对数调速

改变定子绕组的接法，就可改变旋转磁场中磁极对数，如图4-20所示。这里我们只画出了其中一相（U相）定子绕组，该相定子绕组由两个相同的线圈 $U_{11}U_{21}$ 与 $U_{12}U_{22}$ 组成，当两个线圈尾首顺次串联时，如图4-20a所示，可以获得 $p=2$ 的旋转磁场；当两个线圈反并联时（U_{11} 与 U_{21} 相连，U_{12} 与 U_{21} 相连），得到 $p=1$ 的旋转磁场，如图4-20b所示。由于磁极对数是整数（$p=1$，2，3，…），这种方法调速是有级的，转速只能成倍地变化。如由四极（$p=2$）变到两极（$p=1$）时，同步转速将由1500r/min变到3000r/min。

一般异步电动机制造好后，其磁极对数是不能随意改变的，所以必须事先制成有专门接线的“双速”“三速”“四速”电动机。变极调速只适用于笼型异步电动机，它具有操作简便，机械特性硬等优点，广泛用于简单的起重机械、运输传送带以及机床等场合。

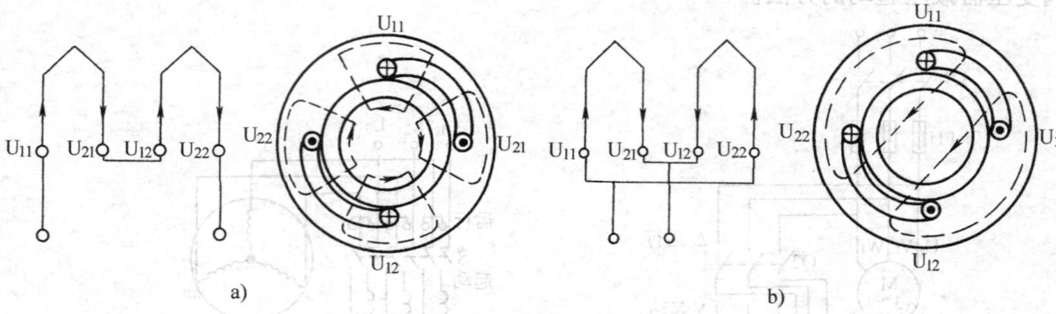

图4-20　双速电动机定子绕组接线改变示意图

a）串联时　b）并联时

2. 改变转差率调速

在绕线转子异步电动机的转子电路中接入一个连续可变的变阻器，改变电阻的大小，就可实现平滑地调速。当增大电阻时，转子电流随之减小，电磁转矩也就减小，若负载转矩不变，则由于电动机的电磁转矩小于阻转矩，致使电动机转速 n 下降，继而电磁转矩 T 增加，直到电动机的电磁转矩与阻转矩相等。因此增加转子电路的调速电阻，使转差率 s 上升，转速 n 下降，从而达到调速的目的。这种调速方法线路简单，调速电阻往往又兼作起动电阻，缺点是损耗很大，常用于起重设备。

3. 改变电源频率调速

由式（4-31）可以看出，异步电动机当其转差率变化不大时，转速 n 与电源频率 f_1 成

正比。若能连续地改变电源频率f_1就可以达到平滑、无级调速的目的。

变频器是一种静止的频率变换器，可将配电网电源的50Hz恒定频率变成可调频率的交流电，作为电动机的电源装置，当前国内外使用较为普遍。使用变频器可以节能，提高产品质量和劳动生产率。

变频器种类很多，按变换频率的方法分交—直—交变频器、交—交变频器等。交—直—交变频器的原理图如图4-21所示，首先将恒定50Hz的交流经整流，变换成直流，经过滤波，再将平滑的直流逆变成频率可调的交流。根据滤波部分使用的元件不同，变频器的型式又分为两种：一种是用电容滤波，其直流回路的电压波形比较平直，输出阻抗很小，电压不易突变，相当于直流恒压源，称之为电压型变频器；另一种是用电感滤波，其直流回路的电流波形比较平直，输出阻抗很大，电流不易突变，称之为电流型变频器。

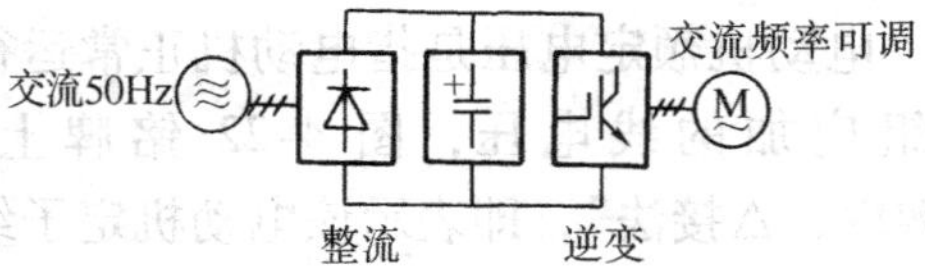

图4-21　交—直—交变频器的原理图

变频器在各行各业应用很多，根据各行业应用的特点设计成专用的变频器不少，如轧机同步电动机用变频器、空调用变频器、电梯用变频器、地铁机车用变频器和电动车辆用变频器等。

第五节　异步电动机的铭牌数据和选择

一、异步电动机的铭牌

在异步电动机的外壳上都有一个耐久不易腐蚀的铭牌，上面标有电动机在额定运行时的主要技术数据，以便使用者按照这些数据正确地使用。

图4-22所示是异步电动机铭牌的一个例子。

铭牌上的数据含意如下：

1. 型号

异步电动机的型号按国家标准规定，由汉语拼音大写字母和阿拉伯数字组成。按书写次序包括名称代号、规格代号以及特殊环境代号，无特殊环境代号者则表示该电动机只适用于普通环境。

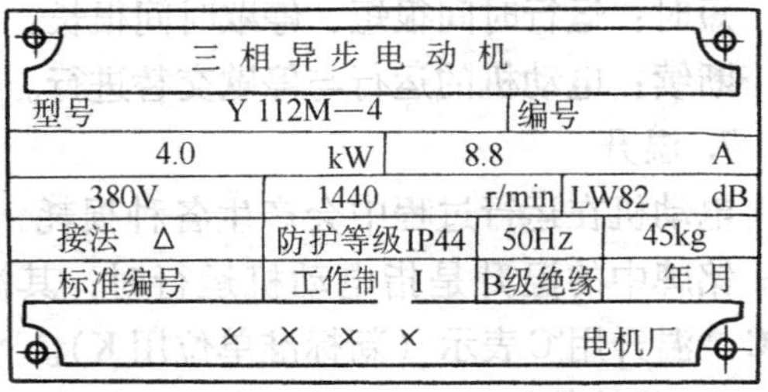

图4-22　某三相异步电动机的铭牌

电动机型号中的规格代号主要用中心高（转轴中心至安装平台表面的高度）、机座长度代号、磁极数等表示，如图4-23所示。常用异步电动机名称代号对照表，见表4-1。

表4-1　常用异步电动机名称代号对照表

电动机名称	名称代号	代号含义
笼型转子异步电动机	Y	异
绕线转子异步电动机	YR	异绕
隔爆型笼型转子异步电动机	YB	异爆
起重冶金用笼型转子异步电动机	YZ	异重
起重冶金用绕线转子异步电动机	YZR	异重绕

2. 额定功率 P_N

它表示电动机在额定情况下运行时，其轴上输出的机械功率，即额定功率，或称容量，单位用千瓦（kW）表示。

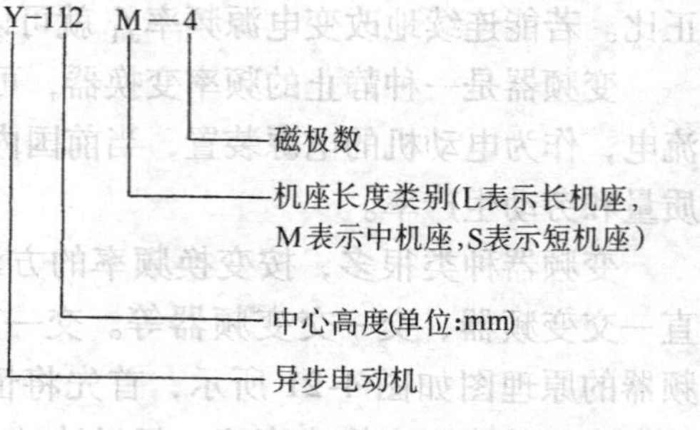

图 4-23　三相异步电动机型号含义

3. 额定电压 U_N 和接法

电动机额定电压是指电动机正常运行时定子绕组应加的线电压，图 4-22 铭牌上所标的"380V，△接法"，即表示该电动机定子绕组联结成△，应加的电源线电压为 380V。目前我国生产的异步电动机如不特殊订货，额定电压均为 380V，3kW 以下为 Y 联结，其余均为△联结。

4. 额定电流 I_N

电动机的额定电流是指在额定频率、额定电压和额定输出功率时，定子绕组的线电流。图 4-22 铭牌上所标的 8.8A，即为定子绕组联结成△，电源电压 380V，在额定运行时的定子绕组的线电流。

5. 额定转速 n_N

电动机的额定转速是在额定电压、额定频率和额定负载下每分钟的转数。由于电动机的额定转速比同步转速稍低，由图 4-22 所示铭牌上的"转速 1440r/min"，可以推知其同步转速为 1500r/min。

6. 工作方式

异步电动机的工作方式主要分为连续（代号为 S_1）、短时（代号为 S_2）、断续（代号为 S_3）三种。

连续：按铭牌上给出的额定功率可以长期连续运行。拖动通风机、水泵等生产机械的电动机就属于此工作方式。

短时：运行时间很短，停歇时间很长，每次只允许在规定以内的时间按额定功率运行。

断续：电动机的运行与停歇交替进行。此类电动机常用于起重机械。

7. 温升

电动机在运行过程中会产生各种损耗，这些损耗转化成热量，致使电动机绕组温度升高。铭牌中的温升是指电动机运行时，其温度高出环境温度的允许值。环境温度规定为 40℃。温升用℃表示（新标准单位用 K）。

8. 防护等级

指电动机外壳防护型式的分级，例如图 4-22 所示铭牌中 IP44 就是国家标准（GB 4942.1—2006）所规定的防护等级标志。其中 IP44 含义如图 4-24 所示。

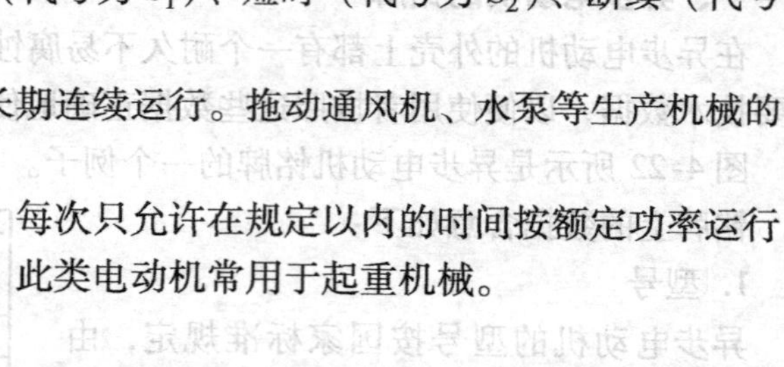

图 4-24　三相异步电动机防护等级

9. 接线

定子每相都有两个出线端，这些端子都从电动机机座上的接线盒中引出来，供使用者接线。它们在接线盒内端子板上的标记依次为首端 U_1、V_1、W_1 和尾端 U_2、V_2、W_2。

在实际使用时，可以根据要求，通过短接片，将三相绕组联结成星形（Y）或三角形

（△），如图 4-25 所示。

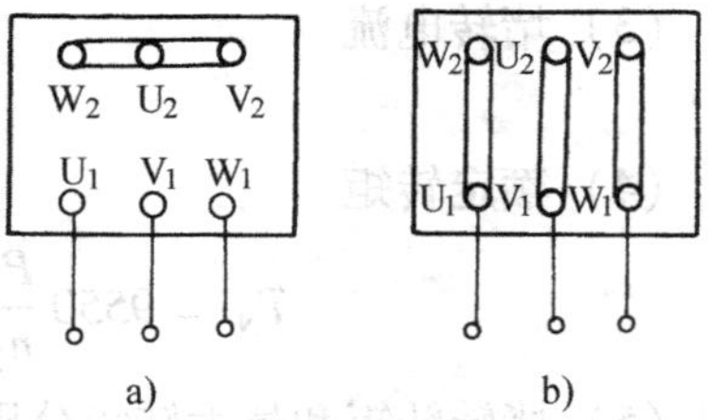

图 4-25　三相绕组接线图
a）星形　b）三角形

二、异步电动机的技术数据

除上述铭牌所标的额定数据以外，还有一些说明电动机性能的技术数据，列在产品目录或手册中。简要说明如下：

1. 效率与功率因数

效率指电动机在额定运行时电动机轴上输出的机械功率，即额定机械功率 P_N 与此时定子输入电功率 P_1 之比，用百分数表示。即

$$\eta_N = \frac{P_N}{P_1} \times 100\% \tag{4-32}$$

其中

$$P_1 = \sqrt{3} U_N I_N \cos\varphi_N \tag{4-33}$$

式中，U_N 和 I_N 是电动机的额定电压与额定电流；$\cos\varphi_N$ 是额定运行时定子电路的功率因数，即定子相电压与相电流相位差的余弦。产品目录或手册上给出的功率因数就是指 $\cos\varphi_N$。

2. 堵转电流/额定电流

堵转电流是指电动机在额定频率、额定电压下，将转子卡住使之不动的情况下的定子电流，它与电动机在起动的初始瞬时（$n=0$，$s=1$）的起动电流相同，以往也称为起动电流，用 I_{st} 表示。在产品目录或手册上一般采用堵转电流 I_{st} 对额定电流 I_N 的倍数表示。

3. 堵转转矩/额定转矩

堵转转矩是指电动机在额定频率、额定电压下，将转子卡住使之不动所需要的转矩，以往也称为起动转矩，用 T_{st} 表示。一般也采用堵转转矩 T_{st} 对额定转矩 T_N 的倍数表示。

4. 最大转矩/额定转矩

前已提及，最大转矩是电动机起动过程中产生的最大转矩。最大转矩对额定转矩的倍数就是过载能力。

$$\lambda = \frac{T_{max}}{T_N} \tag{4-34}$$

例 4-1　Y132S—4 型三相异步电动机，额定数据如下：

功率	转速	电压	效率	功率因数	I_{st}/I_N	T_{st}/T_N	T_{max}/T_N
5.5kW	1440r/min	380V	85.5%	0.84	7.0	2.2	2.2

试求：（1）额定转差率 s_N；（2）额定电流 I_N；（3）堵转电流 I_{st}；（4）额定转矩 T_N；（5）堵转转矩 T_{st}、最大转矩 T_{max}。

解　（1）因 $n_N = 1440\text{r/min}$，故 $n_1 = 1500\text{r/min}$，额定转差率

$$s_N = \frac{n_1 - n_N}{n_1} = \frac{1500 - 1440}{1500} = 0.04$$

（2）由式（4-32）和式（4-33）得

$$I_N = \frac{P_N \times 10^3}{\sqrt{3} U_N \cos\varphi_N \eta_N} = \frac{5.5 \times 10^3}{\sqrt{3} \times 380 \times 0.84 \times 85.5\%}\text{A} = 11.65\text{A}$$

（3）堵转电流

$$I_{st} = 7.0I_N = 81.55\text{A}$$

（4）额定转矩

$$T_N = 9550\frac{P_N}{n_N} = 9550 \times \frac{5.5}{1440}\text{N}\cdot\text{m} = 36.48\text{N}\cdot\text{m}$$

（5）堵转转矩和最大转矩分别是

$$T_{st} = 2.2T_N = 2.2 \times 36.5\text{N}\cdot\text{m} = 80.25\text{N}\cdot\text{m}$$

$$T_{max} = 2.2T_N = 80.25\text{N}\cdot\text{m}$$

三、异步电动机的选择

异步电动机的选择，主要是确定其种类、转速和额定功率。应根据实用、经济、安全等原则来加以选择。

1. 类型的选择

异步电动机有笼型和绕线转子两种。前者具有结构简单，维护方便，价格低廉等优点，但其主要缺点是起动性能较差，因此适用于空载或轻载起动的场合，例如，运输机、搅拌机和功率不大的水泵、风机等大都用笼型异步电动机；后者起动性能较好，并可在不太大的范围内调速，但其结构复杂，维护不便，故适用于要求起动转矩大和能在一定范围内调速的地方，如起重机、卷扬机等多用绕线转子异步电动机拖动。

异步电动机具有不同的结构型式和防护等级，应根据电动机的工作环境来选用。

2. 转速的选择

电动机的转速应视生产机械的要求而定。但是，通常异步电动机的同步转速不低于500r/min，因此要求转速低的生产机械还需配减速装置。异步电动机的同步转速越低，在相同功率下它的体积就越大，质量越重，价格也越贵，所以一般情况下通常采用 $p=1$ 或 $p=2$ 的异步电动机。

3. 额定功率（容量）的选择

电动机的功率是由生产机械的需要而定的。合理选择电动机的功率有很大的经济意义，如果认为把电动机的功率选大可以保险一些，这种想法是不对的。因为这样做，不仅使投资费用增大，而且异步电动机在低于额定负载情况下运行，其功率因数和效率都较低，使运行费用增加。当然，如果电动机功率选小了，则电动机在运行时电流较长时间超过额定值，结果由于过热致使电动机寿命降低甚至损坏。因此，根据生产机械的需要，来选择电动机的功率才是正确的途径。电动机的功率选择应按照电动机的工作方式采用不同的方法，简单介绍如下：

（1）连续工作方式　对于连续工作方式的电动机，只要选择电动机的功率略大于生产机械所需功率即可。电动机的功率应满足

$$P_N \geqslant \frac{P_L}{\eta_1\eta_2} \tag{4-35}$$

式中，P_L 表示生产机械的负载功率；η_1 和 η_2 分别表示传动机构和生产机械本身的效率。

例4-2　今有一离心水泵，其流量 $Q=0.1\text{m}^3/\text{s}$，扬程 $H=10\text{m}$，电动机与水泵直接连接，即 $\eta_1=1$，水泵效率 $\eta_2=0.6$，水泵转速为1470r/min。若用一笼型电动机拖动，做长时

间连续运行，试选择电动机。

解 对于水泵，其负载功率

$$P_L = \frac{Q\gamma H}{102} = \frac{0.1 \times 1000 \times 10}{102}kW = 9.80kW$$

其中，γ 是水的密度，为 $1000kg/m^3$。

所选电动机的功率

$$P_N \geqslant \frac{P_L}{\eta_1 \eta_2} = \frac{9.80}{1 \times 0.6}kW = 16.3kW$$

可选 Y180M—4 型的普通笼型电动机，其额定功率为 18.5kW，转速为 1470r/min。

(2) 短时工作方式 电动机厂专门设计和制造了适用于短时工作的电动机，其标准持续时间分为 10mm、30mm、60mm 和 90min 四个等级，其铭牌上的功率是和一定的标准持续时间对应的。当电动机实际工作时间和上述标准时间比较接近时，可按生产机械的实际功率选用额定功率与之相接近的电动机。

实际上，生产机械的实际工作时间 t_w 不一定等于标准持续时间 t_s，此时应按下式将实际工作时间 t_w 下的实际功率 P_w 换算成标准持续时间 t_s 下的功率 P_s

$$P_s = P_w \sqrt{\frac{t_w}{t_s}} \tag{4-36}$$

式中，t_s 应最接近实际工作时间，然后再根据 t_s 和 P_s 选用电动机。

也可选用连续工作方式的电动机，由于在短时运行时，电动机发热一般不成问题，因此容许过载。通常可按电动机过载能力来选择。所选电动机的功率

$$P_N \geqslant \frac{P_L}{\lambda \eta_1 \eta_2} \tag{4-37}$$

式中，λ 是过载能力。

(3) 断续工作方式 这类电动机工作时间 t 和停止时间 t_0 是交替的。我们称工作时间 t 和一个工作周期 $(t+t_0)$ 之比值为负荷持续率，通常用百分数表示，即

$$\varepsilon = \frac{t}{t+t_0} \times 100\% \tag{4-38}$$

电动机厂设计和制造的断续工作方式的电动机，其标准负荷持续率为 15%、25%、40% 和 60% 四种，铭牌上的功率一般指标准负荷持续率（25%）下的额定功率，在产品目录上还给出了上述其他三种负荷持续率下的额定功率。

如果生产机械的实际负荷持续率与上述标准负荷持续率相接近，可以查阅电动机产品目录，使所选电动机在某一负荷持续率下的额定功率略大于生产机械所需功率。

如果生产机械负荷持续率与标准负荷持续率不同，应先将实际负荷持续率 ε_w 下的实际负载功率 P_w 换算成最接近的标准负荷持续率 ε_s 下的功率 P_s，其换算公式为

$$P_s = P_w \sqrt{\frac{\varepsilon_w}{\varepsilon_s}} \tag{4-39}$$

最后还需指出，在选择电动机时，还应从节能方面考虑，优先选用高效率和高功率因数的电动机。

第六节 常用低压电器

凡是根据外界特定信号自动或手动地接通或断开电路，实现对电路或非电对象控制的电工设备都叫作电器。工作在交流电压1200V或直流电压1500V及以下的电路中起通断、保护、控制或调节作用的电器产品叫低压电器。

对电动机或其他电气设备的控制，目前普遍采用继电器、接触器及主令电器来完成，这种控制系统称为继电-接触器控制系统。低压电器是继电-接触器控制系统的基本组成元件，控制系统的优劣与所用低压电器直接相关。因此在学习电气控制线路以前，必须熟悉常用电器的基本结构、工作原理、图形符号以及主要规格。

低压电器种类繁多，但一般都由感测机构和执行机构两大部分组成。手动电器的感测机构为手柄，自动电器的感测机构多为电磁系统。执行机构是形态各异的触头，用以接通和分断电路。通常感测机构是执行机构动作的原因，分析中应抓住这个特点。

本节主要介绍控制线路中常用的一些电器元件的结构、工作原理、作用及使用方法。

一、刀开关与组合开关

1. 刀开关

刀开关一般用于电气设备维修时与电源隔离，其系列号为HD等。刀开关加熔断器后在电热、照明等各种用电设备中作为控制开关，也可以不频繁地接通或切断小容量电动机，兼有短路保护作用，故又称其为开启式负荷开关，其系列号为HK。开启式负荷开关加速断弹簧和铁壳，就构成了铁壳开关，其系列号为HH。负荷开关适用于额定电压为交流380V或直流440V、额定电流不超过60A的电气装置。

刀开关的种类按极数可分为单极、双极和三极；按转换方向可分为单掷和双掷；按接线方式分为板前接线式和板后接线式。HK系列瓷底胶盖刀开关结构如图4-26所示，由刀开关和熔丝组合而成。瓷底板上装有进线座、静触头、熔丝、出线座和刀片式的动触头，上面罩有两块胶盖。

这种开关在安装时，应使刀开关在合闸状态下手柄向上，不能倒装和平装，以防止闸刀松动落下时误合闸。电源进线应接在静触头一边的进线端，用电设备应接在动触头一边的出线端。这样，当开关关断时，闸刀和熔丝均不带电，以保证更换熔丝时的安全。

刀开关图形符号及文字符号如图4-26b所示。

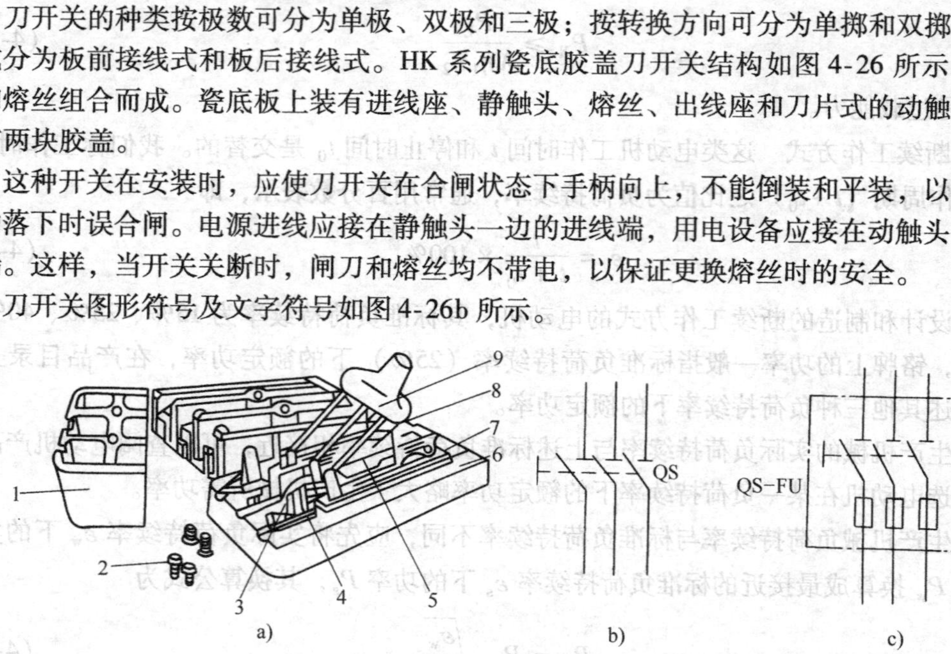

图4-26 HK系列瓷底胶盖刀开关

a）结构图 b）刀开关符号 c）带熔断器刀开关符号

1—胶盖 2—胶盖固定螺钉 3—进线座 4—静触头 5—熔丝 6—瓷底 7—出线座 8—动触头 9—瓷柄

选择刀开关时，其极数应与电源进线数相等，额定电压等于或略大于电源电压，额定电流等于或略大于线路负载的电流。

2. 组合开关

组合开关的外形如图4-27所示，实际上它是由多级触头组合而成的刀开关，与普通刀开关不同之处是操作手柄在平行于安装面的平面内左右转动进行电路切换，其特点是体积较小，且灭弧性能好。

组合开关在机床电气系统中多用作电源隔离开关，也可用于小容量电动机不频繁起停控制电气系统中。组合开关型号有HZ5、HZ10和HZ15等。

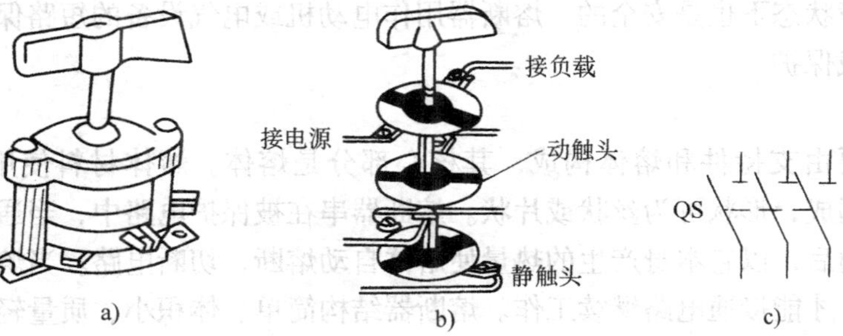

图4-27 组合开关

a) 外形 b) 结构 c) 符号

二、主令电器

用来在自动控制系统中发出指令的电器称主令电器。人们可以根据需要用主令电器控制接触器、继电器或其他电器的通断，从而完成整个自动控制过程。主令电器应用广泛，种类繁多，常用的有控制按钮、行程开关、万能转换开关等，下面介绍控制按钮。

控制按钮又称按钮，是用来短时接通或断开接触器、继电器线圈电路的手动主令电器。一般由按钮帽、复位弹簧、触头和外壳等部分组成。按钮按触头的结构分常开（动合）、常闭（动断）和复合（常开常闭触头组合）按钮。如图4-28所示是按钮的结构及图形符号。

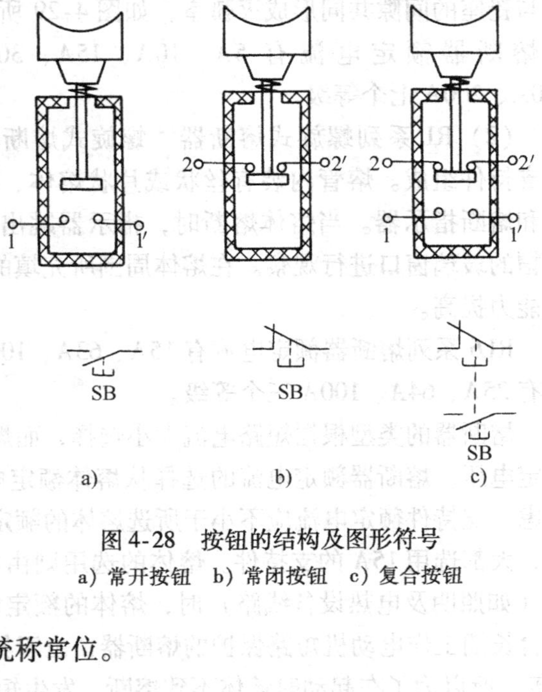

图4-28 按钮的结构及图形符号

a) 常开按钮 b) 常闭按钮 c) 复合按钮

1. 常开按钮

手指按下按钮时，常开触头1-1′闭合，松开按钮时，常开触头1-1′由于复位弹簧的作用而分断。

2. 常闭按钮

手指按下按钮时，常闭触头2-2′分断，松开按钮时，常闭触头2-2′由于复位弹簧的作用而闭合。可见手动电器的所谓“常”，是指电器未经人手操作的触头位置，统称常位。

3. 复合按钮

对于复合按钮来讲，按下按钮时，常闭触头2-2′先分断，经极短时间后，常开触头1-1′

才闭合；松开按钮时，在复位弹簧作用下，常开触头1-1′先分断，经极短时间后，常闭触头2-2′才闭合。因此，复合按钮在动作上具有先离后合的特点。

控制按钮采用由标准单元积木式拼接装配结构，触头数量根据需要进行组合。国产按钮有LA18、LA19、LA20、LA25等系列，适用于交流500V、5A的控制回路，有的按钮还带指示灯。为了便于区分各个按钮的不同控制作用，通常将按钮帽做成不同颜色，其颜色有红、绿、黑、黄、蓝、白等，这样可以避免误操作。一般以红色表示停止按钮，绿色表示起动按钮。

三、熔断器和热继电器

除控制电器外，控制电路还必须包含保护电器，从而保证电动机、电气设备以及操作者即使在设备故障状态下也是安全的。熔断器用作电动机或电气设备的短路保护，热继电器用作电动机的过载保护。

1. 熔断器

熔断器主要由支持件和熔体构成，其核心部分是熔体。熔体材料使用铅锡合金、锌、银、铜等金属制成，形状可为丝状或片状。熔断器串在被保护电路中，当通过它的电流超过规定值一定时间后，以它本身产生的热量使熔体自动熔断，切断电路。当熔体熔断后，需重新更换新熔体，才能接通电路继续工作。熔断器结构简单、体积小、质量轻、价格低，并具有高分断能力和良好限流性能。下面介绍两种典型产品：

（1）RC1A系列瓷插式熔断器　RC1A系列瓷插式熔断器用于交流50Hz、额定电压380V及以下的线路中，作为供配电系统导线及电气设备的短路保护，也可作为民用照明等电路的短路保护。瓷插式熔断器由带静触头的瓷座以及带动触头和熔丝的瓷盖组成，瓷盖的突出部分与瓷座的间隙共同形成灭弧室，如图4-29所示。瓷插式熔断器额定电流有5A、10A、15A、30A、60A、100A、200A七个等级。

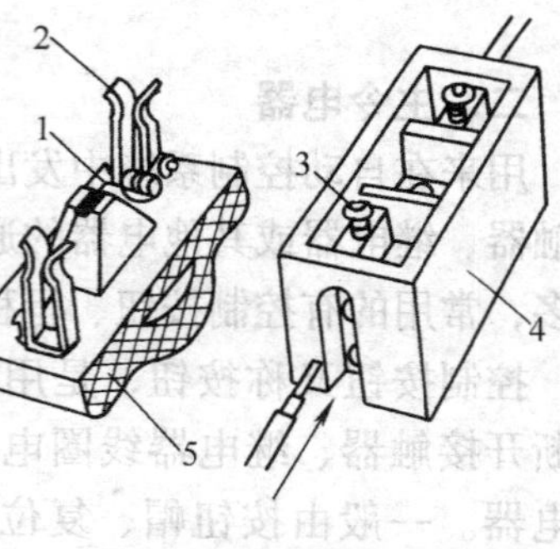

图4-29　RC1A型瓷插式熔断器

1—熔丝　2—动触头　3—静触头　4—瓷座　5—瓷盖

（2）RL系列螺旋式熔断器　螺旋式熔断器由熔管和支持件组成。熔管内装有丝状或片状熔体、石英砂填料和熔断指示器。当熔体熔断时，指示器跳出，可透过瓷帽的玻璃窗口进行观察。在熔体周围所充填的石英砂，能大量吸收电弧能量，使熔断器分断能力提高。

RL6系列熔断器额定电流有15A、63A、100A、200A四个等级。RL7系列熔断器额定电流有25A、64A、100A三个等级。

熔断器的类型根据短路电流大小选择，而熔断器的额定电压应等于或稍大于所在电路的额定电压。熔断器额定电流的选择从熔体额定电流和熔断器（支持件）额定电流两个方面考虑。支持件额定电流应不小于所选熔体的额定电流，如6A、10A、15A几种不同规格的熔体，大都选用15A的支持件。熔体的选用则由电路的工作情况来确定，在负载电流比较平稳（如照明及电热设备线路）时，熔体的额定电流应等于或稍大于负载的额定电流。用作单台长期工作电动机短路保护的熔断器，由于异步电动机直接起动电流可达额定电流的4～7倍，所以为了在起动时熔体不致熔断，发生短路故障时熔体又能迅速熔断，熔体的额定电流取电动机额定电流的1.5～2.5倍。轻载或起动时间短取额定电流1.5倍，重载或起动时间长取额定电流的2.5倍。用作单台频繁起动电动机短路保护的熔断器，熔断器熔体的额定电流取电动机额定电流的3~3.5倍。

2. 热继电器

热继电器主要由热元件、触头和复位按钮组成。动作原理如图4-30所示，符号如图4-31所示。热元件一般采用双金属片，把两种不同线膨胀系数的金属片紧密粘合在一起，并将其一端固定，另一端自由。双金属片受热后变形，自由端会向线膨胀系数低的一面弯曲。使用时将热元件串联在被保护的负载电路中，当热元件流过的电流增大为过载电流时，弯曲的双金属片推动传动机构，使常闭触头断开。常闭触头一般串联在接触器线圈回路中，断开的触头使接触器释放，电动机被切断电源而得到保护。热继电器动作后，必须排除故障后通过复位按钮使触头恢复闭合。

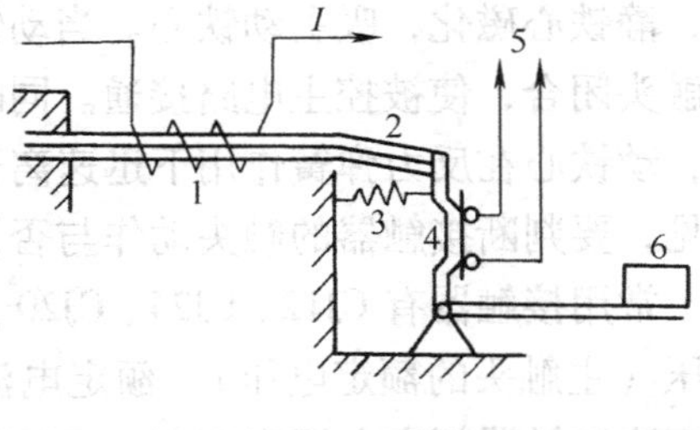

图4-30　热继电器动作原理示意图

1—热元件　2—双金属片　3—弹簧
4—扣板　5—触头　6—复位按钮

热继电器最主要的技术参数是额定电流，它是指热元件能够长期通过而不致引起热继电器动作的电流值，当通过电流为额定电流的1.2倍时，热继电器约在20 min内动作；1.5倍时，2min内动作；6倍时，约在5s左右动作。

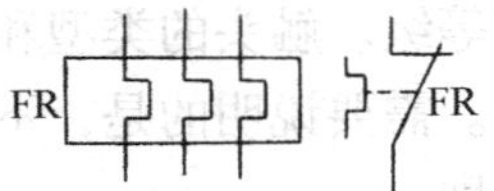

a)　b)

图4-31　热继电器符号

a) 热元件　b) 触头

选用热继电器时，应选热继电器的额定电流为电动机额定电流的0.95~1.05倍。

目前国内生产的热继电器品种很多，常用的有JR16、JR16D、JR20等系列。其中JR16型热继电器是三相结构，D型带有断相保护。

四、交流接触器与中间继电器

1. 交流接触器

交流接触器是可以用来远距离频繁接通和切断电动机或其他负载（如照明设备、电焊机等）主电路，并具有欠电压和失电压保护功能，是电力拖动系统中应用最为广泛的控制电器之一。

交流接触器主要由电磁系统、触头系统和灭弧装置等部分组成。电磁系统包括线圈、动铁心、静铁心。触头系统根据用途不同分主触头和辅助触头两种类型。主触头用以通断电流较大的主电路，体积较大，一般有三对常开触头；辅助触头用以闭合和分断电流较小的控制电路，体积较小，有常开和常闭两种类型的触头，使用时可根据需要选择后进行组合。触头系统用来直接接通和切断所控制的电路，电磁系统用来操作触头的闭合与分断。灭弧装置用来迅速熄灭主触头在切断电路时所产生的电弧，保护触头不受电弧灼伤。其结构和图形符号如图4-32和图4-33所示。

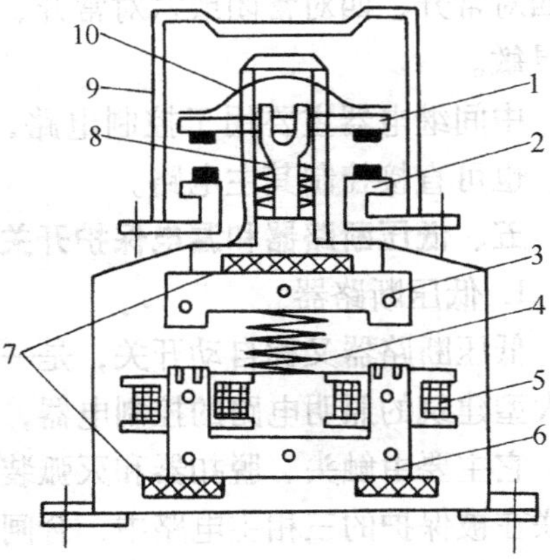

图4-32　交流接触器结构示意图

1—动触头　2—静触头　3—动铁心
4—缓冲弹簧　5—电磁线圈　6—静铁心
7—垫毡　8—接触弹簧　9—灭弧罩
10—触头压力簧片

工作原理如下：当线圈无电时，动铁心受弹簧力作用，与静铁心保持一定的间隙，与其一体的所有触头常位。这里的“常”，是指接触器线圈未通电时触头位置。当线圈接通电源后，静铁心磁化，吸引动铁心。当动铁心所受电磁力大于弹簧反力时，被静铁心吸合，带动主触头闭合，使被控主电路接通。同时，辅助触头动作，接通或分断控制电路。当线圈断电后，动铁心在反力弹簧作用下迅速离开静铁心，从而使触头恢复常位，断开被控电路。由此可见，要判断接触器的触头动作与否，首先应判断其线圈是否有电。

常用接触器有CJ12、CJ24、CJ20、3TB、B等系列，其最主要的技术参数有接触器额定电压（主触头的额定电压）、额定电流（主触头额定电流）和线圈额定电压。例如CJ20系列交流接触器额定电压有220V、380V、660V、1140V几种，选择与主电路电压等级相符或稍大一些即可；主触头额定电流有10A、16A、25A、40A、63A、100A、160A、250A、400A、630A等，可根据电动机额定电流之大小，选择与其相当或稍大一些即可；线圈额定电压有36V、127V、220V、380V几种，一般选用220V、380V。为安全起见，可选较低的电压等级。触头的类型和数目根据需要选择。还可选择采用无声节电技术的节电型交流接触器。需要说明的是，不同负载对主触头的接通和分断能力要求不同，可按表4-2选择使用类别。

表4-2 常见交流接触器使用类别

使用类别	典型用途	接通电流/额定电流	分断电流/额定电流
AC1	无感或微感负载、电阻炉	1	1
AC2	绕线转子电动机起动、停止	4	4
AC3	笼型电动机起动、停止	6	1
AC4	笼型电动机起动、反接制动、反向、点动	6	6

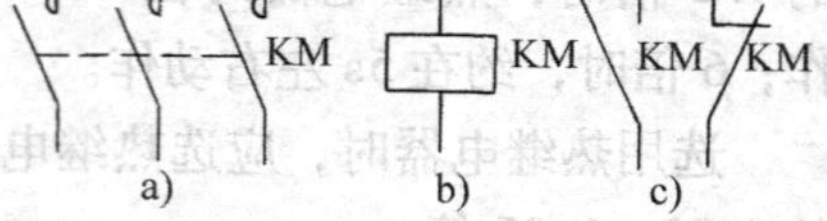

图4-33 交流接触器符号

a) 主触头 b) 线圈 c) 辅助触头

2. 中间继电器

中间继电器的基本结构和工作原理与接触器相似，但它的触头较多。一般有八对，可组成四对常开、四对常闭或六对常开、两对常闭或八对常开等三种形式。触头体积较小，动作较灵敏。

中间继电器主要用于控制电路，起到中间转换的作用。对于额定电流小于5A的电动机，也可直接控制其主电路。

五、低压断路器和漏电保护开关

1. 低压断路器

低压断路器又称自动开关，是一种广泛使用于电能分配和不频繁起、停电动机，以及通断大型建筑的照明电路的控制电器，同时又兼有欠电压、失电压、过载和短路保护的保护电器。它主要由触头、脱扣器和灭弧装置等组成。结构原理如图4-34所示。断路器的主触头，串联在被保护的三相主电路中，合闸后，主触头由锁键保持在闭合状态，锁键由搭钩支持，主电路保持接通。

根据不同的用途，断路器可配备不同的脱扣器，分别实现短路、过载和失电压（欠电压）保护。当分闸操作或各种脱扣器之一动作，都会使搭钩被杠杆顶开，主触头就被弹簧拉开，主电路分断。

过电流脱扣器的线圈和主电路串联，正常工作时，线圈所产生的电磁吸力不足以使衔铁吸合，只有短路或过电流时，衔铁吸合，撞击杠杆。

欠电压脱扣器的线圈与主电路并联，当电源电压正常时，欠电压脱扣器产生的电磁吸力使衔铁吸合。如果电源电压下降到某一值以下，电磁吸力小于弹簧的拉力，衔铁被弹簧拉开，撞击杠杆。

当电路发生过载时，过载电流通过热脱扣器的发热元件发热，使双金属片受热上翘，撞击杠杆。

低压断路器与刀开关和熔断器相比，具有以下优点：结构紧凑、安装方便、操作安全，而且在进行短路保护时，由于用电磁脱扣器将电源同时切断，避免了因一相熔丝熔断而使电动机缺相运行。另外，断路器的脱扣器可以重复使用，不必更换。断路器脱扣跳闸后，应先排除故障，然后重新扳动按钮至“合”位置。

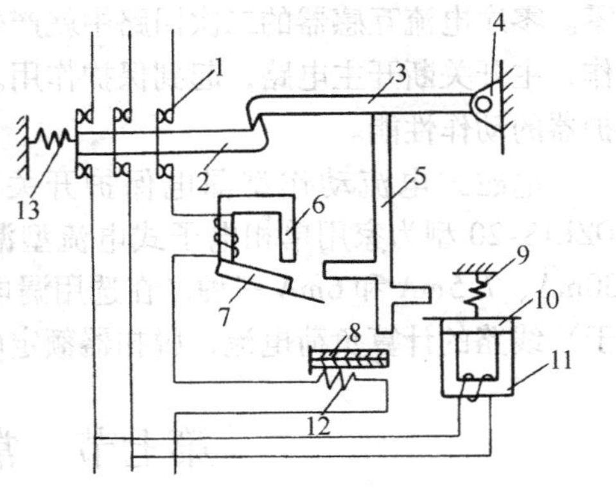

图 4-34 断路器结构示意图

1—主触头 2—锁键 3—搭钩 4—轴 5—杠杆 6—过电流脱扣器 7、10—衔铁 8—双金属片 9、13—弹簧 11—欠电压脱扣器 12—热元件

低压断路器的类型分万能式、塑壳式和限流式。家用和大型建筑照明多用塑壳式，多数只安装过电流脱扣器。常用产品有 DZ5、DZ10、DZ12、DZ20 等型号，家用为 DZ15 型。低压断路器的符号如图 4-35 所示。

低压断路器的主要技术参数有额定电压和额定绝缘电压，一般后者高。常用的额定电压有交流 220V、380V、600V、1140V，选择时令断路器的额定电压大于或等于线路电压即可。一般额定电流有 6A、10A、16A、20A、32A、40A、63A、100A、160A、200A、250A 等，选择时令断路器的额定电流大于或等于线路计算负荷的电流即可。

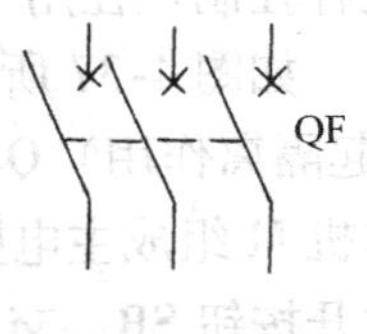

图 4-35 低压断路器的符号

2. 漏电保护开关

漏电保护开关是为了防止人体触电或设备漏电的保护装置，它安装在三相四线制电路系统中。常见的有电磁式电流动作型、电压动作型和晶体管（集成电路）电流动作型。由于电压型的漏电保护开关对接地要求苛刻，因此很少采用。通常使用的漏电保护开关为电流动作型，它检测通过零序电流互感器内各导线电流的相量和，因此电流型漏电保护开关也叫作剩余电流保护器。

电磁式电流动作型漏电保护开关包含主开关、试验回路、电磁式漏电脱扣器和零序电流互感器，动作原理如图 4-36 所示。电网正常运行时，不论负载是否对称，只要没有漏电电流或触电电流出现，通过零序电流互感器主电路的三相电流相量和为零，互感器二次侧无输出，漏电开关处于闭合状态。当出现漏电或人身触电时，漏电或触电电流 I_{L1} 通过大地回到变压器中性点，因而三相电流的相量和不为

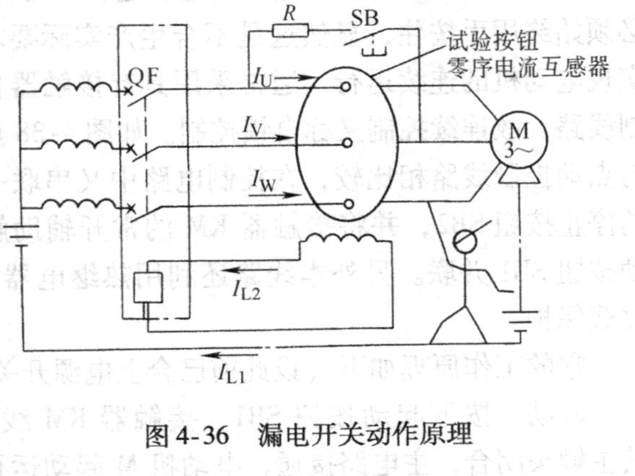

图 4-36 漏电开关动作原理

零。零序电流互感器的二次回路中就产生感应电流 I_{L2}，当 I_{L2} 达到一定值时，漏电脱扣器动作，主开关断开主电路，起到保护作用。漏电保护器还设有试验按钮，以便经常检查漏电保护器的动作性能。

电磁式电流动作型漏电保护开关有 DZ5-20 型、DZ15L 系列、DZL16 型和 JC 型等，DZL18-20 型为家用单相电子式电流型漏电保护开关。其额定电压 220V，额定动作电流有 30mA、7.5mA 和 6mA 三种。在选用漏电保护开关时，应使其额定电压和电流大于（或等于）线路的计算负荷电流，脱扣器额定电压和电流也大于（或等于）线路的计算负荷电流。

第七节　常用电动机控制线路

本节以笼型三相异步电动机为控制对象，介绍电动机的典型控制线路。电气控制线路通常用原理图表示，原理图用国家规定的图形和文字符号表示电器、电动机，用线条代表导线连接来表明各个电器部件连接关系。原理图中，各电器的触头按常位画出。同一电器的不同部件可以分开表示，但是为了识别，要标以相同文字符号。

一、单向旋转控制线路

1. 点动控制线路

所谓点动控制，就是按一下按钮，电动机就转动一下，只要松开按钮，电动机就停止，这种控制往往用于设备（如机床）的调整。

如图 4-37 所示为电动机单向点动控制线路。图中组合开关（起隔离作用）QS、熔断器 FU1、交流接触器 KM 的主触头及电动机 M 组成主电路，主电路是电气控制线路中强电流通过部分。常开按钮 SB、交流接触器 KM 的吸引线圈组成控制电路，控制电路流过电流较小。

需要点动工作时，先合上组合开关 QS，按下按钮 SB，接触器 KM 的线圈获电，其中动铁心吸合，带动常开主触头闭合，电动机接通电源便转起来。若松开按钮，接触器线圈断电，其主触头分开，切断三相电源，电动机停转。

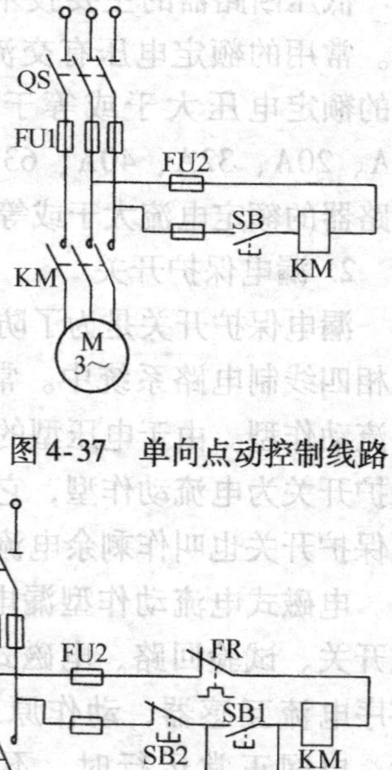

图 4-37　单向点动控制线路

2. 连续控制线路

如果要使点动控制的电动机连续运转，常开按钮 SB 必须始终用手按住，显然这是不合生产实际要求的。为实现电动机的连续运行，通常采用具有接触器自锁的控制线路，故连续控制又称自锁控制。如图 4-38 所示，它与点动控制线路相比较，在控制电路中又串联一个常闭的停止按钮 SB2，并将接触器 KM 的常开辅助触头与起动按钮 SB1 并联。另外本线路还利用热继电器 FR 实现过载保护。

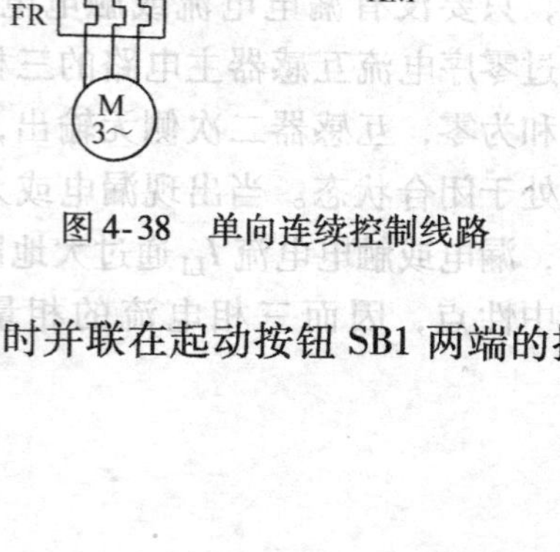

图 4-38　单向连续控制线路

它的工作原理如下（设此前已合上电源开关 QS）：

起动：按下起动按钮 SB1，接触器 KM 线圈获电，其主触头闭合，主电路接通，电动机 M 起动运行。与此同时并联在起动按钮 SB1 两端的接触器常开辅助触头也闭合，故即使松开按钮SB1，控制电路也不会断电，电动机仍能继续运行。这种松开起动按钮后，接触器能够自己保持通电的作用就叫自锁（或自保），与起动按钮并联的接触器常开辅助触头也叫自锁触头（或自保触头）。

停止：按下停止按钮SB2，接触器KM线圈断电，接触器主触头与自锁触头都分断，电动机M由于断电而停止。此时即使停止按钮复位，接触器线圈也不可能获电，这是因为自锁触头业已分断的缘故。

该线路还具有完善的保护功能：短路保护、欠电压与失电压（零压）保护、过载保护。分述如下：

（1）短路保护　短路电流会引起电动机绝缘损坏或机械性损坏，本线路由熔断器实现短路保护。当电动机或控制电路发生短路时，流过熔体的电流比正常工作电流大得多，因而将熔体熔断，切断了电路，保护电气设备不至于受损。

（2）欠电压保护　“欠电压”是指电源电压低于电动机应加的额定电压。其后果是电动机转矩显著减小、转速随之下降，严重时会损坏电动机。在上述具有接触器自锁的控制线路中，若电动机运行时，电源电压降低到一定值（一般是降低到额定电压的85%以下）时，使接触器线圈磁通减少，电磁吸力不足，动铁心在反力弹簧作用下释放，自锁触头和主触头同时断开，失去自锁并切断电动机电源，达到欠电压保护。

（3）失电压（或零电压）保护　当电动机及生产机械在运行时，由于外界的原因突然断电，电动机被迫停转。当恢复供电时，电动机若自行起动，很可能发生设备与人身事故，将防范这种事故的保护称为失电压（或零电压）保护。采用接触器自锁的控制线路就具有这样的功能。这是因为断电时，接触器自锁触头和主触头一起分断，控制电路和主电路都不能接通，所以恢复供电时，电动机就不会自行起动。

（4）过载保护　电动机及生产机械在运行中，若长期负载过大或操作频繁，会引起电流超过额定值，而此电流还不能使熔断器熔断，这将引起电动机绕组过热，致使绝缘损坏，影响其使用寿命，因此对电动机要采取过载保护。本线路由热继电器FR实现过载保护。由于过载或其他原因，电流超过额定值，经过一定时间，串接在主电路中的发热元件因受热而弯曲，使串接在控制电路中的常闭触头断开，切断控制电路，进而切断主电路，迫使电动机停转，达到过载保护的目的。

3. 连续与点动控制线路

在实际生产中，往往需要既可以点动又可以连续地控制，它可以在具有自锁的单向连续控制线路的基础上，将自锁触头支路串上一个手动开关SA，其控制电路如图4-39所示。需要连续工作时，只要将SA闭合，需要点动时，则将SA打开即可。

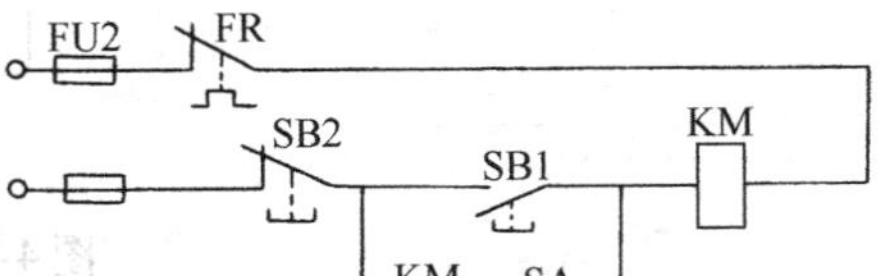

图4-39　连续与点动

二、正反转控制线路

许多生产机械都要求运动部件可以正、反两个方向运动。例如，起重机吊钩的上升与下降，机床工作台的前进与后退，这就要求电动机能正反转。前已述及，欲使电动机反转，即使旋转磁场反向，只要改变通入三相定子绕组中电流相序，即对调任意两根电源进线就可实现。为此，在图4-40中采用了两个接触器KM1和KM2，它们分别由SB1和SB2控制。必须指出，KM1和KM2的主触头决不允许同时闭合，否则会造成电源短路的事故。因此，在正转接触器 KM1 的线圈通电时，不允许反转接触器 KM2 的线圈通电；反之亦然。这种相互制约作用称为互锁，互锁一般通过控制电器，如接触器或按钮的常闭触头来实现，故将此类触头称为互锁触头。下面介绍两种常用的具有互锁的正反转控制线路。

1. 接触器互锁正反转控制

控制线路如图 4-40a 所示，它将两只接触器的常闭辅助触头串接到对方接触器线圈所在支路，即 KM1 的常闭触头串于 KM2 线圈支路，KM2 的常闭触头串于 KM1 线圈支路。这样，当按正转起动按钮 SB1，正转接触器 KM1 通电时，串接在反转接触器线圈 KM2 支路中的其常闭辅助触头分断，从而切断了 KM2 支路，这时即使按下反转起动按钮 SB2，反转接触器 KM2 线圈也不会通电。同理，若先按下反转起动按钮 SB2，则反转接触器 KM2 线圈通电，其常闭辅助触头切断 KM1 支路，这样就保证了不致发生电源短路的事故。

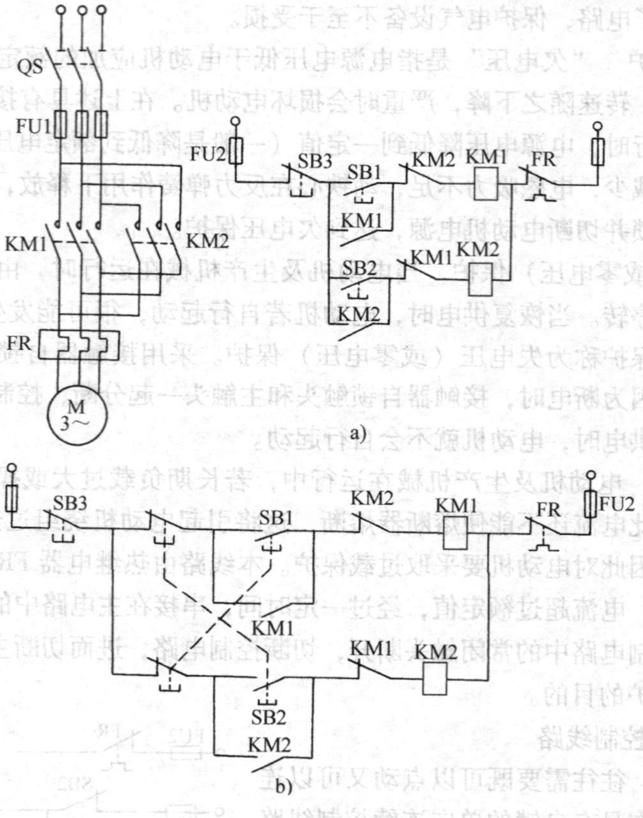

图 4-40　正反转控制线路

这种线路的缺点是，欲改变电动机转向，必须先按停止按钮 SB3，故操作不够方便。如果增设按钮互锁，就可克服上述缺点。

2. 双重互锁正反转控制

该线路的控制电路部分如图 4-40b 所示。它采用复合按钮，将正转按钮 SB1 的常闭触头串接在反转控制支路中，又将反转按钮 SB2 的常闭触头串接在正转控制支路中。由于复合按钮有先离后合的特点，因此，在按下 SB1 时，其常闭触头先行分断，断开反转控制电路，紧接着其常开触头闭合，接通正转控制回路，接触器 KM1 线圈通电，电动机正转。如欲反转，只需直接按下反转按钮 SB2，这时，先断开正转控制电路，电动机停转，继而接通反转控制电路，使电动机反转。此线路采用了接触器和按钮双重互锁，因此具有安全可靠、操作方便的优点。

三、两地控制

某些生产机械，为了操作方便，往往在两个地点进行控制操作，即所谓两地控制。为达到从两个地点同时控制一台电动机之目的，必须在另一地点再安装一组起动、停止按钮。其线路的控制电路如图4-41所示。其中两个停止按钮SB1和SB2相互串联，两个起动按钮SB3和SB4相互并联。

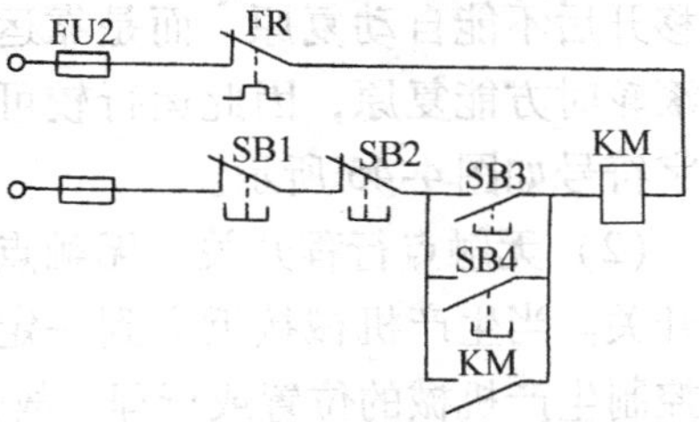

图4-41　两地控制电路

上述起动、停止按钮的连接方法，同样适用于更多地点的控制，如消防泵的多地控制。

四、顺序控制

有些生产机械，往往要求多台电动机按一定顺序起停。例如，在机床工作中，必须先起动液压泵电动机，使润滑系统有足够的润滑油以后，才能起动主轴电动机；若液压泵电动机因某种原因停转，主轴电动机也应马上停止。其控制线路如图4-42所示，图中M1是液压泵电动机，M2是主轴电动机。为了确保M1先起动，M2后起动，将接触器KM1的常开辅助触头串接在接触器KM2线圈的支路中；为使M2先停，M1后停则将KM2常开辅助触头并联在停止按钮SB2的两端。这样，当按下起动按钮SB1，控制液压泵电动机的接触器KM1线圈获电，其主触头与自锁触头闭合，电动机M1起动。与此同时，串接在接触器KM2线圈支路中的接触器KM1的常开辅助触头也闭合，为起动主轴电动机M2作好准备。如果M1未起动，即使按下SB3，M2也无法起动。当液压泵电动机M1因故停转时，由于接触器KM1线圈失电，其常开辅助触头分断，致使KM2线圈也失电，主轴电动机M2随之停转。另外，只有先按停止按钮SB4，使接触器KM2线圈失电，电动机M2停止，此时与停止按钮SB2并联的常开辅助触头分断，然后再按停止按钮SB2，方能使电动机M1停止。

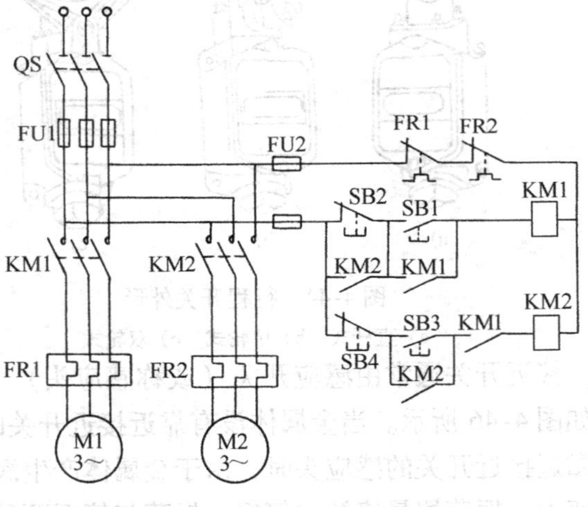

图4-42　顺序控制

五、行程控制

在生产过程中，常需要控制生产机械运动部件的行程，并使其在一定范围内自动往返循环，例如刨床、磨床的工作台即如此。这种对生产机械运动部件行程和位置的控制就是行程控制（或称位置控制）。实现行程控制的主要电器是位置开关，或称行程开关。

1. 行程开关

行程开关是一种将机械信号转变成电信号以控制运动部件位置和行程的主令电器。按触头性质可分为有触点式和无触点式。

（1）有触点行程开关　它的作用和工作原理与按钮相同，不过其动作不是靠人手而是由安装在运动部件上挡铁的碰撞来使触头分合的。其工作原理如图4-43所示，当运动机械的挡铁撞到压头，常闭触头断开，常开触头闭合；当挡铁移开后，复位弹簧使触头恢复原始位置。

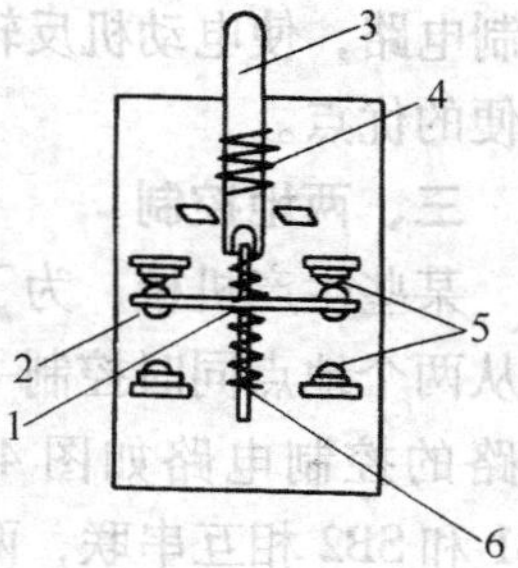

图4-43　行程开关原理
1—弹簧　2—动触点
3—压头　4—弹簧
5—静触点
6—推杆

此类行程开关有多种构造形式，一般有直杆式、单轮式和双轮式。其外形如图4-44所示。需要指出的是双轮式行程开关在挡铁移开后不能自动复原，而是靠运动机械反向移动，挡铁碰撞另一滚轮时方能复原，因此运行较可靠。有触点行程开关的图形与文字符号如图4-45所示。

（2）无触点行程开关　无触点行程开关是一种非接触式的行程开关。当生产机械接近它到一定距离，它就能产生电信号，从而控制生产机械的位置或行程，故也叫接近开关。

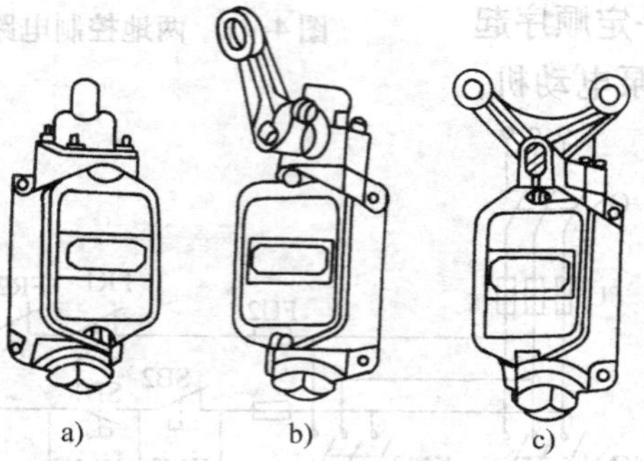

图4-44　行程开关外形
a）直杆式　b）单轮式　c）双轮式

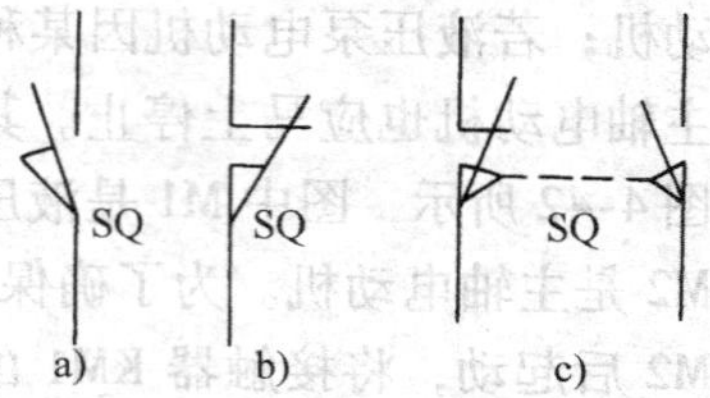

图4-45　行程开关符号
a）常开　b）常闭　c）复合

接近开关通常由感应开关（或称感应头）、高频 *LC* 振荡器和整形放大器组成，工作原理如图4-46所示。当金属体没有靠近接近开关的感应头时，*LC* 振荡器产生振荡，而当金属体靠近接近开关的感应头时，由于金属体产生涡流，使振荡器损耗增加，相当于振荡器的电阻变大，振荡器最终被迫停振。振荡与停振两种不同状态，由整形放大器转换成开关信号，从而起到控制位置或行程的目的。与有触点行程开关相比较，接近开关有定位准确、寿命长和操作频率高等优点，因此得到广泛应用。

接近开关图形符号如图4-47所示。

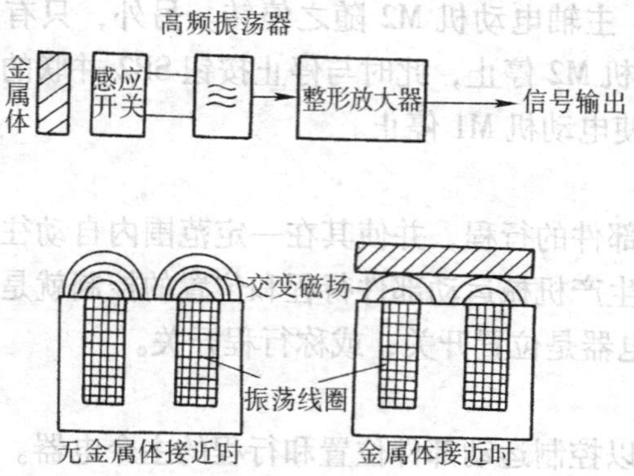

图4-46　接近开关原理

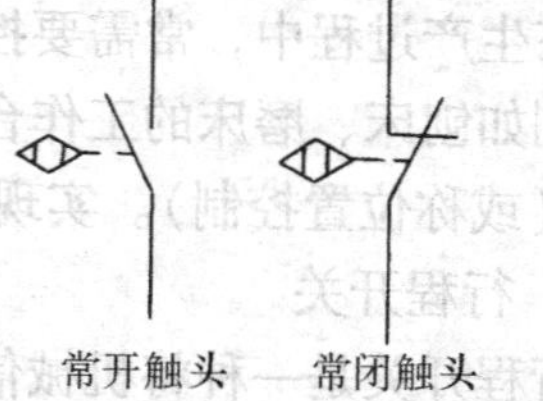

图4-47　接近开关符号

2. 行程控制线路

图 4-48 是工作台自动往复循环线路。在工作台上装有挡铁，机床床身上装有四个行程开关：SQ1 和 SQ2 实现工作台自动往复循环，SQ3 和 SQ4 用作终端保护。往复循环控制线路与双重互锁的正反转控制线路相似。它用行程开关 SQ1 和 SQ2 代替了正转和反转复合按钮，又在 SQ1 和 SQ2 常开触头两端分别并联了起动按钮 SB1 和 SB2 的常开触头（其常闭触头进行按钮互锁），作为正转或反转起动用。另外在控制电路中还串联了 SQ3 和 SQ4 的常闭触头。其工作原理如下：

按下按钮 SB1，KM1 线圈获电，电动机正转，拖动工作台左移，到达限定位置，挡铁碰撞 SQ2，常闭触头分断，KM1 线圈失电，继而常开触头闭合，KM2 线圈获电，电动机反转，工作台右移，右移至限定位置，挡铁碰撞 SQ1，使其常闭触头分断，常开触头闭合，于是电动机又由反转变成正转，这样，工作台往复循环不止。

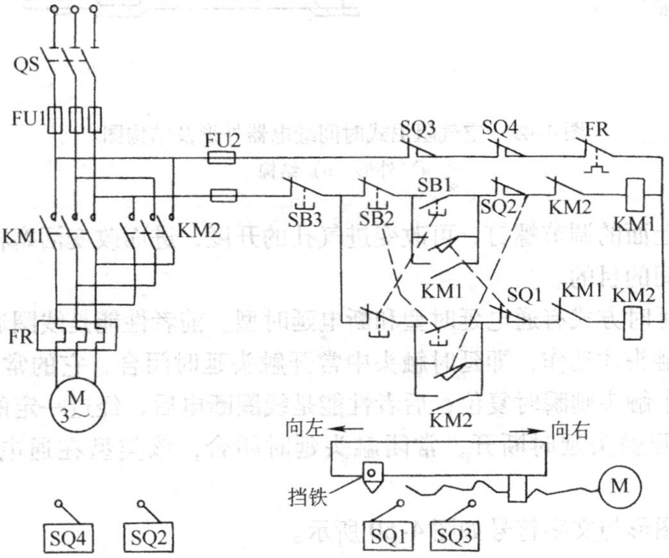

图 4-48　往复循环控制

在工作台往复循环运动时，若 SQ1 或 SQ2 失灵，工作台将会越界以致引起意外事故。为此在工作台运动的极限位置装有 SQ3 和 SQ4，这样，当工作台一旦越过限定位置，挡铁就碰撞 SQ3 或 SQ4，控制电路断电，迫使电动机停转。

六、时间控制

对电动机或其他电气设备控制时，往往应用时间控制原则来实现对其的自动控制。例如前所述及的 Y－△换接起动，在起动时先将异步电动机联结成 Y 形进行减压起动，经过预定的起动时间后，再联结成△形。

1. 时间继电器

时间继电器在电路中起着控制动作时间的作用。它的种类很多，有电磁式、电动式、空气阻尼式和电子式。目前在交流电路中应用较广泛的是空气阻尼式，它利用空气阻尼作用来达到延时的目的。

空气阻尼式时间继电器外形及结构如图 4-49 所示。它由电磁系统、工作触头和延时机构组成。其中电磁系统主要由线圈、铁心和衔铁组成，此外有反力弹簧和弹簧片；工作触头包括两个瞬时触头和两个延时触头；延时机构由气室和传动部分构成，气室内有表面固定有橡皮膜的活塞，传动部分包括活塞杆、推板、杠杆和宝塔形弹簧。

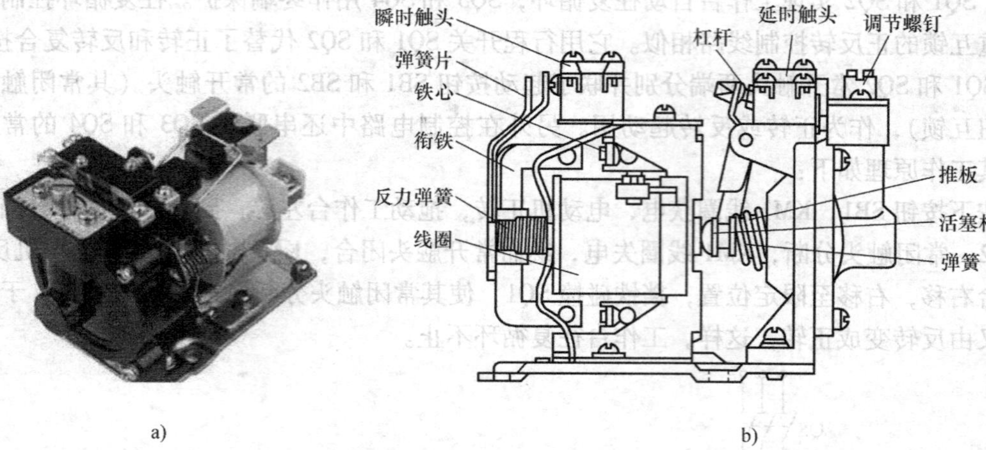

图4-49　空气阻尼式时间继电器外形及结构图
a）外形　b）结构

通过调节气室上面的调节螺钉，可改变进气孔的开度，进而改变活塞杆的移动快慢，从而达到调节延时时间的目的。

时间继电器的延时方式有通电延时型和断电延时型。前者性能是线圈通电后，经过一定的延迟时间，延时触头才动作，即延时触头中常开触头延时闭合，它的常闭触头延时断开，此类型在断电时各个触头则瞬时复位；后者性能是线圈断电后，经过一定的延迟时间，延时触头才复位，即常开触头延时断开，常闭触头延时闭合，该类型在通电时各个触头瞬时动作。

时间继电器的图形与文字符号如图4-50所示。

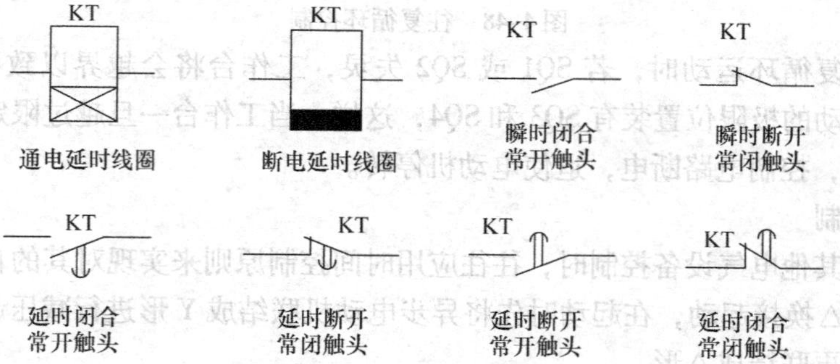

图4-50　时间继电器的图形与文字符号

2. 时间继电器控制Y－△换接起动

图4-51是时间继电器控制Y－△换接起动线路。接触器KM_Y和$KM_\triangle$分别用于电动机Y形和△形联结，前者仅工作在起动阶段，后者则工作在运行阶段，而接触器KM始终工作在全部过程。由时间继电器实现Y－△的自动换接。工作原理如下：

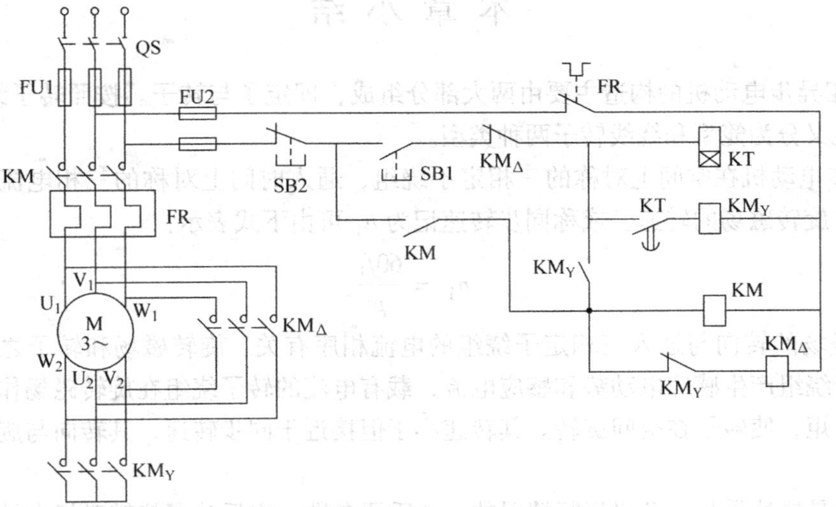

图 4-51 时间继电器控制 Y－△换接起动线路

合上电源开关 QS，电动机准备起动，按下按钮 SB1，接触器 KM_Y和 KM 的线圈相继获电，其主触头闭合，电动机联结成 Y 形减压起动。与此同时，时间继电器 KT 的线圈获电，在经过预定时间延迟后，其延时常闭触头分断，致使接触器 KM_Y线圈断电，解除 Y 联结，由于 KM_Y常闭触头恢复闭合，使 KM_Δ线圈获电，电动机联结成△形全压运行。

与起动按钮 SB1 串联的接触器 KM_Δ的常闭辅助触头可以防止误操作而引起电源短路的隐患。这是因为在电动机起动完毕，联结成△形全压运行时，如果有人误按了按钮 SB1，但由于 KM_Δ的常闭触头业已断开，因此 KM_Y线圈就不会通电而动作，从而避免了接触器 KM_Y和 KM_Δ主触头同时闭合而造成的电源短路。

七、PLC 控制器

可编程序逻辑控制器，简称 PLC。它与前述继电-接触器控制线路相比，具有可靠性好、控制精度高和可以通过软件灵活改变控制方案等诸多优点，所以其应用越来越广泛。

PLC 是专为在工业环境下应用而设计的工业计算机，如图 4-52 所示是西门子 S7-200 系列 PLC 外形。它在按钮、行程开关以及其他传感器等发出输入信号进行工作，根据输入信号 PLC 就会作出反应，并通过用户编制程序便产生输出信号，而这些输出信号则直接控制着外部的电动机、电磁阀等。PLC 的编程语言通常用梯形图，它形象、直观，其基本思想、编程方法与前面的继电-接触器控制很相似，读者具备本节知识就很容易进行简单设计了。若要进一步了解 PLC 的情况，可查阅有关书籍。

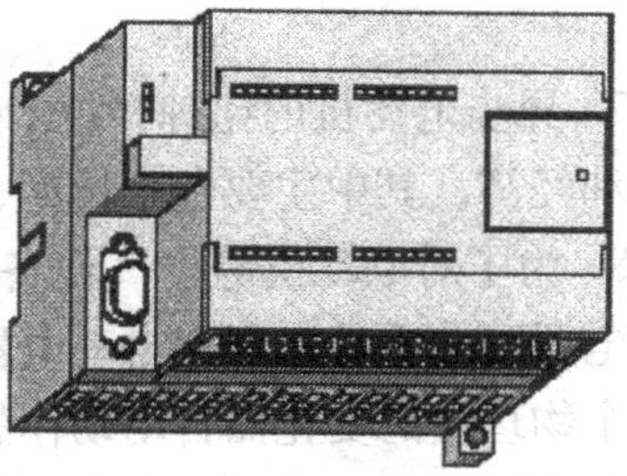

图 4-52 西门子 S7-200 系列 PLC 外形

本 章 小 结

1. 三相异步电动机的构造主要由两大部分组成，即定子与转子。按照转子绕组的结构，异步电动机又分为笼型和绕线转子两种类型。

2. 异步电动机在空间上对称的三相定子绕组，通入时间上对称的三相电流，就产生了旋转磁场，旋转磁场的转速，或称同步转速记为 n_1 可由下式表示：

$$n_1 = \frac{60f_1}{p}$$

旋转磁场的转向与通入三相定子绕组的电流相序有关。旋转磁场和转子之间的相对运动，使转子绕组产生感应电动势和感应电流，载有电流的转子绕组在旋转磁场作用下，便产生了电磁转矩，使转子在空间旋转。其转速小于但接近于同步转速，其转向与旋转磁场的转向相同。

转差率是描述异步电动机运行情况的一个重要参数，它反映了旋转磁场和转子之间相对转速差，转差率 s 为

$$s = \frac{n_1 - n}{n_1}$$

3. 由于异步电动机电磁转矩与电源电压的二次方成正比，因此电源电压的变化对转矩影响较大。在绕线转子电动机的转子电路中串入适当的附加电阻，则可以提高起动转矩。

4. 异步电动机的转速 n 与转矩 T 的关系曲线，称为机械特性。在机械特性曲线上我们关注三个转矩：最大转矩 T_{max}、起动转矩 T_{st} 和额定转矩 T_N。

5. 异步电动机在额定电压下起动，其起动电流 I_{st} 很大，若直接起动，将影响电网中其他用电设备的正常工作。若电动机功率较大，起动较频繁，就要采取适当措施。笼型电动机常用 Y-△换接或自耦变压器减压后起动，绕线转子电动机则常采用转子电路接入电阻的方法起动。前者虽减小了起动电流，起动转矩也随之下降；后者起动电流减小而起动转矩增大。

6. 三相异步电动机的调速方法有改变磁极对数 p、改变转差率和改变电源频率 f_1 三种方法。其中改变磁极对数的方法只适用于笼型电动机，改变转差率则适用于绕线转子电动机。

7. 异步电动机的铭牌和技术数据表明了该电动机的性能。选择电动机的原则应是安全、实用和经济，其中主要包括类型、转速、功率的选择。

8. 为了对电动机等电气设备实现自动控制，常用低压电器构成继电-接触器控制电路。低压电器可分手动电器和自动电器两类。手动电器是由人手动操作的；自动电器是按照信号或某个物理量的变化而自动动作的。

9. 基本的异步电动机控制环节是：点动控制、单向连续运转控制、正反转控制、行程控制、时间控制和顺序控制等。

10. 异步电动机的继电-接触器控制的电气原理图是按照国家规定的图形与文字符号绘制的，在原理图上各种电器的触头画常位，同一电器的不同部件可以集中表示，通常情况下则分开表示。

11. 为了保证电动机的安全运行，必须采用一些保护措施。常用的保护措施有：由熔断

器实现的短路保护，热继电器实现的过载保护以及接触器本身具有的欠电压、失电压保护。

习　题　四

4-1　漏电保护器如何分类?

4-2　什么是零压保护?用刀开关起动和停止电动机时有无零压保护?

4-3　Y225M—4 型三相异步电动机的额定技术数据如下:

功率	转速	电压	效率	功率因数	I_{st}/I_N	T_{st}/T_N	T_{max}/T_N
45kW	1480r/min	380V	92.3%	0.88	7.0	1.9	2.2

电源频率为 50Hz。试求额定状态下的转差率 s_N、电流 I_N 和转矩 T_N，以及起动电流 I_{st}、最大转矩 T_{max} 及起动转矩 T_{st}。

4-4　一台 Y160M—4 型三相异步电动机，铭牌数据如下：P_N = 11kW，U_N = 380V，n_N = 1460r/min，η_N = 88.5%，$\cos\varphi_N$ = 0.85，T_{st}/T_N = 2.2，T_{max}/T_N = 2.2。求:

(1) 额定电流 I_N;

(2) 电源电压为 380V 时，全压起动的起动转矩;

(3) 采用 Y—△减压起动的起动转矩;

(4) 带 70% 额定负载能否采用 Y—△减压起动?

4-5　某三相笼型异步电动机，铭牌数据如下：U_N = 380V，I_N = 55.8A，n_N = 2940r/min，$\cos\varphi_N$ = 0.91，η_N = 89.5%，I_{st}/I_N = 7，T_{st}/T_N = 1.2。今用一台自耦减压起动器起动该电动机，起动器二次抽头电压为一次电压的 55%。问起动转矩多大?电动机上的起动电流多大?

4-6　试画出三相异步电动机单方向连续运行的控制电路和主电路。要求电路中有短路和过载保护，并注明图中的文字符号所代表的元器件名称。

4-7　试画出三台电动机顺序起动的控制电路(不画主电路)。其控制要求是：(1) M1 起动后 M2 才能起动；M2 起动后 M3 才能起动；(2) 能分别停转和同时停转。

4-8　两台电动机 M1 和 M2 顺序起动的控制要求是：起动 M1 后才能起动 M2；M2 可单独停车，也可以使 M1 和 M2 同时停车，设接触器 KM1 控制 M1，KM2 控制 M2，试画出控制电路(不画主电路)。

4-9　试画出控制三相异步电动机正反转的主电路和控制电路。其控制要求是：(1) 电路具有短路和过载保护；(2) 改变转向时不需先按停止按钮。

4-10　试画出利用复合按钮来实现既可以点动又可以单向连接旋转的三相异步电动机的控制线路。

4-11　试画出对三相异步电动机实现正反转点动控制并能连续运行的控制线路。

第五章　半导体二极管与直流稳压电源

近年来，电子技术在包括建筑业在内的工业领域得到日益广泛的应用，本书在以后两章将简要介绍这方面的有关知识。

组成电子电路的核心是半导体器件。本章首先介绍半导体的基础知识，然后讨论半导体二极管的基本结构、工作原理、伏安特性与主要参数。电子设备都需要稳定的直流电源，小功率的直流电源大多数都是将工频（50Hz）的交流电经过整流、滤波和稳压后获得。本章还将着重介绍整流、滤波和稳压电路。

第一节　半导体的基础知识

导电性能介于导体与绝缘体之间的物质，称为半导体，半导体之所以获得广泛应用，是因为它的导电能力受温度、光照和掺杂的影响十分显著。利用这一特性就可以制造成热敏电阻、光敏电阻和不同用途的半导体器件。

一、本征半导体

纯净的具有晶体结构的半导体叫作本征半导体。常用的半导体材料有硅（Si）和锗（Ge），它们都是4价元素。以硅为例，它的原子最外层有4个价电子，在被制成单晶体后，其原子排列得整齐有序，每个原子的4个价电子与相邻的4个原子所共有，形成所谓的共价键结构。硅单晶的共价键平面模型如图5-1所示。

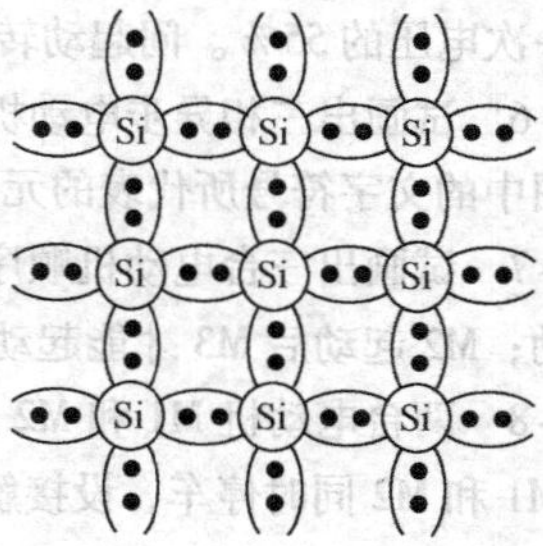

图5-1　硅单晶的共价键平面模型

在温度升高和光照下，本征半导体中一些价电子被激发后会挣脱共价键的束缚成为自由电子，同时必然在共价键中留下空位置，称之为空穴，自由电子和空穴总是成对出现，常称为电子空穴对，如图5-2所示。空穴会吸引相邻共价键中的价电子来填补这个空位置，于是又产生新的空穴，又会有相邻的电子来递补，这种价电子递补空位置的运动，可以看作带正电的空穴在运动。

自由电子与空穴都携带电荷，因此，自由电子和空穴统称为载流子。

本征半导体在外电场作用下，一方面自由电子逆电场方向移动，形成电子电流；另一方面，空穴顺电场方向移动，形成空穴电流。自由电子和空穴移动的方向相反，但两者电流方向是一致的。

在本征半导体中，激发会产生电子空穴对，另外自由电子与空穴相遇时又会重新结合而成对消失，后一现象称为复合。由此可见，在本征半导体中，自由电子与空穴是共生共灭的。在一定温度条件下，产生的电子空穴对和复合的电子空穴对数量相等，形成相对平衡，此时自由电子和空穴浓度一定。

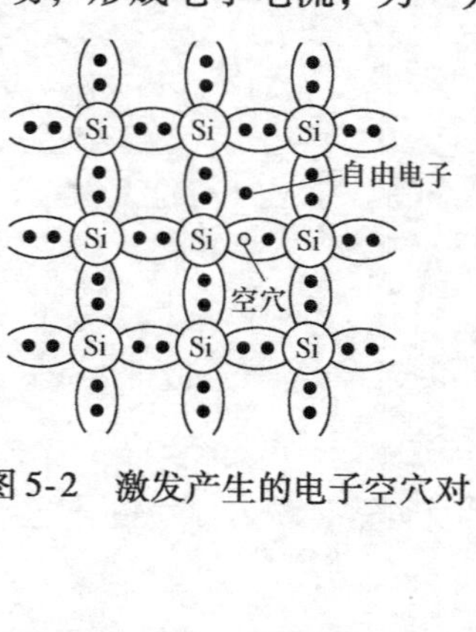

图5-2　激发产生的电子空穴对

常温下本征半导体载流子浓度很低，所以其导电能力很差，为了提高半导体的导电性能，常采用掺入杂质的方法。

二、掺杂半导体

掺入杂质的本征半导体称为掺杂半导体或杂质半导体。根据掺入的杂质不同，可形成两种不同的杂质半导体，即N型半导体和P型半导体。

如在纯净的硅晶体中掺入微量五价元素磷（P）后，就可构成N型半导体，如图5-3所示。由于五价的磷原子同相邻4个硅原子组成共价键时，有1个多余的价电子不能构成共价键，这个价电子就变成了自由电子。在这种半导体中，每掺入1个磷原子就可产生1个自由电子，当掺入一定数量磷原子后，自由电子数远远大于空穴数，因此自由电子成为多数载流子，空穴则为少数载流子。此类半导体导电以电子为主，故也称为电子型半导体。

在纯净的硅晶体中掺入微量三价元素硼（B）可构成P型半导体。硼原子只有3个价电子，它与周围硅原子组成共价键时，因缺少1个电子，在晶体中便产生1个空穴，如图5-4所示。在这种半导体中，空穴数远大于自由电子数，空穴是多数载流子，自由电子是少数载流子。P型半导体导电以空穴为主，故也称为空穴型半导体。

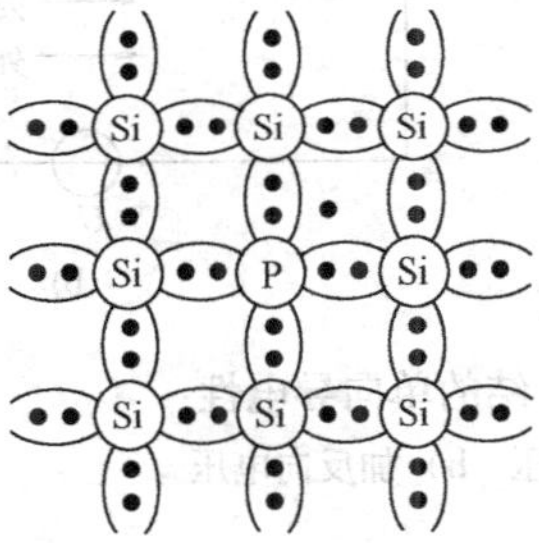

图5-3 N型半导体结构示意图

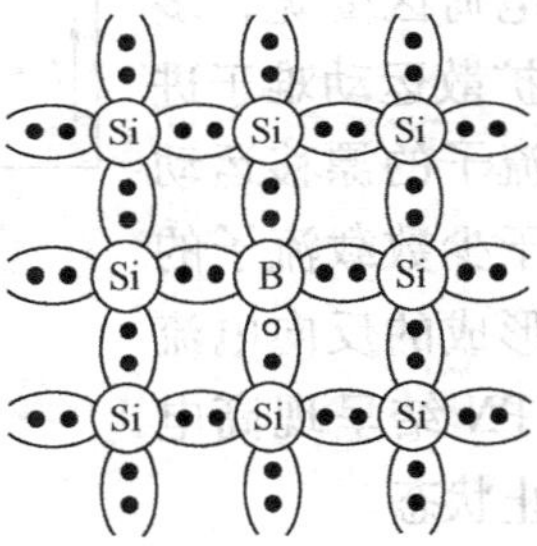

图5-4 P型半导体结构示意图

P型半导体与N型半导体虽然各自都有一种多数载流子，但就其整体而言仍为电中性，其导电性能主要由掺杂浓度决定。这两种掺杂半导体是构成各种半导体器件的基本材料。

三、PN结

利用特殊的掺杂工艺，可使半导体的一部分成为P型半导体（P区），而另一部分成为N型半导体（N区）。由于P区的多数载流子空穴浓度远大于N区的空穴浓度，因此，P区空穴要向N区扩散。同理，N区的多数载流子自由电子也要向P区扩散。于是，在交界面附近形成电子和空穴的扩散运动，如图5-5a所示。随着扩散运动的进行，在靠近交界面处，P区留下带负电的杂质离子，N区留下带正电的杂质离子。这些不能移动的带电离子在交界面两侧形成了一个空间电荷区，产生一个由N区指向P区的电场，称为内电场，如图5-5b所示。内电场一方面阻止扩散运动的进行，另一方面，内电场使P区的少数载流子（自由电

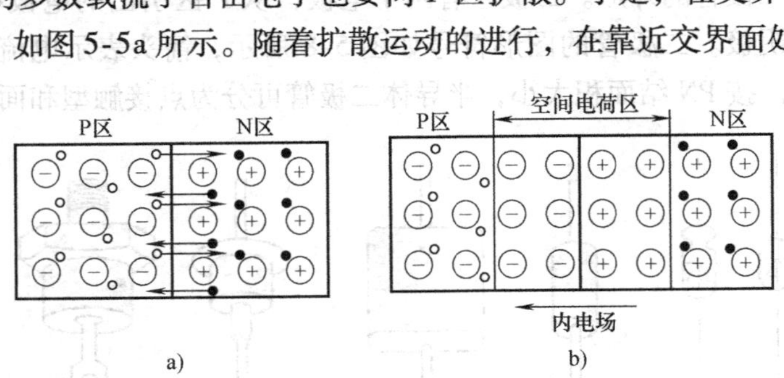

图5-5 PN结的形成

a）多子扩散 b）PN结

子）向N区运动，同时使N区的少数载流子（空穴）向P区运动。这种少数载流子在内电场作用下的运动称为漂移运动。显然，多数载流子的扩散运动和少数载流子的漂移运动方向相反。

空间电荷区刚形成时，扩散运动占优势，空间电荷区逐渐变宽，内电场逐渐加强，内电场的加强又增强了漂移运动，削弱了扩散运动，最后，扩散运动和漂移运动达到动态平衡，在P区和N区的交界面上形成一个宽度稳定的空间电荷区，即PN结。

将P区接电源正极，N区接电源负极，称为正向偏置，简称正偏，如图5-6a所示，外电场与内电场方向相反，空间电荷区变窄，扩散运动大于漂移运动，P区的多数载流子空穴和N区的多数载流子自由电子在电场作用下连续不断地越过PN结形成较大的正向电流。此时PN结呈现低电阻，处于导通状态。

将P区接电源负极，N区接电源正极，称为反向偏置，简称反偏，如图5-6b所示。外电场和内电场方向一致，空间电荷区变宽，多数载流子的扩散运动难于进行，少数载流子的漂移运动加强，但由于少数载流子的浓度较低，形成的反向电流很小。此时PN结呈现高电阻，处于截止状态。

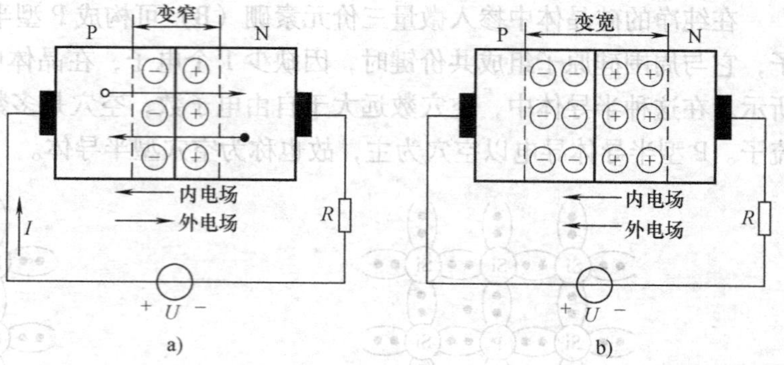

图5-6　PN结的单向导电性

a）加正向电压　b）加反向电压

综上所述，PN结具有单向导电性。正偏时，PN结的电阻很小，正向电流大，PN结导通；反偏时，PN结的电阻很大，反向电流很小，PN结截止。

第二节　半导体二极管

一、基本结构

将一个PN结连上电极引线，再封装到管壳中就构成半导体二极管。图5-7是常见半导体二极管的外形。二极管有两个电极，从P区引出的电极称为阳极，从N区引出的电极称为阴极。二极管的图形符号如图5-8所示，箭头表示电流导通的方向，文字符号用VD表示。按PN结面积大小，半导体二极管可分为点接触型和面接触型两类。

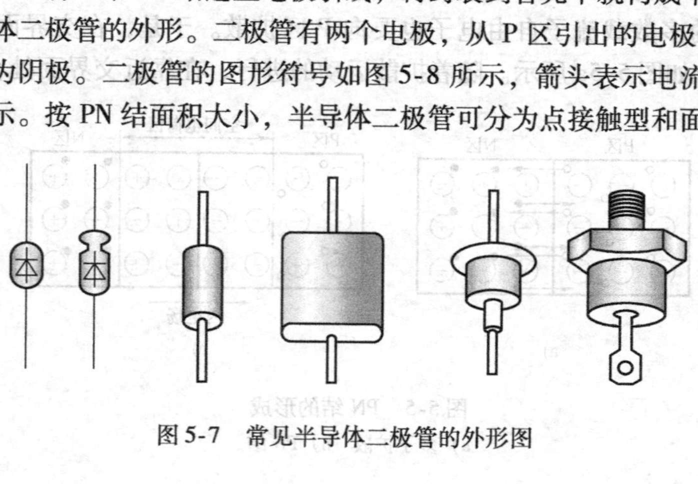

图5-7　常见半导体二极管的外形图

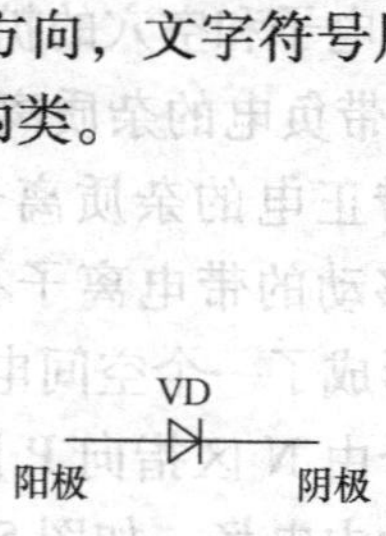

图5-8　二极管的图形符号

二、伏安特性

二极管是由 PN 结组成的，因此具有单向导电性，其伏安特性曲线如图 5-9 所示。由图 5-9 可见，当外加正向电压很低时，由于外加电场不足以克服内电场对多数载流子扩散运动的阻挡作用，所以正向电流很小，几乎为零。当正向电压超过一定数值后，电流增大很快，这个一定数值的正向电压称为死区电压。通常硅管的死区电压约为 0.5V，锗管约为 0.1V。当正向电压超过死区电压后，二极管正向导通，电流随电压的增加而迅速上升。二极管正向导通时，管子两端的电压称为二极管的正向压降，硅管约为 0.6～0.8V，锗管约为 0.2～0.3V。

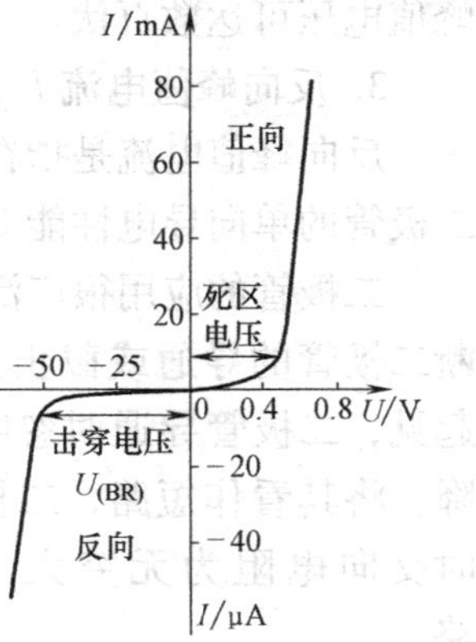

图 5-9　二极管的伏安特性曲线

当二极管的反向电压小于某一数值时，反向电流很小，二极管处于反向截止状态。在外加反向电压大于某一数值时，反向电流急剧增加，这种现象称为反向击穿，该值称为二极管的反向击穿电压。二极管被击穿后，若反向电流过大，会造成永久性损坏。

三、主要参数

二极管的特性除用伏安特性曲线表示外，还可用参数来定量描述，它是选择二极管的依据。常用半导体二极管的参数见表 5-1。

表 5-1　常用半导体二极管的参数

参数	最大整流电流	最大整流电流时的正向压降	反向工作峰值电压	参数	最大整流电流	最大整流电流时的正向压降	反向工作峰值电压
符号	I_{OM}	U_F	U_{RWM}	符号	I_{OM}	U_F	U_{RWM}
单位	mA	V	V	单位	mA	V	V
型号 2AP1	16	≤1.2	20	型号 2CZ55A	1000	≤1	25
2AP2	16		30	2CZ55B			50
2AP3	25		30	2CZ55C			100
2AP4	16		50	2CZ55D			200
2AP5	16		75	2CZ55E			300
2AP6	12		100	2CZ55F			400
2AP7	12		100	2CZ55G			500
				2CZ55H			600
2CZ52A	100	≤1	25	2CZ56A	3000	≤0.8	25
2CZ52B			50	2CZ56B			50
2CZ52C			100	2CZ56C			100
2CZ52D			200	2CZ56D			200
2CZ52E			300	2CZ56E			300
2CZ52F			400	2CZ56F			400
2CZ52G			500	2CZ56G			500
2CZ52H			600	2CZ56H			600

1. 最大整流电流 I_{OM}

最大整流电流是指二极管长时间使用时，允许通过二极管的最大正向平均电流。当电流超过此允许值时，二极管将过热而被烧坏。

2. 反向工作峰值电压 U_{RWM}

反向工作峰值电压是保证二极管不被击穿而容许的反向峰值电压，一般是反向击穿电压的一半或2/3。点接触型二极管的反向工作峰值电压一般为数十伏，面接触型二极管的反向峰值电压可达数百伏。

3. 反向峰值电流 I_{RM}

反向峰值电流是指在二极管上加反向工作峰值电压时的反向电流值。反向电流大，说明二极管的单向导电性能差，并且受温度的影响大。

二极管的应用很广泛，它可用来限幅、检波和整流等。在分析这些应用电路时关键是判断二极管的导通或截止。为方便起见，二极管导通时忽略正向压降，将其看作短路，二极管截止时反向电阻为无穷大，视为开路。

图5-10a所示为二极管限幅电路，当输入电压 $u_i < U$ 时，二极管VD反向偏置而截止，R 中无电流流过，$u_o = u_i$；当 $u_i > U$ 时，VD正向偏置而导通，$u_o = U$，即输出电压保持在 U 值。输出电压与对应的输入电压的波形关系如图5-10b所示。

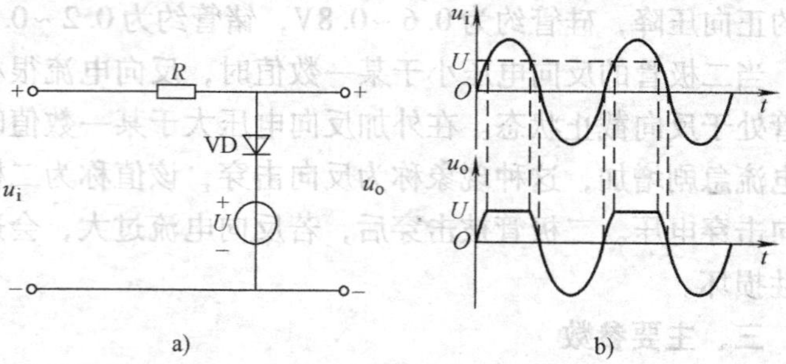

图5-10 二极管限幅电路

a）电路图 b）波形关系

第三节 二极管整流电路

电网供应的是交流电，但在各种电子设备和自动控制装置中往往需要稳定的直流电源供电。功率较小的直流电源大多数是将交流电经过整流、滤波和稳压后获得。整流电路用来将交流电压变成单向脉动电压；滤波电路滤除其脉动成分，从而得到比较平滑的直流电压；稳压电路的作用则是使输出的直流电压在交流电网电压波动和负载变化时维持稳定。半导体直流电源的原理框图如图5-11所示。

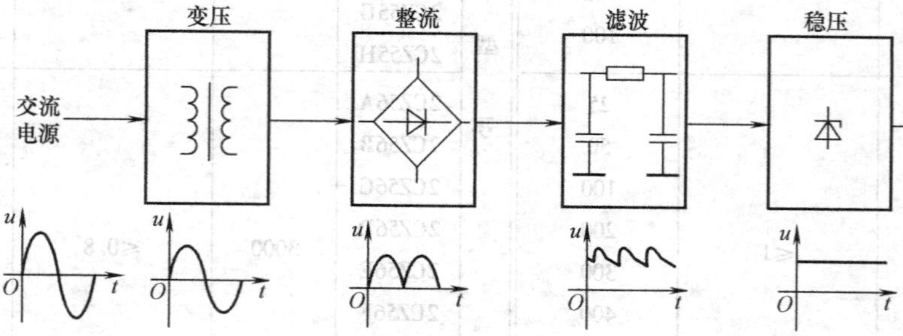

图5-11 半导体直流电源的原理框图

小功率直流电源中主要采用单相半波和单相桥式整流电路。

一、单相半波整流电路

单相半波整流电路由变压器TR、二极管VD组成，如图5-12所示。

设变压器 TR 的二次侧电压为

$$u=\sqrt{2}U\sin\omega t$$

其波形如图 5-13a 所示。

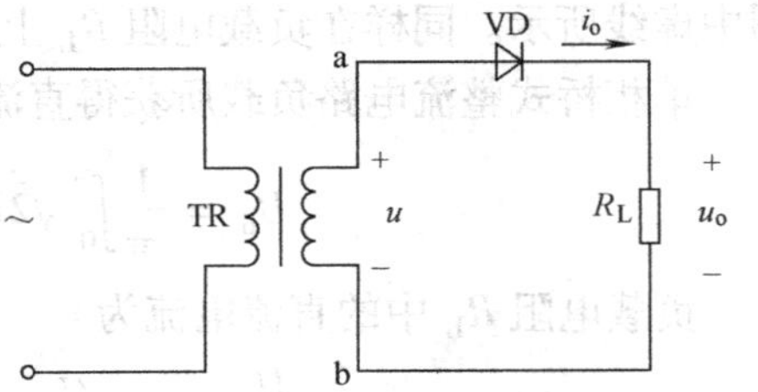

图 5-12　单相半波整流电路

当 u 为正半周时，a 端电位高于 b 端电位，二极管 VD 因正向偏置而导通，电流自上而下流过 R_L，若忽略二极管正向压降，负载 R_L 两端电压 $u_o=u$。

当 u 为负半周时，a 端电位低于 b 端电位，二极管 VD 因反向偏置而截止，电路中无电流流过负载 R_L，其两端电压 $u_o=0$，在图 5-13b 和 c 中分别画出了负载上电压和电流的波形。

可见，在交流电压 u 的整个周期内，负载上得到方向不变、大小变化的电压 u_o，称为单向脉动电压。由于流过负载的电流波形和加在负载两端的电压波形只有半个周期的正弦波，故称为半波整流。

输出的电压 u_o 在一个周期的平均值，即负载的直流电压为

$$U_o=\frac{1}{2\pi}\int_0^{\pi}\sqrt{2}U\sin\omega t\,\mathrm{d}(\omega t)=\frac{\sqrt{2}}{\pi}U\approx 0.45U \tag{5-1}$$

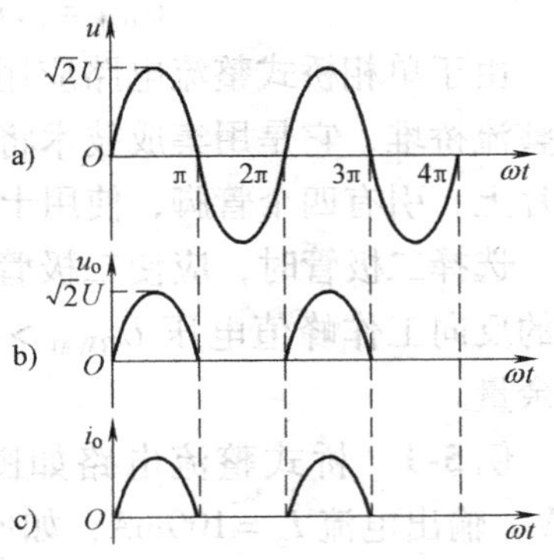

图 5-13　电压与电流的波形

由此可得出流过负载和二极管的平均电流，即直流电流为

$$I_o=I_D=\frac{U_o}{R_L}\approx 0.45\frac{U}{R_L} \tag{5-2}$$

当二极管截止时，它承受的反向电压最大值为

$$U_{RM}=\sqrt{2}U \tag{5-3}$$

半波整流虽然电路简单，但效率低，且输出电压脉动大，故只用在要求不高的场合。为提高电源利用率和减少输出电压脉动程度，通常采用单相桥式整流电路。

二、单相桥式整流电路

单相桥式整流电路，如图 5-14a 所示，它由 4 个二极管接成电桥的形式构成，图 5-14b 是其简化画法。

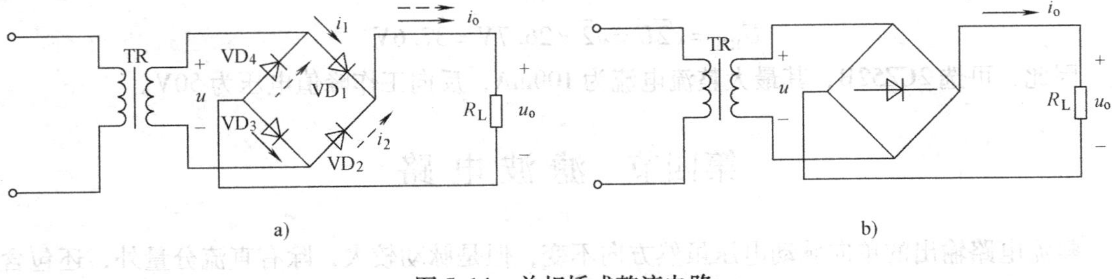

图 5-14　单相桥式整流电路

在电压 u 的正半周，二极管 VD_1 和 VD_3 导通，VD_2 和 VD_4 截止，电流为 i_1，其通路如图中实线所示。负载电阻 R_L 上得到一个半波电压。

在电压 u 的负半周，二极管 VD_2 和 VD_4 导通，VD_1 和 VD_3 截止，电流为 i_2，其通路如

图中虚线所示。同样在负载电阻 R_L 上得到一个半波电压，波形如图 5-15 所示。

单相桥式整流电路负载所获得直流电压为

$$U_o = \frac{1}{\pi}\int_0^{\pi} \sqrt{2}U\sin\omega t\mathrm{d}(\omega t) = \frac{2\sqrt{2}}{\pi}U \approx 0.9U \qquad (5\text{-}4)$$

负载电阻 R_L 中的直流电流为

$$I_o = \frac{U_o}{R_L} \approx 0.9\frac{U}{R_L} \qquad (5\text{-}5)$$

在桥式整流电路中每个二极管只导通半周，因而通过每个二极管的平均电流是负载电流的一半，即

$$I_D = \frac{1}{2}I_o \qquad (5\text{-}6)$$

如果忽略二极管的正向压降，每个二极管承受的反向电压最大值与半波整流电路相同，即

$$U_{RM} = \sqrt{2}U \qquad (5\text{-}7)$$

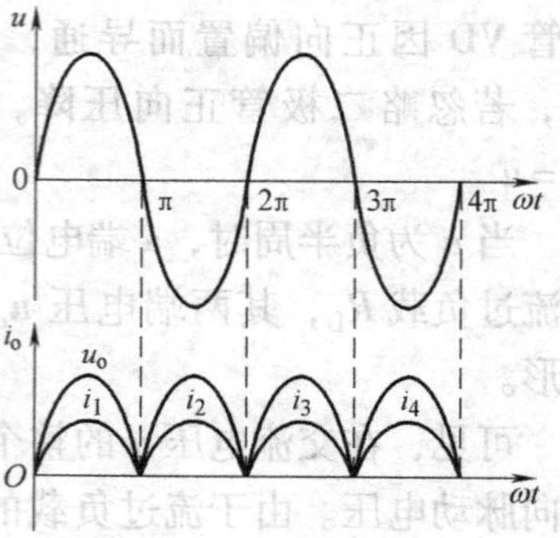

图 5-15 单相桥式整流电路的电压与电流的波形

由于单相桥式整流电路应用普遍，现在已生产出集成整流桥堆，它是用集成技术将 4 个二极管集中在同一硅片上，引有四个管脚，使用十分方便，其外形如图 5-16 所示。

选择二极管时，应使二极管的最大整流电流 $I_{OM} > I_D$，二极管的反向工作峰值电压 $U_{RWM} > U_{RM}$，为安全起见，还要留有一定余量。

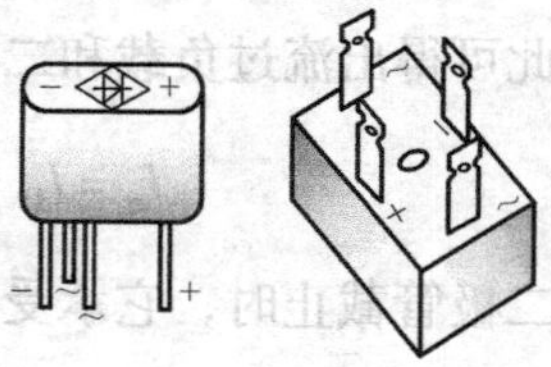

图 5-16 整流桥堆外形图

例 5-1 桥式整流电路如图 5-14 所示。其输出电压 U_o = 24V，输出电流 I_o = 100mA，如何选用二极管？

解 通过每个二极管的平均电流

$$I_D = \frac{1}{2}I_o = \frac{1}{2} \times 100\text{mA} = 50\text{mA}$$

变压器二次侧电压的有效值为

$$U = \frac{U_o}{0.9} = \frac{24}{0.9}\text{V} = 26.7\text{V}$$

二极管反向电压最大值

$$U_{RM} = \sqrt{2}U = \sqrt{2} \times 26.7\text{V} = 37.6\text{V}$$

因此，可选 2CZ52B，其最大整流电流为 100mA，反向工作峰值电压为 50V。

第四节 滤 波 电 路

整流电路输出的单向脉动电压虽然方向不变，但是脉动较大，除有直流分量外，还包含较大的交流分量，不能用作大多数电子设备的电源。因此，必须在整流电路的输出端加上滤波电路，将脉动的直流电压变为平滑、接近于理想的直流电压。

电容滤波电路在小功率电子设备中应用广泛。它是在整流电路的输出端并联一个电容，电路如图 5-17a 所示。

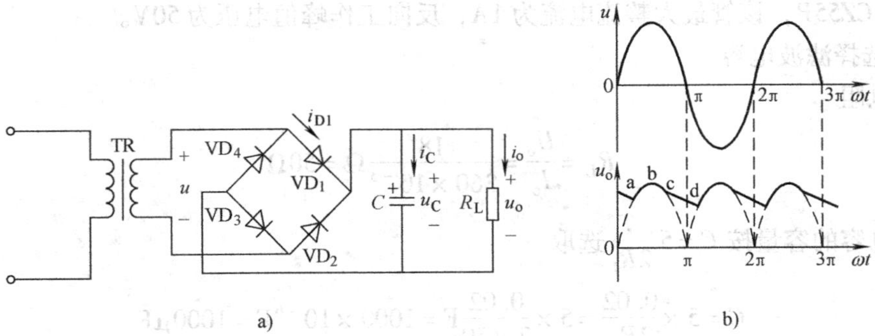

图 5-17　单相桥式整流电容滤波电路

a）电路图　b）波形图

在 u 的正半周且 $u>u_o$ 时，即在图 5-17b 的 a 点后，二极管 VD_1、VD_3 导通，电源一方面向负载 R_L 供电，一方面对电容 C 充电，输出电压 u_o 即电容两端电压 u_C 与 u 相同，如图 5-17b 中曲线的 ab 段。当 u 增大到峰值图 5-17b 中的 b 点后开始下降，电容两端电压 $u_C>u$，二极管 VD_1、VD_3 承受反向电压而截止。此时，电容通过负载电阻 R_L 放电，放电时间常数 $\tau=R_LC$ 较大，所以负载两端的电压缓慢下降，如图 5-17b 中 cd 段。

当 u 的负半周变化到 $|u|=u_o$ 时，即图 5-17b 中的 d 点时，二极管 VD_2、VD_4 处于正向导通状态，电容 C 重新被充电。当 $|u|<u_o$ 时，二极管 VD_2、VD_4 截止，电容 C 开始通过负载电阻 R_L 放电，如此不断重复上述过程。

经滤波后 u_o 的波形如图 5-17b 所示，脉动显然减小了，平均值也提高了。放电时间常数 R_LC 大一些，输出电压脉动就小一些。为了取得良好滤波效果，一般取

$$R_LC \geqslant (3\sim5)\frac{T}{2} \tag{5-8}$$

式中，T 是交流电压 u 的周期。

单相桥式整流电容滤波电路输出电压的平均值近似为

$$U_o \approx 1.2U \tag{5-9}$$

电容滤波电路只有在 R_LC 数值较大时，才可以有效地减少输出电压的脉动成分，因此它仅适用于负载电流较小（负载电阻大）的场合，对于负载电流大的情况，可采用电感滤波，这里不再赘述。

例 5-2　今采用单相桥式整流电容滤波电路给某电子设备供电。已知交流电源频率为 50Hz，要求输出直流电压为 18V，直流电流为 360mA，试选择整流二极管和滤波电容。

解　（1）选择整流二极管

流过二极管的平均电流

$$I_D=\frac{1}{2}I_o=\frac{1}{2}\times360\text{mA}=180\text{mA}$$

变压器二次侧电压有效值

$$U=\frac{U_o}{1.2}=\frac{18}{1.2}\text{V}=15\text{V}$$

二极管反向电压最大值

$$U_{RM}=\sqrt{2}U=\sqrt{2}\times15\text{V}=21\text{V}$$

故选 2CZ55B，该管最大整流电流为 1A，反向工作峰值电压为 50V。

（2）选择滤波电容

负载电阻

$$R_L = \frac{U_o}{I_o} = \frac{18}{360 \times 10^{-3}}\Omega = 50\Omega$$

滤波电容的容量按 $C = 5\,\frac{T}{2R_L}$选取

$$C = 5 \times \frac{0.02}{2R_L} = 5 \times \frac{0.02}{2 \times 50}\text{F} = 1000 \times 10^{-6}\text{F} = 1000\mu\text{F}$$

电容的耐压应大于其上充电最高电压$\sqrt{2}U$，故选容量为 1000μF、耐压为 50V 的电解电容。

第五节　稳压二极管及其稳压电路

经过整流滤波后输出的直流电压的脉动程度大为减少，但是其稳定性比较差。当电网电压波动或负载电流变化时，输出电压也会随之变化。对一些精密的电子仪器的直流电源，如果它的电压不稳定就会影响它的准确度。因此滤波之后还要进行稳压，最简单的稳压电路是稳压管稳压电路。

一、稳压二极管

稳压二极管是一种特殊的面接触型硅二极管，又称为齐纳二极管，简称稳压管。它在电路中的作用主要是稳压。

稳压二极管的外形与图形文字符号如图 5-18 所示，大功率稳压二极管工作时加装散热器。它的伏安特性曲线中正向特性与一般二极管相似，但是在反向击穿区其曲线十分陡峭。稳压二极管的伏安特性曲线如图 5-19 所示。当加在稳压二极管两端反向电压达到击穿电压时，管子突然被击穿，此时反向电流急剧增长，进入击穿区，反向电流大范围变化而反向电压几乎不变。稳压二极管就是利用这一“恒压特性”来稳压的。

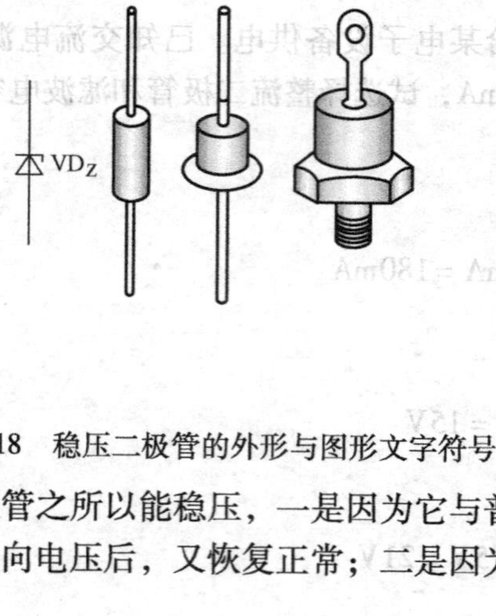

图 5-18　稳压二极管的外形与图形文字符号

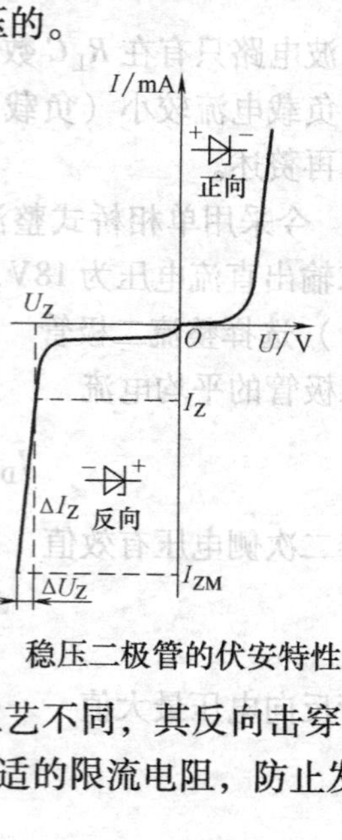

图 5-19　稳压二极管的伏安特性曲线

稳压管之所以能稳压，一是因为它与普通二极管制造工艺不同，其反向击穿是可逆的，即去掉反向电压后，又恢复正常；二是因为在电路中串入合适的限流电阻，防止发生热击穿

而损坏。

稳压二极管主要参数如下：

1. 稳定电压 U_Z

稳定电压 U_Z 是指稳压二极管反向击穿状态下管子两端的稳定工作电压。手册中所列的都是在一定条件（工作电流、温度）下的数值，同一型号的稳压二极管，其值有离散性，如2CW61稳定电压为12.2～14V。但就某一2CW61管来说，温度一定时，其稳定电压是一定值。使用时最好测试一下。

2. 稳定电流 I_Z

稳定电流 I_Z 是指稳压二极管两端电压等于稳定电压 U_Z 时通过稳压管中的电流值，流过稳压二极管的电流如果低于此值，稳压效果变差。对每一种型号的稳压二极管，都规定有一个最大稳定电流 I_{ZM}，流过稳压二极管的电流大于 I_{ZM} 时会由于过热而损坏。

3. 电压温度系数 α_u

电压温度系数 α_u 是指稳压二极管在温度升高1℃时，所引起稳定电压变化的百分比。即

$$\alpha_u = \frac{\Delta U_Z / U_Z}{\Delta T} \times 100\% \tag{5-10}$$

4. 动态电阻 r_Z

动态电阻 r_Z 是指稳压二极管端电压的变化量与相应的电流变化量的比值，即

$$r_Z = \frac{\Delta U_Z}{\Delta I_Z} \tag{5-11}$$

可见动态电阻愈小，稳压管的反向击穿特性愈陡，稳压性能愈好。

5. 最大允许耗散功率 P_{ZM}

管子不至于发生过热损坏的最大功率损耗 $P_{ZM} = U_Z I_{ZM}$。

稳压二极管以2CW、2DW命名，表5-2给出了部分2CW与2DW型稳压二极管的主要参数。

表5-2　部分2CW与2DW型稳压二极管的主要参数

参数		稳定电压	稳定电流	耗散功率	最大稳定电流	动态电阻
符号		U_Z	I_Z	P_Z	I_{ZM}	r_Z
单位		V	mA	mW	mA	Ω
测试条件		工作电流等于稳定电流	工作电压等于稳定电压	-60～+50℃	-60～+50℃	工作电流等于稳定电流
型号	2CW52	3.2～4.5	10	250	55	≤70
	2CW53	4～5.8	10	250	41	≤50
	2CW54	5.5～6.5	10	250	38	≤30
	2CW55	6.2～7.5	10	250	33	≤15
	2CW56	7～8.8	10	250	27	≤15
	2CW57	8.5～9.5	5	250	26	≤20
	2CW58	9.2～10.5	5	250	23	≤25
	2CW59	10～11.8	5	250	20	≤30
	2CW60	11.5～12.5	5	250	19	≤40
	2CW61	12.2～14	3	250	16	≤50
	2DW230	5.8～6.6	10	200	30	≤25
	2DW231	5.8～6.6	10	200	30	≤15
	2DW232	6～6.5	10	200	30	≤10

二、稳压二极管稳压电路

图5-20所示是最简单的用稳压二极管组成的稳压电路。电阻 R 为限流电阻，与稳压二极管VS相配合起稳压作用。图中 U_i 是稳压电路的输入电压，U_o 是输出电压，由电路可知

$$I = I_o + I_Z \tag{5-12}$$

$$U_o = U_Z = U_i - IR \tag{5-13}$$

引起电压不稳定的原因是交流电源电压的波动和负载电流的变化。下面分析在这两种情况下稳压电路的作用。

当某种原因引起 U_i 增加时，负载电压 U_o 也要增加，即稳压二极管两端的反向电压 U_Z 增加。由稳压二极管的反向特性知，U_Z 的微小增加，将使稳压管的电流 I_Z 大大增加，因此电阻 R 上的压降 $U_R = IR = (I_o + I_Z)R$ 随之增加，这样，U_i 的增量绝大部分降落在电阻 R 上，从而使输出电压 U_o 基本保持不变。

同理，当 U_i 减小时，通过与上述相反的调整过程，也使 U_o 维持不变。

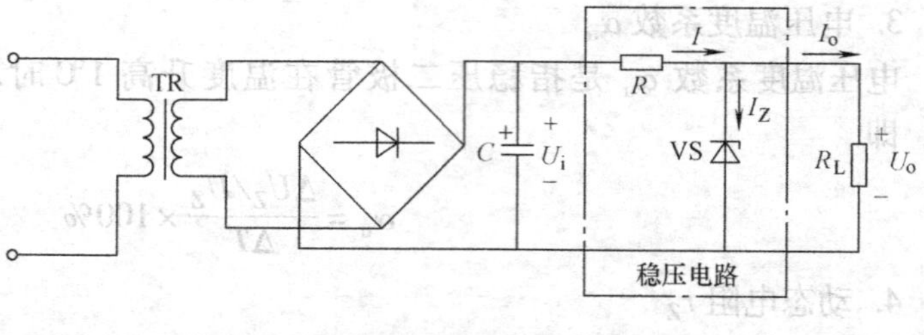

图5-20 用稳压二极管组成的稳压电路

当电源电压保持不变而使负载电流变化引起负载电压 U_o 改变时，上述稳压电路仍能起稳压的作用。例如，当负载电流增大时，电阻 R 上的压降增大，负载电压 U_o 因而下降，只要 U_o 下降一点，稳压二极管电流 I_Z 就会显著减小，通过电阻 R 的电流和电阻上的压降基本维持不变，因此负载电压 U_o 也就近似稳定不变。当负载电流减小时，稳压过程相反。

为使稳压管电路工作可靠，设计时一般取

$$U_i = (2 \sim 3)U_o \tag{5-14}$$

稳压管稳压电路结构简单，但因受稳压管参数的限制，其输出电流较小，输出电压不可调。因此，只适用于负载电流较小、负载电压不变、稳压性能要求不高的场合。如果电网电压或负载电流变化较大时，可采用串联稳压电路或集成稳压器，本书受篇幅限制，不再讨论。

例5-3 在图5-20所示电路中，已知 $U_i = 30\text{V}$，稳压管2CW61的稳定电压 $U_Z = 14\text{V}$，电阻 $R = 1.6\text{k}\Omega$，$R_L = 2.8\text{k}\Omega$。试求流过电阻 R 的电流 I_R、流过负载电阻 R_L 的电流 I_o。

解 负载 R_L 两端电压 $U_o = U_Z = 14\text{V}$

$$I_o = \frac{U_o}{R_L} = \frac{14}{2.8}\text{mA} = 5\text{mA}$$

$$I_R = \frac{U_i - U_Z}{R} = \frac{30 - 14}{1.6}\text{mA} = 10\text{mA}$$

本章小结

1. 纯净的本征半导体中掺入少量的三价或五价元素可以形成P型半导体或N型半导体。

将两种掺杂半导体制作在一起，当多子的扩散运动和少子的漂移运动达到动态平衡时，将在交界面处形成 PN 结。

2. 二极管内部有一个 PN 结，因此具有 PN 结的单向导电性：正向偏置时，呈低阻导通状态；反向偏置时，呈高阻截止状态。

3. 利用二极管的单向导电性，可以组成各种整流电路。

（1）单相半波整流电路

输出直流电压 $U_o = 0.45U$，U 为变压器二次侧电压的有效值。

负载的直流电流　$I_o = I_D = \dfrac{U_o}{R_L} = 0.45\dfrac{U}{R_L}$

二极管承受的反向电压最大值　$U_{RM} = \sqrt{2}U$

（2）单相桥式整流电路

输出直流电压　$U_o = 0.9U$

负载的直流电流　$I_o = \dfrac{U_o}{R_L} = 0.9\dfrac{U}{R_L}$

二极管的平均电流　$I_D = \dfrac{1}{2}I_o$

二极管承受的反向电压的最大值　$U_{RM} = \sqrt{2}U$

4. 滤波电路的作用是滤除整流输出的脉动成分，从而获得平滑的直流电。在单相桥式整流电路中接入滤波电容，构成整流、滤波电路，其输出直流电压

$$U_o = 1.2U$$

5. 稳压二极管是一种特殊的面接触型硅二极管，稳压二极管工作在反向击穿区时具有稳压特性。对要求不高的小功率稳压电路可采用硅稳压管稳压电路，其输出的直流电压为稳压管的稳定电压 U_Z。

习　题　五

5-1　如图 5-21 所示的电路中，二极管为同一型号的理想元件，电阻 $R = 4\text{k}\Omega$，电位 $u_A = 1\text{V}$，$u_B = 3\text{V}$，则电位 u_F 是多少？试判断 VD_1、VD_2 的工作状态。

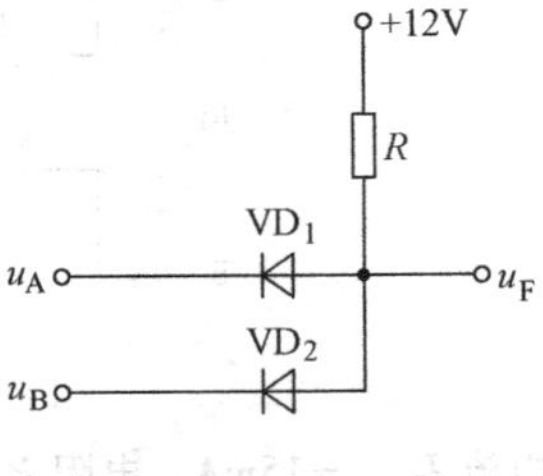

图 5-21　题 5-1 图

5-2　写出图 5-22 所示各电路的输出电压值，设二极管导通电压为零。

5-3　电路如图 5-23 所示，试估算流过二极管的电流和 A 点的电位。设二极管的正向压降忽略不计。

5-4　如图 5-24 所示电路中，二极管 VD 为理想元件，$U = 5\text{V}$，$u_i = 10\sin\omega t\text{V}$，试画出与输入电压 u_i 对应的输出电压 u_o 的波形。

5-5　已知稳压管的稳压值 $U_Z = 6\text{V}$，稳定电流的最小值 $I_{Zmin} = 5\text{mA}$。求图 5-25 所示电路中 U_{o1} 和 U_{o2} 各为多少伏。

5-6　如图 5-26 所示的整流滤波电路中，二极管是理想元件，电容 $C = 500\mu\text{F}$，负载电阻 $R_L = 10\text{k}\Omega$，在开关 S_1 闭合、S_2 断开时，直流电压表（V）的读数为 141.4V，求：

(1) 开关 S_1 闭合、S_2 断开时，直流电流表（A）的读数；

(2) 开关 S_1 断开、S_2 闭合时，直流电流表（A）的读数；

(3) 开关 S_1、S_2 均闭合时，直流电流表（A）的读数（设电流表内阻为零，电压表内阻为无穷大）。

5-7　如图 5-27 所示的电路中，已知 $U_i = 30\text{V}$，稳压管 2CW20 的参数为：稳定电压 $U_Z = 14\text{V}$，最大稳

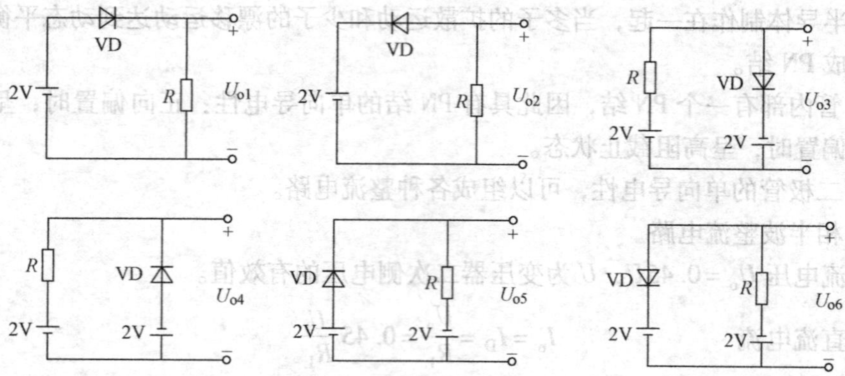

图5-22　题5-2图

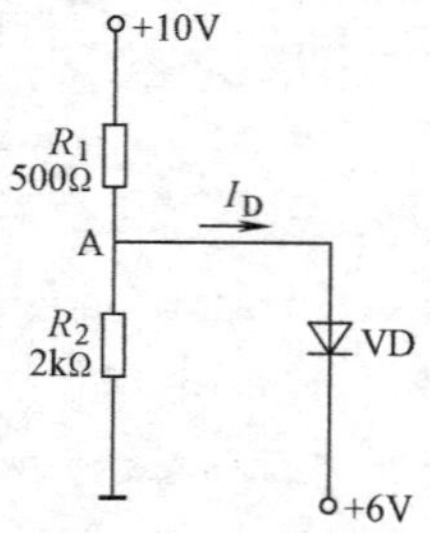

图5-23　题5-3图

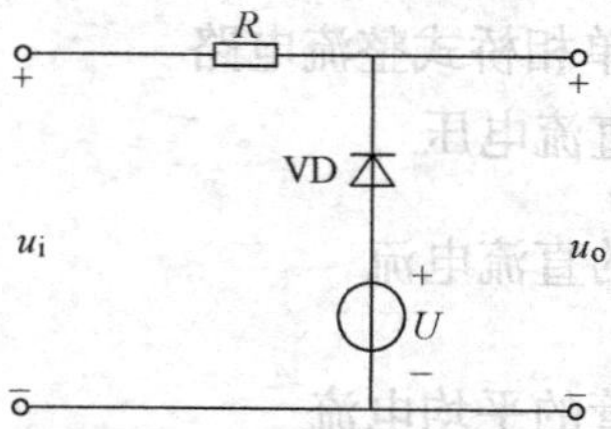

图5-24　题5-4图

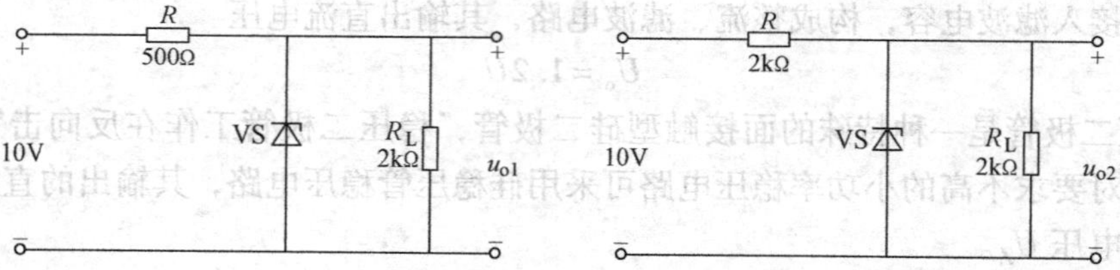

图5-25　题5-5图

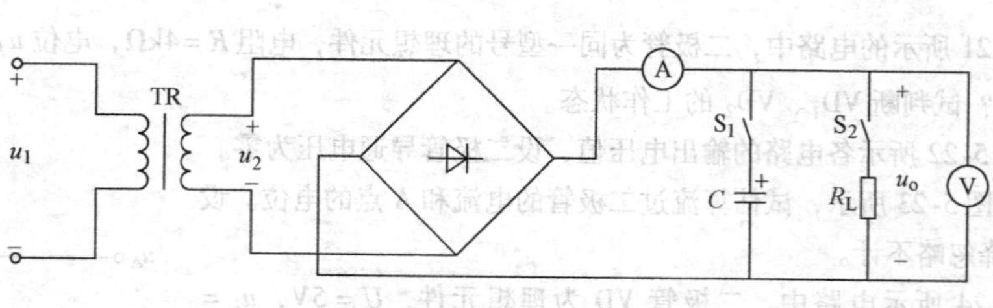

图5-26　题5-6图

定电流 $I_{Zmax}=15mA$，电阻 $R=1.6k\Omega$，$R_L=2.8k\Omega$。试求：

（1）电压表（V）、电流表（A_1）和（A_2）的读数（设电流表内阻为零，电压表内阻视为无穷大）；

（2）写出点画线框Ⅰ、Ⅱ、Ⅲ、Ⅳ各部分电路的名称。

5-8　单相桥式整流滤波电路如图5-28所示，电容 C 为 250μF，且在工频下变压器二次侧 $u_2=20\sqrt{2}\sin\omega t$V，用直流电压表测得输出电压 U_o 有以下4种情况：

（1）28V；（2）24V；（3）18V；（4）9V。试分析电路工作是否正常，并说明出现故障的原因。

5-9　某整流滤波电路，负载电压 $U_o=30V$，电流 $I_o=150mA$，拟采用单相桥式整流电路，带电容滤波。已知交流电源的频率 $f=50Hz$。试：

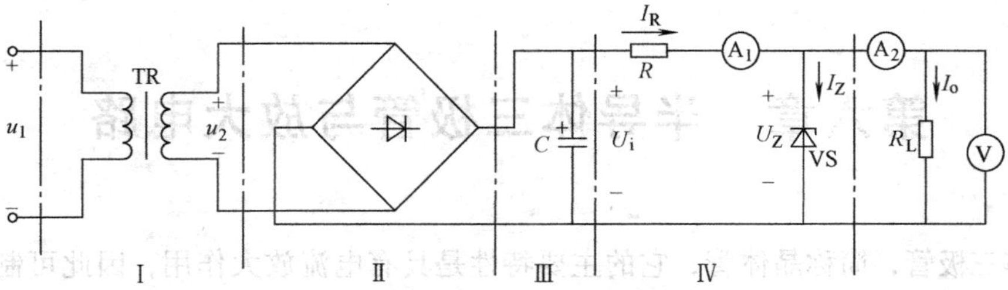

图5-27　题5-7图

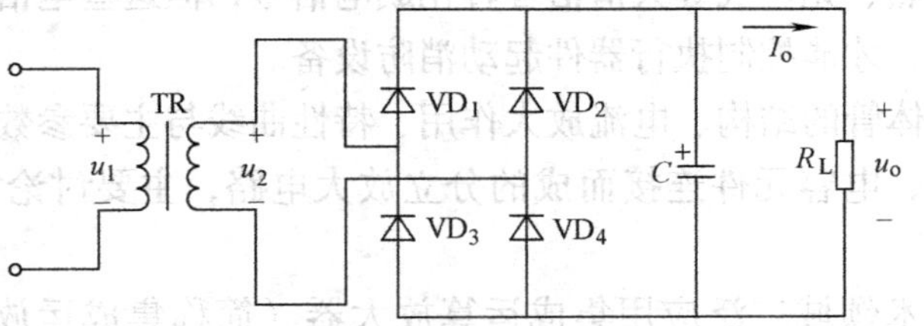

图5-28　题5-8图

(1) 选择适当的二极管型号；

(2) 选择滤波电路的滤波电容 C。

第六章　半导体三极管与放大电路

半导体三极管，简称晶体管，它的主要特性是具有电流放大作用，因此可制作成放大器。放大器是各种自动检测与控制系统不可或缺的电路单元，例如，在火灾报警控制系统中，传感元件将烟、热、光、气等火情信号转化成电信号，但这些电信号一般相当微弱，必须经过放大器放大后，才能控制执行器件起动消防设备。

本章首先介绍晶体管的结构、电流放大作用、特性曲线与主要参数，接下来介绍由晶体管为核心与单个电阻、电容元件连接而成的分立放大电路，主要讨论它的工作原理与分析方法。

目前，在工业技术领域广泛应用集成运算放大器（简称集成运放），它是将多个晶体管、电阻等元件集成在一块微小的硅片上，然后封装而成的通用器件，具有直接耦合和很高的放大倍数的特点。本章主要介绍集成运放在信号运算方面的应用。

第一节　半导体三极管

半导体三极管是组成放大电路的基本元件。下面介绍它的结构、电流放大作用以及特性参数。

一、半导体三极管的结构

半导体三极管的外形如图 6-1 所示，它有 3 个电极：发射极、基极、集电极，依次用字母 E、B、C 表示。大功率管有两只引脚分别是发射极 E 和基极 B，它的外壳是集电极 C。半导体三极管由三层掺杂半导体构成，按其排列方式分为 NPN 和 PNP 两种类型。它们的结构示意图和图形符号如图 6-2 所示。半导体三极管中间那层做得很薄，只有 1μm 到几十微米，称为基区，基区引出电极，即为基极 B，其他两层是同类型半导体，但两者掺入杂质的浓度有所不同。掺杂浓度大的是发射区，引出电极为发射极 E，由 E 发射多数载流子；掺杂浓度小的是集电区，引出电极为集电极 C，用以收集载流子。

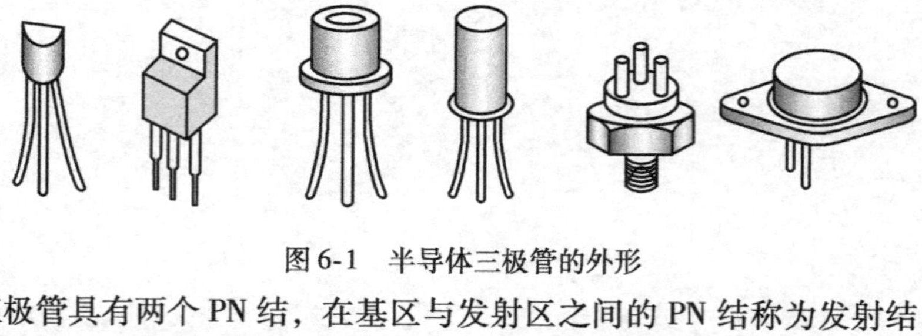

图 6-1　半导体三极管的外形

半导体三极管具有两个 PN 结，在基区与发射区之间的 PN 结称为发射结，基区与集电区之间的 PN 结叫作集电结。集电结面积较大，有利于集电区收集载流子。

按制造半导体三极管材料不同，有硅管和锗管之分。硅管的温度稳定性优于锗管。

二、半导体三极管的电流放大作用

以 NPN 型半导体三极管所构成的共射极电路为例说明其放大作用，在图 6-3 所示电路

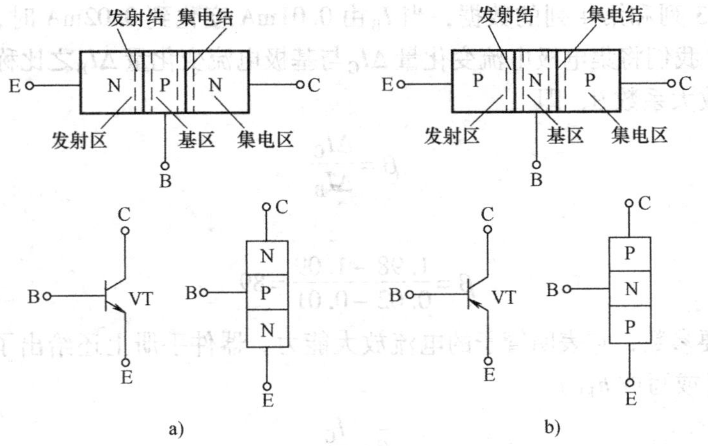

图 6-2　三极管的结构示意图和图形符号

中，基极回路和集电极回路的公共端是发射极。由于基极电源 U_{BB} 通过 R_B 使晶体管发射结处于正向偏置，加之发射区掺杂浓度很大，因此使发射区电子大量进入基区，形成发射极电流 I_E。又因为基区很薄，集电极电源 U_{CC} 使晶体管集电结反向偏置，即集电极具有较高的正电位，所以进入基区的电子大部分被集电极拉过去而构成集电极电流 I_C，其中只有极少部分电子与基区空穴相复合，电源 U_{BB} 不断供给空穴，形成基极电流 I_B。显然，这 3 个电极电流符合 KCL 定律，即

$$I_E = I_B + I_C \tag{6-1}$$

I_B、I_C 与 I_E 之间存在一定的分配关系，因此我们设想：如果增大基极电流，对于 NPN 型即增加基区空穴，使之与发射区扩散过来的较多电子相复合，发射区势必注入更多的电子，相应的集电极也将收集更多的电子，这样就能实现电流放大。半导体三极管各极电流与管内载流子的运动如图 6-4 所示。

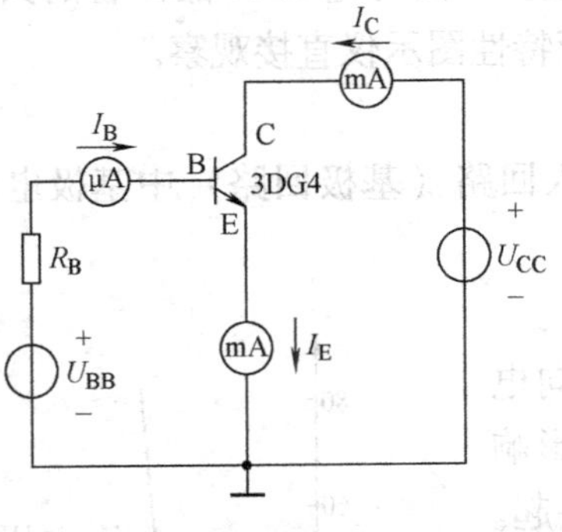

图 6-3　半导体三极管电流放大的实验电路

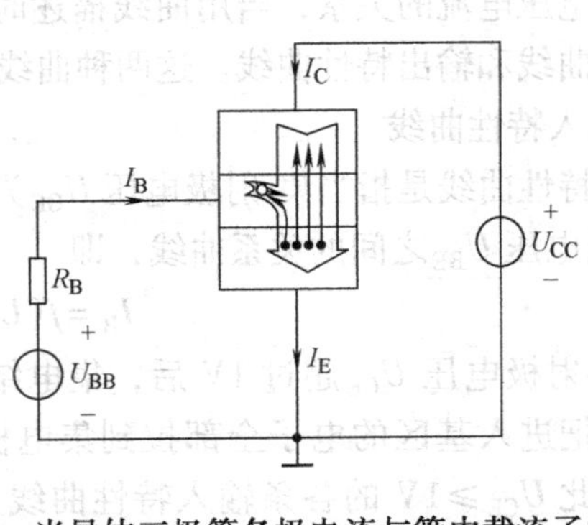

图 6-4　半导体三极管各极电流与管内载流子的运动

较小的 I_B 变化控制较大的 I_C 变化，这就是半导体三极管的电流放大作用。下面通过上述共射极电路实测数据进一步加以说明。晶体管电流测量数值见表 6-1。

表 6-1　晶体管电流测量数值

I_B/mA	−0.0035	0	0.01	0.02	0.03
I_C/mA	0.0035	0.01	1.09	1.98	2.89
I_E/mA	0	0.01	1.10	2.00	2.92

由表6-1第3列和第4列的数据，当I_B由0.01mA变化到0.02mA时，I_C却由1.09mA变化到1.98mA。我们将集电极电流变化量ΔI_C与基极电流变化量ΔI_B之比称为晶体管的动态（或交流）电流放大系数β，即

$$\beta = \frac{\Delta I_C}{\Delta I_B} \tag{6-2}$$

由上述实验结果

$$\beta = \frac{1.98 - 1.09}{0.02 - 0.01} = 89$$

β是晶体管的重要参数，它表明管子的电流放大能力。器件手册上还给出了静态（或直流）电流放大系数$\bar{\beta}$（或写成h_{FE}）

$$\bar{\beta} = \frac{I_C}{I_B} \tag{6-3}$$

$\bar{\beta}$与β很接近，在电子电路估算分析中常用$\bar{\beta} \approx \beta$。

在表6-1中，当$I_E = 0$时（发射极开路），I_C不为零，这个电流称为集电极-基极反向截止电流，用I_{CBO}表示。它是集电结处于反向偏置电压下，集-基极间的反向漏电流，它的大小反映了集电结质量的优劣，其值越小越好，小功率硅管的I_{CBO}在1μA以下。

在表6-1中，当$I_B = 0$（基极开路）时，I_C也不为零，这个电流称为集-射反向截止电流，用I_{CEO}表示，又称为穿透电流，I_{CBO}与I_{CEO}有以下关系：

$$I_{CEO} = (1 + \bar{\beta}) I_{CBO} \tag{6-4}$$

I_{CEO}也是反映晶体管质量的重要参数，其值越小，温度稳定性越好。小功率硅管的I_{CEO}在几微安以下。

三、特性曲线

为了正确使用半导体三极管，需要对它的外部特性有所了解。晶体管的外部特性是指其外部各极电压电流的关系，当用曲线描述时称为特性曲线。下面讨论NPN晶体管的共射极输入特性曲线和输出特性曲线。这两种曲线都能用晶体管特性图示仪直接观察。

1. 输入特性曲线

输入特性曲线是指当集-射极电压U_{CE}为常数时，输入回路（基极回路）中基极电流I_B与基-射极电压U_{BE}之间的关系曲线，即

$$I_B = f(U_{BE}) \mid_{U_{CE}=常数}$$

当集-射极电压U_{CE}超过1V后，集电结所建立的反向电压，足以把进入基区的电子全部拉到集电极，U_{CE}对I_B影响不大，因此$U_{CE} \geqslant 1V$的各条输入特性曲线几乎重合在一起。通常在器件手册上只给出一条输入特性曲线，如图6-5所示。

由于晶体管发射结正向偏置，所以其输入特性与二极管正向伏安特性相似，且也有所谓死区。其中硅管死区电压为0.5V，锗管死区电压为0.1V。当U_{BE}超过死区电压，随U_{BE}的升高，I_B明显增加。当晶体管正常工作时，发射结压降变化不大，对于硅管为0.6～0.7V，锗管为0.2～0.3V。

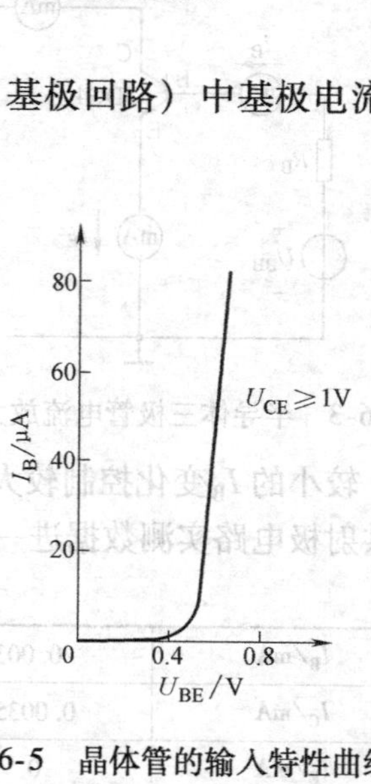

图6-5　晶体管的输入特性曲线

2. 输出特性曲线

输出特性曲线是指当基极电流 I_B 为常数时，输出回路（集电极回路）中集电极电流 I_C 与集-射极电压 U_{CE} 之间的关系曲线，用函数关系表示为

$$I_C = f(U_{CE})\big|_{I_B=\text{常数}}$$

晶体管输出特性曲线是多条（或一族）曲线，不同的 I_B 对应不同的输出特性曲线，如图6-6所示。

根据晶体管工作状态的不同，输出特性曲线通常可分为3个工作区域，如图6-6所示。

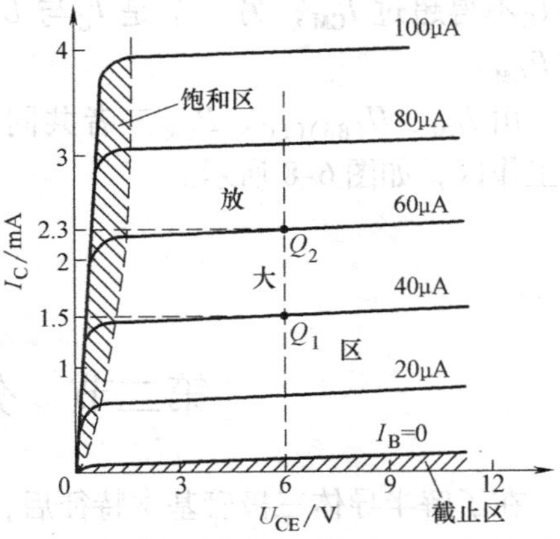

图6-6 晶体管的输出特性曲线

（1）放大区 放大区是输出特性曲线中近似平行于横轴的曲线族部分。当晶体管的发射结处于正向偏置、集电结处于反向偏置时，晶体管工作在放大区，集电极电流 I_C 与基极电流 I_B 成正比，即 $I_C = \beta I_B$，而与 U_{CE} 无关，表现出晶体管的电流放大作用，故称此区域为放大区。

（2）截止区 $I_B = 0$ 曲线以下区域称为截止区，此时 I_C 近似为0，发射结电压 U_{BE} 小于死区电压，为了可靠截止，常使 $U_{BE} \leqslant 0$，即发射结处于反向偏置。截止时集电结也处于反向偏置（$U_{BC} < 0$）。在图6-7所示共射极电路中 $U_{CE} \approx U_{CC}$。

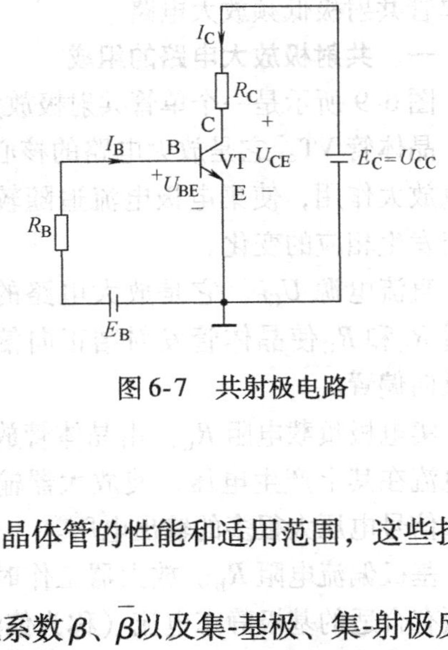

图6-7 共射极电路

（3）饱和区 当 $U_{CE} < U_{BE}$ 时，集电结处于正向偏置（$U_{BC} > 0$），晶体管工作于饱和状态。在饱和区，I_C 随 U_{CE} 直线上升，这时 I_C 的大小主要取决于 U_{CE}，而与 I_B 几乎无关。在饱和区，I_B 失去对 I_C 的控制能力，即无放大作用。此时集-射电压 U_{CE} 很小，可认为 $U_{CE} \approx 0$，所以在图6-7所示共射极电路中 $I_C \approx \dfrac{U_{CC}}{R_C}$，这一电流称为集电极饱和电流，用 I_{CS} 表示。

四、主要参数

在器件手册上给出晶体管一些技术数据，用以表示晶体管的性能和适用范围，这些技术数据被称为参数，它们是选择晶体管的依据。

晶体管主要参数除前面述及的动态、静态电流放大系数 β、$\bar{\beta}$ 以及集-基极、集-射极反向截止电流 I_{CBO}、I_{CEO} 外，还有一些极限参数，这是指晶体管在应用时不允许超过的电压、电流、功率的极限数值，超过了就会招致管子损坏或性能变劣。其中主要是：

1. 集电极最大允许电流 I_{CM}

保证晶体管正常工作时集电极所允许的最大电流。当 $I_C > I_{CM}$ 时，虽然管子不一定损坏，但 β 值将明显下降。

2. 集-射极反向击穿电压 $U_{(BR)CEO}$

基极开路时，加在集-射极间的最大允许电压。当 $U_{CE} > U_{(BR)CEO}$ 时，可能会出现反向电

流剧增的击穿现象。

3. 集电极最大允许耗散功率 P_{CM}

晶体管在应用中，管子消耗功率 $P_C = I_C U_{CE}$ 使其温度升高，从而引起参数改变，甚至烧毁管子。P_{CM} 是指保证晶体管正常工作的最大的允许值。

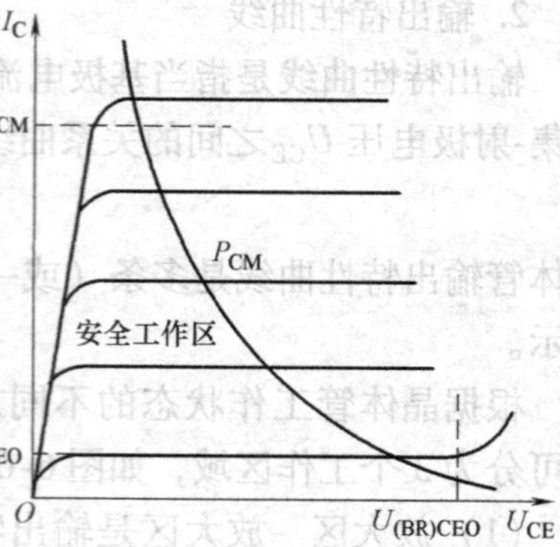

图 6-8 晶体管的安全工作区

在选择晶体管时要注意：I_C 受两个条件限制，一是 I_C 不得超过 I_{CM}，另一个是 I_C 与 U_{CE} 乘积不允许超过 P_{CM}。

由 I_{CM}、$U_{(BR)CEO}$、P_{CM} 三者共同确定晶体管的安全工作区，如图 6-8 所示。

第二节 分立元件基本放大电路

在了解半导体三极管基本特征后，就来讨论怎样利用它来实现交流电压放大。在生产和科学实验中，往往需要用微弱的电信号控制较大功率的执行器件，这时就要用放大电路。根据被放大的电信号频率高低，放大器可分为直流放大器、低频放大器和高频放大器，下面介绍单管共射极低频放大电路。

一、共射极放大电路的组成

图 6-9 所示是一个单管共射极放大电路。电路中各个元件作用如下：

晶体管 VT。它是放大电路的核心。利用其电流放大作用，使集电极电流追随较小的基极电流发生相应的变化。

直流电源 U_{CC}。它是放大电路的能源，并通过 R_B 和 R_C 使晶体管发射结正向偏置和集电结反向偏置。

集电极负载电阻 R_C。由晶体管放大的集电极电流在其上产生电压，使放大器输出一个较输入信号电压大很多的输出电压。

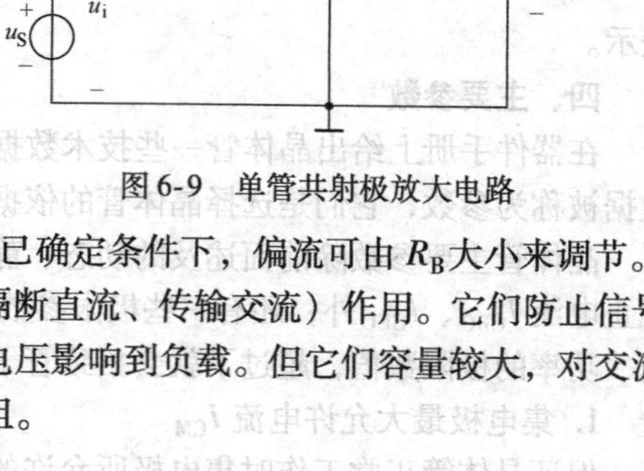

图 6-9 单管共射极放大电路

基极偏流电阻 R_B。放大器工作时，晶体管必须有合适的基极静态电流（称为偏流），在 U_{CC} 已确定条件下，偏流可由 R_B 大小来调节。

耦合电容 C_1 和 C_2。电容器具有隔直传交（隔断直流、传输交流）作用。它们防止信号源直流成分影响到放大器，也防止放大器的直流电压影响到负载。但它们容量较大，对交流容抗很小，可视为短路，故交流信号可以畅通无阻。

二、共射极放大电路分析

晶体管放大电路分析分为静态和动态两种情况，静态是指无输入信号时，各极电流与极间电压都是恒定直流（称为静态）；动态是指有输入信号（如加正弦交流信号）的情况，此时各极电流与极间电压是在上述直流分量基础之上再叠加一个交流分量。在动态分析中，主要研究其中交流信号的传输关系。

1. 静态分析

放大电路处于静态时具有一定的 I_B、I_C 和 U_{CE}，统称之为静态值，它们可以通过估算与图解法获得。由于静态只研究直流，电容具有隔直作用，所以图 6-9 所示交流放大电路的直流通道如图 6-10 所示。

（1）估算法　由图 6-10 的直流通道，可得静态基极电流

$$I_B = \frac{U_{CC} - U_{BE}}{R_B} \tag{6-5}$$

由于晶体管的 U_{BE} 只有零点几伏，与 U_{CC} 相比可略去不计，故可粗略估算之

$$I_B \approx \frac{U_{CC}}{R_B} \tag{6-6}$$

根据晶体管电流放大作用，可得出静态集电极电流

$$I_C = \beta I_B \tag{6-7}$$

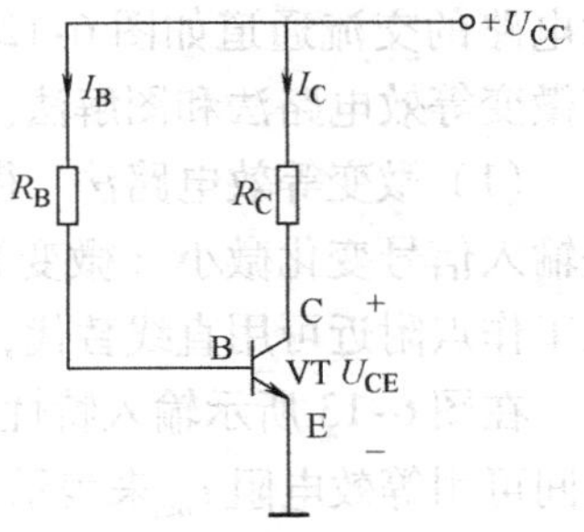

图 6-10　图 6-9 所示交流放大电路的直流通道

由 KVL 求得静态集-射电压

$$U_{CE} = U_{CC} - R_C I_C \tag{6-8}$$

（2）图解法

1）上述静态值 I_C 和 U_{CE} 也可通过图 6-11 所示图解法求得，其步骤如下：

首先利用式（6-5）求出静态基极电流 I_B，并找出与之对应的输出特性曲线，这是 I_C、U_{CE} 应满足的第一个条件。

2）式（6-8）是 I_C、U_{CE} 应满足的第二个条件，这是一个直线方程，该直线称为直流负载线。画直流负载线的简便办法是连接点 $M\left(0,\ \frac{U_{CC}}{R_C}\right)$ 和点 N（U_{CC}，0），前者是该直流负载线与纵轴的交点，后者是其与横轴的交点。

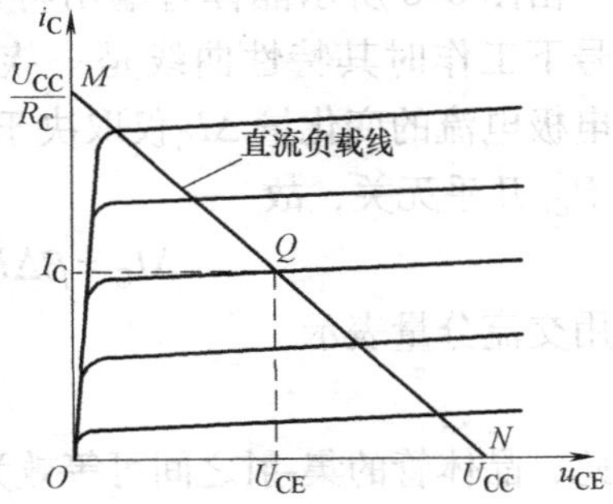

图 6-11　用图解法求静态工作点

3）直流负载线和与 I_B 对应的输出特性曲线的交点同时满足了上述两个条件，所以此交点 Q 对应的 I_C、U_{CE} 之值，就是用图解法求出的静态值。图中交点 Q，称为静态工作点。

图 6-9 所介绍的放大电路，其静态基极电流 I_B（偏流）是电源 U_{CC} 经 R_B 提供的，当 U_{CC} 和 R_B 确定后，I_B 也就固定了，故此称为固定偏置电路。

例 6-1　在图 6-9 所示放大电路中，已知 $U_{CC} = 24\text{V}$，$R_C = 6\text{k}\Omega$，$R_B = 600\text{k}\Omega$，$\beta = 50$。试用估算法求静态工作点。

解

$$I_B \approx \frac{U_{CC}}{R_B} = \frac{24}{600 \times 10^3}\text{A} = 40\mu\text{A}$$

$$I_C = \beta I_B = 50 \times 40\mu\text{A} = 2\text{mA}$$

$$U_{CE} = U_{CC} - I_C R_C = (24 - 2 \times 6)\text{V} = 12\text{V}$$

2. 动态分析

放大电路动态分析是研究加上输入信号后交流信号的传输情况，因此在分析时需要画出交流通道。直流电源 U_{CC} 对交流来讲可看作短路，电容 C_1 和 C_2 由于其容抗很小也被视为短路，因此图 6-9 的共射极放大电路的交流通道如图 6-12 所示。动态分析的方法有微变等效电路法和图解法。

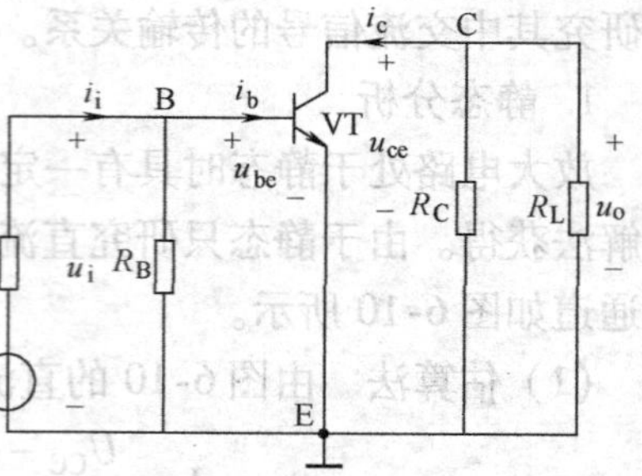

图 6-12　图 6-9 的交流通道

（1）微变等效电路法　微变等效电路的前提条件是输入信号变化微小（微变），此时晶体管特性曲线在工作点附近可用直线替代，即把非线性元件晶体管线性化。

在图 6-13 所示输入特性曲线 Q 点附近，ΔU_{BE} 和 ΔI_B 基本成线性关系，因此晶体管基-射之间可用等效电阻 r_{be} 来表示，即

$$r_{be} = \frac{\Delta U_{BE}}{\Delta I_B} = \frac{u_{be}}{i_b} \tag{6-9}$$

式中，u_{be} 和 i_b 表示交流分量，此电阻被称为晶体管输入电阻，低频小功率晶体管还可用下式估算：

$$r_{be} = 200 + (1+\beta)\frac{26\text{mV}}{I_E\text{mA}} \tag{6-10}$$

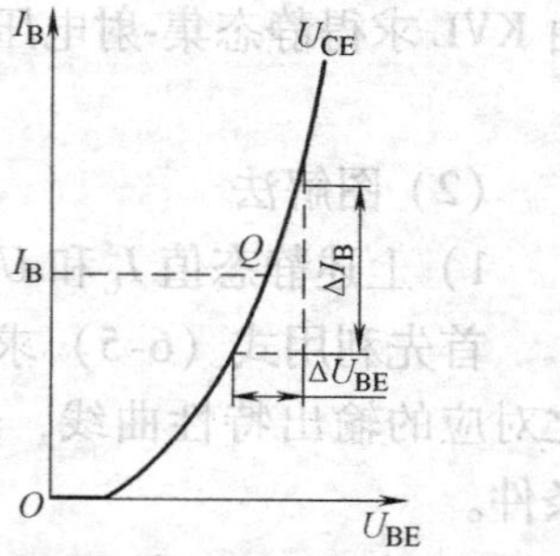

图 6-13　从输入特性曲线求 r_{be}

由图 6-6 所示晶体管输出特性曲线可见，晶体管在小信号下工作时其特性曲线是一族近似平行且等距的直线，集电极电流的变化量 ΔI_C 仅取决于基极电流变化量 ΔI_B，而与 U_{CE} 几乎无关，故

$$\Delta I_C = \beta \Delta I_B$$

或用交流分量表示

$$i_c = \beta i_b \tag{6-11}$$

因此，晶体管的集-射之间可等效为受 i_b 控制的电流源 βi_b。

综合以上，晶体管的微变等效电路如图 6-14b 所示。

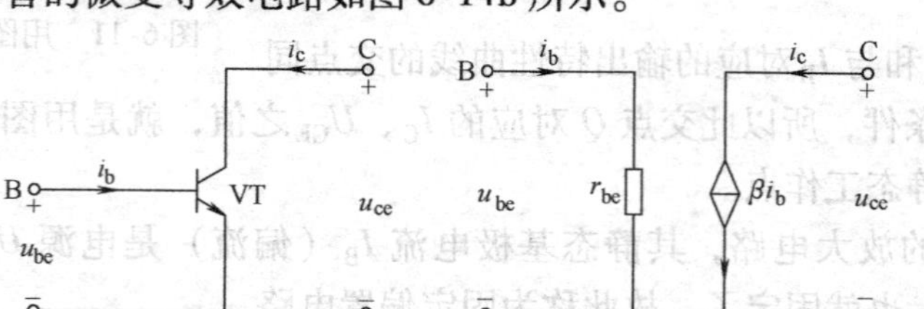

图 6-14　晶体管及其微变等效电路

将图 6-12 所示交流通道中晶体管用其微变等效电路代替，就可得到共射极放大电路的微变等效电路，如图 6-15 所示。由于放大电路分析中通常采用正弦输入信号，故各处电压、电流都用相量表示。

放大电路动态分析主要任务是确定电压放大倍数 A_u、输入电阻 r_i 和输出电阻 r_o，对此分述如下：

1）电压放大倍数 A_u。电压放大倍数 A_u 是放大器的重要性能指标，它是指输出电压 $\dot{U}_o$ 与输入电压 $\dot{U}_i$ 的比值

$$A_u = \frac{\dot{U}_o}{\dot{U}_i}$$

由图 6-15 所示微变等效电路，输入电压 $\dot{U}_i = r_{be}\dot{I}_b$；输出电压 $\dot{U}_o = -R'_L\dot{I}_c$，其中 $R'_L = R_C /\!/ R_L$，称为等效负载电阻。所以电压放大倍数为

$$A_u = \frac{\dot{U}_o}{\dot{U}_i} = \frac{-R'_L\dot{I}_c}{r_{be}\dot{I}_b} = -\beta\frac{R'_L}{r_{be}} \qquad (6\text{-}12)$$

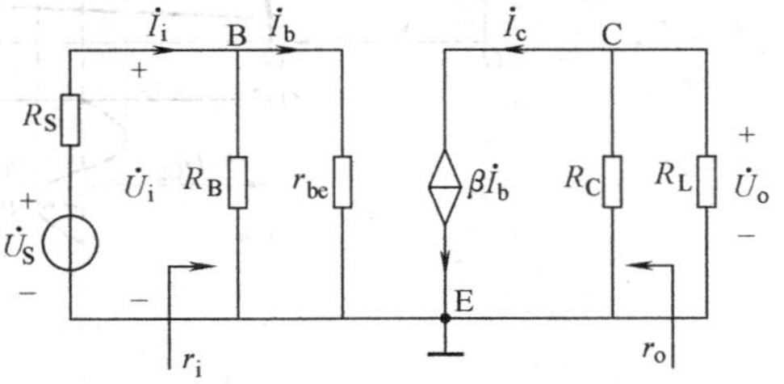

图 6-15 共射极放大电路的微变等效电路

式中，负号表示输出电压与输入电压反相。

2）输入电阻 r_i。输入电阻 r_i 是指从放大电路输入端看进去的等效电阻，它被定义为输入电压 $\dot{U}_i$ 与输入电流 $\dot{I}_i$ 的比值。对于图 6-15 所示电路，输入电阻为

$$r_i = \frac{\dot{U}_i}{\dot{I}_i} = R_B /\!/ r_{be} \qquad (6\text{-}13)$$

因为 $R_B >> r_{bc}$，故 $r_i \approx r_{be}$。

r_i 越小，放大器由信号源吸取的电流就越大，因此通常情况下都希望输入电阻大些，以减轻信号源的负担。

3）输出电阻 r_o。从放大电路输出端来看，放大电路相当具有一定内阻的信号源，该内阻即放大电路输出电阻 r_o。

计算 r_o 时，应令信号源 $\dot{U}_S = 0$，移去 R_L，在输出端加交流测试电压 $\dot{U}_o$，以产生一个电流 $\dot{I}_o$，将输出电阻定义为 $\dot{U}_o$ 与 $\dot{I}_o$ 的比值。对于共射极放大电路

$$r_o = \frac{\dot{U}_o}{\dot{I}_o} = R_C \qquad (6\text{-}14)$$

如果放大电路输出电阻较大（相当于信号源内阻较大），若负载变化时，输出电压变化较大，也就是放大电路带负载能力差。因此，通常希望输出电阻小一些，以增加带负载能力。

（2）图解法　图解法是在晶体管特性曲线上通过作图对动态时各极电流、电压波形进行分析，它较之微变等效电路分析法形象、直观。分析步骤如下：

1）在晶体管输出特性曲线和直流负载线上找出静态工作点 Q（I_B、I_C 和 U_{CE}），如图 6-16a所示。

2）设输入信号为正弦电压，即 $u_i = U_{iM}\sin\omega t$，根据晶体管输入特性曲线画出 i_B 的波形如图 6-16b 所示。由于加入了交流信号，此时基-射电压 u_{BE} 和基极电流 i_B 含有直流分量和交流分量，即

$$u_{BE} = U_{BE} + U_{iM}\sin\omega t$$
$$i_B = I_B + I_{BM}\sin\omega t$$

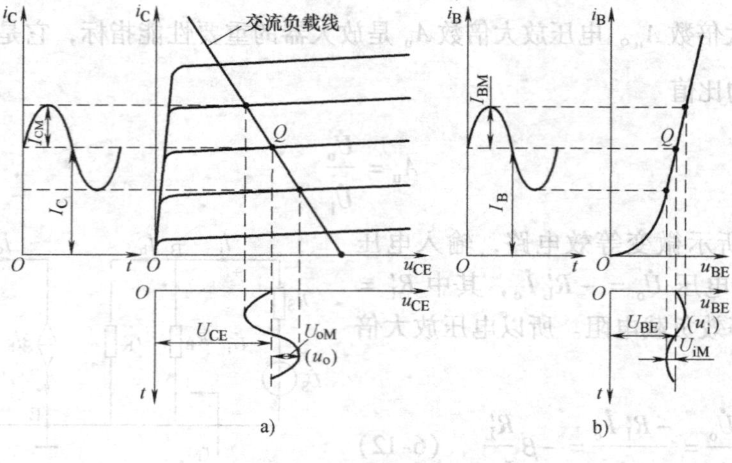

图 6-16　放大电路图解分析

式中，I_{BM}是基极电流所含交流分量的最大值。

3）作交流负载线。放大电路动态特性是由交流通道决定的，等效负载电阻 $R_L' = R_C // R_L$，又因为 $u_i = 0$ 时，晶体管必定工作于 Q 点，故交流负载线是过 Q 点，且斜率由 R_L'决定的直线。

根据 i_B 的波形，通过晶体管输出特性曲线和交流负载线画出 i_C 和 u_{CE}的波形。集电极电流 i_C 和集-射极间电压 u_{CE}也含有直流分量与交流分量，即

$$i_C = I_C + I_{CM}\sin\omega t$$
$$u_{CE} = U_{CE} - U_{CEM}\sin\omega t$$

u_{CE}通过耦合电容 C_2 输出时，直流分量 U_{CE}被隔离，而交流分量则作为放大电路输出电压

$$u_o = -U_{CEM}\sin\omega t = -U_{oM}\sin\omega t$$

由以上分析可以看出，各交流分量是同频率的正弦量，而且输出电压 u_o 与输入电压 u_i 相位相反。根据作图的结果可计算出电压放大倍数的大小。

$$|A_u| = \frac{U_{oM}}{U_{iM}}$$

式中，U_{oM}、U_{iM}分别是输出电压 u_o 和输入电压 u_i 的最大值。

放大电路要求输出信号能完全再现输入波形，即输出信号尽可能不失真。由于静态工作点不合适或信号太大，导致放大电路的工作范围超出了晶体管特性曲线上的线性范围。因此造成输出波形发生畸变，这种失真叫非线性失真。

在图 6-17a 中，由于静态工作点太低，如在 Q_1 处，在 u_i 的负半周，晶体管进入截止区工作，i_B 的负半周和 u_o 的正半周被削平，其波形严重失真。这是由于晶体管的截止引起的，故称为截止失真。

在图 6-17b 中，静态工作点太高，如在 Q_2 处，在 u_i 的正半周，晶体管进入饱和区工作，尽管 i_B 不失真，但 u_o 的负半周被削平，其波形也严重失真。这是晶体管的饱和引起的，故称为饱和失真。非线性失真在大信号输入时更为显著。

通常将静态工作点 Q 设置在交流负载线的中部，这样不仅可以减小非线性失真，还可以适当增大输出电压动态范围。

三、放大电路静态工作点的稳定

通过前面的讨论我们知道，为了使放大电路不产生非线性失真，必须选择合适的静态工作点。然而元件老化，电压波动，特别是温度对晶体管参数的影响，都会引起静态工作点不稳定。在前述固定偏置电路中，如果当温度上升时，晶体管的参数I_{CEO}和β增加，从而使集电极电流I_C增加，静态工作点向饱和区方向移动，严重时将出现饱和失真。

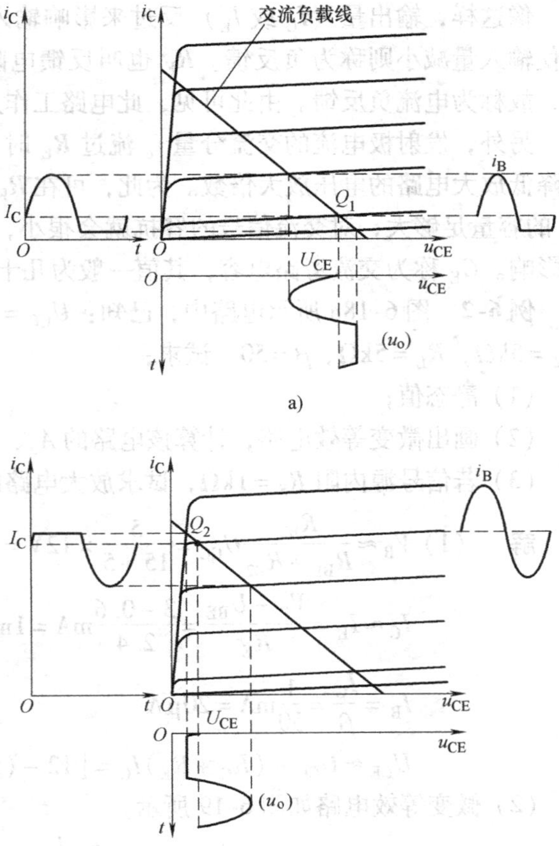

图 6-17　静态工作点不合适引起非线性失真

a）截止失真　b）饱和失真

为了稳定静态工作点，常采用图 6-18a所示的分压式电流负反馈偏置电路。

由图 6-18b 所示该电路的直流通道可以看出，R_{B1}和R_{B2}组成分压电路，在满足$I_1 >> I_B$的条件下，基极电位

$$V_B = I_2 R_{B2} \approx \frac{R_{B2}}{R_{B1}+R_{B2}} U_{CC} \quad (6\text{-}15)$$

此式表明，基极电位V_B只取决U_{CC}、R_{B1}、R_{B2}的大小，而与温度无关。

发射极的电位即发射极电阻R_E上的电位

$$V_E = R_E I_E \quad (6\text{-}16)$$

此电位随发射极电流I_E而改变，因而也随温度改变。例如，温度上升时，I_E或I_C也增大，使发射极电位V_E升高，但基极电位V_B是固定的，所以基-射极间电压$U_{BE} = V_B - V_E$将随温度上升而减小，从而使基极偏流I_B减小，这样就牵制了I_C和I_E，使之基本不随温度上升而增加，达到稳定工作点的目的。

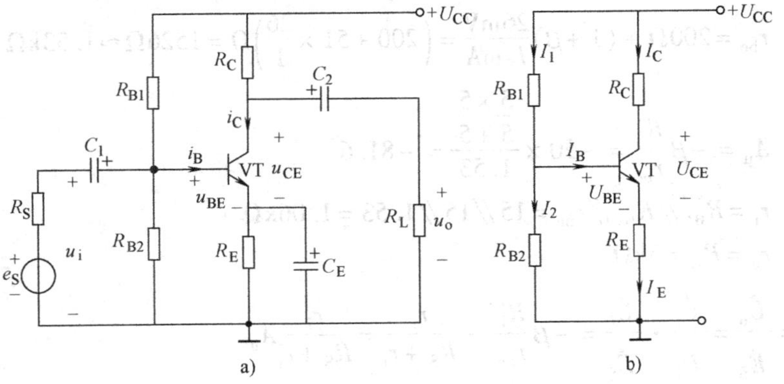

图 6-18　分压式电流负反馈偏置电路

a）放大电路　b）直流通道

像这样，输出量（I_C 或 I_E）反过来影响输入量（U_{BE}）的作用称为反馈，而输出量增加使输入量减小则称为负反馈。R_E 也叫反馈电阻，其上电压大小与电流 I_C（或 I_E）成正比，故称为电流负反馈。由此可见，此电路工作点的稳定就是靠电流负反馈实现的。

另外，发射极电流的交流分量 i_e 流过 R_E 时，也要产生交流负反馈，使 u_{be} 减小，这样会降低放大电路的电压放大倍数。为此，可在 R_E 两端并联一个电容值较大的电容 C_E，只要 C_E 的容量足够大，对交流信号的容抗就会很小，对交流分量可视为短路，而对直流分量并无影响。C_E 称为交流旁路电容，其值一般为几十微法到几百微法。

例 6-2　图 6-18a 所示电路中，已知：$U_{CC}=12V$，$R_C=5k\Omega$，$R_E=2.4k\Omega$，$R_{B1}=15k\Omega$，$R_{B2}=5k\Omega$，$R_L=5k\Omega$，$\beta=50$。试求：

（1）静态值；

（2）画出微变等效电路，计算该电路的 A_u、r_i、r_o；

（3）若信号源内阻 $R_S=1k\Omega$，试求放大电路的源电压放大倍数 A_{uS}。

解　（1）$V_B\approx\frac{R_{B2}}{R_{B1}+R_{B2}}U_{CC}=\frac{5}{15+5}\times 12V=3V$

$$I_C\approx I_E=\frac{V_B-U_{BE}}{R_E}=\frac{3-0.6}{2.4}mA=1mA$$

$$I_B=\frac{I_C}{\beta}=\frac{1}{50}mA=20\mu A$$

$$U_{CE}\approx U_{CC}-(R_C+R_E)I_C=[12-(5+2.4)\times 1]V=4.6V$$

（2）微变等效电路如图 6-19 所示。

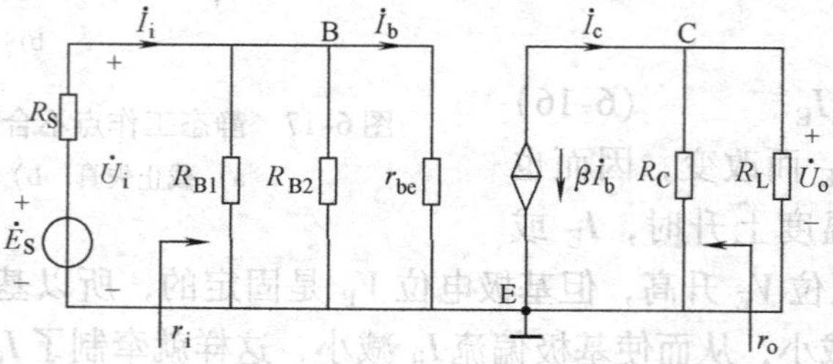

图 6-19　图 6-18a 的微变等效电路

$$r_{be}=200\Omega+(1+\beta)\frac{26mV}{I_E mA}=\left(200+51\times\frac{26}{1}\right)\Omega=1526\Omega\approx 1.53k\Omega$$

$$A_u=-\beta\frac{R_L'}{r_{be}}=-50\times\frac{\frac{5\times 5}{5+5}}{1.53}=-81.6$$

$$r_i=R_{B1}/\!/R_{B2}/\!/r_{be}=15/\!/15/\!/1.53=1.06k\Omega$$

$$r_o=R_C=5k\Omega$$

（3）$A_{uS}=\frac{\dot{U}_o}{\dot{E}_S}=\frac{\dot{U}_o}{\dot{U}_i}\cdot\frac{\dot{U}_i}{\dot{E}_S}=-\beta\frac{R_L'}{r_{be}}\cdot\frac{r_i}{R_S+r_i}=\frac{r_i}{R_S+r_i}A_u$

若 $R_S=1k\Omega$，则

$$A_{uS}=\frac{1.06}{1+1.06}\times(-81.6)\approx -50$$

四、射极输出器

图 6-20a 所示放大电路中，输出电压由发射极取出，故称之为射极输出器。由于电源 U_{CC} 对交流信号相当于短路，晶体管集电极成为输入与输出回路的公共端，所以射极输出器是共集电极电路。

1. 静态分析

由图 6-20b 所示射极输出器直流通道可确定以下静态值：

$$I_B = \frac{U_{CC} - U_{BE}}{R_B + (1+\beta)R_E} \tag{6-17}$$

$$I_E = I_B + I_C = (1+\beta)I_B \tag{6-18}$$

$$U_{CE} = U_{CC} - R_E I_E \tag{6-19}$$

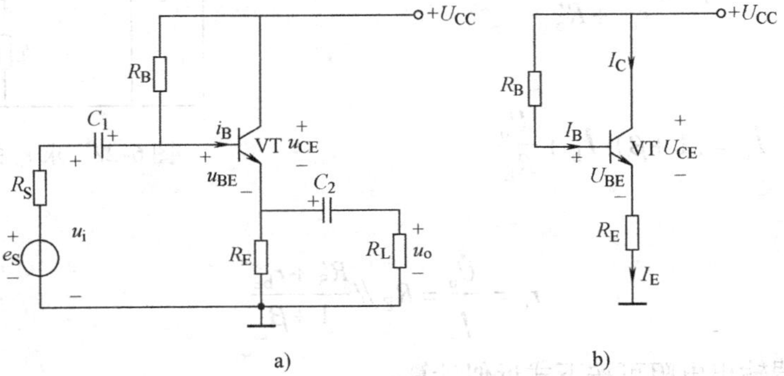

图 6-20 射极输出器

a）放大电路 b）直流通道

2. 动态分析

由图 6-21 所示射极输出器的微变等效电路可以计算电压放大倍数、输入和输出电阻。

（1）电压放大倍数 A_u 根据微变等效电路可得

$$\dot{U}_o = R_L' \dot{I}_e = (1+\beta)R_L' \dot{I}_b$$

式中，$R_L' = R_L /\!/ R_E$

$$\dot{U}_i = r_{be}\dot{I}_b + \dot{U}_o = r_{be}\dot{I}_b + (1+\beta)R_L'\dot{I}_b$$

因此，电压放大倍数

$$A_u = \frac{\dot{U}_o}{\dot{U}_i} = \frac{(1+\beta)R_L'}{r_{be} + (1+\beta)R_L'} \tag{6-20}$$

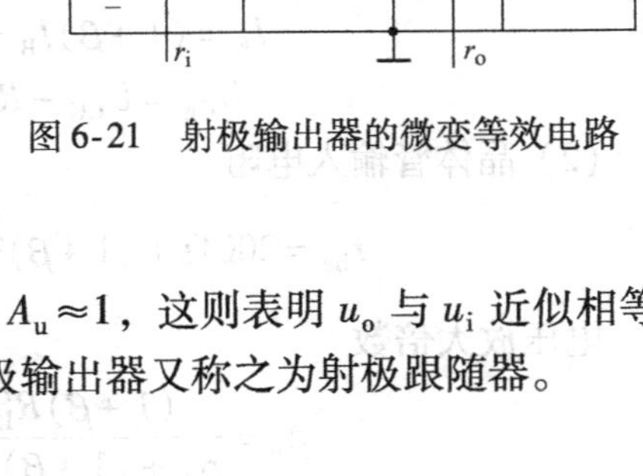

图 6-21 射极输出器的微变等效电路

A_u 为正，表明 u_o 与 u_i 同相；通常 $(1+\beta)R_L' >> r_{be}$，故 $A_u \approx 1$，这则表明 u_o 与 u_i 近似相等，即输出电压 u_o 跟随输入电压同相、同等变化，因此射极输出器又称之为射极跟随器。

（2）输入电阻 r_i 前面已得出

$$\dot{U}_i = r_{be}\dot{I}_b + (1+\beta)R_L'\dot{I}_b$$

如忽略 R_B 的分流作用，则 $\dot{I}_i = \dot{I}_b$，故输入电阻

$$r_i' = \frac{\dot{U}_i}{\dot{I}_b} = r_{be} + (1+\beta)R_L' \tag{6-21}$$

当考虑 R_B 时，放大电路输入电阻应是此值与 R_E 并联的结果，即

$$r_i = R_B /\!/ [r_{be} + (1+\beta)R_L'] \tag{6-22}$$

（3）输出电阻　由于射极输出器输出电压 u_o 近似等于输入电压 u_i，即无论负载如何变化，其输出电压近似不变，这就相当于此放大器输出电阻 r_o 很小。

求输出电阻的微变等效电路如图 6-22 所示，将信号源短路，令 $R_S' = R_S /\!/ R_B$，将

$$\dot{I}_b = \frac{\dot{U}_o}{r_{be} + R_S'}$$

代入下式：

$$\dot{I}_o = (1+\beta)\ \dot{I}_b + \frac{\dot{U}_o}{R_E}$$

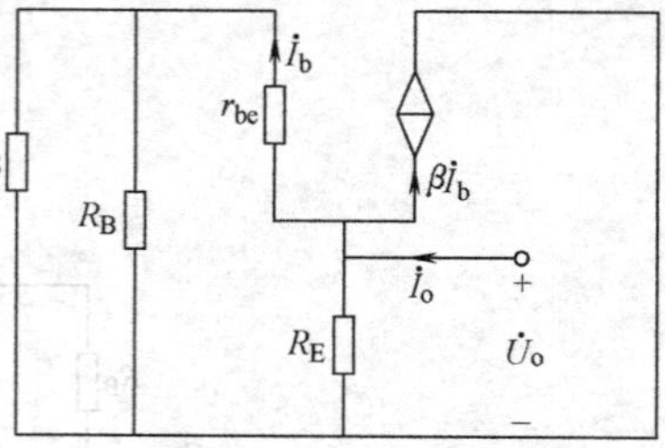

图 6-22　求 r_o 的等效电路

整理后可得

$$r_o = \frac{\dot{U}_o}{\dot{I}_o} = R_E /\!/ \frac{R_S' + r_{be}}{1+\beta} \tag{6-23}$$

通常，射极输出器输出电阻可按下式近似计算：

$$r_o \approx \frac{r_{be}}{\beta} \tag{6-24}$$

综上所述，射极输出器具有输入电阻高、输出电阻低、输出电压有良好跟随特性等优点，故在多级放大器中广泛应用于输入级、输出级和中间变换级。

例 6-3　在图 6-20a 所示电路中，已知 $U_{CC} = 12V$，$\beta = 50$，$R_B = 100k\Omega$，$R_E = 4k\Omega$，$R_L = 2k\Omega$。试求：（1）静态值；（2）电压放大倍数 A_u、输入电阻 r_i 和输出电阻 r_o。

解　（1）静态值

$$I_B = \frac{U_{CC} - U_{BE}}{R_B + (1+\beta)R_E} = \frac{12-0.6}{100+(1+50)\times 4}mA = 0.0375mA$$

$$I_E = (1+\beta)I_B = (1+50)\times 0.0375mA = 1.91mA$$

$$U_{CE} = U_{CC} - R_E I_E = (12 - 4\times 1.91)V = 4.36V$$

（2）晶体管输入电阻

$$r_{be} = 200\Omega + (1+\beta)\frac{26}{I_E} = \left[200 + (1+50)\frac{26}{1.91}\right]\Omega = 0.89k\Omega$$

电压放大倍数

$$A_u = \frac{(1+\beta)R_L'}{r_{be} + (1+\beta)R_L'} = \frac{(1+50)\times 1.33}{0.89 + (1+50)\times 1.33} = 0.99$$

其中 $R_L' = R_E /\!/ R_L = \frac{4\times 2}{4+2}k\Omega = 1.33k\Omega$

输入电阻

$$r_i = R_B /\!/ [r_{be} + (1+\beta)R_L'] = 100 /\!/ [0.89 + (1+50)\times 1.33]k\Omega = 40.7k\Omega$$

输出电阻按式（6-24）估算

$$r_o \approx \frac{r_{be}}{\beta} = \frac{0.89 \times 10^3}{50}\Omega = 17.8\Omega$$

第三节 集成运算放大器

前面介绍的放大电路，是由彼此分开的晶体管、电阻、电容由导线连接而成的，这种电路称为分立元件电路。随着电子工业发展，目前在大多数实用电路中，集成电路已经取代了分立元件电路。集成电路是把晶体管、电阻、电容以及连接导线集成在一块很小的硅片上，做成一个具有一定功能的固体元件。

集成电路种类很多，其中集成运算放大器（简称集成运放）具有通用性强、使用灵活等优点，因此获得广泛应用。

一、集成运算放大器概述

圆壳式集成运算放大器的外形如图6-23所示。

集成运算放大器的硅片密封在管壳内，向外引出若干接线端，主要有5个端子，即两个输入端、一个输出端和正、负电源端。有的运算放大器还设置外接调零电位器的调零端。图6-24所示是集成运算放大器的图形符号。

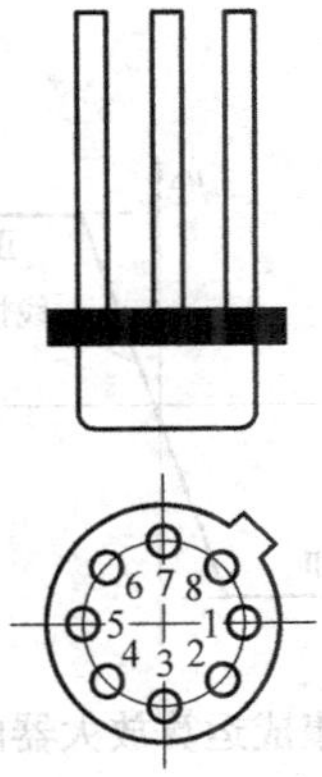

图6-23 圆壳式集成运算放大器的外形

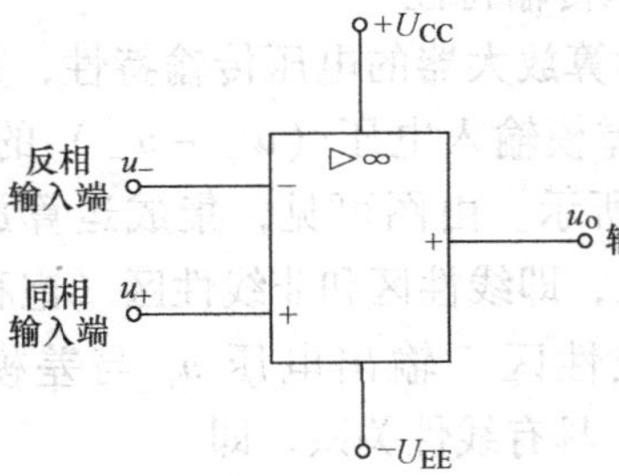

图6-24 集成运算放大器的图形符号

两个输入端中，一个称为反相输入端，信号由此输入，输出信号与之反相，或极性相反；另一个称为同相输入端，信号由此输入，输出信号与之同相，或极性相同。

1. 主要参数

集成运算放大器是一个具有高放大倍数直接耦合的多级放大器。表示其性能优劣的主要参数有：

（1）最大输出电压 U_{opp}　它是指不失真条件下最大输出电压。通用型集成运算放大器双电源电压为 ±15V，最大输出电压可达到 ±13V 左右。

（2）开环电压放大倍数 A_{uo}　A_{uo}是指集成运算放大器在无外加反馈回路，即开环情况下的对差模信号的电压放大倍数。差模信号是指集成运算放大器的两个输入端信号电压之差，它是集成运放的有用信号。A_{uo}的大小是决定运算精度的重要因素，其值越大越好，一般在 $10^4 \sim 10^7$。

（3）共模抑制比 K_{CMRR}　它表示集成运放对差模信号的电压放大倍数 A_d 与对共模信号的电压放大倍数 A_c 之比的绝对值，即

$$K_{CMRR}=\left|\frac{A_d}{A_c}\right|$$

所谓共模信号，是指在集成运放两个输入端输入的大小相等、相位相同（极性相同）的信号，温度变化、电源电压波动以及外界干扰等无用信号都可以看作共模信号。K_{CMRR} 越大，说明对共模信号的抑制能力越强。一般集成运放的 K_{CMRR} 可达 10^4 以上。

（4）差模输入电阻 r_{id}　r_{id} 是指开环情况下，集成运算放大器对差模信号的动态电阻，其值反映了对差模信号源索取电流的大小，要求 r_{id} 越大越好，一般该值可达几兆欧以上。

（5）输出电阻 r_o　r_o 是指开环情况下，由集成运算放大器输出端看进去的动态等效电阻，其值越小，集成运算放大器带负载能力越强，通常该值约数百欧姆。

由上述主要参数可以看出，集成运算放大器实际是一个高电压放大倍数、高共模抑制比、高输入电阻、低输出电阻的放大电路。为了简化分析过程，一般可将它视为理想运算放大器，所谓理想运算放大器是指：

开环电压放大倍数 $A_{uo}=\infty$

共模抑制比 $K_{CMRR}=\infty$

差模输入电阻 $r_{id}=\infty$

输出电阻 $r_o=0$

2. 电压传输特性

集成运算放大器的电压传输特性，是指其输出电压 u_o 与差模输入电压（u_+-u_-）的关系曲线，如图6-25所示。由图可见，集成运算放大器有两个工作区域，即线性区和非线性区（饱和区）。

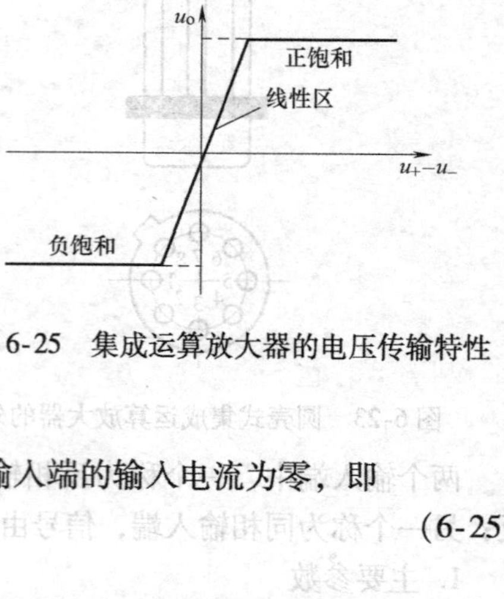

图6-25　集成运算放大器的电压传输特性

（1）线性区　输出电压 u_o 与差模输入电压（u_+-u_-）具有线性关系，即

$$u_o=A_{uo}(u_+-u_-)$$

理想运算放大器在线性区有以下两个重要结论：

1）由于差模输入电阻 $r_{id}=\infty$，因此可以认为两个输入端的输入电流为零，即

$$i_+=i_-\approx 0 \tag{6-25}$$

这种现象称为“虚设断路”，简称“虚断”。

2）由于运算放大器的开环放大倍数 $A_{uo}=\infty$，而输出电压 u_o 是一个有限值，故有

$$u_+-u_-=\frac{u_o}{A_{uo}}\approx 0$$

即

$$u_+\approx u_- \tag{6-26}$$

这种同相输入端与反相输入端电位相等的现象，称为“虚设短路”，简称“虚短”。

（2）非线性区　由于集成运算放大器的开环放大倍数很高，即使输入毫伏级以下的信号，也足以使运算放大器进入饱和区工作。这时输出电压 u_o 只有两种可能，或等于 $+U_{o(sat)}$

或等于 $-U_{o(sat)}$，即

当 $u_+ > u_-$ 时，$u_o = +U_{o(sat)}$

当 $u_+ < u_-$ 时，$u_o = -U_{o(sat)}$

集成运算放大器工作在非线性区时，$u_+ \neq u_-$，即“虚短”已不再成立，但由于运算放大器输入电阻很高，所以“虚断”依然成立。

二、集成运算放大器的应用

集成运算放大器的应用十分广泛，它可以用于信号的运算和处理。下面介绍集成运算放大器在实现信号的比例、加减、积分、微分运算以及对信号的比较等方面的应用。

1. 比例运算电路

(1) 反相比例运算电路　电路如图 6-26 所示，输入信号 u_i 通过 R_1 加到反相输入端，输出信号 u_o 通过反馈电阻 R_F 也加到反相输入端，引入反馈的作用是保证集成运放工作在线性区。

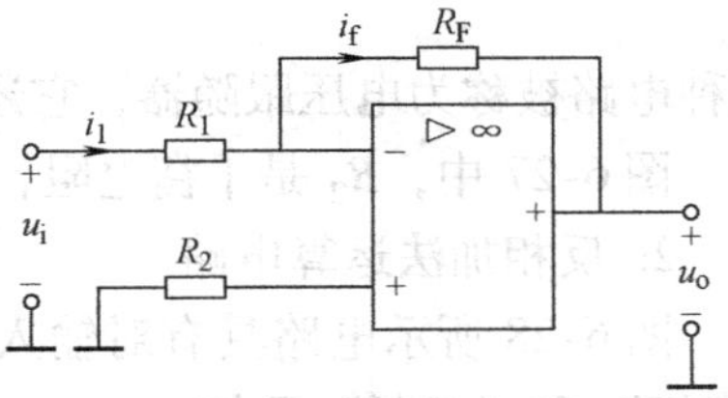

图 6-26　反相比例运算电路

根据集成运算放大器工作在线性区的两个重要结论可知

$$u_- \approx u_+ = 0$$

$$i_1 \approx i_f$$

而 $i_1 = \dfrac{u_i - u_-}{R_1} = \dfrac{u_i}{R_1}$，$i_f = \dfrac{u_- - u_o}{R_F} = -\dfrac{u_o}{R_F}$，故由此可得

$$u_o = -\frac{R_F}{R_1}u_i \tag{6-27}$$

电压放大倍数为

$$A_{uf} = \frac{u_o}{u_i} = -\frac{R_F}{R_1} \tag{6-28}$$

式 (6-28) 表明，输出电压与输入电压是比例运算关系，式中的负号表示 u_o 与 u_i 反相。

电路中的 R_2 称为平衡电阻，$R_2 = R_1 /\!/ R_F$，其作用是保证运算放大器输入级的静态平衡。

$R_1 = R_F$ 时，则

$$A_{uf} = \frac{u_o}{u_i} = -1 \tag{6-29}$$

称为反相器。

(2) 同相比例运算电路　电路如图 6-27 所示，输入信号由同相输入端输入，反馈电阻 R_F 接在输出端和反相输入端之间，保证集成运算放大器工作在线性区。

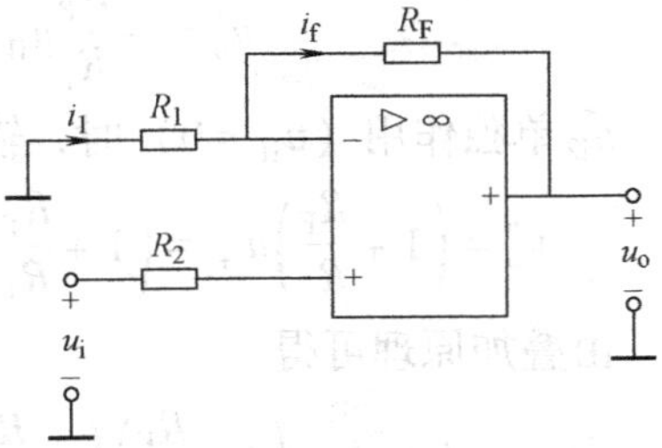

图 6-27　同相比例运算电路

根据“虚短”和“虚断”可知

$$i_1 \approx i_f$$

$$u_- \approx u_+ = u_i$$

又根据 u_- 和 u_o 的分压关系

$$u_- = \frac{R_1}{R_1 + R_F} u_o$$

因此可得

$$u_o = \left(1 + \frac{R_F}{R_1}\right) u_i \tag{6-30}$$

电压放大倍数

$$A_{uf} = \frac{u_o}{u_i} = 1 + \frac{R_F}{R_1} \tag{6-31}$$

如果 $R_1 = \infty$（断开）或 $R_F = 0$

$$A_{uf} = 1$$

这种电路被称为电压跟随器，它还有输入电阻高、输出电阻低的特点，广泛用作隔离电路。

图6-27中，R_2 是平衡电阻，它应满足 $R_2 = R_1 /\!/ R_F$。

2. 反相加法运算电路

图6-28所示电路具有对输入信号相加功能。由“虚短”和“虚断”可知

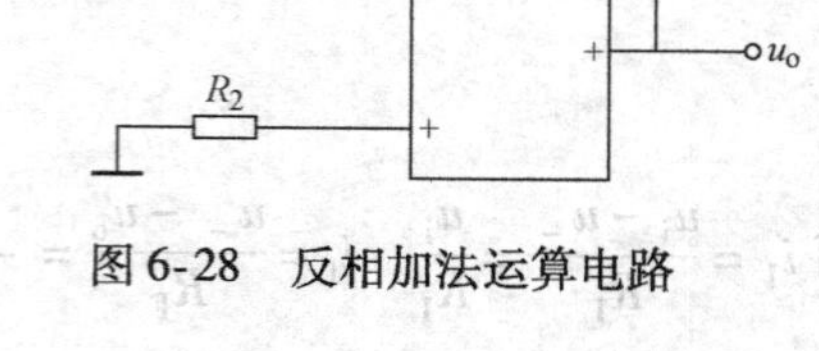

图6-28 反相加法运算电路

$$i_{11} = \frac{u_{i1}}{R_{11}}$$

$$i_{12} = \frac{u_{i2}}{R_{12}}$$

$$i_f = i_{11} + i_{12} = \frac{u_{i1}}{R_{11}} + \frac{u_{i2}}{R_{12}}$$

而 $u_o = -i_f R_F$，因此

$$u_o = -\left(\frac{R_F}{R_{11}} u_{i1} + \frac{R_F}{R_{12}} u_{i2}\right) \tag{6-32}$$

上述电路可将输入信号按一定比例进行相加，故称为加法器。其中，平衡电阻 R_2 应满足

$$R_2 = R_{11} /\!/ R_{12} /\!/ R_F$$

3. 减法运算电路

图6-29所示是减法运算电路，其中反馈电阻 R_F 接在输出端与反相输入端之间，使运算放大器工作在线性区，因此可利用叠加原理求得输出电压。

u_{i1} 单独作用（$u_{i2} = 0$）时，输出电压为

$$u_o' = -\frac{R_F}{R_1} u_{i1}$$

u_{i2} 单独作用（$u_{i1} = 0$）时，输出电压为

$$u_o'' = \left(1 + \frac{R_F}{R_1}\right) u_+ = \left(1 + \frac{R_F}{R_1}\right)\left(\frac{R_3}{R_2 + R_3}\right) u_{i2}$$

由叠加原理可得

$$u_o = u_o' + u_o'' = \left(1 + \frac{R_F}{R_1}\right)\left(\frac{R_3}{R_2 + R_3}\right) u_{i2} - \frac{R_F}{R_1} u_{i1} \tag{6-33}$$

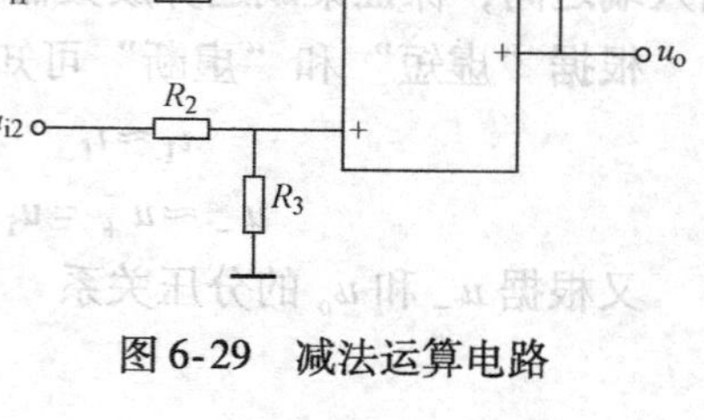

图6-29 减法运算电路

当 $R_1=R_2$、$R_3=R_F$ 时，则

$$u_o=\frac{R_F}{R_1}(u_{i2}-u_{i1}) \tag{6-34}$$

此式说明输出电压与输入电压之差成比例，所以也称为减法器。

例 6-4　图 6-30 所示两级运算放大器电路，试求 u_o 与 u_{i1}、u_{i2}的运算关系式。

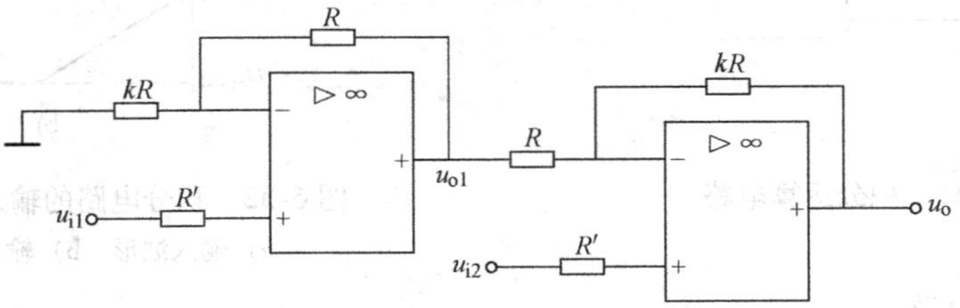

图 6-30　例 6-4 的图

解　输入级是同相比例运算电路，故

$$u_{o1}=\left(1+\frac{R}{kR}\right)u_{i1}=\left(1+\frac{1}{k}\right)u_{i1}$$

输出级可利用叠加原理分析，只考虑同相输入（$u_{o1}=0$）时，输出电压为

$$u_o'=\left(1+\frac{kR}{R}\right)u_{i2}=(1+k)u_{i2}$$

只考虑反相输入（$u_{i2}=0$）时，输出电压为

$$u_o''=-\frac{kR}{R}u_{o1}=-k\left(1+\frac{1}{k}\right)u_{i1}=-(1+k)u_{i1}$$

所以由叠加原理得

$$u_o=u_o'+u_o''=(1+k)(u_{i2}-u_{i1})$$

4. 积分运算电路

积分运算电路如图 6-31 所示，反馈电容 C_F 接在输出端与反相输入端之间，使运算放大器工作在线性区。由电路可得

$$u_-\approx u_+=0$$

$$i_1=i_f=\frac{u_i}{R_1}$$

输出电压 u_o 与电容两端电压 u_C 反相，故

$$u_o=-u_C=-\frac{1}{C_F}\int i_f\mathrm{d}t=-\frac{1}{R_1C_F}\int u_i\mathrm{d}t \tag{6-35}$$

上述表明 u_o 与 u_i 的积分成比例，式中的负号表示两者反相。R_1C_F 称为积分时间常数。

当 u_i 是恒定电压，如图 6-32a 所示时，则输出电压

$$u_o=-\frac{U_i}{R_1C_F}t$$

其输出波形如图 6-32b 所示。

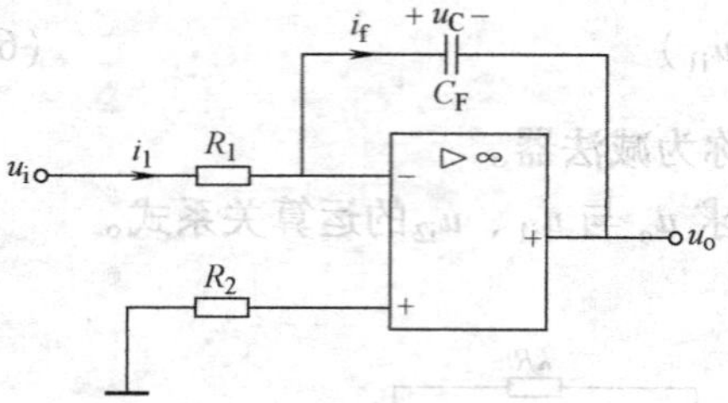

图6-31 积分运算电路

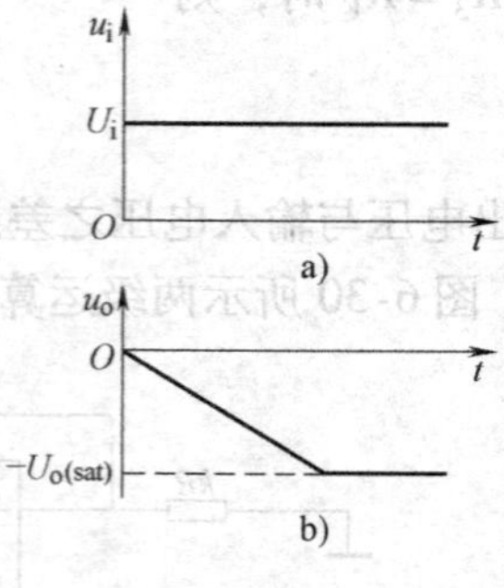

图6-32 积分电路的输入输出波形

a）输入波形 b）输出波形

5. 微分运算电路

微分是积分的逆运算，故将积分电路中输入端的电阻与反馈电容位置互换，就构成了微分电路，如图6-33所示。

由电路可得

$$i_f = i_1 = C_1 \frac{du_i}{dt}$$

输出电压为

$$u_o = -R_F i_f = -R_F C_1 \frac{du_i}{dt} \tag{6-36}$$

此式表明输出电压 u_o 与输入电压 u_i 的微分成正比。

微分电路可将方波变换成尖脉冲，如图6-34所示。

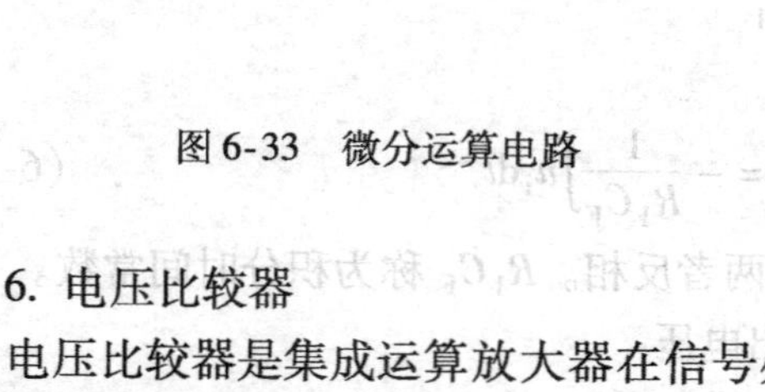

图6-33 微分运算电路

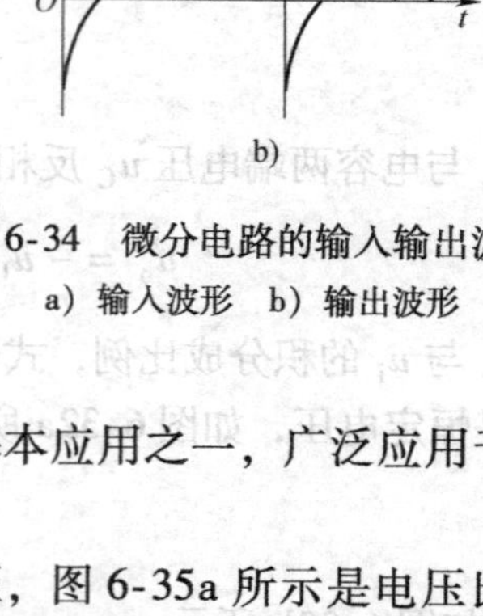

图6-34 微分电路的输入输出波形

a）输入波形 b）输出波形

6. 电压比较器

电压比较器是集成运算放大器在信号处理方面的基本应用之一，广泛应用于测量、控制、波形发生等方面。

电压比较器的作用是用来比较输入电压和参考电压，图6-35a所示是电压比较器的一种。输入信号 u_i 从反相输入端输入，参考电压 U_R 从同相输入端输入。由于运算放大器工作于开环状态，开环放大倍数很高，即使在输入端有一个微小的差值信号输入，输出电压也会达到饱和值。当 $u_i > U_R$ 时，$u_o = -U_{o(sat)}$；当 $u_i < U_R$ 时，$u_o = +U_{o(sat)}$。该电压比较器的传输特性如图 6-35b 所示。

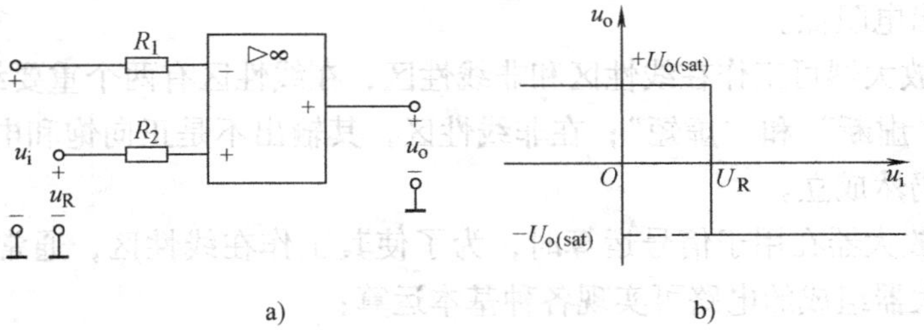

图 6-35　电压比较器
a）电路　b）传输特性

当 $U_R = 0$ 时，输入电压与零电平比较，称为过零比较器。如图 6-36 所示。

例 6-5　过零电压比较器输入的是正弦波形，已知 $u_i = 10\sin\omega t$V，其中集成运放最大输出电压 $U_{opp} = \pm 12$V，试画出 u_o 的波形。

解　如图 6-37a 所示。在输入波形为正半周时，因为 $u_i > 0$，即 $u_- > u_+$，$u_o = -U_{opp} = -12$V（负向饱和）；另在负半周时，因为 $u_i < 0$，即 $u_- < u_+$，$u_o = +U_{opp} = +12$V（正向饱和）。据此画出 u_o 的波形，如图 6-37b 所示。由此可见，电压比较器输入信号是连续变化的模拟量，而输出则是数字量，即高电平或低电平。

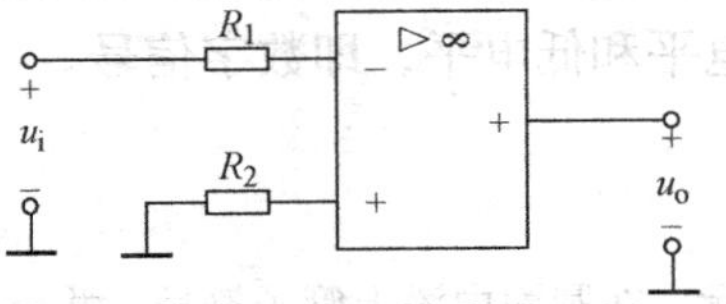

图 6-36　过零比较器

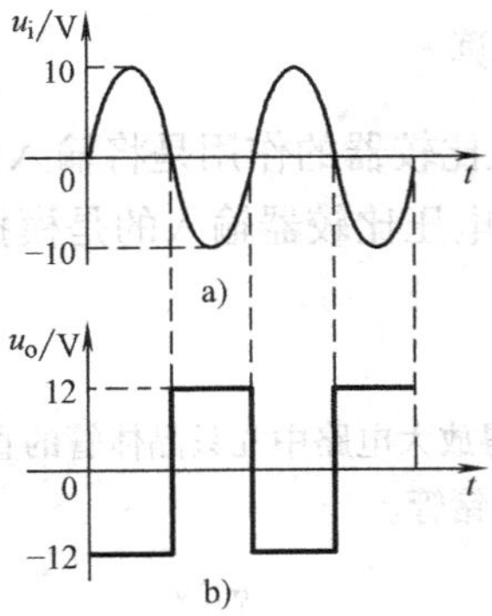

图 6-37　例 6-5 的波形图

本章小结

1. 半导体三极管是一种电流控制元件，它通过基极电流控制集电极电流。它有 3 个工作区域：放大区、截止区和饱和区。当发射结处于正向偏置、集电结处于反向偏置时，它工作在放大区，此时，集电极电流 i_C 仅决定于基极电流 i_B，且 $i_C = \beta i_B$，体现了晶体管的电流放大作用。

2. 晶体管放大电路是交、直流共存的电路，它的分析包括静态分析和动态分析，前者可通过直流通道确定静态值 I_B、I_C 和 U_{CE}；后者则利用微变等效电路法或图解法主要计算电压放大倍数 A_u、输入电阻 r_i 和输出电阻 r_o。

3. 固定偏置电路静态工作点不稳定，为了稳定放大电路静态工作点，可采用分压式电流负反馈偏置电路。

4. 射极输出器的主要特点是：电压放大倍数接近且小于1，输出电压与输入电压同相；输入电阻高；输出电阻低。

5. 集成运算放大器可工作在线性区和非线性区，在线性区有两个重要结论：$i_+ \approx i_- = 0$ 和 $u_+ \approx u_-$，即“虚断”和“虚短”；在非线性区，其输出不是正向饱和电压就是负向饱和电压，此时虚断仍然成立。

6. 集成运算放大器在用于信号运算时，为了使其工作在线性区，通常引入一定的负反馈。集成运算放大器组成的电路可实现各种基本运算：

反相比例运算 $$u_o = -\frac{R_F}{R_1}u_i$$

同相比例运算 $$u_o = \left(1 + \frac{R_F}{R_1}\right)u_i$$

反相加法运算 $$u_o = -\left(\frac{R_F}{R_{11}}u_{i1} + \frac{R_F}{R_{12}}u_i\right)$$

减法运算 $$u_o = \left(1 + \frac{R_F}{R_1}\right)\frac{R_3}{R_2 + R_3}u_{i2} - \frac{R_F}{R_1}u_{i1}$$

积分运算 $$u_o = -\frac{1}{R_1 C_F}\int u_i \mathrm{d}t$$

微分运算 $$u_o = -R_F C_1 \frac{\mathrm{d}u_i}{\mathrm{d}t}$$

7. 电压比较器的作用是将输入信号和参考电压进行比较，此时集成运算放大器工作在非线性区。电压比较器输入的是模拟量，输出的是高电平和低电平，即数字信号。

习　题　六

6-1　测得放大电路中几只晶体管的直流电位如图6-38所示。在圆圈中添上管子符号，并分别说明它们是硅管还是锗管。

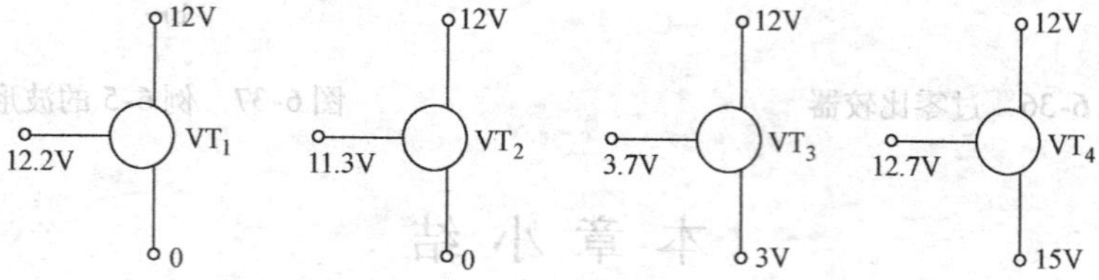

图6-38　题6-1图

6-2　放大电路中两只晶体管的两个电极电流如图6-39所示。

（1）求另一电极电流，并在图上标出其方向；

（2）标出E、B、C极，判断它们分别是NPN还是PNP型；

（3）估算β值。

6-3　基本共射放大电路如图6-40所示，已知：$U_{CC} = 6.7V$，$R_B = 300k\Omega$，$R_C = 2k\Omega$，$R_L = 2k\Omega$，晶体管的$\beta = 100$，$U_{BE} = 0.7V$，C_1和C_2容量足够大。试求：

（1）静态工作点I_B、I_C、U_{CE}；

（2）电压放大倍数 A_u、输入电阻 r_i、输出电阻 r_o。

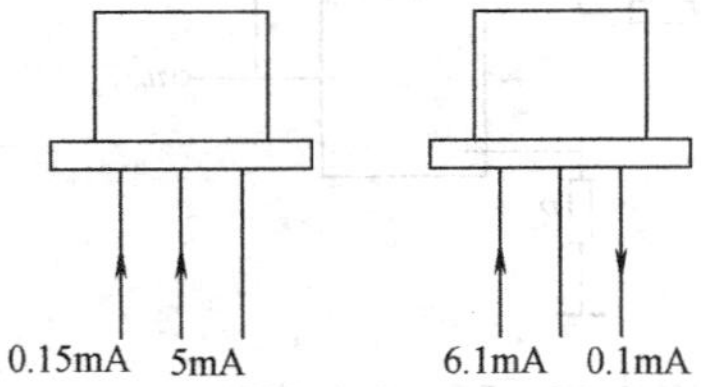

图6-39　题6-2图

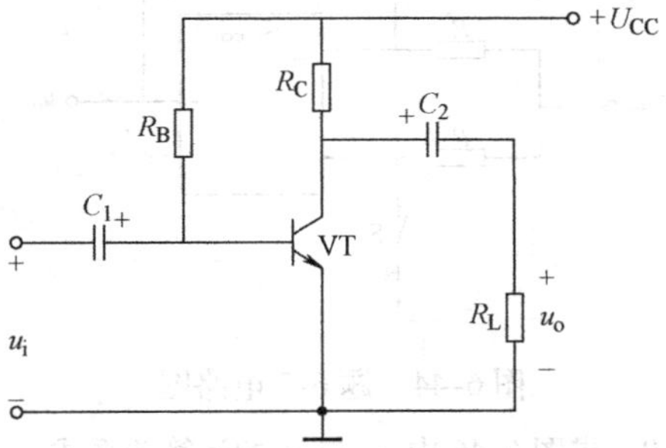

图6-40　题6-3图

6-4　分压式电流负反馈偏置电路如图6-41所示，已知晶体管 $\beta=40$，$U_{BE}=0.7V$，各电容对交流容抗近似为零，试求：

（1）静态工作点 I_C 和 U_{CE}；

（2）画出微变等效电路，求 r_{be}；

（3）求电压放大倍数 A_u、输入电阻 r_i 和输出电阻 r_o。

6-5　射极输出器如图6-42所示，已知三极管的 $\beta=80$，$U_{BE}=0.7V$，各电容对交流容抗近似为零。试求：

（1）静态工作点 I_B、I_C 和 U_{CE}；

（2）输入电阻 r_i 和输出电阻 r_o。

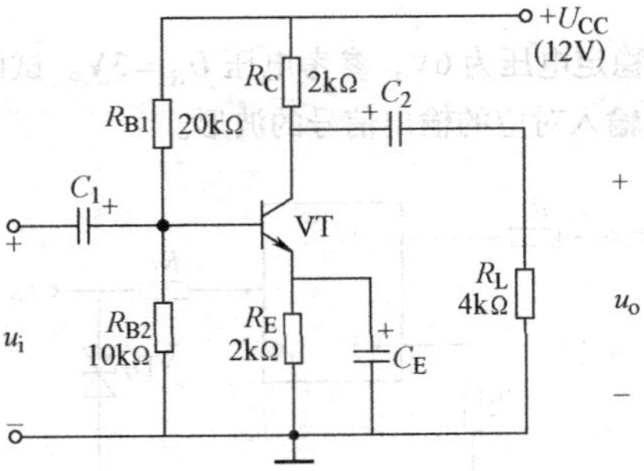

图6-41　题6-4电路图

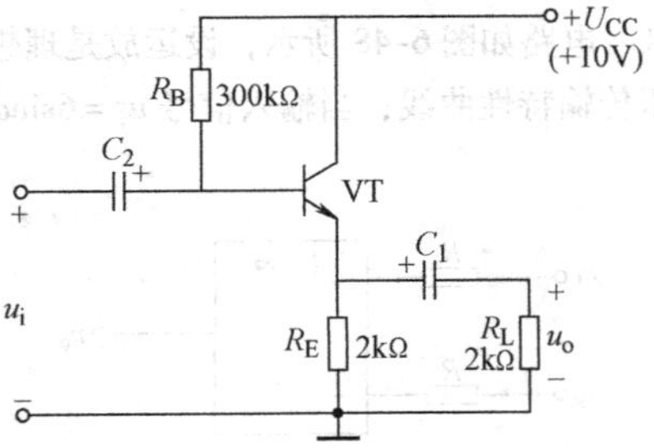

图6-42　题6-5电路图

6-6　在图6-43所示的运算电路中，要求输出电压 $u_o=-(4u_{i1}+0.2u_{i2})$，已知 $R_F=10k\Omega$，试确定 R_{11}、R_{12} 和平衡电阻 R_2 的值。

6-7　由集成运算放大器构成的电路图如图6-44所示，试求开关S闭合与断开两种情况下的电压放大倍数 $A_{uf}=\dfrac{u_o}{u_i}$。

6-8　如图6-45所示积分电路中，$R_1=5k\Omega$，$C_F=2\mu F$，$u_i=-1V$，集成运放最大输出电压 $U_{opp}=\pm10V$，试求：

（1）输出电压 u_o 由0到运放能输出的最大值10V所需的时间是多少？

（2）超出这段时间，输出电压 u_o 会呈现怎样的变化规律？

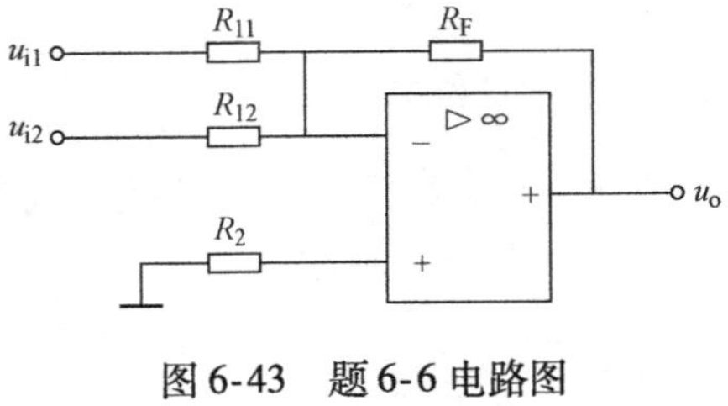

图6-43　题6-6电路图

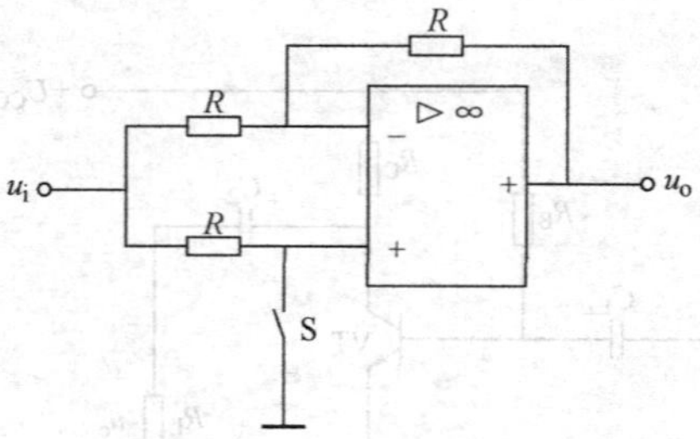

图6-44　题6-7电路图

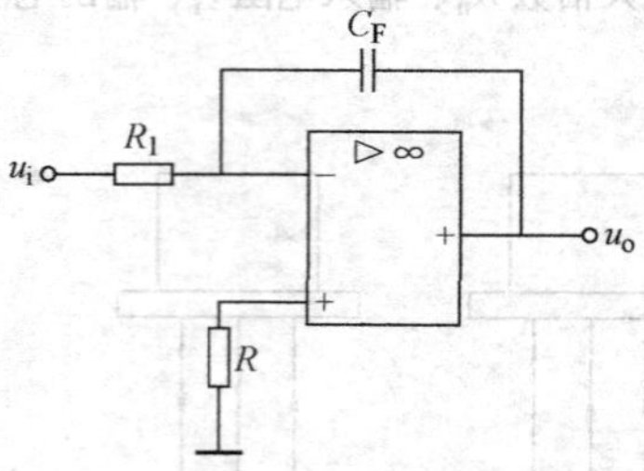

图6-45　题6-8电路图

6-9　求图6-46中 u_o 与 u_i 的运算关系式。

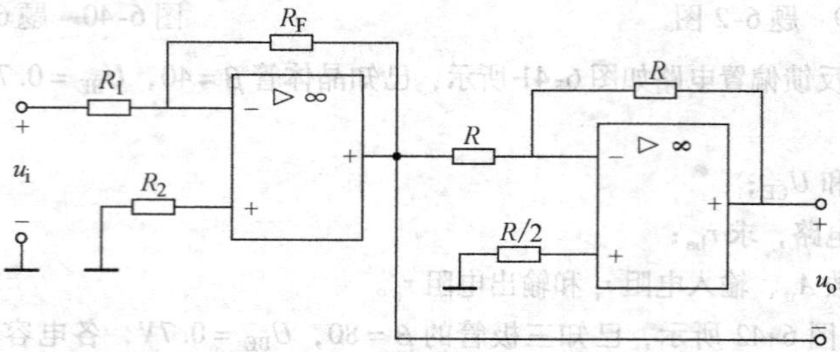

图6-46　题6-9电路图

6-10　比较器电路如图6-47所示，$U_R=3V$，运放输出的饱和电压为 ±13V，要求：

（1）画出传输特性；

（2）若 $u_i=6\sin\omega tV$，画出 u_o 的波形。

6-11　电路如图6-48所示，设运放是理想的，稳压管的稳定电压为6V，参考电压 $U_R=3V$。试画出电路的电压传输特性曲线；当输入信号 $u_i=6\sin\omega tV$ 时，画出与输入对应的输出信号的波形。

图6-47　题6-10图

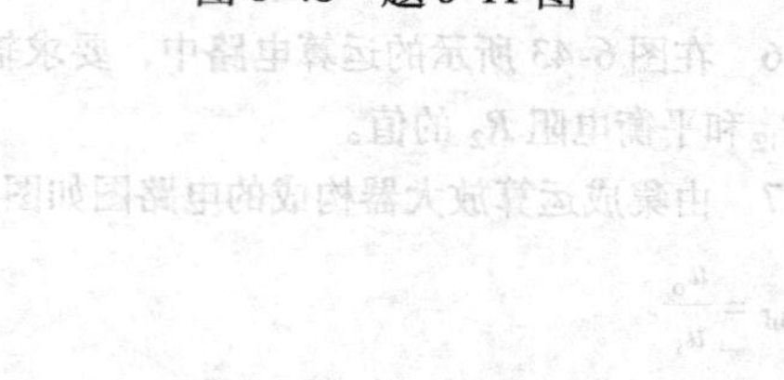

图6-48　题6-11图

应用篇

第七章　建筑供配电

本章介绍供电的基本知识，要求对发电、输电、变配电有一个完整的概念。重点介绍电力负荷常用的计算方法，变配电所的主接线和主要电气设备，并对变配电气的结构型式及其对土建设计的一般要求作介绍。在此基础上，给出建筑施工现场供电的设计步骤和图例。

第一节　电力系统概述

电力是现代工业的主要动力，它在工、农业生产，城市建设和人们的日常生活中占有重要的地位。一旦电源供应中断，就可能使整个社会生活瘫痪。因此，每位即将从事工程技术工作的人，不仅都要学会如何用电，而且也有必要对电力的生产、输送、分配和使用的全过程有概括的了解。

一、电力系统

电力系统是由发电厂、电力网和用电设备组成的统一整体，电力网是电力系统的一部分，它包括变配电所及各种电压等级的电力线路。

1. 发电厂

发电厂是将自然界蕴藏的诸种一次能源转换为电能（二次能源）的工厂，它的产品是电能。根据所利用的一次能源不同，发电厂可分为火力发电厂、水力发电厂、原子能发电厂、风力发电厂、地热发电厂、太阳能发电厂等类型。目前在我国接入电力系统的发电厂主要是火力发电厂和水力发电厂。现以火力发电厂和水力发电厂为例，简述电能的生产过程。

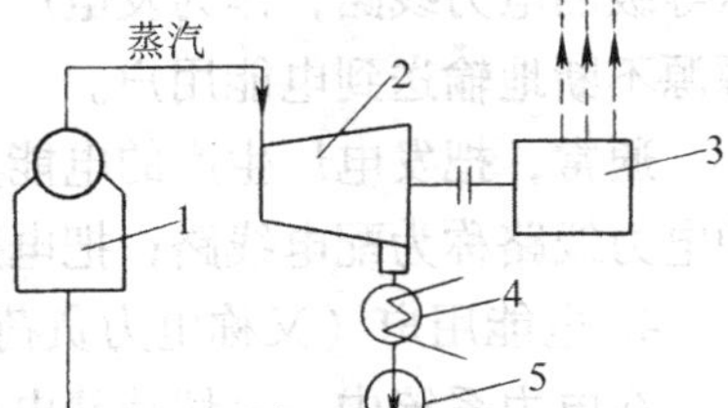

图 7-1　火电厂生产过程示意图

1—锅炉　2—汽轮机　3—发电机　4—凝汽器　5—水泵

火力发电厂是利用燃料（煤、石油、天然气）的化学能来生产电能的，其主要设备有锅炉、汽轮机、发电机，如图 7-1 所示。我国的火力发电厂目前仍以燃煤为主。为了提高燃煤效率，现代火电厂都把煤块粉碎成煤粉。煤粉在炉膛内充分燃烧，将锅炉内的水加热蒸发成高温高压的蒸汽，燃料的化学能转换为蒸汽的热能。蒸汽经过管道送入汽轮机，推动其旋转，蒸汽的热能转换成机械能。汽轮机与发电机是联轴的，带动发电机转子转动。由于发电机转子上绕有绕组，并通有直流电流，旋转的转子磁场切割发电机定子绕组，在定子绕组中产生感应电动势，汽轮机的旋转机械能转换成了电能，这就是火力发电厂的简单生产过程。

水力发电是无污染的能源利用。我国近几年来大力发展水电事业，修建了小浪底、葛州坝、长江三峡等大型水电厂，缓解了我国电力紧张的局面。

水力发电厂是利用水的势能来生产电能，主要由水库、水轮机和发电机组成。水库借助水坝来汇集水量，提高水位，使水库中的水相对于下游的水具有一定的落差（水头）。经过引水管道，将水库中的水送入水轮机，推动其旋转，使水的势能转换成机械能。水轮机与发电机是联轴的，带动发电机转子一起转动，转子的旋转磁场切割发电机定子绕组，在定子绕组中产生感应电动势。图7-2为水电厂生产过程示意图。

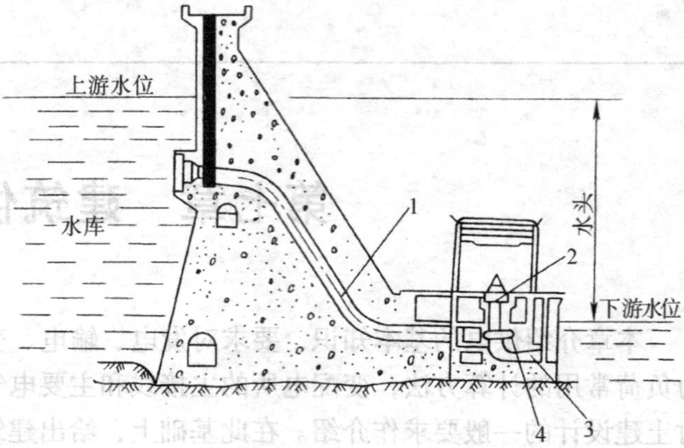

图7-2　水电厂生产过程示意图
1—引水管　2—发电机　3—尾水管　4—水轮机

2. 变配电所

为了实现电能的经济输送和满足用电设备对供电质量的要求，需要对发电机的端电压进行多次变换。变电所的作用就是接收电能、升高或降低电压，根据供电需求进行必要的再分配。

单纯用来接收和分配电能而不改变电压的场所称为配电所。单位的配电室一般兼变电与配电两种功能。

3. 电力线路（也称输电线路）

电力线路是输送电能的通道。因为火力发电厂多建在燃料产地，水力发电厂则建在水力资源丰富的地方，一般这些大型的发电厂距离电能的用户都比较远，所以需要用各种不同电压等级的电力线路，作为发电厂、变电所和电能用户之间联系的纽带，使发电厂生产的电能源源不断地输送到电能用户。

通常，把发电厂生产的电能直接分配给用户或由降压变电所分配给用户的10kV及以下的电力线路称为配电线路；把电压在35kV及以上的高压电力线路称为送电线路。

4. 电能用户（又称电力负荷）

在电力系统中，一切消费电能的用电设备均称为电能用户。用电设备按其用途可分为：电力用电设备（如电动机等），工艺用电设备（如电解、冶炼、电焊等设备），电热用电设备（电炉、干燥箱、空调等），照明用电设备和试验用电设备等，它们分别将电能转换为机械能、热能和光能等不同形式，以适应生产和生活对电能的需要。

目前我国各类用户用电量占总电量的百分比为：工业72.9%，农业13.7%，生活7.8%，市政及商业4.4%。可见，工业是电力系统中最大的电能用户。随着家用电器的猛增，生活用电的比例将会急剧上升。

图7-3是从发电厂到用户的送电过程示意图。

5. 电力系统

如果各个发电厂孤立地向用户供电，则当某个发电厂发生故障或停机检修时，那个地区将被迫停电。为了提高供电的安全与连续性，保证用户供电不中断，每个孤立的发电厂都要设置一套备用机组，但这样很不经济。因此，有必要将各种类型发电厂的发电机、变电所的变压器以及输电线、配电设备和用电设备联系起来组成整体，称其为电力系统，如图7-4所示（点画线框内为工矿企业供电系统）。建立电力系统有如下优越性。

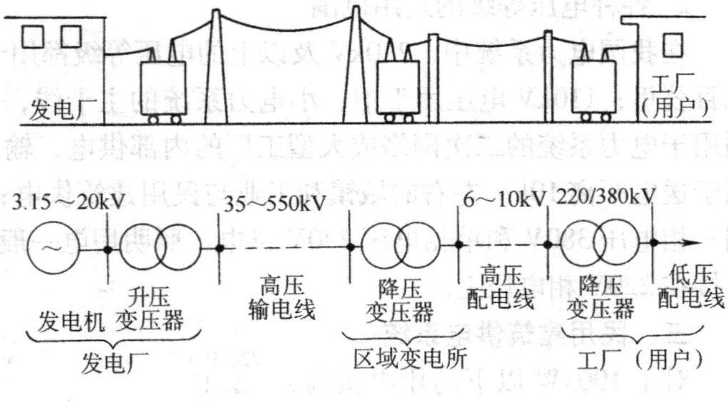

图7-3　从发电厂到用户的送电过程示意图

(1) 提高供电的可靠性　不会因个别发电机故障或检修而导致用户停电，并能有计划地安排设备轮流检修，使设备保持安全运行。

(2) 实现最经济运行　其一，可以根据季节的不同，如在丰水季节尽量使水电厂多发电，以节省火电厂燃料，降低电力系统的发电成本，同时安排火电厂检修；其二，可以合理调配各发电厂的负荷，尽可能减少近电远送，以降低线路上的电能损失。同时，可使发电厂的负荷变化减小，有利于提高效率和供电的质量。

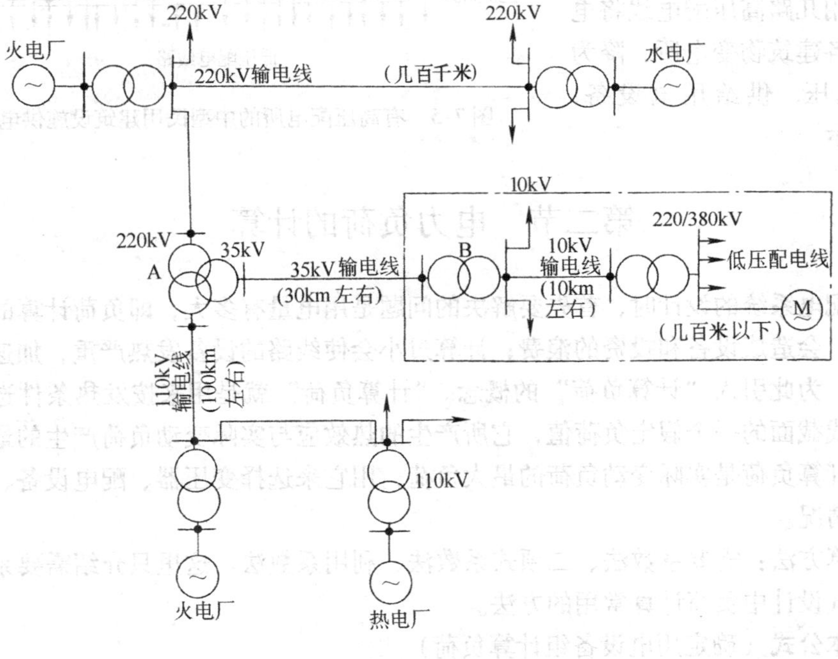

图7-4　电力系统示意图

(3) 提高设备利用率　因为连成一个系统，系统内的设备就可互为备用，减少了发、供电设备总的备用容量，可大大节省设备投资。

二、电力系统的电压

1. 电压等级

根据我国规定，交流电力网的额定电压等级有：

220V、380V、3kV、6kV、10kV、35kV、110kV、220kV、330kV及500kV。

习惯上把1kV及以上的电压称为高压，1kV以下的称为低压。但要注意，所谓低压是相对高压而言，决不表明它对人身没有危险。

2. 各种电压等级的适用范围

在我国电力系统中，220kV及以上的电压等级都用于大电力系统的主干线，输送距离在几百公里；110kV电压用于中、小电力系统的主干线，输送距离在100km左右；35kV电压则用于电力系统的二次网络或大型工厂的内部供电，输电距离在30km左右；6~10kV电压用于送电距离10km左右的城镇和工业与民用建筑供电；电动机、电热等用电设备，一般采用三相电压380V和单相电压220V供电。照明用电一般采用220/380V三相四线制供电，电灯接在220V相电压上。

三、民用建筑供电系统

对于100kW以下的用电负荷，一般不必要单独设变压器，通常采用220/380V低压供电即可，只需要设立一个低压配电室。

中型民用建筑设施的供电，一般电源进线为6~10kV，经过高压配电所，再用几路高压配电线将电能分别送到各建筑物变电所，降为220/380V低压，供给用电设备，如图7-5所示。

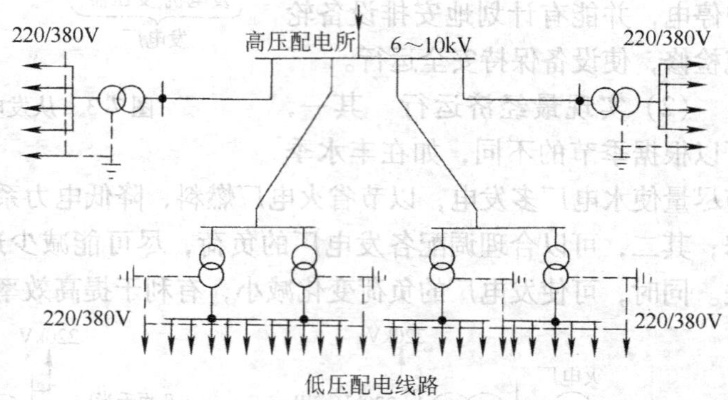

图7-5 有高压配电所的中型民用建筑设施供电系统

第二节 电力负荷的计算

在进行配电系统的设计时，首先要解决的问题是用电量有多大，即负荷计算的问题。如果计算过大，会造成设备和投资的浪费；计算过小会使线路的设备发热严重，加速绝缘老化或设备损坏，为此引入“计算负荷”的概念。“计算负荷”就是用来按发热条件选择各种电气设备和导线截面的一个假定负荷值，它所产生的热效应与实际变动负荷产生的最大热效应相当，所以计算负荷是实际变动负荷的最大负荷，用它来选择变压器、配电设备、导线截面较符合实际情况。

负荷计算方法：需要系数法、二项式系数法、利用系数法。这里只介绍需要系数法，它也是建筑电气设计中负荷计算常用的方法。

一、基本公式（确定用电设备组计算负荷）

一个单位或一个系统的计算负荷不能简单地把各用电设备的功率直接相加，在进行负荷计算时，应考虑以下几种因素：

① 整个系统的用电设备不可能都同时运行，即考虑设备组的同时运行系数K_{Σ}。

② 每台设备不可能都工作在最大负荷下，即考虑设备组的负荷系数K_L。

③ 各用电设备运行要产生功率损耗，即考虑设备组的平均效率η_s。

④ 配电线路也要产生功率损耗，即考虑配电线路的效率η_L。

工作条件以及工人操作水平等因素也要影响用电设备组的取用功率（计算负荷）等。

综合以上各种因素，根据实测统计，将所有影响负荷计算的因素综合成一个小于1的系数，称为需要系数，用 K_d 表示。表7-1列出了土建施工用电设备的需要系数和功率因数。

表7-1 土建施工用电设备的需要系数和功率因数

序号	用电设备名称	需要系数 K_d	功率因数 $\cos\varphi$
1	大批生产及流水作业的热加工车间	0.3～0.4	0.65
2	大批生产及流水作业的冷加工车间	0.2～0.25	0.50
3	小批生产及单独生产的冷加工车间	0.16～0.2	0.50
4	生产用的通风机、水泵	0.75～0.85	0.80
5	卫生保健用的通风机	0.65～0.7	0.80
6	运输机、传送机	0.52～0.6	0.75
7	混凝土及砂浆搅拌机	0.65～0.7	0.65
8	碎石机、筛泥泵、砾石洗涤机	0.7	0.70
9	起重机、掘土机、升降机	0.25	0.70
10	电焊变压器	0.45	0.45
11	球磨机	0.7	0.70
12	工业、企业建筑室内照明	0.8	1
13	仓库	0.35	1
14	室外照明	1	1

需要系数法就是将用电设备的设备容量乘上一个与表中同性质、同类型设备的需要系数，所得结果即是计算负荷

$$P_c = K_d \sum P \tag{7-1}$$

$$Q_c = P_c \tan\varphi \tag{7-2}$$

$$S_c = \sqrt{P_c^2 + Q_c^2} \tag{7-3}$$

$$I_c = S_c / \sqrt{3} U_N \tag{7-4}$$

式中，P_c 为用电设备组的有功计算负荷（kW）；Q_c 为用电设备组的无功计算负荷（kvar）；S_c 为用电设备组的视在计算负荷（kV·A）；I_c 为用电设备组线路计算电流（A）；K_d 为用电设备组的需要系数；$\sum P$ 为用电设备组的设备容量之和（kW）；U_N 为用电设备组的额定电压（kV）。

需要指出，当只有1～2台设备时，可取 $K_d=1$，$P_c=P$；但对于电动机，由于本身的损耗，即要考虑自身的效率 η，因此，当只有1台电动机时 $P_c=P/\eta$，P 为电动机的设备容量。

二、设备容量 *P* 的确定

设备容量 P 是指归算到规定工作制下的设备额定容量，它不包括备用设备的额定容量。

1. 长期连续工作制及其设备容量

这类工作制的设备长期连续运行，负荷较稳定，如通风机、水泵、空气压缩机、电炉、照明灯等。其设备容量就是用电设备铭牌额定容量，即 $P=P_N$。

2. 断续周期工作制及其设备容量

这类工作制的设备周期性地时而工作时而停歇，其工作周期一般不超过10min，如电焊机和起重设备等。断续周期工作制的设备，可用“暂载率”（又称负荷持续率）来表征其工作性质。

暂载率为一个工作周期内工作时间与工作周期的百分比

$$\varepsilon=\frac{t}{T}\times100\%=\frac{t}{t+t_0}\times100\% \tag{7-5}$$

式中，t 为1个周期内的工作时间；t_0 为1个周期内的停歇时间；T 为工作周期。

继续周期工作制设备的设备容量，就是将所有设备在不同暂载率下的铭牌额定容量统一换算到一个规定的暂载率下的额定容量

$$P=\sqrt{\frac{\varepsilon_N}{\varepsilon}}P_N=\sqrt{\frac{\varepsilon_N}{\varepsilon}}S_N\cos\varphi_N \tag{7-6}$$

式中，P_N、S_N 为设备铭牌额定有功功率（kW）、额定视在容量（kV·A）；ε_N 为设备铭牌给的暂载率；$\cos\varphi_N$ 为铭牌标注的功率因数；ε 为规定的暂载率，对电焊机为100%，起重设备为25%。

3. 照明装置的设备容量

1）白炽灯、碘钨灯

$$P=P_N \tag{7-7}$$

2）荧光灯、高压水银灯等考虑到镇流器中的功率损耗约为额定功率的20%，故

$$P=1.2P_N \tag{7-8}$$

4. 不对称单相负荷的设备容量

若当有多台单相用电设备时，应将它们均匀分配到三相系统中去，力求三相负荷平衡。规程规定，在计算范围内单相用电设备的总容量不超过三相设备总容量的15%时，可按三相平衡分配计算；如单相用电设备不对称总容量大于三相用电设备总容量的15%时，设备容量 P 应按3倍最大负荷相的原则进行换算。

（1）单相负荷接于各相电压时

$$P=3P_p \tag{7-9}$$

式中，P 为等效三相设备容量（kW）；P_p 为最大负荷相的单相设备容量（kW）。

（2）单相负荷接于同一个线电压时

$$P=3P_p,\quad 2\sim3\text{台}$$

$$P=\sqrt{3}P_p,\quad 1\text{台} \tag{7-10}$$

式中，P_p 为接于线电压的单相设备容量（kW）。

三、多组用电设备计算负荷的确定

先将性质相同，且具有相同的需要系数和功率因数的用电设备分组，按式（7-1）和式（7-2）求得每一个用电设备组的计算负荷。在此基础上，考虑各用电设备组的最大负荷一般不同时出现的因素，所以将各用电设备组有功计算负荷、无功计算负荷分别相加，再乘以一个同时系数 K_Σ，K_Σ 一般取0.7～1。其计算公式为

$$P_c=K_\Sigma\sum P_c \tag{7-11}$$

$$Q_c=K_\Sigma\sum Q_c \tag{7-12}$$

$$S_c=\sqrt{P_c^2+Q_c^2} \tag{7-13}$$

$$I_c=S_c/\sqrt{3}U_N \tag{7-14}$$

上述计算公式及步骤不仅适用于拥有多组用电设备的干线的负荷计算，而且也适用于变

电所低压母线上的负荷计算。

在实际负荷计算时，往往照明负荷是未知的，这时可按电力计算负荷 S_{cd} 的 10% 作为照明负荷。此时，总的计算负荷 S_c 为

$$S_c = 1.1S_{cd}$$

在实际负荷计算时，为便于审核和选择设备，负荷计算值常用表格形式表示。

例 7-1　某施工工地用电设备清单如表 7-2 所列。

表 7-2　某施工工地用电设备清单

设备编号	用电设备名称	台数	额定容量	效率	额定电压/V	相数	备注
1	混凝土搅拌机	3	10kW	0.95	380	3	
2	砂浆搅拌机	1	4.5kW	0.9	380	3	
3	电焊机	4	22kV·A		380	1	$\varepsilon_N = 65\%$
4	起重机	2	30kW	0.92	380	3	$\varepsilon_N = 25\%$
5	砾石洗涤机	1	7.5kW	0.9	380	3	
6	照明（白炽灯）		10kW		220	1	

解

1. 确定各用电器的设备容量 P

混凝土搅拌机　　$P_1 = 3 \times 10\text{kW} = 30\text{kW}$

砂浆搅拌机　　$P_2 = 4.5\text{kW}$

电焊机：先把暂载率换算成 100% 时的设备容量，$\cos\varphi = 0.45$

$$P_N = \sqrt{\frac{\varepsilon_N}{\varepsilon}} S_N \cos\varphi = \sqrt{\frac{0.65}{1}} \times 22 \times 0.45\text{kW} = 7.98\text{kW}$$

电焊机是单相用电设备，其中 3 台均匀分接在三相中，剩下一台应进行单相负荷计算

$$P_3 = 3P_N + \sqrt{3}P_N = 3 \times 7.98\text{kW} + \sqrt{3} \times 7.98\text{kW} = 37.8\text{kW}$$

起重机：起重机的暂载率要求换算到 25% 时，而本题中的起重机的暂载率已是 25%，不必换算。

$$P_4 = 2 \times 30\text{kW} = 60\text{kW}$$

砾石洗涤机　　$P_5 = 7.5\text{kW}$

照明设备　　$P_6 = 10\text{kW}$

认为 10kW 的照明负荷平衡分配于三相线路中。

2. 确定各组的计算负荷

(1) 混凝土搅拌机组　$K_d = 0.7$，$\cos\varphi = 0.65$，$\tan\varphi = 1.17$

$$P_{c1} = K_d P_1 = 0.7 \times 30\text{kW} = 21\text{kW}$$

$$Q_{c1} = P_{c1}\tan\varphi = 21 \times 1.17\text{kvar} = 24.57\text{kvar}$$

(2) 砂浆搅拌机　因只有一台电动机，$K_d = 1$，但要考虑设备本身的效率 $\eta = 0.9$，$\cos\varphi = 0.65$，$\tan\varphi = 1.17$

$$P_{c2} = P_2/\eta = 4.5/0.9\text{kW} = 5\text{kW}$$

$$Q_{c2} = P_{c2}\tan\varphi = 21 \times 1.17\text{kvar} = 5.85\text{kvar}$$

(3) 电焊机　$K_d = 0.45$，$\cos\varphi = 0.45$，$\tan\varphi = 1.98$

$$P_{c3}=K_dP_3=0.45\times37.8\text{kW}=17\text{kW}$$

$$Q_{c3}=17\times1.98\text{kvar}=33.66\text{kvar}$$

（4）起重机　　$K_d=0.25$，$\cos\varphi=0.7$，$\tan\varphi=1.02$

$$P_{c4}=0.25\times60\text{kW}=15\text{kW}$$

$$Q_{c4}=15\times1.02\text{kvar}=15.3\text{kvar}$$

（5）砾石洗涤机　因只有一台电动机，$K_d=1$，但要考虑本身的效率 $\eta=0.9$，$\cos\varphi=0.7$，$\tan\varphi=1.02$

$$P_{c5}=7.5/0.9\text{kW}=8.33\text{kW}$$

$$Q_{c5}=8.33\times1.02\text{kvar}=8.5\text{kvar}$$

（6）照明设备　认为所有照明设备不同时使用，$K_d=0.75$，$\cos\varphi=1$，$\tan\varphi=0$

$$P_{c6}=10\times0.75\text{kW}=7.5\text{kW}$$

$$Q_{c6}=7.5\times0=0$$

3. 确定总计算负荷（取 $K_\Sigma=0.9$）

$$\begin{aligned}P_c&=K_\Sigma(P_{c1}+P_{c2}+P_{c3}+P_{c4}+P_{c5}+P_{c6})\\&=0.9\times(21+5+17+15+8.33+7.5)\text{kW}\\&=66.45\text{kW}\end{aligned}$$

$$\begin{aligned}Q_c&=K_\Sigma(Q_{c1}+Q_{c2}+Q_{c3}+Q_{c4}+Q_{c5}+Q_{c6})\\&=0.9\times(24.57+5.85+33.66+15.3+8.5+0)\text{kvar}\\&=79.1\text{kvar}\end{aligned}$$

$$S_c=\sqrt{66.45^2+79.1^2}\text{kV}\cdot\text{A}=103.31\text{kV}\cdot\text{A}$$

$$I_c=\frac{S_c}{\sqrt{3}U_N}=\frac{103.31}{\sqrt{3}\times0.38}\text{A}=156.97\text{A}$$

视在计算负荷是选择变压器容量的依据。计算电流是选择导线截面和开关设备的依据。为了清楚起见，将负荷计算结果列于表7-3内。

表7-3　负荷计算结果

序号	用电设备组名称	台数	设备容量/kW	K_d	$\cos\varphi$	$\tan\varphi$	计算负荷			
							P_c/kW	Q_c/kvar	S_c/kV·A	I_c/A
1	混凝土搅拌机	3	30	0.7	0.65	1.17	21	24.57		
2	砂浆搅拌机	1	4.5	1($\eta=0.9$)	0.66	1.17	5	5.85		
3	电焊机	4	37.8	0.45	0.45	1.98	17	33.66		
4	起重机	2	60	0.25	0.7	1.02	15	15.3		
5	砾石洗涤机	1	7.5	1($\eta=0.9$)	0.7	1.02	8.33	8.5		
6	照明设备		10	0.75	1	0	7.5	0		
	小计	11	149.8				73.83	87.88		
	合计($K_\Sigma=0.9$)	11					66.45	79.1	103.31	156.97

第三节　变配电所的主要电气设备

在6～10kV的民用建筑供电系统中，常用的高压一次电气设备有：高压熔断器、高压隔离开关、高压负荷开关、高压断路器、高压开关柜等。常用的低压一次电气设备有：低压刀开关、低压负荷开关、低压断路器、低压熔断器等，互感器属高压一次设备。

一、高压一次设备

1. 高压熔断器

在6～10kV高压熔断器中，户内广泛采用RN1、RN2型高压管式熔断器，如图7-6所示。RN1、RN2型高压管式熔断器的熔管剖面示意图，如图7-7所示。户外则广泛采用RW4型跌落熔断器。

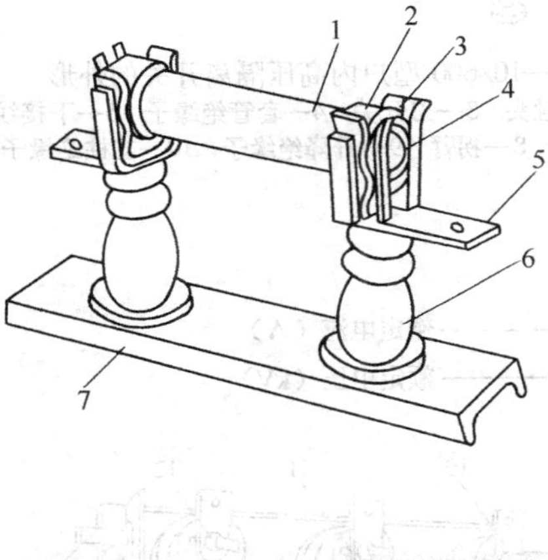

图7-6　RN1、RN2型高压管式熔断器
1—瓷熔管　2—金属管帽　3—弹性触座
4—熔断指示器　5—接线端子
6—瓷绝缘子　7—底座

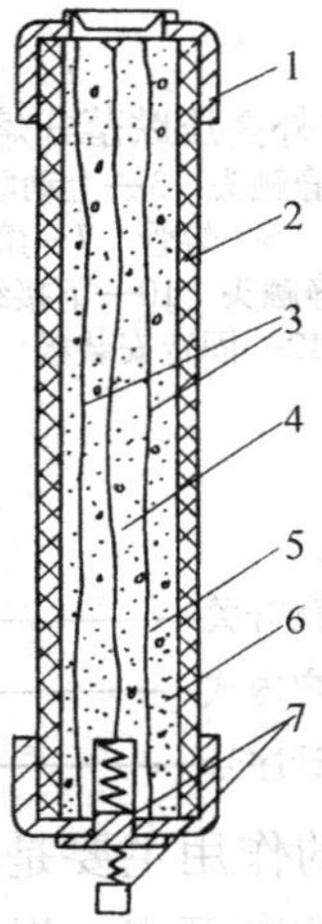

图7-7　RN1、RN2型高压管式熔断器的熔管剖面示意图
1—管帽　2—瓷熔管　3—工作熔体
4—指示熔体　5—锡球　6—石英砂填料
7—熔断指示器

RN1型和RN2型的结构基本相同，都是户内用的。在密封瓷管内，有并行的几根低熔点的工作熔体，熔体四周充满了石英砂填料。当短路电流或过负荷电流通过熔管时，熔体熔断，接着指示熔体熔断的指示器弹出。

RW4型户外高压跌落式熔断器，其外形的基本结构如图7-8所示。

这种熔断器的熔管由酚醛纸管做成，里面密封着熔丝。正常运行时该熔断器串联在线路上，当线路发生故障时，故障电流使熔丝迅速熔断。在熔丝熔断后，熔管下部触头因失去张力而下翻，在熔管自重作用下跌落，形成明显的断开间隙。这种熔断器适用于周围没有急剧振动的场所，既可作6～10kV交流电力线路和电力变压器的短路保护，又可在一定条件下直接用绝缘钩棒来操作其熔管的开合，以断开或接通小容量的空载变压器、空载线路和小负荷电流。

2. 高压隔离开关

高压隔离开关按其安装地点分为户内式和户外式两大类。图7-9所示是GN8—10/600型户内高压隔离开关的外形。

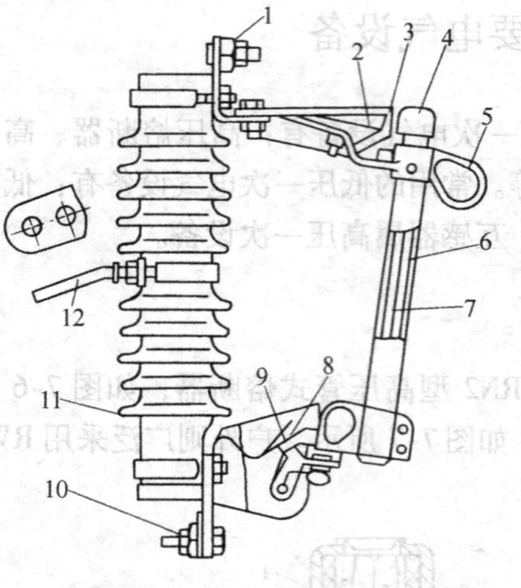

图 7-8　RW4-10 型户外高压跌落式熔断器
1—上接线端　2—上静触头　3—上动触头　4—管帽　5—操作环　6—熔管　7—熔丝　8—下动触头　9—下静触头　10—下接线端　11—绝缘瓷瓶　12—固定安装板

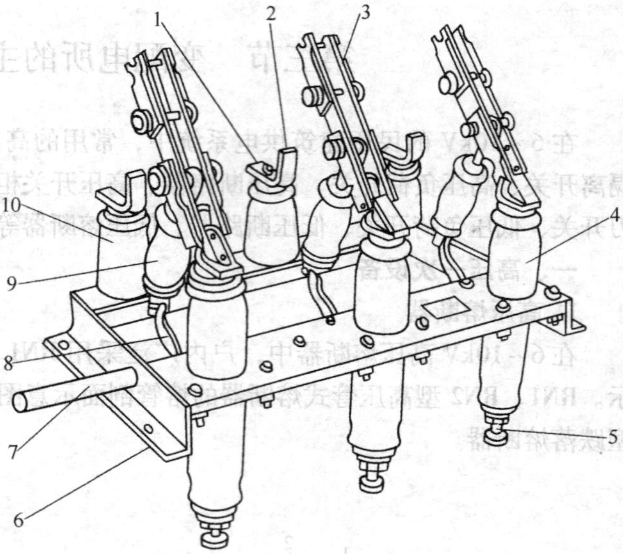

图 7-9　GN8—10/600 型户内高压隔离开关的外形
1—上接线端　2—静触头　3—刀开关　4—套管绝缘子　5—下接线端　6—框架　7—转轴　8—拐臂　9—升降绝缘子　10—支柱绝缘子

型号含义

G　N　8 — 10/600

- G：隔离开关
- N：户内式
- 8：设计序号
- 10：额定电压（kV）
- 600：额定电流（A）

高压隔离开关的作用主要是用来隔断高压电源，并造成明显的断开点，以保证其他电气设备能安全进行检修。因为隔离开关没有专门的灭弧装置，所以，不允许它带负荷断开和接入电路，必须等高压断路器切断电路后才能断开隔离开关；隔离开关闭合后高压断路器才能接通电路。但是励磁电流不超过 2A 的空载变压器、电容电流不超过 5A 的空载线路及电压互感器和避雷器等，可以用高压隔离开关通断电流。

3. 高压负荷开关

高压负荷开关具有灭弧装置，专门用在高压装置中通断负荷电流。但是这种开关只能通断一定的负荷电流，所以它的断流能力不大，不能用它来切断短路电流。它必须和高压熔断器串联使用，短路电流靠熔断器来切断。

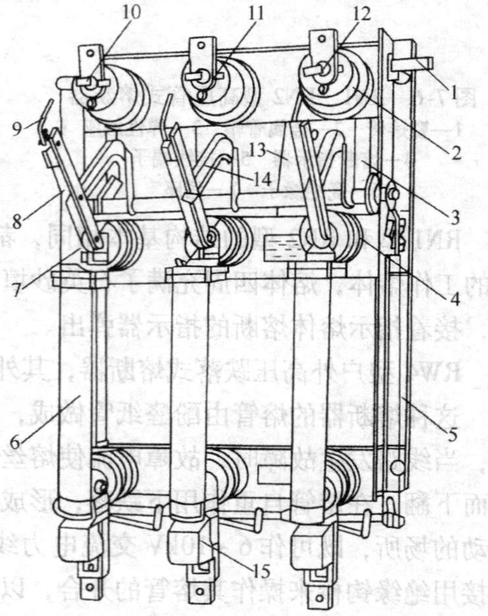

图 7-10　FN3—10RT 型户内压气式高压负荷开关
1—主轴　2—上绝缘子兼气缸　3—连杆　4—下绝缘子　5—框架　6—高压熔断器　7—下触座　8—闸刀　9—弧动触头　10—绝缘喷嘴（内有弧静触头）　11—主静触头　12—上触座　13—断路弹簧　14—绝缘拉杆　15—热脱扣器

高压负荷开关也分户内式和户外式两大类。我国自行设计的 FN3—10RT 型户内压气式高压负荷开关，如图 7-10 所示。从外形上看，它同一般户内式高压隔离开关很相似，断路时，也具有明显的断开间隙，因此它也能起隔离电源的作用。但是负荷开关与隔离开关有原则区别，即隔离开关不能带负荷操作，而负荷开关是能带负荷操作的。

型号的含义

F N 3—10 R T

- F — 负荷
- N — 户内式
- 3 — 设计序号
- 10 — 额定电压（kV）
- R — 带熔断器
- T — 带热脱扣器

4. 高压断路器

高压断路器俗称高压开关或高压遮断器，它具有相当完善的灭弧结构和足够的断流能力。它的作用是接通和切断高压负荷电流，并在严重过载和短路时自动跳闸，切断过载电流和短路电流。

常用的有高压油断路器。按用油量分类，又有高压少油断路器（也叫高压少油开关）和高压多油断路器（也叫高压多油开关）两类。少油断路器的油量很少，只有几升，它只用来灭弧，不是用来绝缘的，所以其外壳一般是带电的；多油断路器的油量多，它的油除了用来灭弧外，还要用作相对地（外壳）甚至相与相之间的绝缘，外壳是不带电的。一般 6 ~ 10kV 的户内高压配电装置中都采用少油断路器。图 7-11 为 SN10—10 型高压少油断路器的外形结构图。

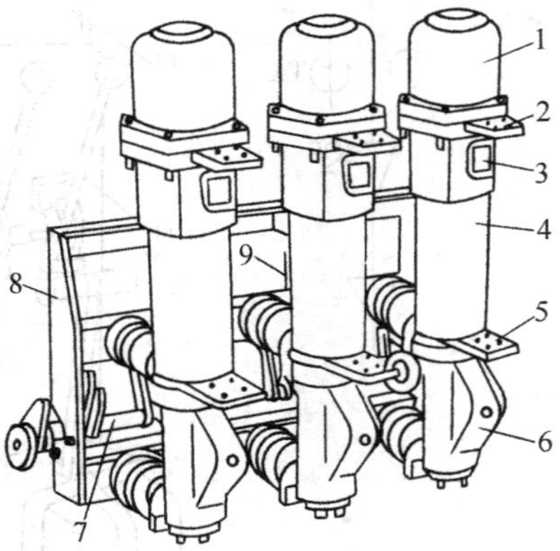

图 7-11　SN10—10 型高压少油断路器的外形结构图
1—上帽　2—上出线座　3—油标　4—绝缘筒　5—下出线座　6—基座　7—主轴　8—框架　9—断路弹簧

SN10—10/1000—500 型号的含义

S N 10—10/1000—500

- S — 少油断路器
- N — 户内式
- 10 — 设计序号
- 10 — 额定电压（kV）
- 1000 — 额定电流（A）
- 500 — 断流容量（MV·A）

5. 高压开关柜

高压开关柜是一种柜式的成套配电设备。它按一定的接线方案将所需的一、二次设备，如开关设备、监测仪表、保护电器及一些操作辅助设备组装成一个总体，在变配电所中作为控制电力变压器和电力线路之用。这种成套配电设备结构紧凑、运行安全、安装和运输方便，同时具有体积小、性能好、节约钢材和缩小配电室空间等优点。图 7-12 为 GG—10—07S 型高压开关柜的外形结构图（已抽出右面的防护板）。

GG—10—07S 型号的含义

G G—10—07S

- G — 高压开关柜
- G — 固定式
- 10 — 设计序号
- 07 — 一次线路方案编号
- S — 主开关操动机构代号

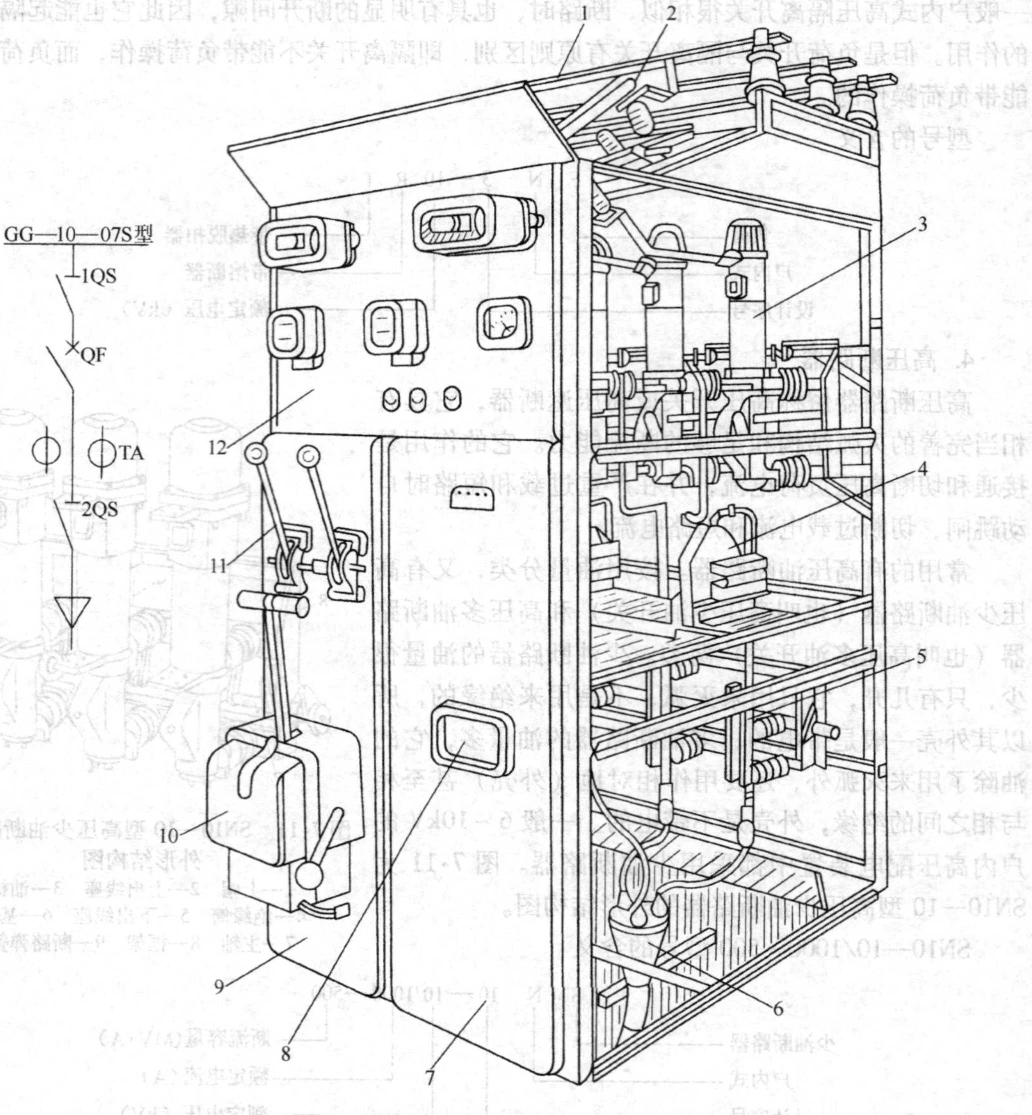

图 7-12　GG—10—07S 型高压开关柜的外形结构图

1—母线（汇流排）　2—高压隔离开关　3—离压断路器　4—电流互感器　5—高压隔离开关　6—电缆头　7—检修门　8—观察用玻璃　9—操作板　10—高压断路器操动机构　11—高压隔离开关操动机构　12—仪表、继电器板（兼检修门）

除上述固定式高压开关柜外，目前国内已广泛生产和使用移开式交流金属封闭高压开关柜，其特点是断路器装在手车上，可以很方便地抽出，以便于维修，其型号主要有 JYN、GFC 系列等。

二、变压器的选择

变压器是变电所中的主要设备，其作用是把由高压电网接收到的电压变换为用电设备所需的电压等级。选择得是否合理，直接影响到投资的多少，运行费用的高低，供电质量的好坏及供电的可靠性。变压器的选择主要包括型号的选择、额定电压的确定以及容量的选择。

在建筑供配电系统中，广泛采用的是三相油浸式铝绕组电力变压器，主要有 SL7 系列，它具有体积小、质量轻、效率高、低损耗等优点。

变压器型式的选择应选节能型，同时也要考虑环境条件，如为建筑工地供电的变压器处于露天多尘环境，宜选密闭式变压器。

变压器一次、二次额定电压应根据电源提供的电压等级和用电设备所需的电压来确定。施工现场的变电所一般由高压电网引来 6 ~ 10kV 的电压经变压器降至 380/220V 所需电压。所以变压器高压侧的额定电压一般选 10kV，低压侧额定电压为 0.4kV。

变压器容量的大小应根据用户低压侧用电量总计算负荷 S_c 的大小、变压器台数来确定，一般三级负荷选一台变压器，则所选变压器的额定容量 S_N 应满足全部低压侧用电设备总计算负荷的需要，即

$$S_N \geqslant S_c$$

例如在第二节例 7-1 题中，施工现场低压侧总计算负荷为 103.31kV · A。该施工现场为三级负荷，根据表 3-1，所以选一台变压器，并且考虑到变压器允许一定的过负荷，所以选 S9—100/10 型即可满足要求。

第四节 变配电所及其主接线

一、变配电所的类型与结构

变电所担负着从电力网受电，经过变压，然后分配电能的任务。变电所是供电系统枢纽，占有特殊重要的地位。

变电所的类型很多，工业与民用建筑设施的变电所大都采用 10kV 进线，将 10kV 高压降为 400/230V 的低压，供用户使用。

10kV 变电所按其变压器及高低压开关设备安装位置，可分为：室内型、半室外型、室外型以及成套变电站。室外型变电所又可分为杆架式和地台式。图 7-13 所示是室内型变电所平面布置。

室内型变电所由高压室、变压器室、低压配电室、高压电容器室和值班室等组成。其特

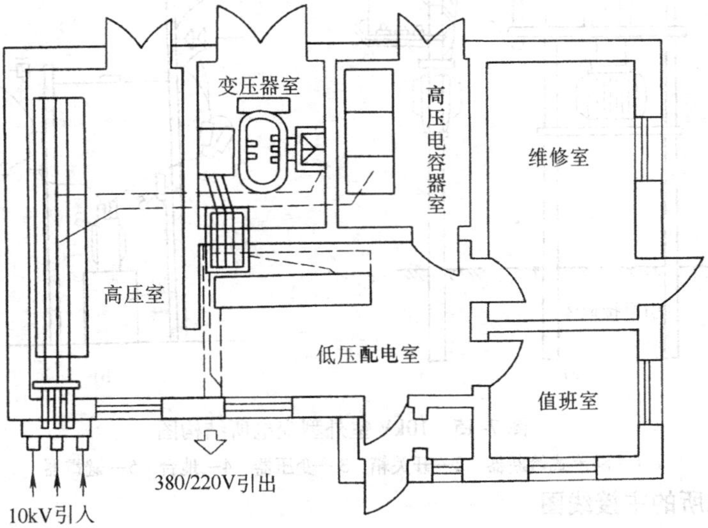

图 7-13 室内型变电所平面布置

点是变电所安全、可靠，受环境影响小，维护、监测、管理方便，但建筑费用高，一般用于大中型企业和高层建筑。

半室外型变电所的结构如图7-14所示，只是把低压配电设备放在室内。变压器和高压设备均放在室外。其特点是建筑面积较小，变压器通风散热条件好。

室外型变电所是将全部高低压设备设置在露天场合。图7-15a、b所示分别是双杆式和地台式10kV室外型变电所结构图，其特点是占地面积少、结构简单、进出线方便，变压器易于通风散热，适用于320kV·A以下的变压器。多为建筑施工工地和城市生活区采用。

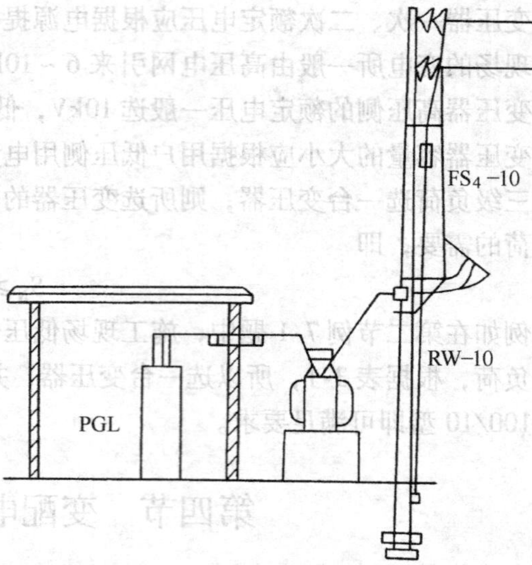

图7-14 半室外型变电所的结构图

成套变电站又称组合式变电站，它包括3个单元：高压设备箱、变压器箱和低压配电箱。这3个单元均由制造厂家成套供应，因此现场安装方便、工期短，也便于搬迁，占地面积小，便于深入负荷中心，从而减少电能损耗和电压损失，节约有色金属，提高经济效益。由于成套变电站全部采用少油式或无油式电器，因此运行安全可靠，在国外应用已相当广泛，特别是在高层建筑中得到普通应用。在我国亦有所应用，变压器容量可达1000kV·A。

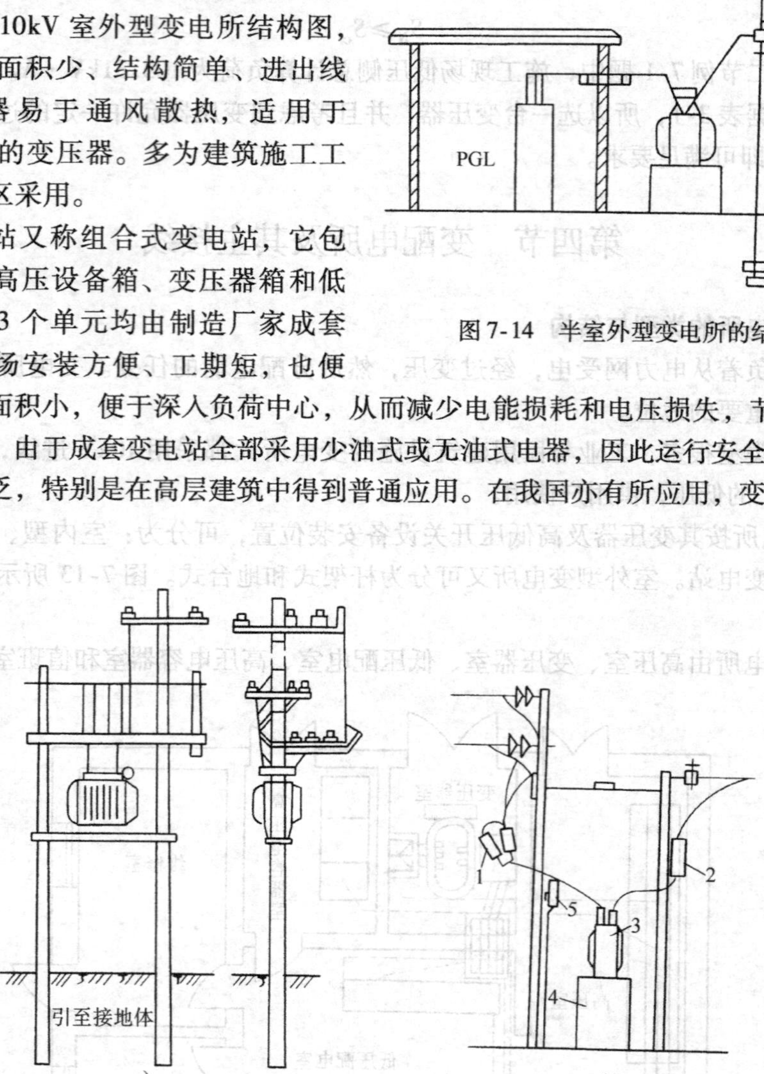

图7-15 10kV室外型变电所结构图

1—跌落式熔断器 2—开关箱 3—变压器 4—地台 5—避雷器

二、变配电所的主接线图

1. 电气主接线图的分类

电气接线图，按其作用可分为主接线图和二次接线图两种。

电气主接线图又称一次接线图，是表示电能传送和分配路线的接线图。它是由各种主要电气设备——变压器、高压开关、高压熔断器、低压开关、互感器等电气设备，按一定顺序连接而成。一次结线图中的所有电气设备称为一次电气设备。

二次接线图，是表示测量、控制、信号显示、保护和自动调节一次设备运行的电路。与二次接线图相连的所有测量仪表、保护继电器等电气设备称为二次电气设备。

二次接线与一次接线之间是由电压互感器和电流互感器相联系的，互感器的一次侧接于主电路，二次侧接于二次电路，互感器作为一个元件属于一次设备。

电气主接线是我们研究的重点。

电气主接线单线图应按国家标准的图形符号和文字符号绘制。为了阅读方便，常在图上标明主要电气设备的型式和技术参数。现将变电所主接线中常用图形符号列于表7-4中。

表7-4　电气主接线的主要电气设备文字与图形符号

电气设备名称	文字符号	图　形　符　号	电气设备名称	文字符号	图　形　符　号
电力变压器	T	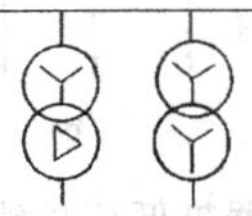	母线及母线引出线	B	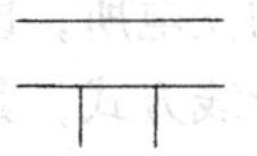
断路器	QF		电流互感器（单次级）	TA	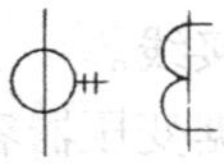
负荷开关	QL		电流互感器（双次级）	TA	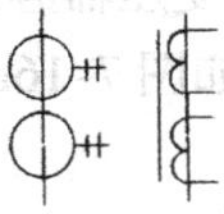
隔离开关	QS		电压互感器（单相式）	TV	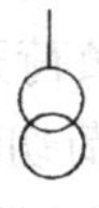
熔断器	FU	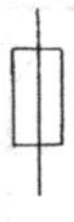	电压互感器（三线圈）	TV	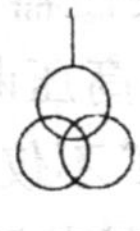
跌落式熔断器	FD	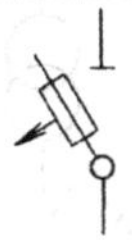	避雷器	FA	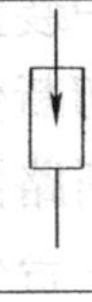
自动空气断路器（低压空气开关）	QA		电抗器	L	
刀开关	QK		电容器	C	
刀熔开关	QU		电缆及其终端头		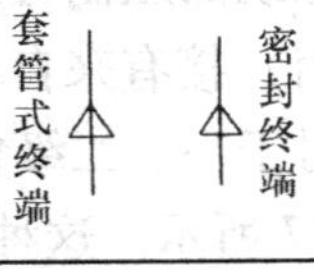

2. 电气主接线图的设计原则

变配电所的电气主接线，直接影响变配电所的技术经济性能和运行质量。民用建筑设施的变配电所的电气主接线，应满足下列要求。

① 按照用电负荷的要求，保证供电可靠性。

② 接线图力求简明，便于运行操作和迅速消除故障。

③ 应保证操作时的人身安全和安全条件下进行维修工作。

④ 留有发展余地。

⑤ 节省建设投资。

3. 变电所主接线图举例

对于只有一台变压器且容量较小的变电所，即一台变压器带低压母线方式，其主接线图一般都很简单，常见的是线路变压器组单元接线。

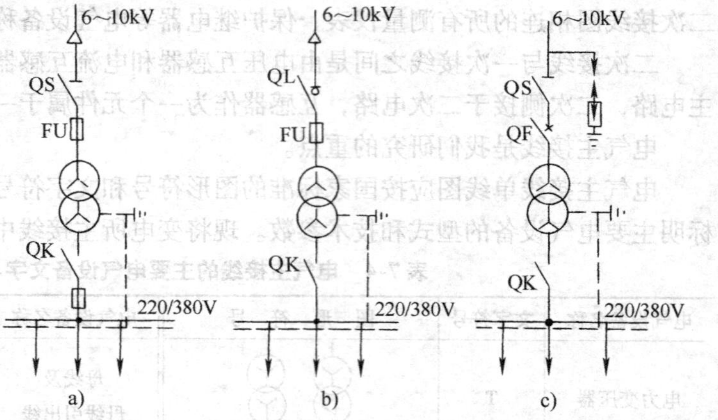

图 7-16　一台变压器带低压母线的变电所主接线的三种型式

a）$S_c \leqslant 320\text{kV}\cdot\text{A}$　b）$S_c = 560 \sim 1000\text{kV}\cdot\text{A}$　c）$S_c > 1000\text{kV}\cdot\text{A}$

根据变压器容量的不同，有三种组合型式，如图 7-16 所示。

1）变压器容量为 320kV · A 及以下，6 ~ 10kV 高压侧可用隔离开关 QS 与高压熔断器 FU 组合，如图 7-16a 所示。高压熔断器作变压器的短路保护，隔离开关可用来切断空载变压器的电源。

2）变压器容量为 560 ~ 1000kV · A，或变压器须经常操作（每天一次以上），则应在高压侧装设负荷开关 QL 和高压熔断器 FU，如图 7-16b 所示。在正常运行时操作高压负荷开关 QL，带负荷切断和接通变压器的电源。

3）变压器容量为 1000kV · A 以上，在高压侧应设置高压断路器，如图 7-16c 所示。高压断路器 QF 不仅能切断和接通正常负荷，而且能借继电保护装置的作用，在变压器发生短路故障时自动切断变压器的电源。高压隔离开关 QS 可在高压断路器或变压器检修时隔离电源用。

上述一台变压器的主接线图接线简单、运行便利、投资少，但供电可靠性差。因为所有开关电器都只有一套，当高压侧和变压器低压侧引线上的任何一个一次元件发生故障或电源进线停电时，整个变电所都将停电。所以此种主接线只能用于三级负荷。如果在低压侧有备用电源或低压侧母线（母线起汇总和分配电能的作用）接有来自相邻变电所的联络线时，也可供给一级或二级负荷。

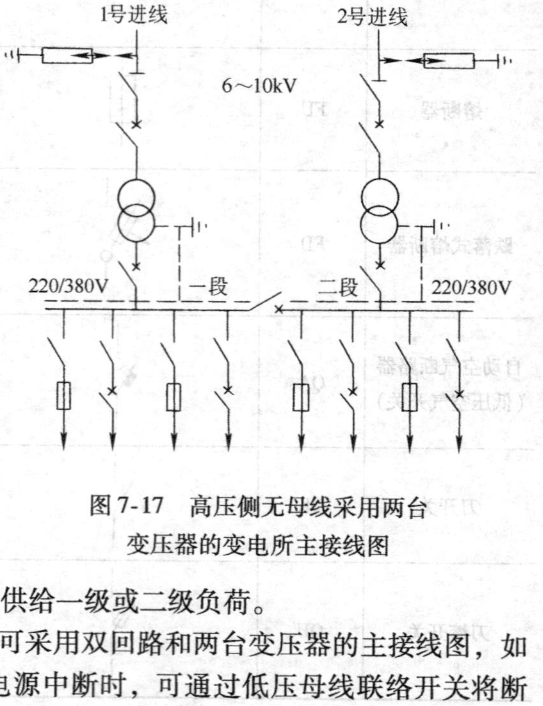

图 7-17　高压侧无母线采用两台变压器的变电所主接线图

对于一、二级负荷，为了提高供电可靠性，可采用双回路和两台变压器的主接线图，如图 7-17 所示。这种接线方式，当其中一路进给电源中断时，可通过低压母线联络开关将断电部分的负荷换接到另一路进线上去，保证其中的重点设备继续工作。

4. 配电所主接线举例

高压配电所的进出线数与要求的供电可靠性、输送容量和电压等级有关。如果有一、二级负荷，应采用双回路电源进线，主接线如图7-18所示。高压母线采用隔离开关分段，有较高的供电可靠性，不论哪一条供电线路发生故障，都可闭合母线联络隔离开关，使两段母线均不致停电，保证了重点用户设备的不中断供电。如果其中任一段母线发生故障或停电检修时，也只有一段母线上的用电设备断电。

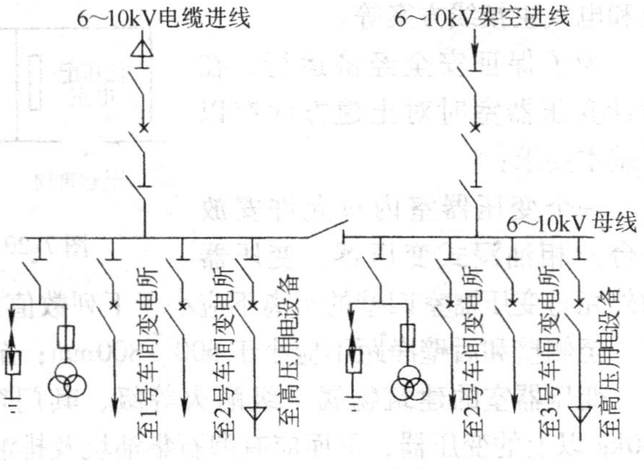

图7-18　双回路供电的配电所主接线图

三、变配电所的布置、结构及对土建的要求

当变配电所的位置确定下来后，就要随之确定变配电所本身的布置方案。涉及土建方面的应满足以下要求：

要考虑运行安全，变压器室的大门不应朝向露天仓库和堆放杂物的地方。在炎热地区，变压器室应避免西晒的阳光。变配电所各室的大门都应朝外开，以便在紧急情况时室内人员可迅速外撤。

变配电所的方位应便于室内进出线，因为变压器的低压出线一般采用矩形裸母线，所以变压器一般宜靠近低压配电室。

为了节约占地面积和建设费用，值班室可与低压配电室合并，但低压配电屏的正面或侧面离墙的距离不得小于3m。当少量的高压开关柜与低压配电屏布置在同一室内时，两者之间的安全距离不得小于2m。

变配电所的总体布置方案应该因地制宜，合理设计。

具有两台变压器的附设变电所和户外变电所与高压配电室合建平面布置方案，如图7-19所示。

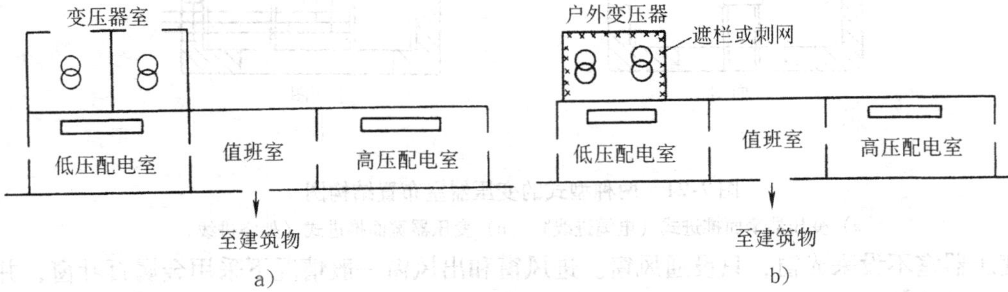

图7-19　具有两台变压器的附设变电所和户外变电所与高压配电室合建平面布置方案
a) 一台变压器的附设变电所　b) 一台变压器的户外变电所

只有一台变压器，值班室与低压配电室共用的变电所平面布置方案，如图7-20所示。

变电所的结构设计应整体考虑。下面只介绍6~10kV供电系统中的变压器室、高压配电室及低压配电室的结构型式。

变压器室的结构型式决定于以下一些因素：变压器的型式、容量、安放方向、进出线方位和电气主接线方案等。

为了保证安全经济运行，在设计变压器室时对土建方面有以下基本要求：

一个变压器室内只允许安放一台三相油浸式变压器。变压器的外壳与变压器室四壁的距离不应小于下列数值：

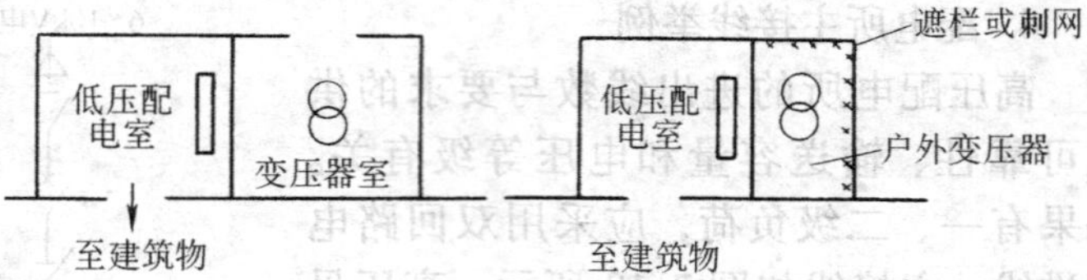

图7-20　只有一台变压器的变电所平面布置方案

至侧壁和后壁净距不应小于600～800mm；至大门净距不应小于600～1000mm。

变压器室的建筑物属一级耐火等级，其门窗材料应满足相应的防火要求。凡油量在350kg以上的变压器，下面应有卵石集油坑及排油沟。

变压器在室内安放的方向，有宽面推进和窄面推进之分，所以变压器室大门的宽度应按推进面的外壳尺寸加上适当裕度（一般不小于0.5m）来设计。变压器室宽面推进和窄面推进两种型式的布置结构如图7-21所示。

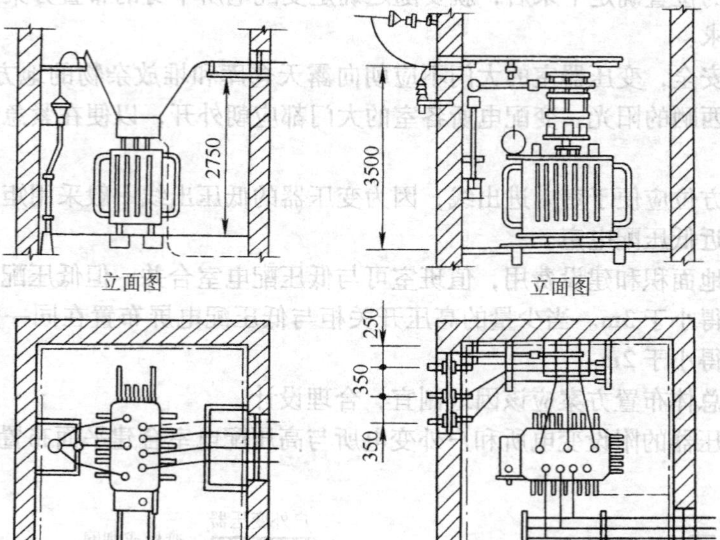

图7-21　两种型式的变压器室布置结构图

a）变压器窄面推进式（电缆进线）　b）变压器宽面推进式（架空进线）

变压器室不设采光窗，只设通风窗。进风窗和出风窗一般情况下采用金属百叶窗，并应有防止小动物进入的措施，出风窗上还应有防止雨水淋入的措施。

变压器室的地坪分为抬高和不抬高两种，地坪抬高通风好，但造价高。

设计变压器安放场地时，无论是室内还是室外，都应考虑留有变压器吊芯检修的空间。

在露天或半露天变电所的变压器四周，应设1.7m以上高度的固定围栏，变压器外壳与围栏（或建筑物外墙）间的净距离不得小于0.8m，变压器底部离地面不得小于0.3m，相邻变压器外壳之间的净距不得小于1.5m。

高压配电室的结构型式主要决定于以下因素：高压开关柜的数量和型式，运行维护时的安全和方便，降低建筑造价和减小占地面积。因此，对土建方面也有以下基本要求：

高压配电室的房屋属于二级耐火等级建筑物，可采用木门或铁门。当配电室的长度超过7m时，应在配电室的两端设门，其中有一个门的尺寸应考虑开关柜进出。

应有较好的通风和自然采光。在炎热和潮湿地区，应开设进、出风百叶窗，并在窗内侧加装10mm×10mm的金属网。

在开关柜下设电缆沟，沟内不应渗透进水。

配电室的空间距离，与高压开关柜的型式及进出线方式有关，与开关柜在室内的布置方式有关。

单列式布置，如图7-22所示，其运行维护通道宽度不小于1.5m。

双列式布置，如图7-23所示，维护通道宽度不小于2.0m。

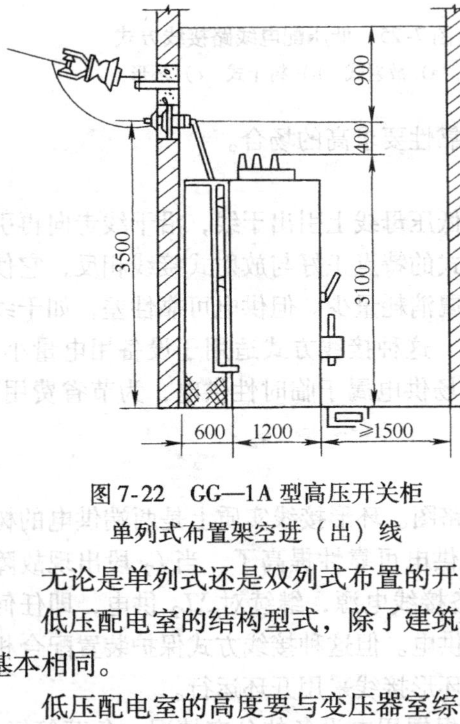

图7-22　GG—1A型高压开关柜单列式布置架空进（出）线

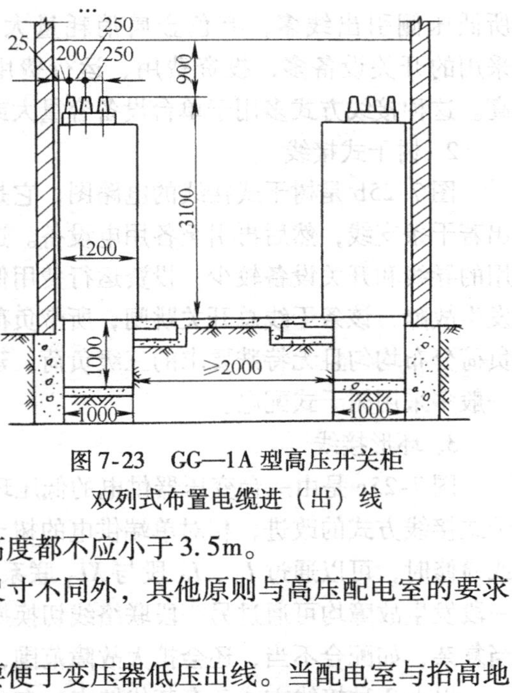

图7-23　GG—1A型高压开关柜双列式布置电缆进（出）线

无论是单列式还是双列式布置的开关室，其高度都不应小于3.5m。

低压配电室的结构型式，除了建筑物的具体尺寸不同外，其他原则与高压配电室的要求基本相同。

低压配电室的高度要与变压器室综合考虑，要便于变压器低压出线。当配电室与抬高地坪的变压器室相邻时，配电室高度不应小于4m；与不抬高地坪的变压器室相邻时，配电室高度不应小于3.5m。为了布线需要，低压配电屏下面也应设电缆沟。

低压配电室建筑的耐火等级不应低于三级。低压配电室中配电屏的布置也分单列和双列布置。对于装有BSL—1、BSL—10等型低压配电屏的配电室，当配电屏单列布置时，维护通道宽度不应小于1.5m；双列布置时，维护通道宽度不应小于2.0m。为了维护方便，BSL型配电屏背面和侧面离墙不应小于0.8m。图7-24为双面维护非靠墙式的BSL型低压配电屏双列布置结构图。

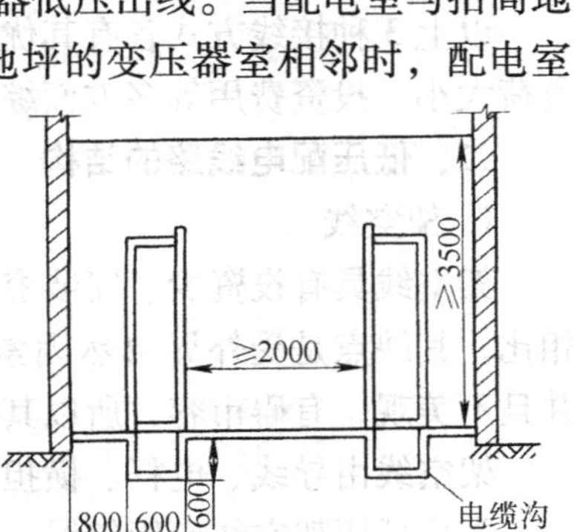

图7-24　BSL型低压配电屏双列布置结构图

第五节 低压配电线路

低压配电线路是供配电系统的重要组成部分，担负着将变电所 380/220V 的低压电能输送和分配给用电设备的任务。

一、低压配电线路的接线方式

1. 放射式接线

图 7-25a 是放射式接线的电路图。此接线方式是由变压器低压母线上引出若干条回路，再分别配电给各配电箱或用电设备。其特点是在任一线路发生故障或检修时彼此互不影响，供电可靠性高。但变电所低压侧引出线多，有色金属消耗量大，采用的开关设备多，投资费用、运行费用高。这种接线方式多用于单台设备容量大或对供电可靠性要求高的场合。

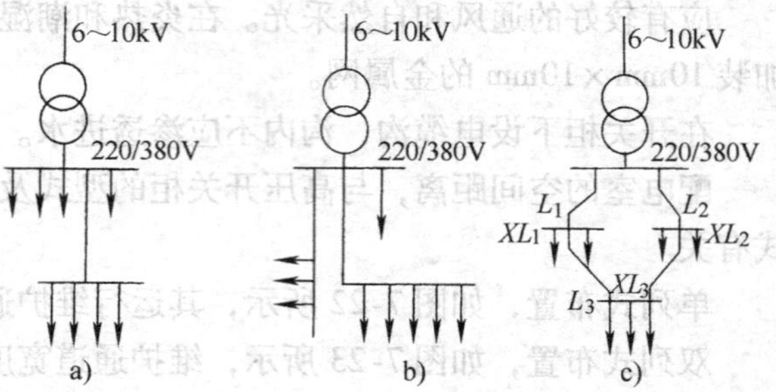

图 7-25 低压配电线路接线方式

a）放射式 b）树干式 c）环形

2. 树干式接线

图 7-25b 是树干式接线的电路图，它是从变电所低压母线上引出干线，沿干线走向再引出若干条支线，然后再引至各用电设备。这种接线方式的特点正好与放射式接线相反，它使用的导线和开关设备较少，投资运行费用低，有色金属消耗量少。但供电可靠性差，如干线发生故障，该条干线总开关跳闸，所带负荷全部停电。这种接线方式适用于设备用电量小、负荷分布均匀且无特殊要求的三级负荷。建筑施工现场供电属于临时性供电，为节省费用，一般多采用树干式配电。

3. 环形接线

图 7-25c 是由一台变压器供电的低压环形接线电路图。环形接线实质上是两端供电的树干式接线方式的改进，相对单端供电的树干式接线，供电可靠性提高了。当 L_2 段出现故障或检修时，可以通过 L_1、L_3 段与 XL_2 联系的开关设备接线电源，继续对 XL_2 供电，即任何一段发生故障均可通过另一段联络线切换操作，恢复供电。但这种接线方式保护装置配合相当复杂，如配合不当，还会扩大故障范围，所以一般环形接线采用开环运行。

以上 3 种接线方式各有其优缺点，在实际应用中根据用电设备的分布情况、负荷等级、负荷大小、投资费用等多方面综合考虑，选用相适宜的方式。

二、低压配电线路的结构

1. 架空线

架空线具有投资少、安装容易、维护检修方便等优点，因而得到广泛使用。但与电缆线相比，其缺点是受外界自然因素（风、雷、雨、雪）影响较大，故安全性、可靠性较差，并且不美观，有碍市容，所以其使用范围受到一定限制。

架空线由导线、电杆、横担、绝缘子、拉线及线路金具等组成。

常用低压架空线有铝绞线、铜铰线（在架设高度较低的场合用绝缘线）。绞线由多股导线组成，其韧性较单股好。

表 7-5 列出了低压常用导线的型号、名称及其主要用途。

表7-5　常用导线的型号、名称及其主要用途

导线型号		额定电压/V	导线名称	最小截面积/mm²	主要用途
铝芯	铜芯				
LJ	TJ	—	裸铝绞线、裸铜绞线	25	室外架空线
BLV	BV	500	聚氯乙烯绝缘丝	2.5	室内架空线或穿管敷设
BLX	BX	500	橡胶绝缘线	2.5	室内架空线或穿管敷设
BLXF	BXF	500	氯丁橡胶绝缘线		室外敷设
BLVV	BVV	500	塑料护套线		室外固定敷设
	RV	250	聚氯乙烯绝缘软线	0.5	250V以下各种移动电器接线
	RVS	250	聚氯乙烯绝缘绞型软线	0.5	
	RVV	500	聚氯乙烯绝缘护套软线		500V以下各种移动电器接线

2. 电缆线

电缆线与架空线相比，虽然具有成本高、投资大、维修不便等缺点，但它具有运行可靠、不受外界影响、不占地、不影响美观等优点，特别是在有腐蚀气体和易燃、易爆场所。不易设架空线时，只有敷设电缆线路。

(1) 电缆结构、种类及使用范围　电缆的结构包括导电芯、绝缘层和保护层等几个部分，图7-26所示为三芯电缆的截面结构。

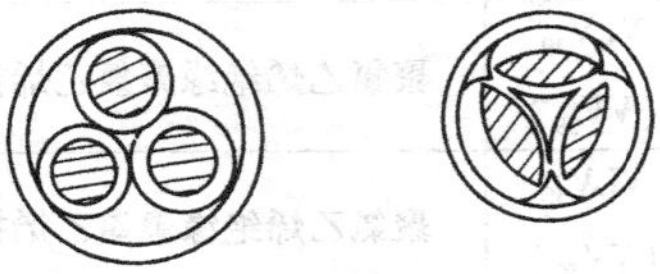

图7-26　三芯电缆截面图
a) 圆形三芯　b) 扇形三芯

电缆的种类有很多，从导电芯来分：有铜芯电缆和铝芯电缆；按芯数分：有单芯、双芯、三芯、四芯等；按电压等级分：有0.5kV、1kV、6kV、10kV、35kV等；由电缆的绝缘层和保护层的不同，又可分为油浸纸绝缘铅包（铝包）电力电缆、聚氯乙烯绝缘聚氯乙烯护套电力电缆（全塑电缆）、橡胶绝缘聚氯乙烯护套电力电缆、通用橡套软电缆等。表7-6、表7-7和表7-8分别列出了常用的几种型号电缆及其使用范围。

表7-6　YQ、YQW、YZ、YZW、YC、YCW型通用橡套软电缆

型号	名称	主要用途	截面积范围/mm²
YQ YQW	轻型橡套电缆	连接交流电压250V及以下轻型移动电气设备，具有耐气候和一定的耐油性能	0.3~0.75 1芯、2芯、3芯
YZ	中型橡套电缆	连接交流电压500V及以下各种移动电气设备	0.5~6.2 3芯及（3+1）芯
YZW		连接交流电压500V及以下各种移动电气设备，具有耐气候和一定的耐油性能	
YC	重型橡套电缆	连接交流电压500V及以下各种移动电气设备，能承受较大的机械外力作用	2.5~120 1芯、2芯、3芯及（3+1）芯
YCW		连接交流电压500V及以下各种移动电气设备，能承受较大的机械外力作用，具有耐气候和一定的耐油性能	

(2) 电缆的敷设　敷设电缆常用方式有直接埋地，电缆沟及沿墙、梁、支架等架空敷设和穿管敷设。在以下情况下电缆应穿钢管保护：从电缆沟引出到电杆或墙外地面的电缆，并距地面2m高以下及埋入地下小于0.25m深度的一段；电缆引入及引出建筑物、构筑物，穿过楼板及主要墙壁处；当电缆与道路、铁路交叉时。

表 7-7　XV、XLV、XF、XLF 型橡胶绝缘电力电缆

型号		名称	主要用途
XLV	XV	橡胶绝缘聚氯乙烯护套电力电缆	敷设在室内隧道及管道中，不能承受机械外力作用
XLF	XF	橡胶绝缘氯丁橡胶护套电力电缆	
XLV_{29}	XV_{29}	橡胶绝缘聚氯乙烯护套内钢带铠装电力电缆	敷设在地下，能承受一定机械外力作用，但不能承受太大的拉力

表 7-8　聚氯乙烯绝缘聚氯乙烯护套电力电缆

型号	名　称	主 要 用 途
VLV（VV）	聚氯乙烯绝缘聚氯乙烯护套电力电缆	敷设在室内，管沟内不能承受机械外力作用
VLV_{29}（VV_{29}）	聚氯乙烯绝缘聚氯乙烯护套内钢管铠装电力电缆	敷设在地下，能承受机械外力作用，但不能承受太大的拉力
VLV_{30}（VV_{30}）	聚氯乙烯绝缘聚氯乙烯护套裸细钢丝铠装电力电缆	敷设在室内、隧道及矿井中，能承受相当的拉力
VLV_{39}（VV_{39}）	聚氯乙烯绝缘聚氯乙烯护套内细钢丝铠装电力电缆	敷设在水中或落差较大的土壤中，能承受相当的拉力
VLV_{50}（VV_{50}）	聚氯乙烯绝缘聚氯乙烯护套裸粗钢丝铠装电力电缆	敷设在室内、隧道及矿井中，能承受机械外力作用并能承受较大的拉力

三、配电导线截面的选择

为了保证供配电系统安全、可靠、优质、经济地运行，选择导线截面时，必须满足发热条件、允许电压损失和机械强度3个方面的要求。此外，对于绝缘导线和电缆，还应满足工作电压的要求。

按实际工作经验，低压动力线，因其负荷电流较大，所以一般先按发热条件来选择截面，再按电压损失和机械强度校验。低压照明线，因其对电压水平要求较高，所以一般先按允许电压损失来选择截面，然后再按发热条件和机械强度校验。

1. 按发热条件选择导线截面

电流通过导线时，要产生电能损耗，使导线发热。裸导线的温度过高时，会使其接头处的氧化加剧，增大接触电阻，进一步氧化，如此恶性循环，甚至可发展到断线。而绝缘导线和电缆的温度过高时，可使绝缘损坏，甚至引起火灾。因此导线的截面大小应在通过正常最大负荷电流（即计算电流）时，不致引起温度超出其正常运行时的最大允许值，为此规定了不同类型的导线和电缆允许通过最大电流（即允许载流量），表7-9列出了500V铝芯绝缘导线长期连续负荷时的允许载流量。按发热条件选择导线截面就是要求计算电流不超过导线正常运行时的允许载流量，即

$$I_c \leqslant I_{al}$$

式中，I_{al}为不同型号、不同截面的导线在不同温度下，不同敷设方式时长期允许通过的载流量（A）；I_c 为线路计算总电流（A）。

由表7-9可知，导线的允许载流量与环境温度有关。因此，在选择导线时，应弄清导线安装地点的环境温度。按规定，选择导线所用的环境温度：室外，采用当地最热月平均最高气温；室内，可取当地最热月平均最高气温加5℃。而选择电缆所用的环境温度：室外电缆沟，取当地最热月平均最高气温；土中直埋，取当地最热月平均气温。

表 7-9 500V 铝芯绝缘导线长期连续负荷时的允许载流量

导线截面积/mm²	线芯结构			导线明敷设/A				橡胶绝缘导线多根穿在一根管内时，允许负荷电流/A（BLX）												塑料绝缘导线多根同穿在一根管内时，允许负荷电流/A（BLV）											
	股数	单位直径/mm	成品外径/mm	25°C		30°C		25°C						30°C						25°C						30°C					
								穿金属管			穿塑料管			穿金属管			穿塑料管			穿金属管			穿塑料管			穿金属管			穿塑料管		
				橡胶	塑料	橡胶	塑料	2 根	3 根	4 根	2 根	3 根	4 根	2 根	3 根	4 根	2 根	3 根	4 根	2 根	3 根	4 根	2 根	3 根	4 根	2 根	3 根	4 根	2 根	3 根	4 根
2.5	1	1.76	5.0	27	25	25	23	21	19	16	19	17	15	20	18	15	18	16	14	20	18	15	18	16	14	19	17	14	17	16	13
4	1	2.24	5.5	35	32	33	30	28	25	23	25	23	20	26	23	22	23	22	19	27	24	22	24	22	19	25	22	21	22	21	20
6	1	2.73	6.2	45	42	42	39	37	84	30	33	29	26	35	32	28	31	27	24	35	32	28	31	27	25	33	30	26	29	28	24
10	7	1.33	7.8	65	59	61	55	52	46	40	44	40	35	49	43	37	41	38	33	49	44	38	42	38	33	46	41	36	39	38	34
16	7	1.68	8.8	85	80	80	75	66	59	52	58	52	46	62	55	49	54	49	43	63	56	50	55	49	44	59	52	47	51	49	44
25	7	2.11	10.6	110	105	103	98	86	76	68	77	68	60	80	71	64	72	64	56	80	70	65	73	65	57	75	65	61	68	61	57
35	7	2.49	11.8	138	130	129	122	106	94	83	95	84	74	99	89	78	89	79	69	100	90	80	90	80	70	94	84	75	84	79	70
50	19	1.81	13.8	175	165	164	154	138	118	105	120	108	95	124	110	98	112	101	89	125	110	100	114	102	90	117	103	94	107	96	88
70	19	2.14	16.0	220	205	206	192	165	150	133	153	135	120	154	140	124	143	126	112	155	143	127	145	130	115	145	134	119	136	125	111
95	19	2.49	18.3	265	250	248	234	200	180	160	184	165	150	187	168	150	172	154	140	190	170	152	175	158	140	178	159	142	164	149	133
120	37	2.01	20.0	310	—	290	—	230	210	190	210	190	170	215	197	178	197	178	159	—	—	—	—	—	—	—	—	—	—	—	—
150	37	24	22.0	360	—	337	—	260	240	220	250	227	205	243	224	206	234	212	192	—	—	—	—	—	—	—	—	—	—	—	—

注：导电线芯最高允许工作温度为 +65°C。

上述选择是指相线截面，低压供配电系统的中性线（零线）和保护线截面的选择如下：

一般三相四线或三相五线制中的中性线（N线）的允许载流量，不应小于三相线路中的最大不平衡电流，中性线截面积 S_0 一般应不小于相线截面积 S_p 的50%，即 $S_0 \geqslant 0.5S_p$。

保护线（PE线），按规定，其电导一般不得小于相线电导的50%，因此保护线的截面积不得小于相线截面积的50%。但当 $S_p \leqslant 16mm^2$ 时，保护线（PE线）截面积应与相线截面积相等，即 $S_{PE} = S_p$。

例7-2　某建筑施工工地需要电压为380/220V，计算电流为55A，现采用BLX—500型明敷线供电，试按发热条件选择相线及中性线截面积（环境温度按30℃计）。

解　因所用导线为500V铝芯橡胶绝缘线，所以查表7-9得气温为30℃时导线截面积为 $10mm^2$ 的允许载流量为61A，大于计算电流55A，满足发热条件，因此相线选截面积 $S_p = 10mm^2$。

中性线截面积，按 $S_0 \geqslant 0.5S_p = 0.5 \times 10mm^2 = 5mm^2$，所以选 S_0 为 $6mm^2$。

2. 按机械强度选择导线截面积

配电导线在正常运行时，由于受其自重以及风、雨、雪、冰等外部作用力的影响，在安装过程中也要受到拉伸的作用力，为保证在安装和运行时不致折断，而中断正常供电和发生其他事故，因此有关部门规定了在各种不同的敷设条件下，导线按机械强度要求的最小截面积，见表7-10。

表7-10　按机械强度要求的导线最小允许截面积

用途	线芯最小截面积/mm^2		
	铜芯软线	铜线	铝线
一、照明用灯头引下线			
户内：民用建筑	0.4	0.5	2.5
工业建筑	0.5	0.8	2.5
户外		1.0	2.5
二、移动式用电设备引线			
生活用	0.2		
生产用	0.1		
三、固定敷设在绝缘支持件上的导线支持点间距离：			
2m以下　户内		1.0	2.5
户外		1.5	2.5
6m及以下		2.5	4.0
12m及以下		2.5	6.0
25m及以下		4.0	10.0
四、穿管敷设的绝缘导线	1.0	1.0	2.5
五、塑料护套线沿墙明敷设		1.0	2.5
	钢芯铝线	铝及铝合金线	
六、架空线路	25	35	
1. 35kV	25	35	
2. 6~10kV	16	16	
3. 1kV以下	绝缘铜线	绝缘铝线	
	10	10	

3. 按允许电压损失选择导线截面积

由于线路存在着阻抗，所以在负荷电流通过线路时要产生电压损失，电压损失用线路的始端电压 U_1 和末端电压 U_2 的代数差占额定电压相对值的百分数来表示，即

$$\Delta U\% = \frac{U_1 - U_2}{U_N} \times 100\% \tag{7-15}$$

式中，U_1 为线路的始端电压（V）；U_2 为线路的末端电压（V）；U_N 为线路的额定电压（V）。

线路上的电压损失就导致用电设备所承受的实际电压与其额定电压有偏移，偏移超过了规定值，将会严重影响用电设备的正常工作。如感应电动机，当其端电压比额定电压低10%时，由于转矩与端电压二次方成正比，因此其实际转矩将只有额定转矩的81%；而负荷电流将增大5%以上；温升将提高10%以上；绝缘老化程度增加一倍以上；从而明显缩短了电动机的使用寿命。如白炽灯的端电压降低10%，其光通量将降低30%，灯光变暗，照度降低，严重影响人的视力健康，降低工作效率。为了保证用电设备的正常工作，有关规程规定了用电设备端子处电压偏移的允许范围为：

电动机：±5%；

照明灯：在一般工作场所，±5%；在视觉要求较高的屋内场所，±2.5%；在远离变电所的小面积一般工作场所，难以满足上述要求时，允许－10%；

其他用电设备：无特殊规定时，±5%。

为了保证线路末端电压偏移不超过规定的允许值，对线路的导线截面积需要进行计算。如果线路的电压损失超过了允许值，则应适当加大导线的截面积，以满足允许电压损失值的要求，因为输送功率和距离一定时，截面积增大，电压损失将减小。

1）对于纯电阻性负载（如照明、电热设备等），可用下式来选择截面积：

$$S = \frac{P_c L}{C\Delta U\%} = \frac{M}{C\Delta U\%} \tag{7-16}$$

式中，S 是导线截面积（mm^2）；P_c 是负载的计算负荷（三相或单相功率）(kW)；$\Delta U\%$ 是允许电压损失（%）；M 是负荷矩（kW·m）；L 是导线长度（m）；C 是由电路的相数、额定电压及导线材料的电阻率等因素决定的系数，叫作电压损失计算系数，参见表7-11。

表7-11 电压损失计算系数 C 值

线路额定电压/V	线路接线及电流类别	C 的计算式	$C/(kW\cdot m/mm^2)$	
			铝线	铜线
220/380	三相四线	$rU_N^2/100$	46.2	76.5
	两相三线	$rU_N^2/225$	20.5	34.0
220	单相及直流	$rU_N^2/220$	7.74	12.8
110			1.94	3.21

注：表中线路接线的线数均不含 PE 线。

2）对于感性负载（如电动机），选择导线截面积的计算公式为

$$S = B\frac{P_c L}{C\Delta U\%} = B\frac{M}{C\Delta U\%} \tag{7-17}$$

式中，B 是校正系数，参见表7-12。

表 7-12　感性负载线路电压损失的校正系数 *B* 值

导线截面积 /mm²	铜或铝导线明敷设 当负荷的功率因数为					电缆明敷设或埋地导线 当负荷功率因数为					裸铜线架设 当负荷功率因数为			裸铝线架设 当负荷功率因数为		
	0.9	0.85	0.8	0.75	0.7	0.9	0.85	0.8	0.75	0.7	0.9	0.8	0.7	0.9	0.8	0.7
6												1.10	1.12			
10											1.10	1.14	1.20			
16	1.10	1.12	1.14	1.16	1.19						1.13	1.21	1.28	1.10	1.14	1.19
25	1.13	1.17	1.20	1.25	1.28						1.21	1.32	1.44	1.13	1.20	1.28
35	1.19	1.25	1.31	1.35	1.40						1.27	1.43	1.58	1.18	1.28	1.38
50	1.27	1.35	1.42	1.50	1.58	1.10	1.11	1.13	1.15	1.17	1.37	1.57	1.78	1.25	1.31	1.53
70	1.35	1.45	1.54	1.64	1.74	1.11	1.15	1.17	1.20	1.24	1.48	1.76	2.10	1.34	1.52	1.70
95	1.50	1.65	1.80	1.95	2.00	1.15	1.20	1.24	1.28	1.32				1.44	1.70	1.90
120	1.60	1.80	2.00	1.10	2.30	1.19	1.25	1.30	1.35	1.40				1.73	1.82	2.10
150	1.75	2.00	2.20	2.40	2.60	1.24	1.30	1.37	1.44	1.50						

例 7-3　某工地照明干线的计算负荷共计 10kW，导线长 250m 用 380/220V 三相四线制供电，设干线上的电压损失不超过 5%，敷设地点的环境温度为 30℃，明敷，试选择干线 BLX 的截面积。

解

1）因是照明线，且线路较长，按允许电压损失条件来选择导线截面积。

由表 7-11 可知，三相四线制铝线，电压损耗计算系数 $C=46.2$，根据式（7-16），截面积计算值为

$$S=\frac{P_cL}{C\Delta U\%}=\frac{10\times 250}{46.2\times 5}\text{mm}^2=10.82\text{mm}^2$$

由计算值，查表 7-9，选用 BLX 截面积标准值为 16mm²。

2）校验发热条件。由 $S=16\text{mm}^2$，查表 7-9，其允许载流量为 80A。查表 7-1，需要系数 $K_d=1$，$\cos\varphi=1$，得

$$I_c=\frac{S_c}{\sqrt{3}U_N}=\frac{10}{\sqrt{3}\times 0.38}\text{A}=15.2\text{A}$$

显然所选导线的允许载流量（80A）远大于计算电流 15.2A，满足发热条件。

3）校验机械强度。查表 7-12，架空绝缘铝线最小允许截面积为 16mm²，所选导线截面积 16mm²，正好满足要求。

第六节　建筑供配电设计简介

建筑供配电是建筑工程的重要部分，必须做到符合原则、经济、合理、安全。

一、设计内容及步骤

1. 收集原始材料

1）向建设部门了解基建规划，索取土建总体平面布置图（或施工组织平面布置图）。

2）作现场勘察，了解供电范围内的环境条件及电源情况（或电源引入点、电压等级和供电方式等）。

3）了解用电设备性质、特征、规模及布局，并列出设备清单，其中包括：设备名称、

型号、容量大小、数量等。

4）了解当地气象条件资料。

2. 负荷计算

根据列出的动力、照明等用电设备清单，进行负荷计算，求各部分和总的计算负荷。

3. 根据设备位置确定线路走向

经过技术经济比较，选择最合理的电源方案及电源引入点，确定变电所、总配电箱、分配电箱的位置及配电线路的走向和敷设方式。

1）拟定变配电所的电气主接线和整个工地的供电系统图。

2）选择变压器型号、容量、台数以及电气设备型号、规格和数量，并作变配电所的设计。

3）选择导线型号、规格，并进行配电线路的设计。

4）绘制施工组织及供电平面布置图。

5）汇总设备材料表。

6）编制工程概（预）算及编制技术经济指标。

7）制定安全用电措施、电气防火措施。

8）在施工现场供电平面图上，用图形符号标出电源引入点、变电所的位置、各配电箱的位置及低压配电线路的走向等。

二、设计图例

图7-27为某学校教学楼施工现场平面布置图，图7-28为施工组织供电平面图。例中符号的含义见表7-13。

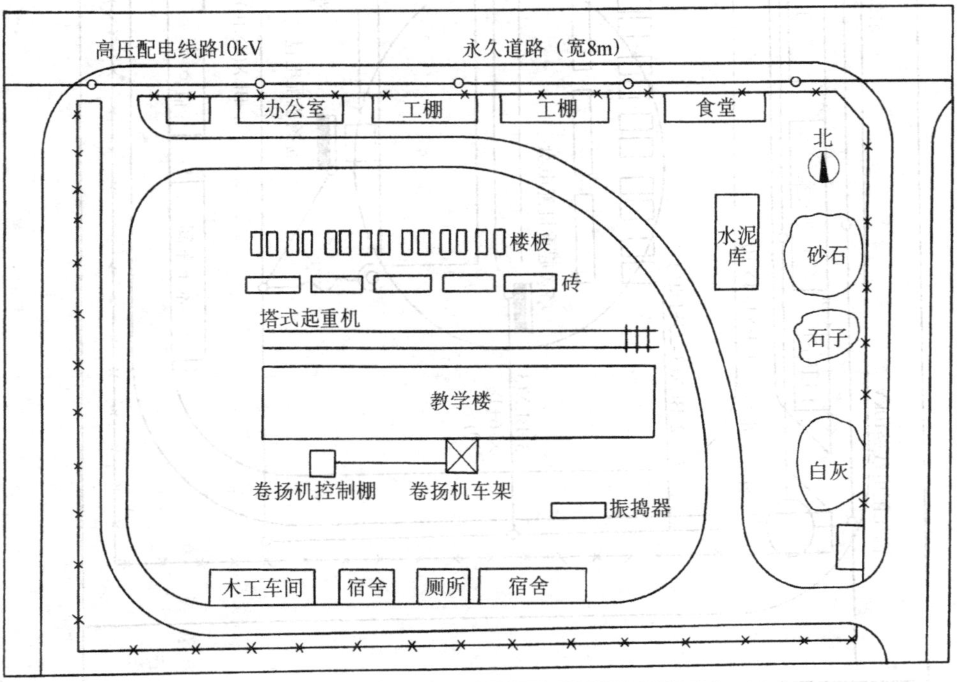

图7-27　某学校教学楼施工现场平面布置图

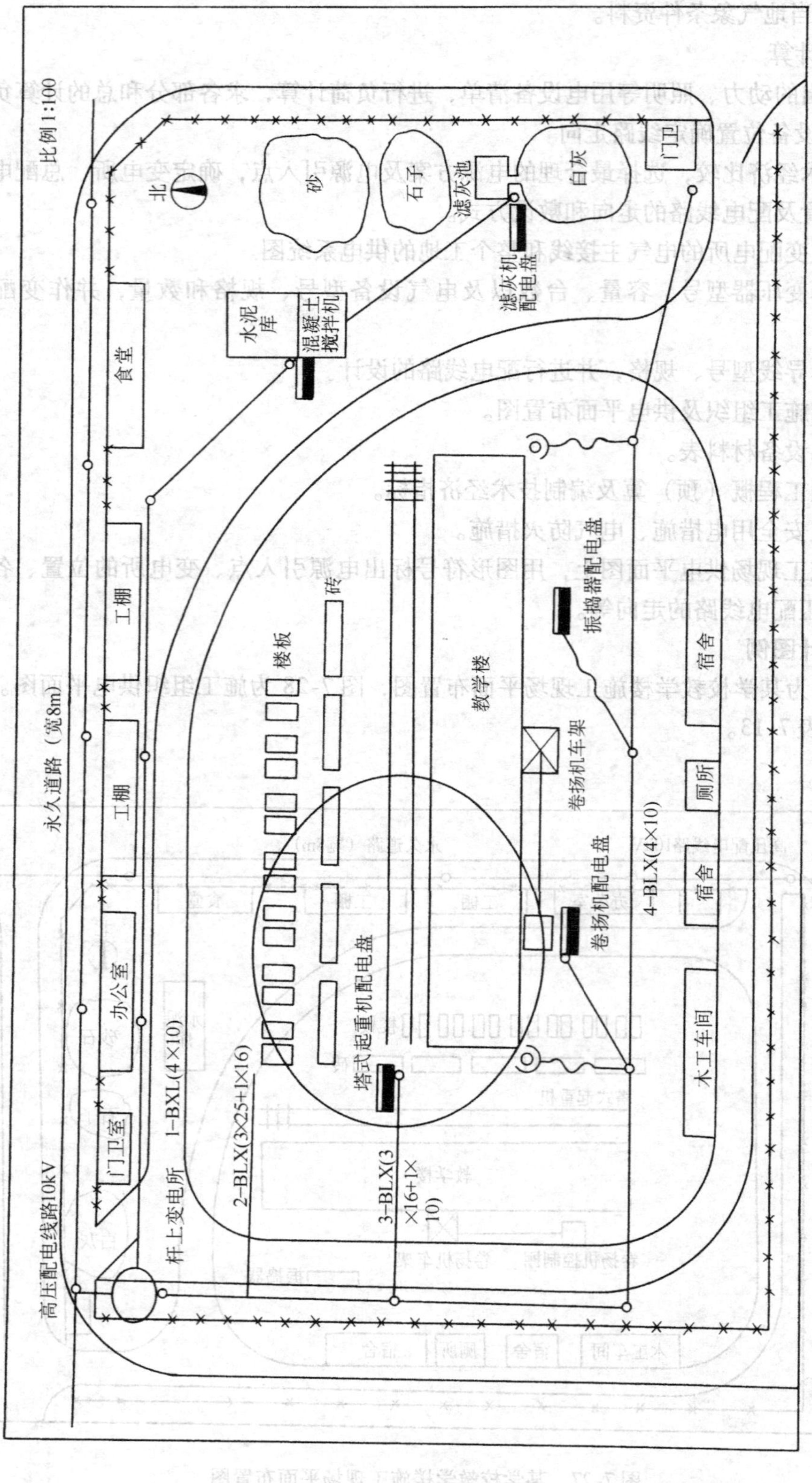

图 7-28　施工组织供电平面图

表 7-13　低压配电线路中常用图例

名　　称	图 形 符 号	名　　称	图 形 符 号
变电所　配电所		挂在钢索上的线路	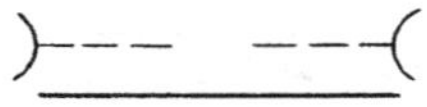
杆上变电所		事故照明线	
移动变电所		50V 以下照明线路	
地下线路		滑触线	
架空线路		保护和中性共用线	
具有埋入地下接点的线路		电杆的一般符号 *A*：杆材　*B*：杆长 *C*：杆号	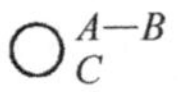
中性线	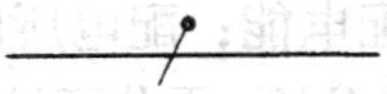	双接腿杆	
保护线	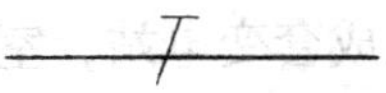	拉线一般符号 (示出单方拉线)	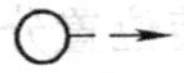
具有保护线和中性线的三相配线		装设双担的电杆	
单接腿杆（单接杆）		装设十字担的电杆	
带照明灯的电杆 *a*：编号　*b*：杆型　*c*：杆高 *A*：型号　*d*：容量	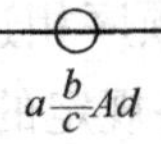	电缆中间接线盒	
装设单担的电杆		事故照明配电箱	
屏、台、箱、柜一般符号		电缆铺砖保护	
动力或动力—照明配电箱		电缆穿管保护	
照明配电箱（屏）		交流配电屏（盘）	

本 章 小 结

1. 电力系统由发电厂、电力网和电能用户组成。把联系发电厂和用户之间的中间环节称为电力网，它由各种不同电压等级的输配电线路和变配电所组成。用户可由电力系统的电力网供电，重要用户应有备电电源。

2. 电力负荷根据中断供电后在政治、经济上造成的影响，损失程度分为三级。

3. 需要系数法是负荷计算的常用方法。其计算步骤是：首先确定各用电设备的设备容

量 P，即把不同工作制的设备额定容量换算为规定工作制下的额定容量，然后将同类用电设备分成组，对每组的计算负荷按下列公式求得：

$$P_c = K_d \Sigma P$$

$$Q_c = P_c \tan\varphi$$

$$S_c = \sqrt{P_c^2 + Q_c^2}$$

$$I_c = \frac{S_c}{\sqrt{3}U_N}$$

对干线或变压器低压侧（即多组）的计算负荷计算公式为

$$P_c = K_\Sigma \Sigma P_c$$

$$Q_c = K_\Sigma \Sigma Q_c$$

$$S_c = \sqrt{P_c^2 + Q_c^2}$$

$$I_c = \frac{S_c}{\sqrt{3}U_N}$$

变压器低压侧计算负荷 S_c 是选择变压器容量的依据，I_c 是选择导线截面的依据。

4. 变电所的作用是接收电能、变换电压、分配电能；配电所的作用是接收电能、分配电能。10kV 小容量变电所是把 10kV 的高压降至 0.4kV，再分配给低压用电设备。按电气设备的安装位置分为室外型、室内型及半室外型以及成套变电站，室外型又分为杆架式和地台式。10kV 小容量变电所主要由高压熔断器、高压隔离开关或负荷开关、避雷器、变压器、低压母线及断路器等组成。建筑工地变电所是一种临时设施，宜采用室外型变电所。

变电所的位置由高压电源引入点、负荷分布情况、地形、交通、环境等诸多因素综合分析来决定。

5. 把变压器、配电装置及电线、电缆等按一定的顺序相连组成的接收电能、变换电压、分配电能的电路，称为主接线。主接线图以各电气设备规定的图形符号用单线图的形式来表示。对主接线的要求是安全、可靠、灵活、经济，其形式主要由电源情况、负荷等级及与邻近变电所的关系等来确定。主接线图清楚地反映了变电所接收和分配电能的接线情况及供电的可靠性，主接线的确定与变配电所电气设备的选择及配电装置的布置关系密切。

6. 选择变压器的主要内容是确定其型号、额定电压、台数及容量，其容量应满足

$$S_N \geqslant S_c$$

7. 输配电线路的作用是输送和分配电能。低压配电线路的接线方式有：放射式、树干式和环形三种形式。形式的选择由负荷等级、负荷大小及分布情况来决定。

低压配电线路可分为架空线路和电缆线路两种。架空线路由导线、电杆、横担、绝缘子和拉线等组成；电缆线路由导电芯、绝缘层、保护层等组成。

8. 选择导线时应首先根据使用场所和敷设方式确定型号，然后确定截面积。选择导线截面积应符合下列要求：

导线中通过最大负荷电流不超过导线的长期允许载流量，即

$$I_{al} \geqslant I_c$$

导线中通过最大负荷电流时产生的电压损失不应超过其允许值。电压损失的计算公式分为

对纯电阻性负载 $\Delta U\% = \frac{\Delta U}{U_N} \times 100\% = \frac{M}{CS} \times 100\%$

对感性负载 $\Delta U\% = \frac{\Delta U}{U_N} \times 100\% = B\frac{M}{CS} \times 100\%$

导线的机械强度规定了其最小允许截面积。

习 题 七

7-1 电力系统由什么组成?

7-2 采用高压输电的优点是什么?

7-3 主接线的形式由什么确定?

7-4 试简述高压隔离开关、高压负荷开关、高压跌落式熔断器的作用。

7-5 选择变压器容量的原则是什么?

7-6 某施工现场使用的电气设备清单如表7-14所列。

求：总计算负荷 P_c、S_c、I_c，并且选择为该工地所列负荷供电的变压器型号、容量（高压侧电源电压为10kV）。

表7-14 某施工现场使用的电气设备清单

序号	设备名称	台数	额定容量	效率	定额电压/V	相数	备注
1	混凝土搅拌机	2	7.5kW	0.9	380	3	
2	砂浆搅拌机	2	2.8kW	0.92	380	3	
3	电焊机	4	22kV·A		380	1	$\varepsilon_N = 65\%$
4	起重机	1	40kW	0.9	380	3	$\varepsilon_N = 25\%$
5	照明		10kW		220	1	白炽灯

7-7 若习题7-6中的负荷采用树干式配电，干线长90m，试选择干线BLX的截面积及熔断器（导线明敷，环境温度为30℃）。

第八章　建筑电气照明系统

在人们的工作、学习和生活的空间，光的重要性是不言而喻的。室内采光有自然采光和人工照明两种方式，自然采光受到时间与空间的限制，因此需要人工照明来补充，由于电光源的发明和发展，电气照明作为现代人工照明的主要方式被广泛应用于生产和生活等各个方面，电气照明是当今建筑设计的重要组成部分，它是一门综合性技术，不仅涉及光学和电学，也与建筑学、心理学、美学密切相关。一个好的照明设计是自然光和人工光的有机结合，在设计时应充分利用现有的自然光条件，结合建筑学、心理学、光学、电学和美学综合考虑。

随着城镇化进程的加快，人类居住环境的改善，环境光污染问题也日益突出，为了保护环境和节约能源，早在1993年原国家经贸委等部门就制定了《中国绿色照明工程计划》。近年来，“绿色照明”的理念已逐步深入人心，绿色照明工程的实施取得了很大进展。所谓“绿色照明”，是指通过科学的照明设计，采用效率高、寿命长和性能稳定的电光源、灯具及其控制电器，建成安全、环保、高效、经济、优美和舒适的照明系统。从而提高人们工作、学习和生活的质量，有益身心健康，并充分体现现代文明。

本章主要介绍工业与民用建筑室内电气照明设计的最基本内容。其中，首先介绍照明设计中必须了解的几个基本知识，再按照设计步骤依次介绍照明种类的确定，电光源和灯具的选择与布置，照明设计的常用计算方法及照明线路设计的有关问题，最后以照明设计简例结束本章。

第一节　照明工程中的几个光学概念

照明技术是以光为基础的，它的实质是光的控制与分配技术。首先必须熟悉与之有关的几个光学概念。

一、光的基本概念

光是一种电磁辐射能，在空间以电磁波的形式传播。电磁波的波长范围极其广泛，其中波长在380~780nm时，光的颜色从紫色开始，按蓝、绿、黄、橙、红依次连续变化，如图8-1所示。

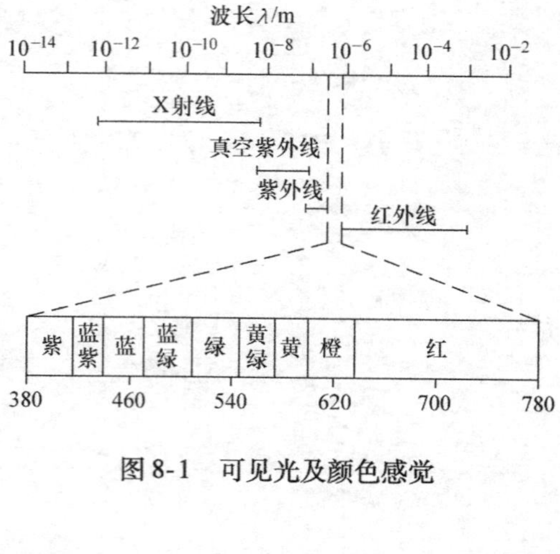

图8-1　可见光及颜色感觉

人眼对不同波长的光感受灵敏度并不相同，如在白天对波长555nm的黄绿光最敏感，而偏离此值越远，灵敏度越低，直到波长小于380nm或波长大于780nm时则不能引起人们视觉。因此我们将波长在100~380nm之间的紫外线和波长在780nm~1mm之间的红外线称为非可见光。非可见光与可见光有相似特性，故统称为光。由于大气层中水汽、二氧化碳对红外线吸收作用和臭氧层对紫外线吸收作用，照射到地面的太阳光其波长范围与可见光相同。

通常在照明工程中，都是利用可见光部分，对于非可见光部分则应尽量避免，因为过量紫外线和红外线都会对人体造成情况不同的伤害。

把可见光波长范围内辐射强度相等的各单色光混合在一起，就形成了白光（类似阳光的自然光），一般电光源发出的光与白光都有不同程度的差别。

二、光度量

光虽然是一种电磁辐射能，但仅用能量参数来描述是不够的，在照明工程中，还应考虑人的视觉效果，即用光度量来衡量。常用的光度量有光通量、发光强度、亮度和照度。

1. 光通量

光通量是光源在单位时间内向周围空间辐射并使人眼产生光感的能量，符号为 Φ，单位是 lm（流明），在国际单位制中，1lm 是发光强度 1cd（坎德拉）的点光源在 1sr（球面度）的立体角内发出的光通量。

光通量是各种电光源的主要技术参数，它表明电光源发光能力的大小。例如：某种 220V、36W 的普通双螺旋白炽灯额定光通量是 345lm，而另一种 220V、36W、三基色 T8 直管荧光灯额定光通量为 3350lm，后者发光能力为前者的近 10 倍。

2. 发光强度

电源向周围空间发出的光通量分布不一定均匀，故需引出发光强度的概念。光源在某一方向上光通量的立体角密度，称为光源在该方向的发光强度，简称光强，符号为 I，单位是 cd（坎德拉），如图 8-2 所示，假定光源为点光源，并位于立体角的顶点。该光源在给定立体角元 $d\Omega$ 内发出的光通量为 $d\Phi$，则在该立体角轴线方向的光强 I 为

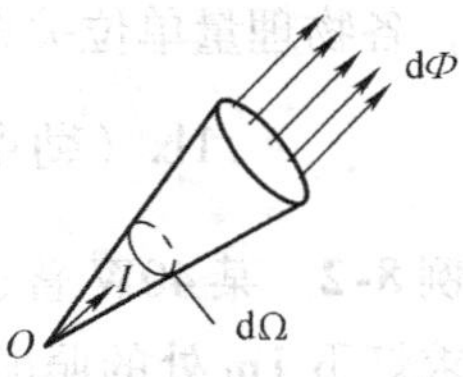

图 8-2　发光强度的示意图

$$I = \frac{d\Phi}{d\Omega} \tag{8-1}$$

对于向周围空间的各个方向均匀发光的光源，每个方向发光强度是相等的，此时公式可写为

$$I = \frac{\Phi}{\Omega} \tag{8-2}$$

上述各物理量单位关系是：$1\text{cd} = \dfrac{1\text{lm（流明）}}{1\text{sr（球面度）}}$。

例 8-1　某球面光源，向周围空间各方向均匀发光。设光源的总光通量为 1000lm，求该光源在每个方向上的发光强度。

解　对于整个球面，立体角为 4πsr，故每个方向上的发光强度为

$$I = \frac{\Phi}{\Omega} = \frac{1000}{4\pi}\text{cd} = 79.6\text{cd}$$

在照明工程中，常用发光强度分布曲线（亦称配光曲线）表示光源或灯具在空间各个方向发光强度分布情况，配光曲线通常用极坐标表示，如图 8-3 所示。在坐标图上标出不同角度，并以不同半径同心圆代表不同发光强度，其单位为 cd。需要指出，配光曲线中的光源是光通量为 1000lm 的假想光源，因此实际发光强度应当是配光曲线提供的发光强度值乘

以光源实际光通量与1000lm的比值。例如，灯具实际光通量为5000lm，若查图8-3的配光曲线，在光源正下方发光强度为420cd，则实际光强为

$$I = 420 \times \frac{5000}{1000}\text{cd} = 2100\text{cd}$$

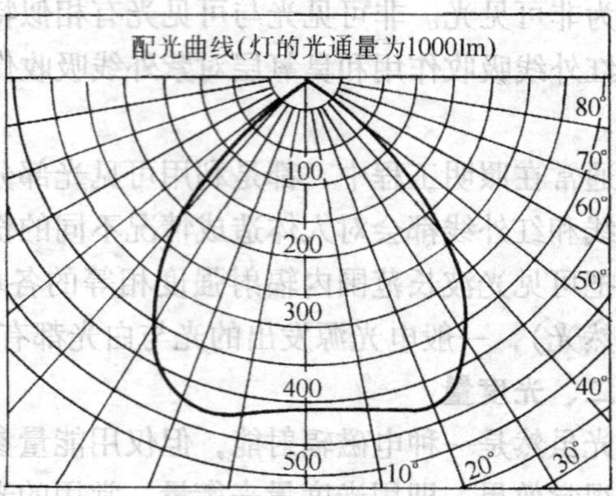

图8-3　计算用灯具配光曲线

3. 照度

光通量和发光强度用于说明光源的发光特点，而照度用来表示被照面接收的光照的强弱。所谓照度是指单位被照面积所接收的光通量，符号为 E，单位是 lx（勒克斯）。如图8-4所示，设被照面上有一点 P，取该面上 P 周围的一足够小的面元 dA，若面元 dA 接收的光通量为 dΦ，则 P 处的照度为

$$E = \frac{\mathrm{d}\Phi}{\mathrm{d}A} \tag{8-3}$$

若被照面积 A 上射入的光通量是均匀的，则照度 E 可写成

$$E = \frac{\Phi}{A} \tag{8-4}$$

式中，各物理量单位关系是

$$1\text{lx（勒克斯）} = \frac{1\text{lm（流明）}}{1\text{m}^2\text{（平方米）}}$$

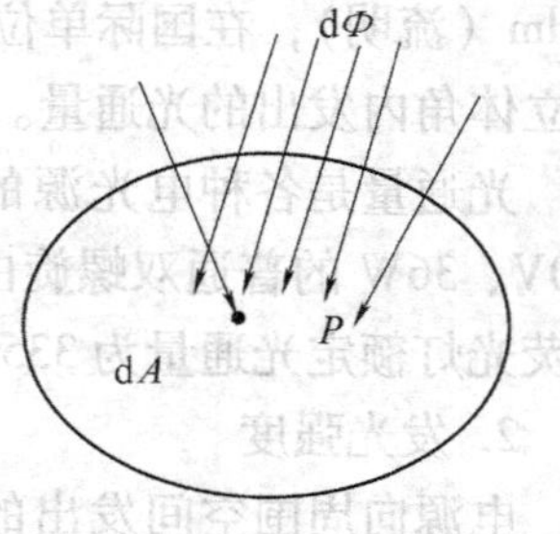

图8-4　照度

例8-2　某40W普通白炽灯发出总光通量为350lm，假设它向四周发出光通量是均匀的，求灯下1m处的照度值。

解　以光源为球心作半径为1m的球面，由于球面内侧接收光通量是均匀的，故灯下1m处的照度为

$$E = \frac{\Phi}{A} = \frac{350}{4\pi \times 1^2}\text{lx} = 27.9\text{lx}$$

在GB 50034—2013《建筑照明设计标准》中，对于工业和民用建筑的不同场所，根据人们活动的特点和视力保护要求，规定了相应的照度标准，表8-1给出了居住建筑照明的照度标准值，在照明设计时往往根据下述照度标准值确定相应的电光源灯具的数量，进行合理的布置。

表8-1　居住建筑照明的照度标准值（据GB 50034—2013）

房间或场所		参考平面及其高度	照度标准值/lx	显色指数 R_a
起居室	一般活动	0.75m水平面	100	80
	书写、阅读		300①	
卧室	一般活动	0.75m水平面	75	80
	床头、阅读		150①	

（续）

房间或场所		参考平面及其高度	照度标准值/lx	显色指数 R_a
餐厅		0.75m 餐桌面	150	80
厨房	一般活动	0.75m 水平面	100	80
	操作台	台面	150①	
卫生间		0.75m 水平面	100	80

① 宜用混合照明。

4. 亮度

眼睛对发光体（不仅指光源，也指被照物体）明亮程度的感觉，用亮度来表示，符号为 L，单位是 cd/m^2（坎德拉/平方米）。

如图 8-5 所示，某发光体面元 dA 在 θ 方向的发光强度为 dI_θ，眼睛所能见到的发光体面元的外观面积（发光体面元在视线方向的投影面积）$dA' = dA\cos\theta$，则 θ 方向的亮度 L_θ 为

$$L_\theta = \frac{dI_\theta}{dA\cos\theta} \tag{8-5}$$

式中，θ 为发光体面元法线方向与人眼视线之夹角。各物理量的单位关系是

$$1cd/m^2(\text{坎德拉/平方米}) = \frac{1cd(\text{坎德拉})}{1m^2(\text{平方米})}$$

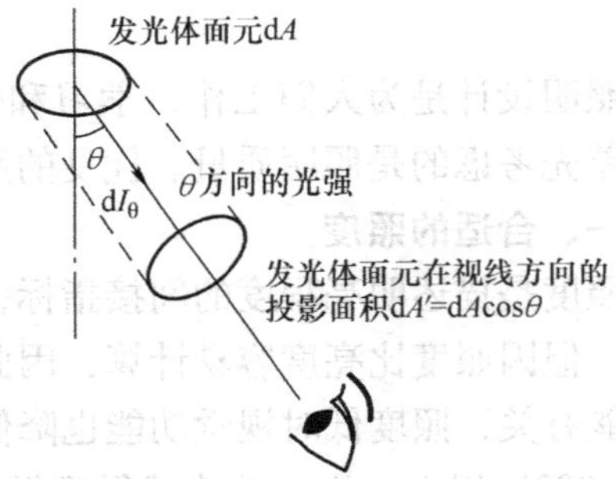

图 8-5　亮度定义示意图

例 8-3　乳白玻璃罩直径为 150mm 的球形照明器，其向下轴线方向的发光强度 $I = 120cd$，试计算从下面看该照明器的亮度。

解　发光体表面虽是球形，但投影到视线方向的面积应为圆的面积，即

$$A = \frac{\pi d^2}{4} = \frac{\pi \times 0.15^2}{4} m^2 = 0.0177m^2$$

$$L = \frac{I}{A} = \frac{120}{0.0177} cd/m^2 = 6780cd/m^2$$

照度和亮度是衡量光环境优劣的重要技术指标，可以通过照度计和亮度计对相关测量点进行测量得到。

三、材料的光学性质

光在传播过程中，遇到材料（如玻璃、石膏、墙面、顶棚等）会发生反射、吸收和透射，如图 8-6 所示，总光通量 Φ_i 透射到材料上，一部分光通量 Φ_ρ 反射回来，一部分光通量 Φ_τ 透过材料，其余一部分光通量 Φ_α 被材料吸收。

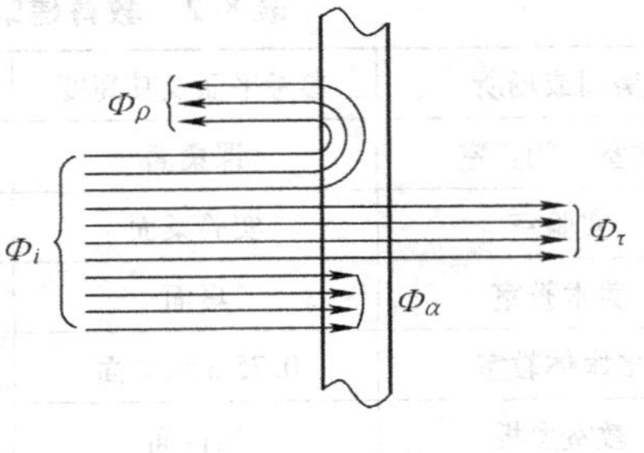

图 8-6　材料的光学性质

为了表明各种材料的光学性质，定义反射系数（或反射比）、透射系数（或透射比）、吸收系数（或吸收比）如下：

$$\left.\begin{aligned}\rho &= \frac{\Phi_\rho}{\Phi_i}\\ \tau &= \frac{\Phi_\tau}{\Phi_i}\\ \alpha &= \frac{\Phi_\alpha}{\Phi_i}\end{aligned}\right\} \tag{8-6}$$

又因为 $\Phi_i = \Phi_\rho + \Phi_\tau + \Phi_\alpha$，所以

$$\rho + \tau + \alpha = 1 \tag{8-7}$$

在照明设计和计算中常常考虑顶棚、墙面和地面的反射系数，因为它们会影响到工作面的照度。

第二节 照明质量

照明设计是为人们工作、学习和休息的活动空间，营造一个明亮、舒适、健康的光环境，首先考虑的是照明质量。优良的照明质量主要包括以下几个方面。

一、合适的照度

照度是描述明亮程度的间接指标，由于明亮程度受反射光的影响，原则上要规定合适的亮度，但因照度比亮度容易计算，因此往往把照度作为照亮质量的主要指标。照度与人的视觉功能有关，照度低时视觉功能也降低，随着照度的提高，视觉功能也随之提高，但当照度达到1000lx以上，视觉功能就很难继续提高了。合适的照度可以减少视觉疲劳，提高学习和工作效率。在室内照明中，将20lx作为非工作房间的最低照度，工作房间的最低照度为200lx，工作房间最高满意度照度为2000lx。GB 50034—2013《建筑照明设计标准》规定的照度等级为0.5lx、1lx、2lx、3lx、5lx、10lx、15lx、20lx、30lx、50lx、75lx、100lx、150lx、200lx、300lx、500lx、750lx、1000lx、1500lx、2000lx、3000lx。各种室内环境对照明照度的要求不尽相同，表8-1给出了居住建筑照明照度标准值，表8-2给出了教育建筑的照度标准值。

应当指出，光源的老化和灯具的积尘会使光源的光通量减少，顶棚和墙面的脏污也会使光通量利用率降低，两者结果都使照度下降。因此在照明设计时应考虑维护系数（或称减光系数），维护系数是指光源或灯具在使用一段时间后，规定表面的平均照度与初装时该表面的平均照度之比。不同环境的维护系数见表8-3。

表8-2 教育建筑的照度标准值（据 GB 50034—2013）

房间或场所	参考平面及其高度	照度标准值/lx	统一炫光值 UGR	显色指数 R_a
教室、阅览室	课桌面	300	19	80
实验室	实验桌面	300	19	80
美术教室	桌面	500	19	90
多媒体教室	0.75m 水平面	300	19	80
教室黑板	黑板面	500	—	80

表 8-3　维护系数（据 GB 50034—2013）

环境污染特征		房间或场所举例	灯具最少擦拭次数/(次/年)	维护系数值
室内	清洁	卧室、办公室、影院、剧场、餐厅、阅览室、教室、病房、客房、仪器仪表装配间、电子元器件装配间、检验室、商店营业厅、体育馆、体育场等	2	0.80
	一般	机场候机厅、候车室、机械加工车间、机械装配车间、农贸市场等	2	0.70
	污染严重	公用厨房、锻工车间、铸工车间、水泥车间等	3	0.60
开敞空间		雨篷、站台	2	0.65

二、良好的照度均匀度

在人们的工作环境中，如果各处的照度值相差较大，眼睛就要不断适应明暗的变化，从而产生视觉疲劳，因此工作面周围的照度应力求均匀。

照度的均匀性是以工作面最低照度 E_{min} 和平均照度 E_{av} 之比来衡量的，这个比值称为照度均匀度。

在室内照明中，为了获得均匀的照度，灯具布置的实际距高比，一般不要超过各类灯具所规定的最大距高比。所谓距高比，是指相邻灯具之间距离 s 与灯具到工作面高度 h 之比，用 s/h 表示，灯具高度一经确定，距高比值小，照度均匀性就好。

三、宜人的光源色表和良好的光源显色性

光源的颜色质量包括两个方面：一方面是人眼观看光源所发出光的颜色，即光源的表观颜色，称为光源的色表；另一方面是光源照射到物体上所显现出来的颜色，称为光源的显色性。

光源的色表用色温定量表示，色温定义是：热辐射光源发光颜色，与黑体（完全辐射体）加热到某一温度所发出的光的颜色相同时，这个加热温度称为该热辐射光源的色温；气体放电光源发光颜色，与黑体（完全辐射体）加热到某一温度所发出光的颜色相似时，这个加热温度称为该气体放电光源的相关色温。色温所用的温度是绝对温度。

不同色温的光源，给人产生的冷暖感觉有所不同，因此按照色温高低和给人的感受，将色表分为三个组别，即暖、冷和中间。各种室内环境适宜的色表也不相同，如住宅建筑中的卧室适宜色温低于 3000K 的暖色光源，以形成温馨的气氛，而书房则需要色温较高（高于 3300K）的光源，以营造静谧的阅读环境。光源的色表特征及其适用场合举例见表 8-4。

表 8-4　光源色表特征及其适用场合举例（据 GB 50034—2013）

色表特征	相关色温/K	适用场合举例
暖	<3300	客房、卧室、病房、酒吧
中间	3300～5300	办公室、教室、阅览室、商场、诊室、检验室、实验室、控制室、机加工车间、仪表装配
冷	>5300	热加工车间、高照度场所

经验告诉我们：同一颜色的物体，被不同光源照射时，被照物体显现的颜色不尽相同；在某些光源下观察物体的颜色与日光下看到的颜色也有差异，即出现了失真，因此引出了光源显色性这一概念，我们将待测光源下物体的颜色和参照光源下物体的颜色相比较；两者的相同程度，称为待测光源的显色性。光源的显色性的优劣用显色指数 R_a 定量表示，通常将日光作为参照光源，将其显色指数定为100，其他人工光源的显色指数都小于100，一般认为：R_a 为80～100的光源显色性良好，R_a 为50～79显色性一般，R_a 小于50显色性较差。常用各种光源的显色指数见表8-5。

表8-5　常用各种光源的显色指数

光源种类	显色指数 R_a	光源种类	显色指数 R_a
普通照明用白炽灯	95～100	金属卤化物灯	65～92
稀土三基色荧光灯	80～98	高压汞灯	35～40
普通荧光灯	60～70	普通高压钠灯	23～25

光源显色性主要取决于其光谱功率分布情况，研究表明，具有连续光谱的电光源其显色性良好，另外采用两种光源的混光照明也是改善显色性的常用办法。

对于需要正确辨明颜色的场所，如纺织车间、印刷工业的套色车间等，应选用显色指数高的光源。将光源按显色指数的范围分为四组，分组情况及其适用场所见表8-6。

表8-6　光源显色性分组及其适用场所

显色性分组	显色指数	适用场所示例		
Ⅰ	$R_a \geqslant 80$	表观颜色	暖	画廊、居室、观众厅、接待室、高级宴会厅、手术室
			中间	诊断室、办公室、教室、高级商店营业厅、排演厅、化妆室
			冷	医院、印刷、纺织车间、油漆车间
Ⅱ	$60 \leqslant R_a < 80$	阅览室、休息室、自选商场、报告厅、候机厅、厨房、餐厅		
Ⅲ	$40 \leqslant R_a < 60$	行李间、库房、汽车库、室外门廊		
Ⅳ	$20 \leqslant R_a < 40$	辨色要求不高的库房、室外道路照明		

四、限制眩光

如果在视野内（视野是指人眼固定时所能观察到的空间范围）有亮度很高的发光体或与周围亮度差异过大，则可产生视觉疲劳或视力减退的现象，称为眩光。眩光是影响照明质量的重要因素。通常按眩光产生原因分为两种：由光源直接进入视野所产生的眩光称为直接眩光；光源通过反射比较高的光泽表面反射引起的眩光称为反射眩光。

通常对室内工作场所的眩光程度，采用统一眩光值 *UGR* 来评价，*UGR* 值越小就说明对眩光的限制越好，表8-7给出了 *UGR* 值与眩光程度对应关系以及相应的视觉工作环境或场所。

眩光的程度取决于光源在视野中的位置、光源亮度、背景亮度以及室内各表面的光泽度等诸多因素，因此可采用以下方法限制眩光：

表 8-7 *UGR* 值与眩光程度对应关系以及相应的视觉工作场所

UGR 值	眩光程度描述	视觉工作环境或场所
<13	无眩光	精细视觉作业、手术台
13~16	开始有感觉	使用视频终端、绘图室、精品展厅、珠宝柜台、控制室、颜色检验
17~19	引起注意	办公室、会议室、教室、一般展厅、休息室、阅览室、病房
20~22	有轻度不适	门厅、营业厅、候车厅、观众厅、厨房、自选商场、餐厅、自助扶梯
23~25	不舒适	档案室、走廊、泵房、变电所、大件库房、交通建筑的入口大厅
26~28	很不舒适	售票厅、较短的通道、演播室

1）光源越靠近视线，直接眩光作用越强，光源在视野中的位置对眩光的影响如图 8-7 所示。可利用灯具的保护角（或称遮光角）来限制直接眩光。灯具的保护角 γ 是指光源的发光体与灯具出口下缘的连线与水平线之间夹角，如图 8-8 所示。

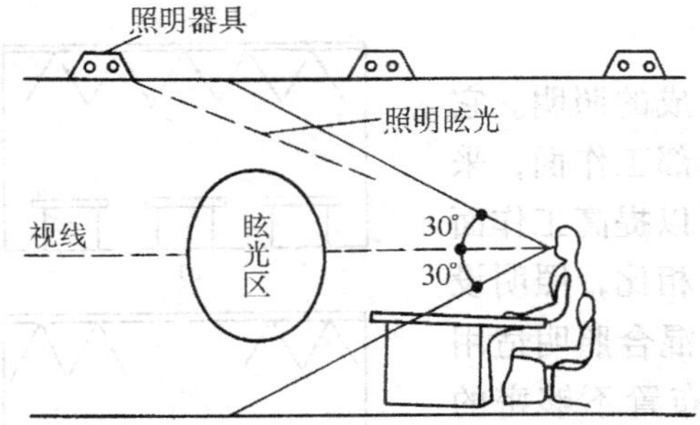

图 8-7 光源位置对眩光的影响

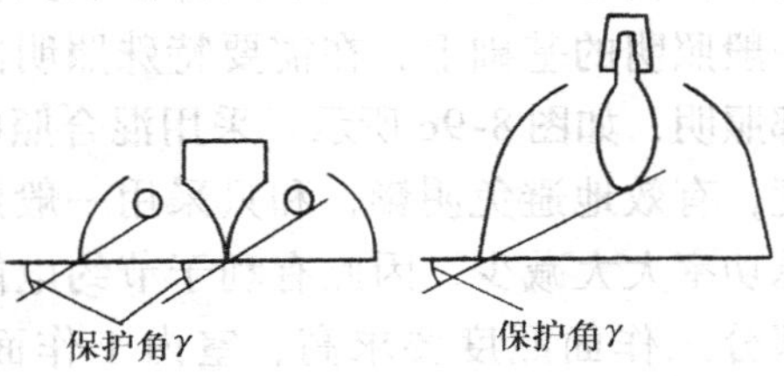

图 8-8 灯具的保护角

2）光源亮度越大，眩光作用越强，可通过限制光源亮度或降低灯具的表面亮度的方法抑制直接眩光。在照明设计中选用表面亮度低、配光合理（如蝙蝠翼形配光曲线）的灯具。

3）眩光与背景亮度大小有关。周围暗时，眼睛适应性很差，亮度不大的光源也会产生眩光。因此应照亮顶棚和墙面（但要避免出现光斑），以提高背景亮度。

4）降低室内各表面的光泽度可以抑制反射眩光，因此在室内照明设计中常采用无光漆、无光泽涂料等低光泽度的装饰材料。

第三节 照明的方式和种类

一、照明的方式

在建筑照明中，通常按照照明装置的布局分为一般照明、分区一般照明、局部照明和混合照明四种方式：

1. 一般照明

一般照明是为照亮室内整个工作环境而设置的照明。一般照明的灯具通常安装在顶棚下方，距工作面有足够大的距离；灯具均匀布置，以使室内各工作面获得相同照度，如图8-9a 所示。它适用于整个房间工作面布置较密、对投光方向没有特殊要求的场合，如会议室、教室和工厂的生产车间。

2. 分区一般照明

分区一般照明是根据实际工作和生产需要，提高室内某些特定区域的照度的一般照明。通常把灯具相对集中地布置在这些特定区域上方，使之有足够的照度。其他区域（如交通区）的照度则低于上述区域。分区一般照明适用于需要提高室内某一作业区照度的场合，如工厂车间的组装线，传送带和计量、检验场地。分区一般照明如图 8-9b 所示。

3. 局部照明

局部照明是为满足某些局部工作面的特殊需要，在较小范围或有限空间内设置的照明。局部照明的灯具直接安装在临近工作面的地方；灯具采用深照型，以避免直接眩光。局部照明适用于对某一部位需要高照度或对投光方向有特殊要求的场所，如办公室的台灯、车间里的机床灯、商店橱窗的射灯、教室的黑板灯等。应该指出，对于整个场所不应只设置局部照明而无一般照明。通常在照明设计中，当一般照明或分区一般照明不能满足要求时，应补充设置局部照明。

4. 混合照明

混合照明是由一般照明和局部照明共同组成的照明。它是在一般照明的基础上，在需要特殊照明的局部工作面，采用局部照明，如图 8-9c 所示。采用混合照明可以提高工作面的照度，有效地避免阴影；和只采用一般照明相比，照明设备的总功率大大减少，因此有利于节约电能。混合照明适用于对部分工作面照度要求高、室内工作面的布置不够密的场合。

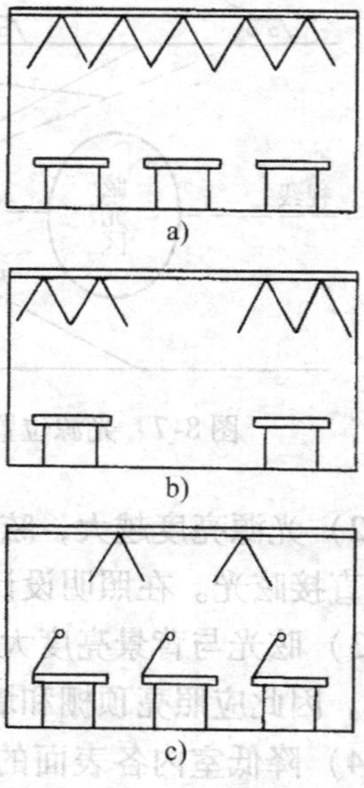

图 8-9　照明方式

a）一般照明　b）分区一般照明

c）混合照明

二、照明的种类

根据国家标准将建筑照明按照其功能分为正常照明、应急照明、值班照明、警卫照明、障碍照明五种：

1. 正常照明

正常照明是指正常情况下使用的室内外照明。在人们生活工作的房间、场所，保证安全通行的道路、楼梯、走廊都要设置正常照明。正常照明是照明设计的主要内容，它可以单独设置，也可以与应急照明、值班照明共用，但为了确保安全，其控制线路必须分开。

2. 应急照明

应急照明是指在正常照明电源因事故中断供电的情况下启用的照明，它保证在此情况下人员安全撤离或继续工作。应急照明按用途可进一步分为疏散照明、安全照明和备用照明三类：

（1）疏散照明　为保证人员在发生事故时能快速而安全地疏散而启用的照明。疏散照明要求在疏散人员所经过的主要通道上照度不低于 0.5lx，此外在疏散通道和安全出口要设置醒目的信号指示灯，用以指示疏散路线和安全出口的确切位置。

（2）安全照明　在正常照明突然熄灭时，为保证处于危险场所人员的安全而设置的照明。在因黑暗会造成人身伤害和设备事故的工业场地、高层建筑的电梯内、医院的抢救室和手术室都要放置安全照明。安全照明应在正常照明中断后 0.5s 以内开始供电，一般情况下其照度值不低于正常照明的5%，重要场所如抢救室、手术室则要求与正常照明的照度值相同。

(3) 备用照明 在正常照明熄灭时，为保证工作继续进行而设置的照明。在照明中断会导致中毒、爆炸、火灾，造成人身伤亡的场所，或者引起重要设备损坏、重大产品报废，造成重大经济损失的场所都必须设置备用照明。一般情况下备用照明的照度为正常照明的10%，而在一些特别重要的场所，如消防控制室、配电室则要求达到正常照明的50%～100%。

为了减少和节省照明线路与灯具，在建筑照明设计中，往往利用正常照明的一部分或者全部作为备用照明。

3. 值班照明

值班照明是指在非工作时间内供值班人员使用的照明。在非连续生产的大型厂房、营业大厅、展览大厅等大面积场所都要设置值班照明。由于值班照明对照度要求不高，通常将正常照明的一部分作为值班照明，但应能独立地控制。

4. 警卫照明

警卫照明是指为执行警戒任务而设置的照明。在有警戒任务的场所，如重要的工矿区、仓库重地都应设置警卫照明，其警戒的范围应符合治安部门的要求。警卫照明也可以是正常照明的一部分，并应单独控制。

5. 障碍照明

障碍照明是指设置在建筑物、构筑物（如水塔、烟囱）上用于障碍标志的照明。如在机场周围的高耸建筑物或构筑物上设置的飞行障碍标志照明，或在船舶航行的航道中或两侧的建筑物、构筑物以及障碍物上设置的航行障碍标志照明。障碍照明的灯具宜采用红色闪光灯。飞行障碍灯装设在高耸建筑物和构筑物的顶端，如果高层建筑顶部水平面积较大，还应在屋顶四周转角处设置飞行障碍灯。

第四节 电光源的种类和选择

一、电光源的种类

现代照明的电光源种类繁多，按其发光物质划分，可分为固体发光光源和气体放电发光光源两大类，如图 8-10 所示。

1. 固体发光光源

固体发光光源按其发光原理可分为热辐射光源和电致发光光源。热辐射光源包括白炽灯和卤钨灯，它们是以钨丝为辐射体，通电后使之达到白炽程度，产生光辐射；电致发光光源包括场致发光灯（EL 灯）和发光二极管灯（LED 灯），它们都是将电能直接转化成光能，其中场致发光灯（EL 灯）是一种低照度的面光源，主要用于装饰照明。

在固体发光光源中，白炽灯的历史很悠久，可以追溯到 135 年前；而发光二极管灯（LED 灯）由于工作电压低、能耗少、光效高、寿命长、无污染等诸多优点，有广阔的应用前景，是国家倡导的新型绿色光源。因此科学家指出：“白炽灯照亮了 20 世纪，21 世纪将由 LED 灯照亮”。

2. 气体放电发光光源

气体放电发光光源按其放电形式分为辉光放电灯和弧光放电灯。辉光放电灯由于其工作

- 电光源
  - 固体发光光源
    - 热辐射光源
      - 白炽灯
      - 卤钨灯
    - 电致发光光源
      - 场致发光灯(EL灯)
      - 发光二极管灯(LED灯)
  - 气体放电发光光源
    - 弧光放电灯
      - 低气压放电灯
        - 荧光灯
        - 低压钠灯
      - 高气压放电灯(HID灯)
        - 高压汞灯
        - 高压钠灯
        - 高压氙灯
        - 金属卤化物灯
    - 辉光放电灯
      - 氖灯
      - 霓虹灯

图8-10　电光源的分类

电压很高，放电电流很小（一般在10^{-6}~10^{-1}A），需要专用变压器供电，因而应用范围有限，如主要用于装饰性广告的霓虹灯；弧光放电灯放电电流较大（一般在10^{-1}A以上），被广泛应用于照明工程，弧光放电灯按灯内气体压力高低分为低气压放电灯和高气压放电灯，低气压放电灯包括低压钠灯和荧光灯，高气压放电灯主要有高压汞灯、高压钠灯、高压氙灯和金属卤化物灯。高气压放电灯借助高压气体放电产生稳定电弧，其灯管的管壁负荷超过3W/cm^2，又称为高强度气体放电灯（HID灯）。

二、常用照明电光源

1. 白炽灯

白炽灯是人类最早发明的电光源，被称为第一代电光源。白炽灯泡的结构如图8-11所示，主要由灯丝、玻壳、灯头构成。灯丝通常有单螺旋、双螺旋两种形状，后者光效较高；玻壳采用透明玻璃、磨砂或乳白玻璃，后者可限制眩光，光线柔和，玻壳形状有梨形、球形、蘑菇形等；灯头型式通常有卡口、螺口两种。为了抑制钨丝蒸发，灯泡内充以惰性气体。

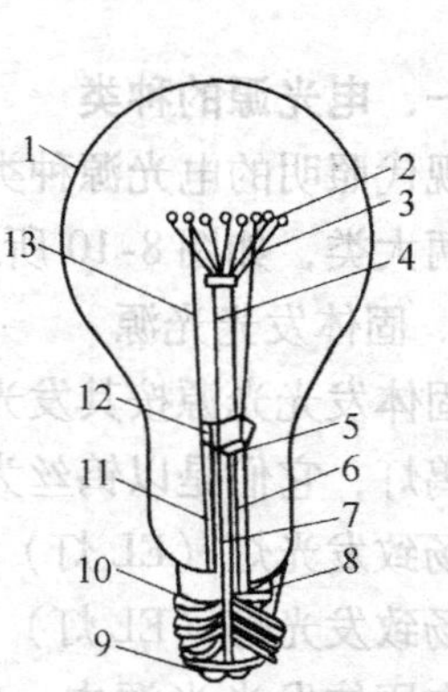

图8-11　普通白炽灯泡的结构

1—玻壳　2—灯丝　3—钼丝钩　4—实芯玻梗　5—排气孔　6—喇叭管　7—排气管　8—焊泥　9—焊锡　10—灯头　11—外导丝　12—封接丝　13—内导丝

白炽灯由于其结构简单、价格低廉、显色性好、调光容易和起动快等优点，在过去建筑工程中有广泛应用，在建筑中常用的有普通照明白炽灯、装饰白炽灯、反射型白炽灯和局部照明白炽灯四种：

（1）普通照明白炽灯　普通照明白炽灯色温较低，为2400~2900K，显色性良好，显色指数R_a为95~99，适用于家庭、宾馆、商店以及工厂车间等场合。

(2) 装饰白炽灯　装饰白炽灯利用其玻壳的各种造型和色彩变化，对建筑物或环境起到美化和装饰作用，如烘托热烈气氛的节日彩灯。

(3) 反射型白炽灯　反射型白炽灯玻壳内壁镀有反射铝层，能使强度较高的光束定向照射到需要光线集中照射的场合，如商店橱窗、广告设施、展览馆等处。

(4) 局部照明白炽灯　局部照明白炽灯用于安全电压灯。其使用电压一般为36V、24V、12V和6V，通常用于机床照明、矿井行灯等场合。

白炽灯在使用时，由于输入电能大部分转化成热能和看不见的红外光，只有少部分转变成可见光，故光效很低，加上钨丝不断蒸发和沉积，使玻壳不断黑化，因而光效进一步下降，同时灯丝逐步变细也使灯泡寿命缩短。普通白炽灯光效只有10~15lm/W，平均寿命约1000h。为了减少电能消耗，倡导绿色照明，截至2013年，世界上有50%的国家已经和正在淘汰白炽灯，到2016年我国将全面禁止进口和销售15W及以上的普通照明白炽灯，届时由节能高效的新型光源来替代。

2. 卤钨灯

卤钨灯是在白炽灯基础上改进而成的，它们都属于热辐射光源。卤钨灯的外形有圆柱形和管形，其结构如图8-12所示。它们主要由灯丝（钨丝）、耐高温的石英玻璃灯管组成，管内除了充有惰性气体外还充有适量卤素（碘和溴），利用卤钨循环原理提高发光效率和使用寿命。

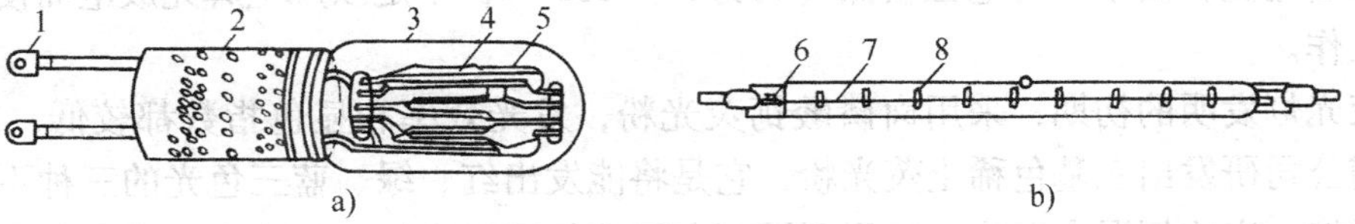

图8-12　卤钨灯

a) 圆柱形　b) 管形

1—引出线　2—散热罩　3—石英玻璃泡　4—金属支架　5—排丝状灯丝　6—钼箔　7—钨丝　8—支架

卤钨循环原理是：卤钨灯点燃时的高温使钨丝和卤素不断蒸发，并在管壁附近化合成卤化钨，卤化钨在灯丝的高温（1600℃以上）区域又分解，在钨丝周围形成一层钨蒸气，重新附着在钨丝上。此种循环不断进行，有效抑制了钨的蒸发，防止管壁黑化。卤钨灯的光效通常为14~30lm/W，寿命可达2000h，较白炽灯都有所提高。

管形卤钨灯主要用于大面积照明和投光照明，如建筑施工工地、广场、歌舞厅等；圆柱形卤钨灯由于体积较小、定向性好、安装简便，常用于家庭住宅的局部照明，如台灯、落地灯等。

卤钨灯的缺点是玻壳温度高、耐振性差，故不适于有易燃易爆物的环境和易振的场所；管形卤钨灯灯丝细又长，安装要求比较严格，必须水平放置，倾角不得大于±4°。

3. 荧光灯

荧光灯是当前应用最广的电光源，直管形荧光灯于1939年问世，因此荧光灯通常被称为第二代电光源。

荧光灯属于低气压气体放电光源，它的结构和起动电路分别由图 8-13a 和图 8-13b 所示，荧光灯管由灯丝、灯头和玻璃管组成，灯管内壁上涂有荧光粉层，管内抽成真空并充有少量汞和惰性气体（氩、氪等）。荧光灯起动电路由灯管、镇流器和辉光启动器组成。

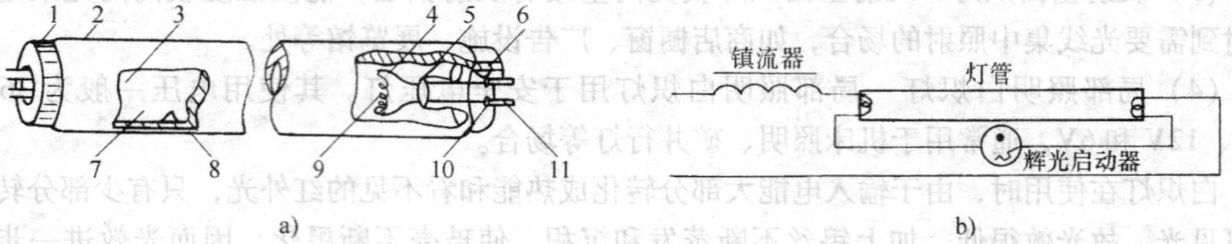

图 8-13　荧光灯

a）结构　b）起动电路

1—灯头　2—玻璃管　3—稀有气体　4—镍丝　5—芯柱　6—排气管　7—汞　8—荧光粉膜

9—灯丝（涂覆电子发射物质）　10—灯头粘结剂　11—灯头插销

荧光灯工作过程为：当接通电源时，辉光启动器两极产生辉光放电，该电极之一由双金属片做成，受热变形后使触头闭合，接通灯丝回路，电流将灯丝预热，使其发射电子。随即辉光放电停止，电极经过一段时间（1～2s）冷却，瞬间断开电路，此时镇流器产生的感应电压与电源电压相叠加，形成近 500V 的高压，灯管内气体电离击穿产生弧光放电，辐射紫外线，紫外线激发管壁荧光粉，使之发出可见光，荧光灯进入工作状态。荧光灯工作后镇流器用来限制电流，由于灯管电压较低（约为 50～100V），不足以产生辉光放电而使辉光启动器停止工作。

在荧光灯发明的初期，采用卤磷酸钙荧光粉，发光效率和显色指数都较低，1974 年荷兰菲利浦公司研发出三基色稀土荧光粉，它是将能发出红、绿、蓝三色光的三种不同的稀土发光材料按一定比例混合而成，采用不同配方可获得不同光色，如冷白、暖白和日光色。三基色荧光灯显色指数可达 85 以上，光效较普通荧光灯提高 30%，是我国推广使用的节能绿色光源。

早期的镇流器是电感式的，其缺点是功率损耗大、功率因数低和存在频闪效应，频闪效应是指：普通荧光灯的光通量随交流电压发生周期性变化，在此光照下观察到物体运动会显现不同于其实际运动的现象。频闪效应容易使人产生错觉而出事故。现在的荧光灯都采用电子镇流器，它接法简单（只需和荧光灯串联），省去辉光启动器，与电感式镇流器相比较，有节省电能（10%～20%）、提高功率因数和无频闪效应等优点，是国家推介的绿色照明产品。

荧光灯种类繁多，按形状和结构可分为：直管荧光灯、高光通单端荧光灯和紧凑型荧光灯等：

（1）直管荧光灯　直管荧光灯两端各有一个灯头，被称为双端荧光灯。照明工程中按灯管直径分类，主要有 T12、T8 和 T5 三种，每一“T”为 $\frac{1}{8}$in，即 3.175mm，T12、T8、T5 灯管管径分别约为 38mm、25mm 和 15mm，其中 T12 是早期产品，T8、T5 是国家目前推广的节能产品。T8、T5 细管径荧光灯通常采用三基色稀土荧光粉，并使用与灯管配套的电子镇流器，发光效率和使用寿命进一步提高：前者光效为 76～93lm/W，平均寿命 10000～

15000h，后者光效为 85～95lm/W，平均寿命可达 20000h。直管荧光灯广泛用于学校、图书馆、医院、宾馆以及家庭照明。

（2）高光通单端荧光灯　高光通单端荧光灯将 4 个插脚集中于一端，具有结构紧凑、接线方便、光通量输出高、光通量持久等优点，通常用于吊顶装饰照明。其功率主要有 18W、24W、36W、40W 和 55W 等规格。

（3）紧凑型荧光灯　把细管径的灯管弯曲或拼接成各种形状，并将灯管、灯头和镇流器一体化，制成高光效的紧凑型荧光灯，其外形主要有 U 形、H 形和螺旋形。由于紧凑型荧光灯节省电能，一支 9W 的紧凑型荧光灯，其光通量相当于 60W 的白炽灯，因此被称为节能灯。紧凑型荧光灯通常装有螺口灯头，可装在普通螺口灯座上，直接替换白炽灯。紧凑型荧光灯品种多样，规格齐全，可广泛用于家庭、商店、办公室等地。

4. 高压汞灯

高压汞灯属于高气压气体放电光源，它借助高压（压强 10^5Pa 以上）气体放电，发出可见光和紫外线，紫外线再激发涂在玻璃外壳内壁的荧光粉转变为可见光，以提高光效、改善光色。

高压汞灯结构如图 8-14 所示。其结构由灯头、玻璃外壳和石英放电管组成，石英放电管内充有适量的汞和氩气，并装有钨丝制成的主电极和辅助电极。高压汞灯在电路接通后，光在辅助电极 E3 和主电极 E1 之间辉光放电，然后过渡到主电极 E1、E2 之间弧光放电，灯管起燃。高压汞灯必须与相应功率镇流器串联使用，镇流器将流过高压汞灯的电流限制在允许范围。从通电到放电管完全稳定工作的整个起动过程，大约需要 4～8min。

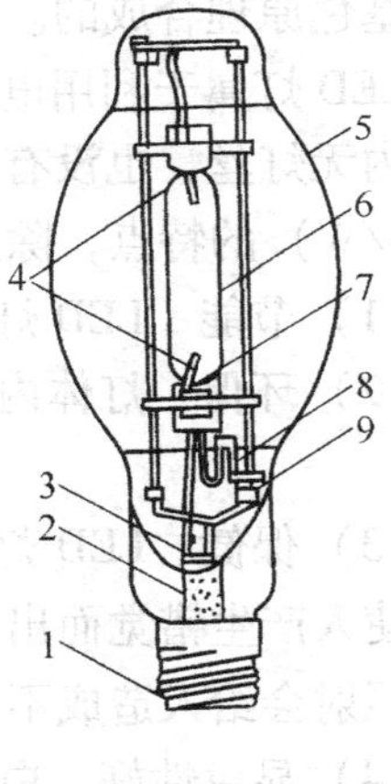

图 8-14　高压汞灯结构

1—灯头　2—抽气管　3—导线　4—主电极 E1、E2　5—玻璃壳　6—石英放电管　7—辅助电极 E3　8—起动电阻　9—支架

高压汞灯熄灭后，如欲再起动，一般需要 5～10min 的冷却时间，这是因为在灯未冷却时管内汞蒸气压力很高，所需起动电压也很高，加额定电压不足以使灯起动。因此，高压汞灯不宜用在频繁开关的场合。

电源电压突降超过 5%，可能使灯自行熄灭，因此高压汞灯也不宜接在电压波动较大的供电线路上。

高压汞灯有三种类型：普通型（型号 GGY）、反射型（型号 GYF）、自镇流型（型号 GYZ）。其中反射型高压汞灯的玻璃外壳内壁上镀有铝反射层，故有定向反射性能；自镇流型高压汞灯在玻璃外壳内装有与白炽灯相似的钨丝代替外接镇流器，因此使用方便。

高压汞灯光效高、寿命长，但显色性差，起动时间长，一般室内照明应用较少，适用于工业厂房、体育设施和道路照明。

5. 金属卤化物灯

金属卤化物灯，或简称金卤灯，是 20 世纪 60 年代推出的新型电光源。它的结构和高压汞灯相似，只是在放电管内除充有汞和氩气外，还充有多种金属（如铟、镝、铊、钠等）卤化物，放电时由于金属卤化物循环作用，不断产生金属蒸气，金属原子在电弧中受激光而辐射具有该金属特性的光谱，以弥补高压汞蒸气放电反射光谱中的不足。选择适当的金属卤化物并控制它们的比例，制成各种光色的金卤灯。

金卤灯属于弧光放电灯，需要镇流器才能稳定工作，它的起动电压高，较高的起动电压可以借助漏磁变压器和电子触发器获得。

金卤灯具有光效高（65~140lm/W）、寿命长（5000~20000h）、显色性好（显色指数 R_a：65~95）三大优势，目前正逐步取代高压汞灯，广泛用于工业厂房、体育馆、美术馆、展览馆、繁华街道等场合。

6. LED灯

发光二极管（LED）灯是继白炽灯、荧光灯、高强度气体放电灯之后电气照明技术一次重大突破。LED是利用半导体电致发光器件直接将电能转化为光能，图8-15是LED的工作原理图：在PN结两端加上正向电压，P区的载流子（空穴）与N区的载流子（自由电子）发生复合，释放能量引起光子发射，从而产生可见光。根据PN结材料与掺入杂质的不同，可以得到不同的光色，如红、绿、黄、橙和蓝光，白光LED通常是把几种单色光的LED芯片混装，按三基色原理合成的。

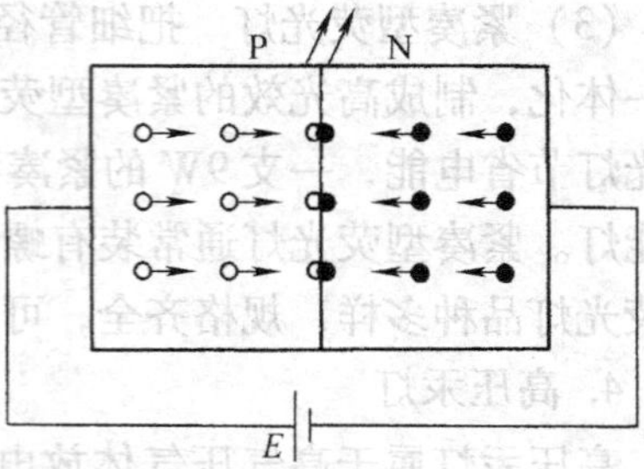

图8-15　LED的工作原理图

LED灯属于利用电致发光的固体冷光源，电光转换效率极高；它采用环氧树脂封装，灯体内无灯丝，也没有松动的部分，因此具有寿命长（高达100000h）、光效高（近年已达150lm/W）的特点，除此以外，LED灯还有以下主要优点：

（1）节能　LED灯功耗低，单管为0.03~0.06W，与普通白炽灯相比为白炽灯的1/10。

（2）环保　灯体内不含汞等有毒元素，可回收再利用，对环境不会造成污染，环保效益高。

（3）保健　LED灯采用低压直流供电，无频闪效应，前已述及频闪会造成视觉疲劳，甚至使人产生错觉而出事故；白光LED灯光谱中无红外线和紫外线，而过量的红外线和紫外线照射会给人造成不同程度的伤害。

（4）显色性好　白光LED灯光谱和日光相似，能较好反映被照物体的颜色，显色指数可达90。

作为惠及全人类的绿色节能光源LED灯，正日益广泛地应用于室内外照明。目前开发的由许多发光二极管组合成的LED灯具品种繁多、规格齐全，如交通信号灯、大面积显示屏、庭院灯、应急灯、台灯和射灯等。

三、电光源的选择

实施绿色照明工程，选择高效、节能电光源是其中重要一环，高效光源有多种类型，如前已述及的细管径直管荧光灯、紧凑型荧光灯、高强度气体放电灯（HID灯）、发光二极管灯（LED灯），应根据各自特点和不同场合对照明的要求加以选择。以下选择可供照明设计参考：

1）一般室内外照明不采用普通白炽灯，但在要求防止电磁波干扰、避免频闪效应、经常开闭灯或需要连续调光的特殊场合可采用白炽灯。

2）悬挂高度在4m以下的工作场合，如办公室、会议室、教室和阅览室等宜采用荧光灯，并推荐采用T8、T5细管径荧光灯；悬挂高度在4m以上的工作场合，如广大工业厂房则宜采用高压汞灯、金卤灯等高强度气体放电灯（HID灯）。

3）对显色性要求较高的场所，如美术馆、商店、印染车间、绘图室、化学分析实验室应选用显色指数 $R_a \geqslant 80$ 的电光源。

4）应急照明应采用能瞬时可靠点亮的白炽灯和LED灯，前者响应时间是毫秒级，后者响应时间是纳秒级。

5）道路照明可采用高强度气体放电灯（HID灯）或与太阳能电池配套的LED庭院灯。

6）景观照明是运用灯光对景观进行艺术照明，由于LED灯色彩绚丽多变和节能环保，故优先推荐LED景观灯或LED投光灯。

四、电光源的型号

国产电光源按国家标准规定，型号由汉语拼音大写字母与阿拉伯数字组成。以荧光灯型号为例，其书写规范如图8-16所示。

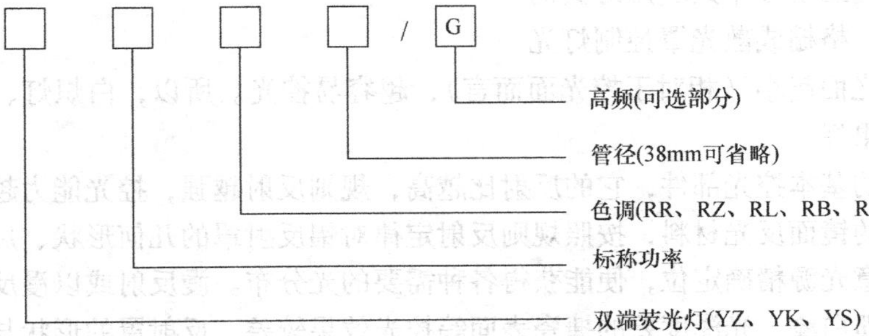

图8-16 荧光灯型号

其中YZ表示普通直管型，YK表示快速起动型，YS表示瞬时起动型；RR表示日光色，RZ表示中性白色，RL表示冷白色，RB表示白色，RN表示暖白色，RD表示白炽灯色。

例如，型号YZ36RN26表示功率为36W，管径为26mm的暖白色普通型荧光灯。

第五节 灯具的选择与布置

照明灯具的主要作用是固定和保护电光源，并使之与电源安全可靠地连接，合理控制和分配灯光。在今天，灯具的种类、形式、材料纷繁，发展无限，也可以利用灯具的造型来装饰、美化环境。

一、照明灯具的特性

照明灯具的特性主要用发光强度的空间分布、灯具效率和亮度分布或灯具保护角等三项技术数据来说明。

1. 发光强度的空间分布

前已述及，在照明工程中常用发光强度分布曲线（或称配光曲线），表示光源或灯具在空间各个方向发光强度分布情况，其做法如下：把光源或灯具视为一点，作为光中心向四周发出光线。通过光中心的垂直线与光轴重合，过光轴作任一垂直面，面上各点的发光强度以矢量长度描述，矢量的角度为发光强度观察方向与光轴向下方向的夹角。连接各矢量的端点，得发光强度分布曲线，如图8-17所示。由于大部分灯具的形状都是轴对称的旋转体，如普通白炽灯、高压汞灯等，所以平面内的发光强度分布曲线就可以表示光源或灯具在整个空间的配光特性曲线。根据配光特性曲线，可以方便地求出光源或灯具在某一方向上的发光强度值。

如果照明灯具发光强度在空间的分布是不对称的，例如，直管荧光灯灯具，则需要用若干测光平面的发光强度分布曲线来说明空间发光强度分布。测量平面称 C 平面，定义垂直于灯管长轴的是 $C0$ 平面，与其构成45°、90°…的平面称 $C45$、$C90$…平面，发光强度分布曲线如图8-18所示。

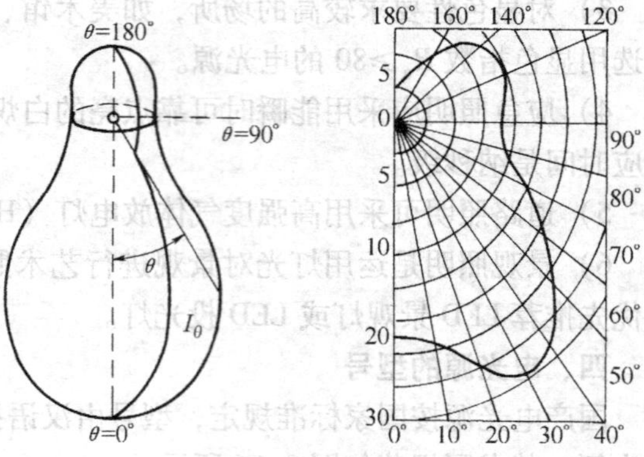

图8-17　白炽灯配光特性

照明灯具的发光强度分布是利用灯具的反射罩、透光棱镜、格栅或散光罩控制灯光实现的。光源的发光面越小（相对于控光面而言），越容易控光。所以，白炽灯、高压钠灯比荧光灯的控光效果好。

反射罩是灯具的基本控光部件，它的反射比越高，规则反射越强，控光能力越显著。抛光氧化铝板是常用的镜面反光材料，按照规则反射定律对铝反射罩的几何形状、尺寸进行周密设计，安装时注意光源精确定位，便能获得各种需要的光分布。漫反射或以漫反射为主的材料，如金属表面喷白漆、光泽度差的搪瓷表面等控光效果较差，反射罩的形状与光源位置对发光强度分布的影响不明显。

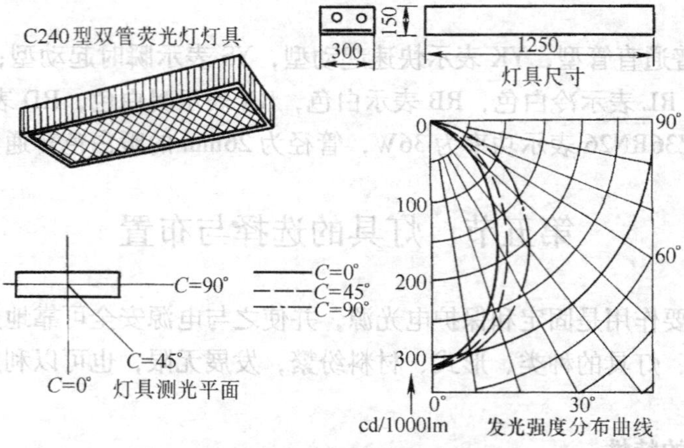

图8-18　直管荧光灯发光强度分布曲线

透光罩也能控光，以断面几何形状经过光学设计的透明棱镜罩（或透镜）效果最好，总透光比也高。格栅主要起遮蔽光源、减小直接眩光的作用，透过格栅的光束分布一般都比较狭窄。倾斜角度的格栅可以导光，加强垂直面上的照明。半透明材料的散光罩，如乳白玻璃、磨砂玻璃或同类的塑料罩，减弱光源亮度，将灯光四面八方散射，不能在给定方向上达到较为集中的发光强度分布。

2. 灯具效率和亮度分布

当光源装进灯具后，它的光通量将受到限制，其次灯具本身也吸收部分光能。因此，最终灯具输出的光通量将小于光源输出的光通量。灯具效率定义为在规定的使用条件下灯具的光输出与光源的光输出之比。

3. 灯具保护角

在照明技术中常常希望照明发光面的平均亮度不要太高，以免引起不舒服的感觉。但又希望工作面上获得足够高的照度，以利于视觉工作。这是一对矛盾。实际中可选择适当的配光特性，使灯具在上述范围内的发光强度小一些，以减小该范围内的亮度。或采用合适的灯具，遮住上述范围内光源的直射光，这个措施称为灯具的设置保护角。

灯具的种类不同，保护角的计算方法也不同。一般来说，灯具的保护角γ是光源的发光体与灯具出口下缘的连线和水平线之间的夹角，参见图8-8。一般18°~30°为宜。格栅式灯具的保护角为一片格片上沿和相邻格片下沿的连线和水平线的夹角，一般25°~30°为宜。保护角越大，灯具的光输出越小。

二、照明灯具的分类

灯具的配光方式及其特点详见表8-8。

表8-8　灯具的配光方式及其特点

类型		直接型	半直接型	漫射型	半间接型	间接型
分类			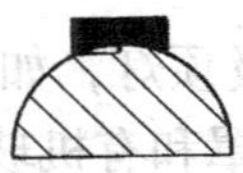		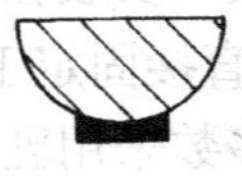	
配光			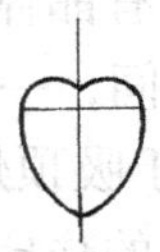	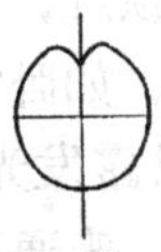	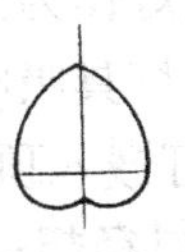	
光通量分布特性	上半球	0%~10%	10%~40%	40%~60%	60%~90%	90%~100%
	下半球	100%~90%	90%~60%	60%~40%	40%~10%	10%~0%
特点		光线集中，工作面上可获得充分照度	光线能集中在工作面上，空间也能得到适当照度。比直接型眩光小	空间各个方向发光强度基本一致，可达到无眩光	增加了反射光的作用，使光线比较均匀柔和	扩散性好，光线柔和均匀。避免了眩光，但光的利用率低

1. 按灯具的配光方式分类

（1）直接照明　灯具的光线直接照射到被照物体上的照明方式。由于直接照明灯具采用了高效反射面，90%以上的光通量向下照射，因而灯具的利用率很高，有投资小、便于维护等优点。裸露装设的荧光灯和白炽灯均属于此类，其特点是亮度较大，因此常用于公共大厅或需要局部照明的场所，但直接照明方式很容易产生眩光。

（2）间接照明　90%以上的灯光照射到墙上或顶棚上，再反射到被照物体上，就是间接照明。其特点是光线柔和，没有很强的阴影，适用于注重气氛或对照度均匀度要求较高的小规模作业空间，因此可用于需要宁静平和气氛的客房或卧室。

（3）一般漫射　灯光照射到上下左右的光线大体相等时，其照明方式便属于一般漫射。带半透明球形罩的灯光便是这种照明的例子。这种照明方式的光通量利用率很低，但经反射后对垂直面上的照明很有利，适用于显示屏较多的场所。

（4）半直接照明　半直接照明就是灯光的60%左右直接照射被照物体。用半透明的玻璃、塑料等做灯罩的灯，便属于这一类。这种照明方式可获得中等强度的照明效率，且室内反射率的影响较小，照度比较均匀，没有眩光。常用于商店、办公室的顶廊，也用于客房或卧室。

（5）半间接照明　大约有60%以上的灯光首先照射到墙和顶棚上，只有少量光线直接照射到被照物体。半间接照明方式主要用作装饰照明，由于大部分光线投向顶棚和上部墙壁，增加了室内的间接光，使光线更加柔和宜人。

2. 按灯具的结构分类

（1）开启型　灯具敞口或无灯罩，光源裸露在外。

（2）闭合型　透光罩将光源包围起来，罩内有空气流通散热，但有尘埃进入。

（3）封闭型　透光罩固定处有一定封闭，使尘埃不能进入。

（4）密闭型　透光罩固定处有可靠封闭，防潮、防水。

此外，还有防爆安全型、隔爆型、防腐型等用于特殊场合的灯具。

3. 按灯具的固定方式分类

灯具就固定方式而言，通常有3种。

（1）顶棚灯具　安装在顶棚上的灯具有：

1）吸顶灯。直接固定于顶棚上的灯具称为吸顶灯，如图8-19a所示。以白炽灯作为光源的吸顶灯，大多数采用乳白玻璃罩、彩色玻璃罩和有机玻璃罩。形状有方形、圆形和长方形等多种；以荧光灯作为光源的吸顶灯，大多采用有晶体花纹的有机玻璃罩和乳白玻璃罩，外形多为长方形。灯具吸附于顶棚，如卧室、卫生间，一般照明用，层高较低时用。

2）筒灯。筒灯嵌入顶棚中，只露发光面，属于吸顶灯的范畴，但口径很小。小型口径50mm以下，大型口径超过500mm。普通高度顶棚的住宅中，选用250mm口径以下筒灯较为合适。灯具本身有聚光型和散光型两种，其最大的特点是简洁大方，而且可以减小较低顶棚产生的压抑感，如果使用得当，会使环境气氛更有情趣，局部照明用。如图8-19b所示是一种筒灯。

3）悬挂型。灯具自顶棚下垂，如吊灯，装饰用。吊灯是利用钢管或吊链将灯具吊装在顶棚上，多适用于宾馆大厅、饭店大厅、会堂大厅等各种厅堂的中心棚顶的照明，住宅的客厅也经常使用。如图8-19c所示是一种吊灯。

（2）壁灯　安装于墙壁上的灯具，有托架式和嵌入式两种，是一种辅助灯具。壁灯的光线比较柔和，造型精巧而别致，常用于大门、门厅、卧室、浴室、走廊等场所。可创造出局部的、有感染力的效果。如图8-19d所示是一种壁灯。

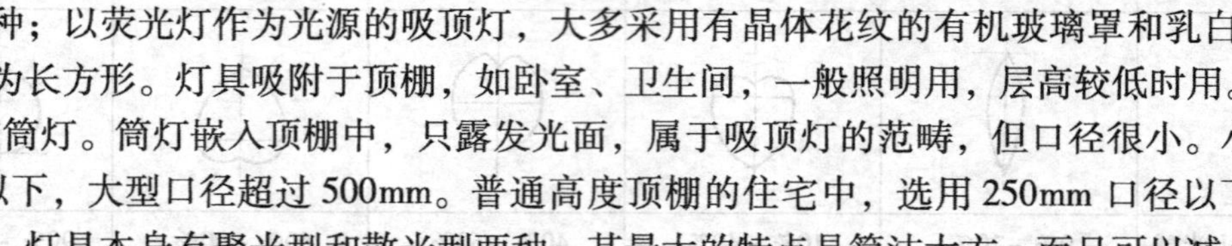

图8-19　灯具图例

a）吸顶灯　b）筒灯　c）吊灯　d）壁灯

(3) 放置型灯具　包括放置在地面上的立灯，放置在桌面上或其他平面上的台灯等，形态各异，局部照明用，对室内环境有美化作用。立灯又称落地灯，它常摆设在沙发和茶几附近，作为待客、休息和阅览区域照明。立灯的特点是便于移动和具有明显的装饰性，使室内陈设别具一格，为家居增添光彩。书桌上、床头柜上和茶几上都可以用立灯。它不仅是灯具，又是很好的装饰品，对室内环境起美化作用。放置型灯具通过电源插座供电。

4. 灯具安装的距高比分类

灯具均匀布置时，一般采用正方形、矩形、菱形等形式。布置是否合理，主要取决于同类灯具的间距 s 和计算高度 h（灯具至工作面的距离）的比值是否恰当。s/h 值小，照明的均匀度好，但投资大；s/h 值过大，则不能保证得到规定的均匀度。因此，灯间距离 s 实际上可以由最有利的 s/h 值来决定。根据研究，各种直接型灯具最有利的距高比 s/h 列于表 8-9，这些相对距离值保证了为减少电能消耗而应有的照明均匀度。

表 8-9　距高比范围

灯具类型	配光曲线	距高比	用　途
特深照型		0.4	补充照明
深照型		0.7~1.2	高厂房
中照型		1.3~1.5	广泛
广照型		2.0	面积较大的房间
特广照型		4.0	道路、大厂房

5. 有传感器的照明灯具

近年来，已开发了有内装传感器的灯具，这种灯具适用于工厂内环境的各种变化。例如，人员的有无、外来光线的变化、灯管的光通量输出的变化等，因为能自动控制灯管的输出光通量，有节能效果。这种灯具有以下四个类型。

(1) 有亮度传感器的灯具　灯具内装亮度传感器能探测到灯具正下方的周边照度（实际是反射光），它能自动调节灯管的光量输出，超过设计照度时进行减光，又能按照外来光的光量将工作面上的照度控制到一定的照度范围内。这种灯具的传感器部分和控制部分是与照明灯具分开的。

(2) 有红外线传感器的灯具　由于灯具内装的红外线传感器能探测出人员的活动情况，可以判断人员是否在室内，从而决定是否熄灯或者进行分段的调光控制。

(3) 有亮度传感器和红外线传感器的灯具　这种灯具有亮度传感器的功能，又有红外线传感器的分段调光控制的功能，可用于人员离开座位的次数较多的空间。

(4) 有定时器的灯具　用灯具内装定时器的工作来校正累积的照明时间内自动输出的光

通量，有定时器的工厂专用高效率灯具已经规模生产。

三、其他照明装置

在建筑环境灯光工程设计中，把照明方式与建筑设计的构图技法密切结合，融为一体，作出各种各样的环境空间和艺术处理形式，不仅满足了使用功能，而且具有装饰效果。由于照明系统与建筑融为一体，常需土建配合。

1. 空间枝形网状照明系统

这种照明系统是将相当数量的光源与金属管架构成各种形状的灯具网络，它在空间以建筑的装饰形式出现。

2. 点光源嵌入式直射光照明系统

这种照明方式是将点光源灯具按一定格式嵌入顶棚内，并与房间吊顶共同组成所要求的花纹，使之成为一个完美的建筑艺术图案。

3. 光盒和光带

在实际工程中，常用到采用嵌装于顶棚内的散光面积较大的矩形灯具，这种照明装置常称之为光盒（或凹槽灯）。当光盒连续布置成一条时便成为很长的带状照明装置（称为光带），如图8-20所示。

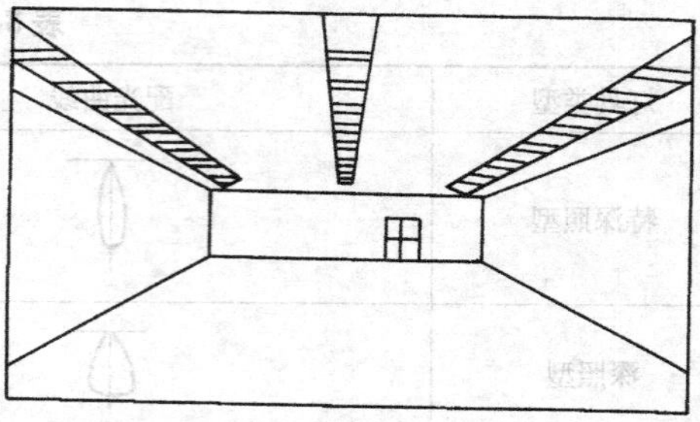

图8-20　线光源发光带排列方式

4. 发光顶棚

发光顶棚用有扩散特性的介质如磨砂玻璃、半透明有机玻璃、棱镜、格栅等制作，光源装设在这些大片安装的介质之上。介质将光源的光通量重新分配而照亮房间，能得到质量很高的照明，但光利用率低，令人有压抑感。

5. 光檐

光檐是在房间内的上部沿墙建筑檐边，在檐内装设光源，光线从檐口射向顶棚并经顶棚反射而照亮房间。

6. 综合顶棚单元

将照明、声学和空调设备综合在一起的装配式顶棚单元。它通过灯具回风，可使照明热的一部分回收，如图8-21所示。

7. 建筑物的立面照明

对有重大意义的建筑物，可设置供夜间观赏的立面照明。立面照明的设计要掌握建筑物的建筑风格，寻找适当的角度和光色，使建筑物在夜幕下形成一道亮丽的风景，如图8-22所示。

过去采用沿建筑物轮廓装设彩灯的串灯表现方式，艺术效果欠佳，耗电量大。目前广泛采用投光灯作为立面照明的光源，光色好，立体感强，节约电能。

四、照明灯具的选择

照明灯具类型的选择与光源、配光曲线、使用环境有关。正确地选择灯具，一般要考虑以下几个因素。

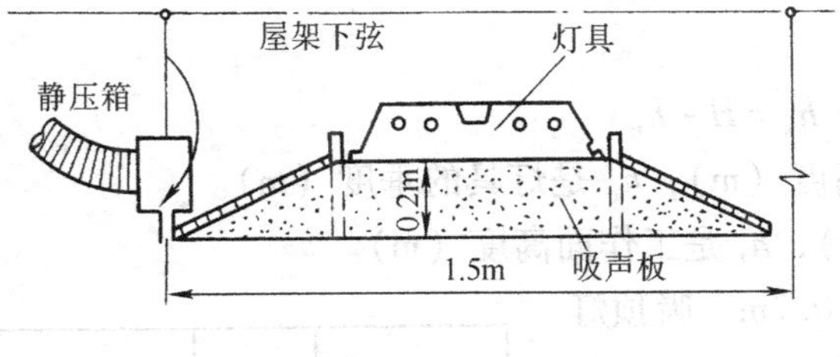

图 8-21　综合顶棚单元

图 8-22　投光灯建筑物立面照明

1. 光源

选择照明灯具，首先要选择照明灯具所配用的光源。光源的种类应按照明的要求、使用环境条件和光源的特点来选取。

由于光源种类在很大程度上决定了照明灯具的形式、布置及照明配电线路，因此，在选择光源种类时，对光源的技术、经济比较，实际上应包括整个照明装置的比较。

2. 配光曲线

1）一般生活用房和公共建筑物内多采用半直接型、漫射型灯具和荧光灯，使顶棚和墙壁均有一定的光照，整个室内空间照度分布较均匀。

2）在高大的建筑物内，灯具安装高度在 6m 及 6m 以下时，宜采用深照型或配照型灯具；安装高度在 6～15m 时，宜采用特深照型灯具；安装高度在 15～30m 时，宜采用高纯铝深照型或其他高发光强度灯具。

3. 环境条件

1）在正常环境中，宜选用开启型灯具，提高灯具效率。

2）在潮湿或特别潮湿的场所，宜选用防水、防尘密闭型灯具。或在隔壁干燥房间通过玻璃窗向潮湿房间照明。

3）在有腐蚀性气体和蒸气的场所，应选用耐腐蚀性材料制成的密闭型灯具。

4）在有爆炸和火灾危险的场所，应按其危险场所的等级选择相应的防爆型灯具；含有大量粉尘但非爆炸和火灾危险的场所，应采用防尘型灯具。

5）较大振动的场所，宜选用有防振措施的灯具。

6）安装在易受机械损伤位置的灯具，应加装保护网或采取其他的保护措施。

4. 经济性

如同其他装置一样，灯具的经济性由初投资和年运行费用（包括电费、更换光源费、维护管理费和折旧费等）两个因素决定。一般情况下，以选用光效高、寿命长的灯具为宜。

五、照明灯具的布置

灯具的布置就是确定灯在房间内的空间位置，灯具的布置对照明质量有重要的影响。光的投射方向、工作面的照度、照明的均匀性、反接眩光和直射眩光、视野内其他表面的亮度分布以及工作面上的阴影等，都与照明灯具的布置有直接关系。灯具的布置合理与否还影响到照明装置的安装功率和照明设施的耗费，以及影响照明装置的维修和安全。因此，只有合理的灯具布置才能获得良好的照明质量和使照明装置便于维护检修。

布灯时，首先确定采用何种照明方式，选用何种光源和灯具，查出该场所的照度标准，算出需要的照明安装功率或灯具的个数，再进行灯具的布置。

1. 灯具的悬挂高度

如图8-23所示。

$$h_s = H - h_c$$

式中，h_s 是悬挂高度（m）；H 是房间高度（m）；h_c 是灯具的垂度（m）。

另外，图8-23中 h 是计算高度（m），h_f 是工作面高度（m）。

垂度 h_c 一般为0.3～1.5m，通常取0.7m，吸顶灯 h_c 为零。垂度过大，容易使灯具晃动。

为避免眩光和保证安全，一般灯具安装高度不小于2.4m。但还应考虑灯泡更换保洁容易进行。

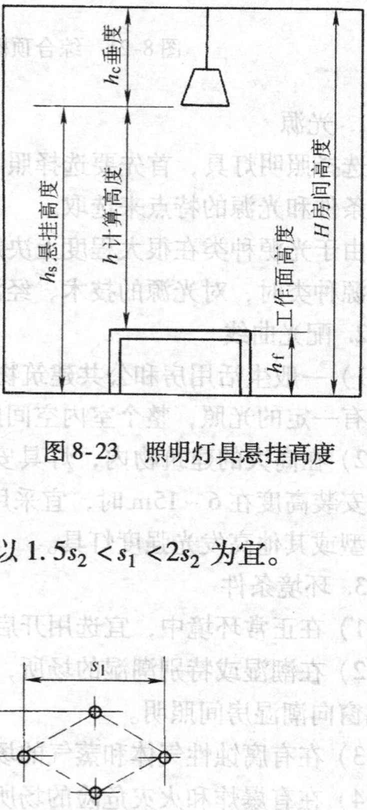

图8-23　照明灯具悬挂高度

2. 照明的平面布置

（1）均匀布置　适用于要求在整个工作面有均匀照明的场合。均匀布置可用同类灯具按等面积布置成单一的几何图形，如直线形、正方形、矩形、菱形等，灯具间的距离及行间距离均保持一定，排列方式以眼睛看到灯具时产生的刺激感最小为原则。

对点光源的均匀布置如图8-24所示。正方形布置比长方形布置更为有利（可提高照度均匀度和降低照明总容量）；长方形布置以 $s_1 < 1.5s_2$ 为宜；菱形布置时以三个灯具构成等边三角形为宜，此时 $s_1 = \sqrt{3}s_2$，一般以 $1.5s_2 < s_1 < 2s_2$ 为宜。

距高比中的 s 的计算如图8-24所示。

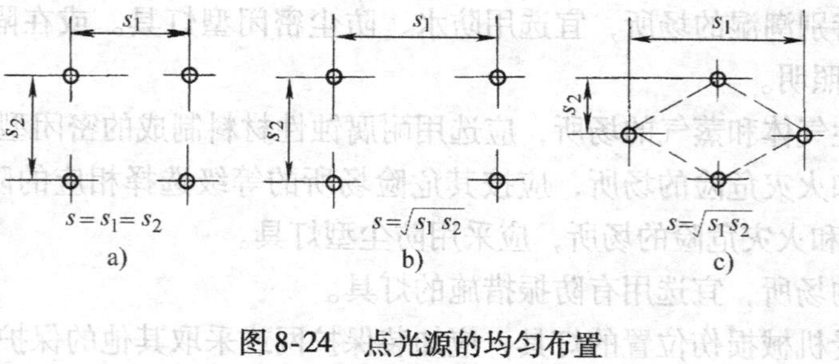

图8-24　点光源的均匀布置

a）正方形　b）矩形　c）菱形

s_1—灯间距　s_2—行间距

线光源可采用线形布置。将其距高比定义为A—A轴方向 $\frac{s_a}{h}$、B—B轴方向 $\frac{s_b}{h}$，s_b 为B—B轴方向中心距，s_a 为行距，如图8-25所示。当要求的距高比较高时，可采用连续布置如图8-26a所示。如连续布置的总长度大于悬挂高度时，行端的照度比中间部分照度降低，为保证照明的均匀度，可采用如图8-26b所示布置方案。

灯具均匀布置的最终目的是，既要保证工作面有均匀且符合标准的照度，又要使照明总容量为最小。均匀布置得是否合理，主要取决于灯具间距 s 与计算高度 h 之比 λ，即距高比。距高比小，灯具布置偏密，照度均匀度将会提高，在保证设计标准要求的最低照度条件下，每个灯泡容量可适当减小。但要注意两点：减小距高比对照度均匀度的提高有个极限，距高比小到一定程度后，照度均匀度几乎不再变化；小容量灯泡的发光效率低。因此过分减小距高比不但不能提高照度均匀度，总的安装容量反而会增大。距高比大，则灯具布置偏稀，照度将很不均匀，为满足最低照度值，必须增大每个灯泡的容量。

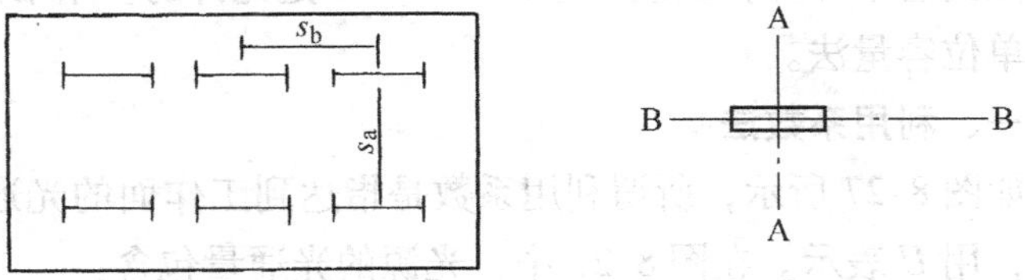

图8-25　荧光灯均匀布置

通常，按某种条件先规定 h 或 s 的值，再由距高比的规定选出另一个值。例如，灯具悬挂高度在实际应用中受到相当严格的限制，在高大厂房中有沿车间纵向行走的起重机，这迫使将灯具装在拉紧构架的高度处，由此确定了 h 的上限值，而灯具悬挂高度的下限依眩光限制的要求，因而二者之间允许变动的范围很小。表8-10给出灯具最佳距高比。

表8-10　灯具间最有利的距高比

灯具形式	距高比	
	多行布置	单行布置
乳白玻璃圆球灯	2.3～3.2	1.9～2.5
搪瓷深照型灯	1.6～1.8	1.5～1.8
镜面深照型灯	1.2～1.4	1.2～1.4
有反射罩的荧光灯	1.4～1.5	—
有反射罩的荧光灯（带栅格）	1.2～1.4	—

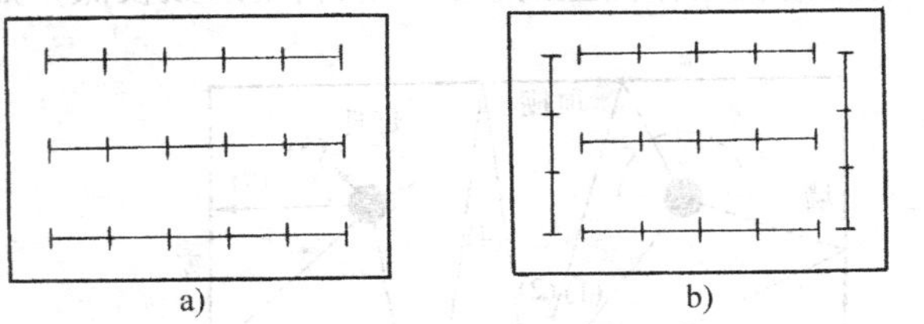

图8-26　荧光灯的连续布置方式

为使整个照明场所照度比较均匀，灯具不能离墙太远。一般要求靠边的灯具离墙距离为于（1/3～1/2）s。当工作面离墙较远时，应使灯具离墙距离为（1/4～1/3）s。荧光灯的 s 值为A—A轴线方向的距离 s_a。

（2）选择性布置　为了突出某一物体或加强某个局部的照度，或创造某个装饰效果时采用选择性布置，属于局部照明。

第六节　照度计算

照度计算的目的是根据所需照度和其他已知条件（包括灯具类型、布置情况以及房间各个表面的反射情况等）计算灯具的数目和每个灯的功率，或者在灯的功率已知时，检验被照工作面的照度是否达到要求。

照度计算主要有利用系数法、逐点计算法和单位容量法，其中利用系数法用来计算工作面的平均照度；逐点计算法可以计算任意工作面上某点的直射照度，多用于采用直接灯具的场合；单位容量法通常用在照明设计的初步阶段，用以估算照明的用电量。任何计算方法都只能做到基本计算，误差 −10% ~ +10% 是允许的。本书只介绍照明设计中常用的利用系数法和单位容量法。

一、利用系数法

如图8-27所示，所谓利用系数是指达到工作面的光通量与室内各光源发出的总光通量之比，用 U 表示。在图8-27中，光源的光通量包含：

1）直射到工作面的部分。

2）经顶棚反射到工作面的部分。

3）经墙壁反射到工作面的部分。

4）经地面多次反射到工作面的部分。

5）灯具反射面和扩散材料所吸收的部分。

6）经过窗户向外射出的光通量。

7）被顶棚、墙壁、地面以及家具吸收的光通量。

由上可见，到达工作面的光通量［即1）、2）、3）、4）之和］和总光通量［即1）~7）之和］之比，即利用系数。利用系数与灯具的特性、房间大小和形状、室内各表面反射系数有关。一般情况下，影响利用系数的主要因素是灯具的直射光通量，房间高度变化则会影响到直射光，低而宽的房间大部分直射光落在工作面上，故利用系数高；高而窄的房间直射光落在工作面上的较少，故利用系数较低，如图8-28所示。

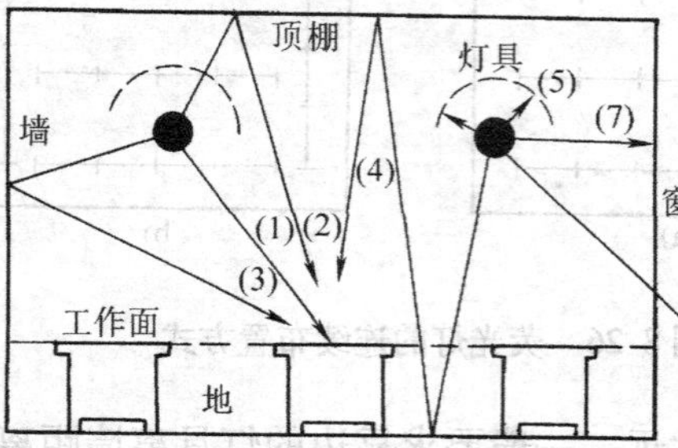

图8-27　利用系数构成

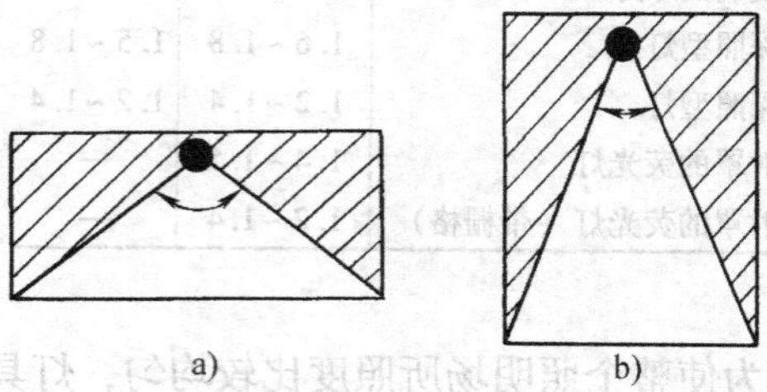

图8-28　利用系数与房间形状的关系
a）RCR 小、U 高　b）RCR 大、U 小

正确地选择灯具配光曲线能提高利用系数，低而宽的房间应选宽配光灯具，高而窄的房间应选窄配光灯具。利用系数是表示电光源的光通量被有效利用程度的参数，一般由灯具制造厂提供，或从手册中查取，表8-11给出了YG1－1型荧光灯具的利用系数。

根据利用系数可计算室内平均照度 E_{av}：

$$E_{av}=\frac{n\Phi UK}{A} \tag{8-8}$$

在式（8-8）中，E_{av} 为工作面的平均照度（lx）；n 为灯的个数；K 为维护系数，见表8-3；Φ 为每个灯发出的光通量（lm），通过查找相关电光源的技术数据获取，表8-12是三基色T8

表 8-11 YG1-1 型荧光灯具的利用系数

顶棚反射系数 ρ_c(%)		70				50				30				10			0	
墙壁反射系数 ρ_w(%)		70	50	30	10	70	50	30	10	70	50	30	10	70	50	30	10	0
室空间比(RCR)	1	0.75	0.71	0.67	0.63	0.67	0.63	0.60	0.57	0.59	0.56	0.54	0.52	0.52	0.50	0.48	0.46	0.43
	2	0.68	0.61	0.55	0.50	0.60	0.54	0.50	0.46	0.53	0.48	0.45	0.41	0.46	0.43	0.40	0.37	0.34
	3	0.61	0.53	0.46	0.41	0.54	0.47	0.42	0.38	0.47	0.42	0.38	0.34	0.41	0.37	0.34	0.31	0.28
	4	0.56	0.46	0.39	0.34	0.49	0.41	0.36	0.31	0.46	0.37	0.32	0.28	0.37	0.33	0.29	0.26	0.23
	5	0.51	0.41	0.34	0.29	0.45	0.37	0.31	0.26	0.39	0.33	0.28	0.24	0.34	0.29	0.25	0.22	0.20
	6	0.47	0.37	0.30	0.25	0.41	0.33	0.27	0.23	0.36	0.29	0.25	0.21	0.32	0.26	0.22	0.19	0.17
	7	0.43	0.33	0.26	0.21	0.38	0.30	0.24	0.20	0.33	0.26	0.22	0.18	0.29	0.24	0.20	0.16	0.14
	8	0.40	0.29	0.23	0.18	0.35	0.27	0.21	0.17	0.31	0.24	0.19	0.16	0.27	0.21	0.17	0.14	0.12
	9	0.37	0.27	0.20	0.16	0.33	0.24	0.19	0.15	0.29	0.22	0.17	0.14	0.25	0.19	0.15	0.12	0.11
	10	0.34	0.24	0.17	0.13	0.30	0.21	0.16	0.12	0.26	0.19	0.15	0.11	0.23	0.17	0.13	0.10	0.09

表8-12　三基色T8直管荧光灯主要的技术数据

型号	额定电压/V	功率/W	工作电流/A	光通量/lm	显色指数 *Ra*	色温/K	平均寿命/h	灯头型号
YZ18RN26	220V	18	0.37	1380	85	3000	10000	G13
YZ18RL26		18	0.37	1350	85	4000	10000	G13
YZ18RZ26		18	0.37	1330	85	5000	10000	G13
YZ18RR26		18	0.37	1300	85	6500	10000	G13
YZ30RN26		30	0.365	2550	85	3000	10000	G13
YZ30RL26		30	0.365	2550	85	4000	10000	G13
YZ30RZ26		30	0.365	2520	85	5000	10000	G13
YZ30RR26		30	0.365	2300	85	6500	10000	G13
YZ36RN26		36	0.43	3350	85	3000	15000	G13
YZ36RL26		36	0.43	3350	85	4000	15000	G13
YZ36RZ26		36	0.43	3250	85	5000	15000	G13
YZ36RR26		36	0.43	3200	85	6500	15000	G13

直管荧光灯主要的技术数据；A 是被照房间的面积（m^2）；U 是利用系数，它与房间形状，室内各表面反射系数等诸多因素有关，查表时根据顶棚反射系数 ρ_c、墙壁反射系数 ρ_w 以及室空间比（RCR）来获取。室空间比（RCR）是表征从灯具开口平面到工作面的空间特征的参数，计算公式为

$$RCR = \frac{5h(l+w)}{lw} \tag{8-9}$$

式中，h 为计算高度，即灯具开口平面到工作面的高度（m）；l、w 分别是房间的长度和宽度（m）。

例 8-4　某教室长度 $l=9\text{m}$，宽度 $w=6\text{m}$，房间高度 $H=3.6\text{m}$，课桌高度 $h_f=0.8\text{m}$，顶棚反射系数 ρ_c 和墙面反射系数 ρ_w 分别是 70% 和 50%。灯具采用 YG1－1 型，光源为三基色 T8 直管荧光灯，$n=12$，下垂 0.5m，试校验能否满足照度要求。

解　(1) 确定计算高度和室空间比

计算高度　$h=H-h_c-h_f=(3.6-0.5-0.8)\text{m}=2.3\text{m}$

室空间比　$RCR=\dfrac{5h(l+w)}{lw}=\dfrac{5\times 2.3\times(9+6)}{9\times 6}=3.19$

(2) 确定利用系数　查表 8-11，根据 $\rho_c=70\%$、$\rho_w=50\%$，若 $RCR=4$，得 $U=0.46$；若 $RCR=3$，得 $U=0.53$。

对于 $RCR=3.19$，插值得

$$U=0.46+(4-3.19)\times\frac{0.53-0.46}{4-3}=0.52$$

(3) 确定维护系数　查表 8-3，取 $K=0.8$。

(4) 计算平均照度　查表 8-12，该教室如采用冷白色 T8 直管荧光灯，每个灯光通量 Φ 为 3350lm，灯数 $n=12$，带入式（8-8），求出平均照度

$$E_{av}=\frac{n\Phi UK}{A}=\frac{12\times 3350\times 0.52\times 0.8}{9\times 6}\text{lx}=309.7\text{lx}$$

查表 8-2，教室课桌面照度标准为 300lx，满足要求。

二、单位容量法

在照明设计初级阶段，往往采用单位容量法估算照明的用电量，所谓单位容量是指单位被照面积照明安装功率（W/m^2）或光通量（lm/m^2），表 8-13 列出了常用灯具在平均照度 E_{av} 为 1lx 时单位容量值。此表是根据不同的房间形状和面积、不同的灯具的配光方式和计算高度，采用利用系数法计算出单位容量编制而成的。它按 100W 的白炽灯和 40W 的荧光灯条件编制，表 8-13 中每格三个数值由上至下依次是 100W 白炽灯单位电功率[$W/(m^2\cdot lx)$]；40W 荧光灯单位电功率[$W/(m^2\cdot lx)$]；单位光通量[$lm/(m^2\cdot lx)$]。如果电光源不是上述两种光源，还需考虑调整系数，表 8-14 列出了细管径荧光灯的调整系数。

表 8-13　单位容量计算表

室空间比 RCR	直接型配光灯具		半直接型配光灯具	均匀漫射型配光灯具	半间接型配光灯具	间接型配光灯具
	$s \leqslant 0.9h$	$s \leqslant 1.3h$				
8.33	0.4308 0.0897 5.3846	0.4000 0.0833 5.0000	0.4308 0.0897 5.3846	0.4308 0.0897 5.3846	0.6225 0.1292 7.7783	0.7001 0.1454 7.7506
6.25	0.3500 0.0729 4.3750	0.3110 0.0648 3.8889	0.3500 0.0729 4.3750	0.3394 0.0707 4.2424	0.5094 0.1055 6.3641	0.5600 0.1165 7.0050
5.0	0.3111 0.0648 3.8889	0.2732 0.0569 3.4164	0.2947 0.0614 3.6842	0.2872 0.0598 3.5897	0.4308 0.0894 5.3850	0.4868 0.1012 6.0874
4.0	0.2732 0.0569 3.4146	0.2383 0.0496 2.9787	0.2667 0.0556 3.3333	0.2489 0.0519 3.1111	0.3694 0.0808 4.8280	0.3996 0.0829 5.0004
3.33	0.2489 0.0519 3.1111	0.2196 0.0458 2.7451	0.2435 0.0507 3.0435	0.2286 0.0476 2.8571	0.3500 0.0732 4.3753	0.3694 0.0808 4.8280
2.5	0.2240 0.0467 2.8000	0.1965 0.0409 2.4561	0.2154 0.0449 2.6923	0.2000 0.0417 2.5000	0.3199 0.0668 4.0003	0.3500 0.0732 4.3753
2	0.2113 0.0440 2.6415	0.1836 0.0383 2.2951	0.2000 0.0417 2.5000	0.1836 0.0383 2.2951	0.2876 0.0603 3.5900	0.3113 0.0646 3.8892
1.67	0.2036 0.0424 2.5455	0.1750 0.0365 2.1875	0.1891 0.0395 2.3729	0.1750 0.0365 2.1875	0.2671 0.0560 3.3335	0.2951 0.0614 3.6845
1.43	0.1967 0.0410 2.4592	0.1698 0.0354 2.1232	0.1838 0.0383 2.2976	0.1687 0.0351 2.1083	0.2542 0.0528 3.1820	0.2800 0.0582 3.5003
1.25	0.1898 0.0392 2.3521	0.1647 0.0343 2.0588	0.1778 0.0370 2.2222	0.1632 0.0338 2.0290	0.2434 0.0506 3.0436	0.2671 0.0560 3.3333
1.11	0.1883 0.0392 2.3521	0.1612 0.0336 2.0153	0.1738 0.0362 2.1717	0.1590 0.0331 1.9867	0.2386 0.0495 2.9804	0.2606 0.0544 3.2578
1	0.1867 0.0389 0.3333	0.1577 0.0329 1.9718	0.1697 0.0354 2.1212	0.1556 0.0324 1.9444	0.2337 0.0485 2.9168	0.2542 0.0528 3.1820

表 8-14　T5、T8 细管径荧光灯的调整系数 C

光源类型	T5 荧光灯				T8 荧光灯			
功率/W	14	21	28	35	18	30	36	58
调整系数 C	0.764	0.72	0.70	0.677	0.857	0.783	0.675	0.696
光通量/lm	1100	1750	2400	3100	1260	2300	3200	5000

单位容量法基本公式为

$$\left.\begin{aligned} P &= P_0 A E_{av} \\ \text{或}\quad \Phi &= \Phi_0 A E_{av} \end{aligned}\right\} \tag{8-10}$$

如果光源不是100W 白炽灯或40W 荧光灯，式（8-10）还要乘以调整系数 C，即

$$\left.\begin{aligned} P &= P_0 A E_{av} C \\ \text{或}\quad \Phi &= \Phi_0 A E_{av} C \end{aligned}\right\} \tag{8-11}$$

式（8-10）和式（8-11）中，P_0、Φ_0 分别是照度为 1lx 的单位功率［W/(m^2·lx)］和单位光通量［lm/(m^2·lx)］；A 是被照房间的面积（m^2）；E_{av} 是设计照度（平均照度），单位为 lx；C 是当光源不是100W 白炽灯或40W 荧光灯时的调整系数；P 和 Φ 分别是安装总功率（W）和总光通量（lm）。

例 8-5　学校办公室的面积为 6m×6m，房间高度 $H=3.6\text{m}$，工作面高度 $h_f=0.75\text{m}$，灯具采用 YG1－1 型，光源是 36W 三基色 T8 直管荧光灯，吊链安装，$h_c=0.6\text{m}$，如要求设计照度为 300lx，试确定灯具数量。

解　由已知条件，求得该房间的计算高度 h 和室空间比 RCR

$$h = H - h_c - h_f = (3.6 - 0.6 - 0.75)\text{m} = 2.25\text{m}$$

$$RCR = \frac{5h(l+w)}{lw} = \frac{5\times 2.25\times(6+6)}{6\times 6} = 3.75$$

普通单管荧光灯是半直接型配光灯具，查表 8-13，若 $RCR=3.33$，$P_0=0.0507$；若 $RCR=4.0$，$P_0=0.0556$。利用插值法求得 $RCR=3.75$ 时的单位安装容量 $P_0=0.0538\text{W}/(\text{m}^2\cdot\text{lx})$。由表 8-14，查得调整系数 $C=0.675$，代入式（8-11），求得安装总功率

$$P = P_0 A E_{av} C = (0.0538\times 36\times 300\times 0.675)\ \text{W} = 392\text{W}$$

灯具数量为

$$n = \frac{392}{36}\text{盏} = 10.8\ \text{盏}$$

单位容量法计算的安装总功率一般偏高，故可选用 10 盏 YG1－1 型 36W 三基色 T8 直管荧光灯。

第七节　照明供电线路

实现绿色照明，不仅是选择和采用高效、节能的电光源和灯具，设计合理的照明供电线路，选择合适的控制方式、降低照明系统各个环节的能耗等也是实现绿色照明的重要因素。

一、照明供电系统

1. 系统组成

建筑物内部的照明供电系统，一般采用 220/380V 三相四线制供电方式，通常由本单位

变电所通过地下敷设的电缆或户外架空线路向建筑物供电。该系统主要采用电源中性点直接接地的TN－S和TN－C－S系统（参见第十章第三节接地）。

图8-29是单线表示的照明系统图，其中引向建筑物总配电箱的线路叫进户线，总配电箱与分配电箱之间的线路叫干线，由分配电箱引出向照明负载供电的线路叫支线。多根导线单根画法是指在导线上画对应数量的短斜线，如在进户线与干线上四根短斜线表示它们由四根导线构成；支线多采用单相二线，在此系统图上未画短斜线，则表示有两根导线。

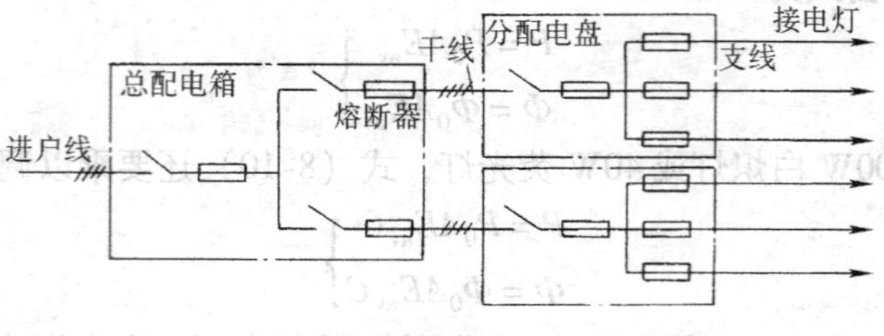

图8-29　照明供电系统图

2. 照明对电压质量的要求

（1）电压偏移　电压偏低时会使电光源的光通量和光效降低，气体放电光源难以起动，影响视力工作；电压偏高，则会缩短电光源使用寿命，因此，必须规定电压的容许偏移值。电压偏移也称电压偏差，它是指电光源端电压与其额定电压之差对额定电压的百分值，即

$$\Delta U\% = \frac{U - U_N}{U_N} \times 100\% \tag{8-12}$$

式中，U为实测电压；U_N为额定电压；$\Delta U\%$为电压偏移。一般容许偏差为额定电压的±5%。

在有中性线的低压配电系统中，如果三相负荷不平衡，会使负荷端中性点电位偏移，造成较大的电压偏差。为此，照明设备尽量平均地接入三相电源。

（2）电压波动　电压波动是指电压快速变化。当电网中存在如大型轧钢机、电弧炉以及电焊机等一类冲击性负荷会引起电压波动，从而导致亮度和照度波动，影响视觉。因此，对于上述电气设备宜采用专用变压器单独供电；一般正常照明也可与其他电力负荷共用变压器，但这些电力负荷中不宜有较大冲击性负荷。

3. 照明电压等级的选择

照明电压等级的选择应从安全和灯具的使用条件加以考虑，一般按以下原则：

1）在正常环境下，我国灯用电压一般采用220V，高强度气体放电灯（HID）也有用380V的。

2）当灯具安装高度距地面小于2.2m，并有触电危险，如高温和特别潮湿等场所，采用电压不宜超过24V。

3）手提行灯电压一般采用36V，但在不方便工作的狭窄地方，且有触电危险的恶劣环境，手提行灯供电电压不应超过12V。

4）由蓄电池供电时，可根据容量大小和使用条件，采用相应的电压等级：220V、36V、24V和12V。

4. 供电方式

在重要场所，当照明与电力由两台及以上变压器供电时，工作照明和应急照明应分别接到不同的变压器上，如图 8-30 所示。图中配电箱（屏）图形符号见表 8-15。两路电源可全部取自市电，也可一路为市电，另一路来自柴油发电机组。应急照明还可以使用蓄电池组供电，目前也使用应急电源系统（EPS），该系统由互投装置、自动充电机、逆变器和蓄电池组构成，交流电网正常时逆变器不工作，交流电网给负荷供电。交流电网中断时，互投装置切换到由逆变电源供电。当电网电压恢复时，互投装置又切换到交流电网供电。

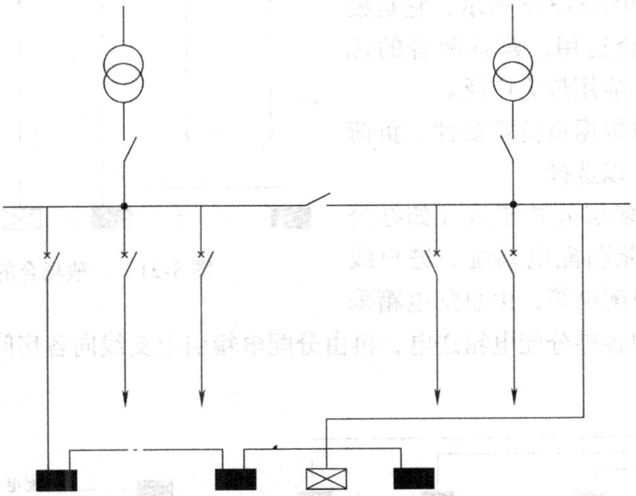

图 8-30　重要场所的照明供电

表 8-15　配电箱（屏）图形符号

图形符号	说　明
	屏、台、箱、柜一般符号
	电力或电力 - 照明配电箱（屏）
	照明配电箱（屏）
	应急照明配电箱（屏）

在一般工作场合，照明和电力可由一个变压器供电，如图 8-31 所示。工作照明和应急照明的供电干线应从变电所的低压屏上或母线上分开。

二、照明配电方式

照明配电系统由配电装置（配电箱）及配电线路（包括干线和支线）组成。一组照明设备接入一条支线，若干条支线接入一条干线，若干条干线接入一条总进户线。汇集支线接入干线的配电箱叫分配电箱，汇集干线接入总进户线的配电箱叫总配电箱。总配电箱以下列三种基本配电方式将电源引入分配电箱：

（1）放射式　如图 8-32a 所示，总配电箱以单独线路向各分配电箱供电。其优点是可靠性高，如果某段线路发生故障，不影响其他回路继续供电。但建设费用高，灵活性差，一般用于重要的负荷。

（2）树干式　如图8-32b所示，总配电箱一路干线同时向几个分配电箱供电。与放射式相比，其优点是建设费用低，但可靠性差，干线出现故障时影响范围大。

（3）混合式　如图8-32c所示，它是放射式和树干式的综合运用，兼具两者的优点，所以实际工程中应用最为广泛。

上述配电方式可根据负荷重要性、负荷的分散或集中情况加以选择。

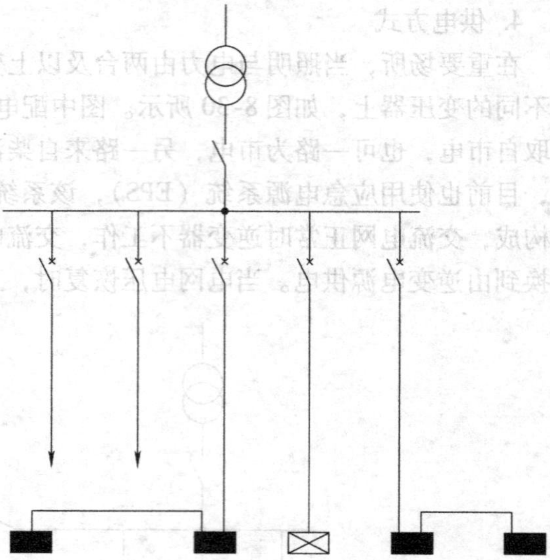

图8-31　一般场合的照明供电

图8-33所示是多层公共建筑（如办公楼、教学楼等）的照明配电系统。进户线直接进入配电室的总配电箱，由总配电箱采取干线立管放射式向各层分配电箱送电，再由分配电箱引出支线向各房间的灯具和用电设备供电。

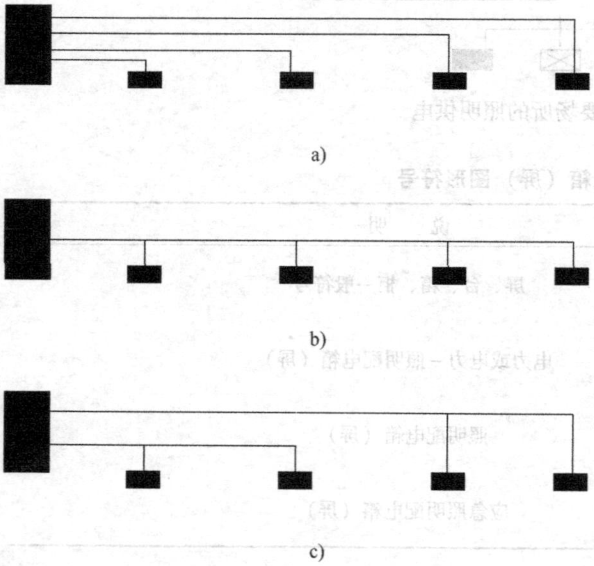

图8-32　照明配电方式

a）放射式　b）树干式　c）混合式

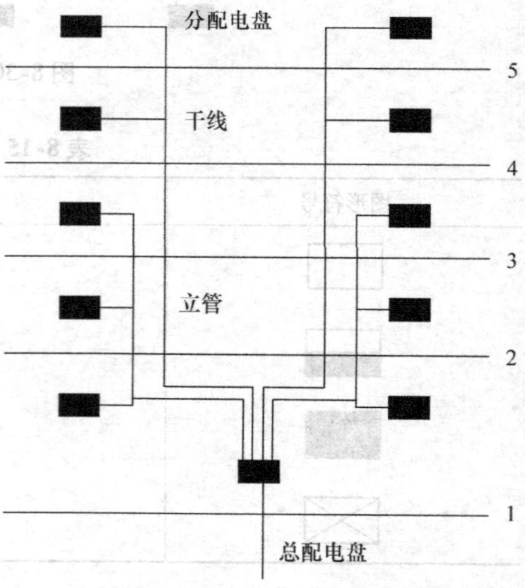

图8-33　多层公共建筑的照明配电系统

高层建筑的照明配电系统普遍采用分区树干式，即把整栋楼按层数分成若干供电区，每区的层数为2~6层，每路干线向一个供电区送电，如图8-34a所示，还可以采用由底层一直到顶层的垂直干线式，如图8-34b所示，后者适用于楼层多、负荷大的高层建筑。

三、照明控制

照明控制系统的任务有两个方面：一是为了保证建筑内的照度及视觉环境而对灯光进行

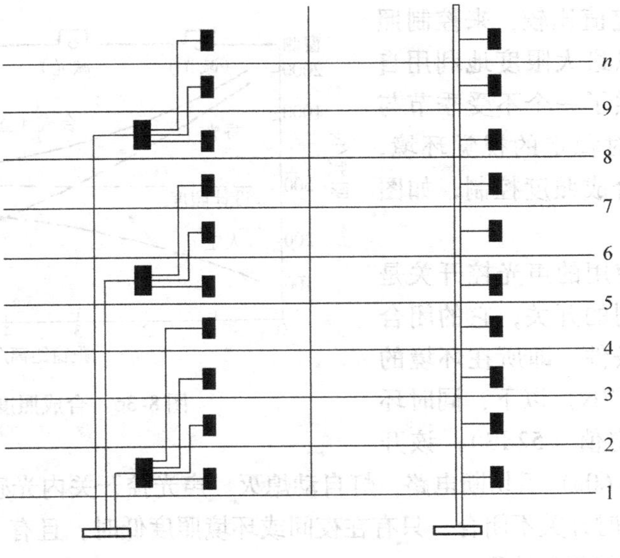

图 8-34　高层建筑照明配电系统

a）分区树干式　b）垂直干线式

控制；二是以节能为目的对照明设备进行控制。合理地选择照明控制方式，也是实现绿色照明的重要环节。目前常用的控制方式有以下几种：

1. 翘板开关控制方式

翘板开关控制是以翘板开关控制一个或几个灯具的方式。翘板开关也叫船形开关，它通过按压翘板接通或断开电路，按控制数量分单联、双联、三联等，有的翘板开关还带有指示灯和熔断器。翘板开关安装位置可以根据设计者要求进行布置，一般距地面 1.3m。同一房间的不同入口均要设置开关，以便在任一入口都可以开闭灯，由翘板开关实现的两地控制，其原理如图 8-35 所示。

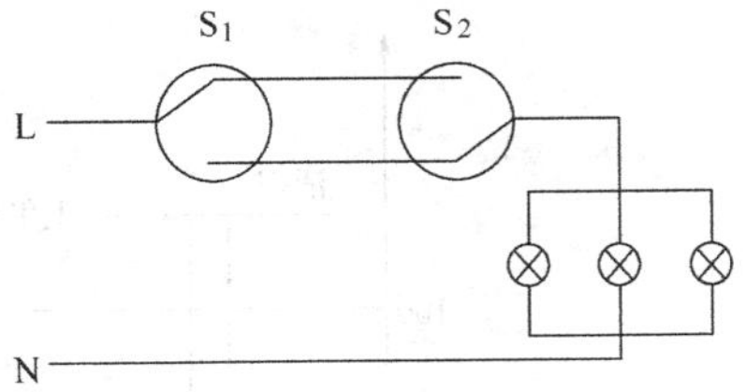

图 8-35　翘板开关两地控制

上述控制方式存在电能损耗大，控制线路复杂和不便操作、维护等缺点。

2. 遥控开关控制方式

翘板开关通常安装在距人们工作生活中心较远的房间入口处，因此不方便随时随地操控照明设备。遥控开关控制克服了这一缺点。遥控开关控制是现代家庭常用的控制方式，遥控开关由可以移动的遥控发射器和固定安装在翘板开关或灯具上的接收器组成。遥控发射器把控制信号经编码、调制，转化成无线电信号发送给接收器，接收器接收无线电信号，经放大、解调，获得原先的控制信号，在经过功率放大器放大后驱动继电器或晶闸管，从而实现对灯具的操控。

如果把遥控接收器装设在翘板开关上，既可以通过翘板开关直接操作，也可以用遥控发射器实现远距离操作。遥控接收器还可以装设在灯具上，这样省去开关与控制管线，从而简化照明设计。遥控开关控制具有方便、安全节能的优点。

3. 光电感应开关控制方式

该方式就是以光电感应开关设定的照度来控制灯具的控制方式。光电感应开关通过测定工作面的照度与设定值比较，来控制照明开关，这样还可以最大限度地利用自然光，既节能又提供了一个不受季节与外部气候影响的相对稳定的视觉环境，此种控制功能称为合成照度控制，如图8-36所示。

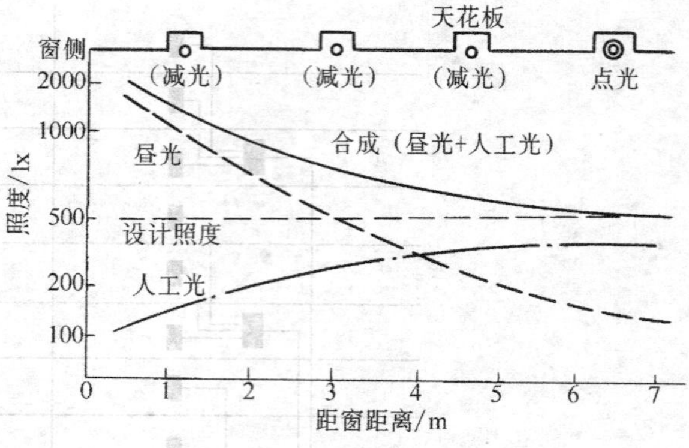

图8-36 合成照度控制

目前楼道走廊使用的声光控开关是利用声音和光照控制的开关，它的闭合必须同时具备两个条件，即所在环境的照度在某个设定值（7lx）以下，同时环境噪声超过某个设定值（52dB）；该开关延时一定时间（约60s）后切断电路，灯自动熄灭。声光控开关内光感器件能随时检测环境照度，白天照度高时开关不闭合，只有在夜间或环境照度低时，且有人走过发出声音开关才闭合，因此有显著的节电效果。

4. 定时控制方式

对于那些有规律的使用场所，以一天为单位，设定照明控制程序，自动定时开启、关断照明灯具，在清扫或休息时调暗灯光，如调低到30%（上下午班时段为新装设时的70%），这样可以防止灯具长期点亮带来的能源浪费，并满足不同时段的需要，如图8-37所示。定时控制方式将每个区域照明设备分成若干组，各组均受照明定时器的控制。

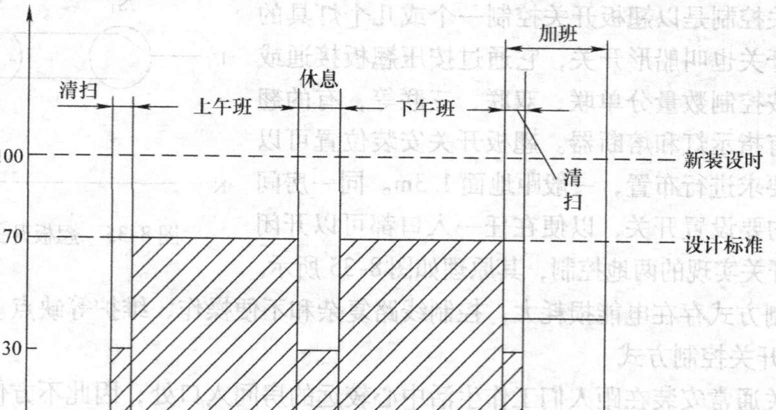

图8-37 定时控制方式

5. 智能控制器控制方式

近年来一种全数字、模块化、分布式智能照明控制系统已获得广泛应用。该系统只需要用两对数据线把系统中各个模块连接成网络，集合成一个多功能装置。如澳大利亚邦奇公司的Dynalite系统，该系统由调光器、控制面板、各种传感器、智能管理器、手持式编程器和PC监控机组成。它使用了先进的电力电子技术，能对包括白炽灯、卤钨灯、荧光灯、金卤灯、霓虹灯、灯带等很多光源和灯具进行调光。该系统采用软起动技术，有效抑制电网的冲击和电涌电压，避免对灯丝的热冲击，延长灯具使用寿命。

智能照明控制系统具有恒照度控制功能，即在灯具老化和墙面反射率降低时，仍能保持初始使用时所设定的标准值，因此对光通量衰减因素有自动补偿作用。该系统还可以利用自然光照，自然光强时室内灯光自动变暗，自然光弱时灯光自动变亮。采用智能控制器控制方式，可以自动实现合理的电能使用与管理功能，能节约20% ~50% 照明用电。智能照明控制系统是多功能厅、会议室、图书馆、美术馆、博物馆、体育场馆等场所理想的照明控制设备。智能照明控制系统如图 8-38 所示。

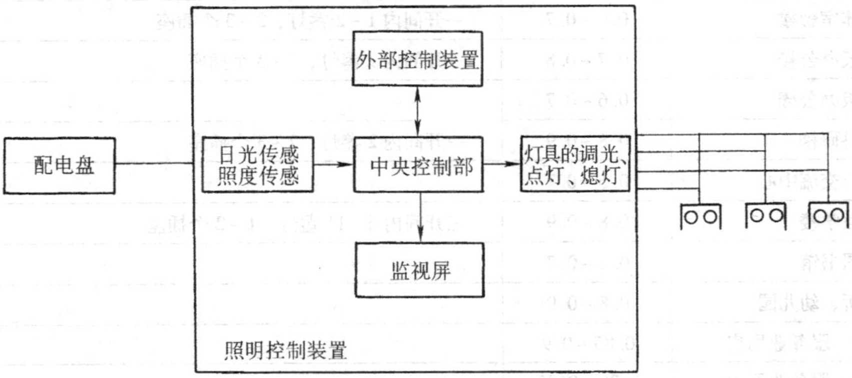

图 8-38　智能照明控制系统

四、照明负荷的计算

计算照明负荷的目的是合理地选择供电线路的导线和开关设备。但实际上照明负荷和线路上的电流是变动的，计算结果是照明系统持续工作中可能出现的最大负荷和电流，此称为计算负荷和计算电流，分别用 P_c 和 I_c 表示。

照明负荷的计算通常采用需要系数法和负荷密度法。

1. 需要系数法

前已叙述，所谓需要系数，就是考虑接入电力系统的所有设备并不在同一时间工作，且又不可能全在满载状态，因此计算负荷应为设备总容量乘以小于 1 的系数 K_d，即

$$P_c = K_d \sum P \tag{8-13}$$

式中，P_c为照明计算负荷；$\sum P$ 是接入照明系统所有设备的总容量；K_d是需要系数，它是有关部门通过长期实践和调研，根据统计数字得出的，表 8-16 和表 8-17 分别给出了照明干线回路和民用建筑照明负荷的需要系数，随着技术进步和经济发展，这些系数也在不断修改。

表 8-16　照明干线回路的需要系数

建筑物类别	需要系数 K_d	建筑物类别	需要系数 K_d
应急照明	1	汽机房	0.9
生产建筑	0.95	厂区照明	0.8
图书馆	0.9	教学楼	0.8 ~0.9
多跨厂房	0.85	实验楼	0.7 ~0.8
大型仓库	0.6	生活区	0.6 ~0.8
锅炉房	0.9	道路照明	1

表8-17　民用建筑照明负荷的需要系数

建筑物名称		需要系数 K_d	备　注
一般住宅楼	20户以下	0.6	单元式住户，多数为每户两室，两室户内插座为6~8个，装户表
	20~50户	0.5~0.6	
	50~100户	0.4~0.5	
	100户以上	0.4	
高级住宅楼		0.6~0.7	
集体宿舍楼		0.6~0.7	一开间内1~2盏灯，2~3个插座
一般办公楼		0.7~0.8	一开间内2盏灯，2~3个插座
高级办公楼		0.6~0.7	
科研楼		0.8~0.9	一开间内2盏灯，2~3个插座
发展与交流中心		0.6~0.7	
教学楼		0.8~0.9	三开间内6~11盏灯，1~2个插座
图书馆		0.6~0.7	
托儿所、幼儿园		0.8~0.9	
小型商业、服务业用房		0.85~0.9	
综合商业、服务业用房		0.75~0.85	
食堂、餐厅		0.8~0.9	
高级餐厅		0.7~0.8	
一般旅馆、招待所		0.7~0.8	一开间1盏灯，2~3个插座，集中卫生间带卫生间
高级旅馆、招待所		0.6~0.7	
旅游宾馆		0.35~0.45	单间客房4~5盏灯，4~6个插座
电影院、文化馆		0.7~0.8	
剧场		0.6~0.7	
礼堂		0.5~0.7	
体育练习馆		0.7~0.8	
体育馆		0.65~0.75	
展览馆		0.5~0.7	
门诊楼		0.6~0.7	
一般病房楼		0.65~0.75	
高级病房楼		0.5~0.6	
锅炉房		0.9~1	

采用需要系数法进行负荷计算时，应先确定各照明的容量，进而依此求出支线和干线计算负荷，最后求出进户线、低压总干线计算负荷。

（1）确定各照明设备的容量 P　由于气体放电光源的电感镇流器、触发器存在功率损耗，故灯具设备容量为

$$P = (1+\alpha)\ P_N \tag{8-14}$$

在式（8-14）中，P_N为灯具的额定功率；α是电光源的功率损耗系数，其值见表8-18；P为灯具设备容量。

表 8-18 电光源的功率损耗系数

光源种类	功率损耗系数 α	光源种类	功率损耗系数 α
白炽灯、卤钨灯	0	自镇流高压汞灯	0.08～0.15
带电子镇流器荧光灯	0	金卤灯	0.14～0.22
普通荧光灯	0.2	涂荧光物质的金卤灯	0.14
高压汞灯	0.08～0.3	高压钠灯	0.12～0.2

对于插座，如所接设备尚不确定，每组（2 孔和 3 孔插座各一个）按 100W 计算。

（2）支线的计算负荷 P_{c1}　支线的计算负荷等于接在线路上所有照明设备的总容量，即

$$P_{c1}=\sum P \tag{8-15}$$

在利用式（8-15）计算时应把不同电光源按类型分组，再求和计算。

（3）干线的计算负荷 P_{c2}　照明负荷属于单相用电设备，在设计时应将它们均匀分配到三相系统中去，力求三相负荷平衡。

当计算范围内单相用电设备的总容量不超过三相设备总容量 15% 时，按三相平衡负荷确定干线上计算负荷，此时干线上计算负荷为

$$P_{c2}=K_d\ (P_A+P_B+P_C) \tag{8-16}$$

式中，K_d是照明干线回路的需要系数，见表 8-16；P_A、P_B、P_C 是 A、B、C 三个单相的总设备容量。

若单相用电设备的总容量超过三相设备总容量 15% 时，应将单相负荷换算成等效的三相负荷，等效三相负荷为最大负荷相的单相负荷的 3 倍，故此时干线上计算负荷为

$$P_{c2}=3K_dP_P \tag{8-17}$$

式中，P_P 是最大负荷相的单相负荷；K_d 是照明干线需要系数。

（4）进户线（或低压总干线）的计算负荷 P_{c3}　在各干线的计算负荷确定后，按下式计算进户线（或低压总干线）的计算负荷：

$$P_{c3}=K_d\sum P_{c2} \tag{8-18}$$

式中，P_{c2}是各干线计算负荷；K_d是进户线（或低压总干线）的需要系数，见表 8-17。

2. 负荷密度法

在照明设计初步阶段常用负荷密度法估算照明计算负荷，估算公式为

$$P_c=\frac{P_0A}{1000} \tag{8-19}$$

式中，P_0为单位建筑面积照明用的计算负荷，即负荷密度（W/m^2），见表 8-19；A 为建筑面积（m^2）；P_c为计算负荷（kW）。

表 8-19 单位建筑面积照明用的计算负荷

建筑物名称	计算负荷/(W/m^2)		建筑物名称	计算负荷/(W/m^2)	
	白炽灯	荧光灯		白炽灯	荧光灯
一般住宅楼	6～12		餐厅	8～16	
高级住宅楼	10～20		高级餐厅	15～30	—
单身宿舍	—	5～7	内部食堂	5～9	
一般办公楼	—	8～10	旅馆、招待所	11～18	

（续）

建筑物名称	计算负荷/（W/m²）		建筑物名称	计算负荷/（W/m²）	
	白炽灯	荧光灯		白炽灯	荧光灯
高级办公楼	15~23		高级宾馆	20~35	—
科研楼	20~25	—	文化馆	15~18	—
技术交流中心	15~20	20~25	电影院	12~20	—
教学楼	10~23	—	剧场	12~27	—
图书馆	15~25		礼堂	17~30	
托儿所、幼儿园	6~10		体育馆	12~24	
大、中型商场	13~20	—	展览馆	16~40	
综合服务楼	10~15	—	门诊楼	12~15	
照相馆	8~10	—	病房楼	8~10	
服装店	5~10	—	服装生产车间	20~25	
书店	6~12	—	工艺品生产车间	15~20	
理发店	5~10	—	库房	5~7	
浴室	10~15	—	车房	5~7	
粮店、副食店 邮政所、储蓄所 洗染店、综合修理店	—	8~12	锅炉房	5~8	

3. 照明线路的电流计算

应用需要系数法或负荷密度法求出计算负荷，进而可求出相应的计算电流，计算电流是选择导线截面的依据。

1）当采用同一种光源时，计算电流由以下两式计算：

对于单相线路的电流

$$I_c = \frac{P_c}{U_N \cos\varphi} \tag{8-20}$$

式中，I_c 为三相线路的计算电流（A）；P_c 是单相计算负荷（W）；U_N 是照明线路的额定线电压（V）；$\cos\varphi$ 是电光源功率因数，表8-20给出了常用电光源的功率因数。

表8-20　常用电光源的功率因数（参考值）

电光源类别	功率因数	电光源类别	功率因数
白炽灯、卤钨灯	1	高压汞灯（50~175W）	0.45~0.5
荧光灯（无补偿）	0.55	高压汞灯（200~1000W）	0.65~0.67
荧光灯（有补偿）	0.9	金属卤化物等	0.4~0.61

对于三相线路的电流

$$I_c = \frac{P_c}{\sqrt{3} U_N \cos\varphi} \tag{8-21}$$

式中，I_c 为三相线路的计算电流（A）；P_c 是三相计算负荷（W）；U_N 是照明线路的额定线线电压（V）；$\cos\varphi$ 是电光源功率因数，见表 8-20。

2）如采用白炽灯、卤钨灯与气体放电光源混合的照明线路，其计算电流由下式计算：

$$I_c = \sqrt{(I_{c1} + I_{c2}\cos\varphi)^2 + (I_{c2}\sin\varphi)^2} \tag{8-22}$$

式中，I_{c1} 为白炽灯、卤钨灯计算电流（A）；I_{c2} 为气体放电光源计算电流（A）；φ 为气体放电光源的功率因数角。

例 8-6 某生产建筑的 220/380V 三相四线制供电线路上接有 100W 白炽灯和 250W 高压汞灯两种电光源，各相负荷分配如下：

A 相：100W 白炽灯 20 盏，250W 高压汞灯 4 盏；

B 相：100W 白炽灯 10 盏，250W 高压汞灯 8 盏；

C 相：100W 白炽灯 30 盏，250W 高压汞灯 2 盏。

试求干线计算电流。

解 （1）求各相计算负荷 查表 8-18 白炽灯功率损耗系数 α 为 0，自镇流高压汞灯功率损耗系数 α 取 0.15，代入式（8-14）和式（8-15），求得 A 相计算负荷如下：

A 相：$P_c = 20 \times 100\text{W} + 4 \times 250 \times (1 + 0.15)\ \text{W} = 2000\text{W} + 1150\text{W} = 3150\text{W}$

同理，可计算出其余两相计算负荷：

B 相：$P_c = 1000\text{W} + 2300\text{W} = 3300\text{W}$

C 相：$P_c = 3000\text{W} + 575\text{W} = 3575\text{W}$

（2）求各相计算电流 查表 8-20，白炽灯功率因数是 1；高压汞灯功率因数 $\cos\varphi$ 取 0.65，$\sin\varphi = \sqrt{1 - 0.65^2} = 0.76$，代入式（8-20）和式（8-22），求得 A 相中每种光源计算电流和该相总的线路计算电流。

A 相：白炽灯计算电流和高压汞灯计算电流分别为

$$I_{c1} = \frac{2000}{220}\text{A} = 9.09\text{A}$$

$$I_{c2} = \frac{1150}{220 \times 0.65}\text{A} = 8.04\text{A}$$

总的计算电流为

$$I_c = \sqrt{(9.09 + 8.04 \times 0.65)^2 + (8.04 \times 0.76)^2}\text{A} = 15.56\text{A}$$

该相的功率因数为

$$\cos\varphi_A = \frac{I_{c1} + I_{c2}\cos\varphi}{I_c} = \frac{9.09 + 8.04 \times 0.65}{15.56} = 0.92$$

同理，求出其余两相计算电流和功率因数。

B 相：$I_c = 19.34\text{A}$ $\cos\varphi_B = 0.77$

C 相：$I_c = 16.53\text{A}$ $\cos\varphi_C = 0.98$

（3）确定干线电流 查表 8-16，生产建筑照明干线回路的需要系数 $K_d = 0.95$。B 相计算电流最大，干线电流应依此为准，故干线计算负荷为

$$P_c = 3K_d P_P = 3 \times 0.95 \times 3300\text{W} = 9405\text{W}$$

计算电流为

$$I_c = \frac{P_c}{\sqrt{3}U_N\cos\varphi_B} = \frac{9405}{\sqrt{3} \times 380 \times 0.77}\text{A} = 18.55\text{A}$$

五、照明线路导线和电缆的选择

照明线路导线和电缆的选择涉及两个方面，一是按使用环境和敷设方法选择导线和电缆的类型；二是按发热条件、允许电压损失、机械强度3个方面要求选择导线和电缆的截面面积。

1. 导线和电缆类型选择

导线和电缆线芯的材料一般使用铜和铝，现代建筑的配电干线和支线，采用铜芯绝缘导线或电缆。

导线按其绝缘及护套分为三种，即塑料绝缘线、橡胶绝缘线和氯丁橡胶绝缘线。塑料绝缘线绝缘性能良好，价格低，但受日光照射容易老化，因此不宜在户外敷设；橡胶绝缘线耐老化性能良好，但不耐油，有延燃性，且价格较高；氯丁橡胶绝缘线耐油性能良好，不延燃，在日光照射时老化过程缓慢，所以可以在户外敷设。表8-21列出了照明线路常用导线型号及主要用途。

表8-21 照明线路常用导线型号及主要用途

导线型号	名称	主要用途
BV（BLV）	铜（铝）芯聚氯乙烯绝缘线	固定明、暗敷
BVV（BLVV）	铜（铝）聚氯乙烯绝缘聚氯乙烯护套导线	用于直贴墙壁敷设
BXF（BLXF）	铜（铝）芯氯丁橡胶绝缘线	固定明、暗敷，适用于户外
BX（BLX）	铜（铝）芯橡胶绝缘线	固定明、暗敷

照明线路的电缆有单芯和多芯之分，单相电路选2芯和3芯电缆，前者适用TN－C系统，后者适用TN－S系统；三相电路选4芯和5芯电缆，前者适用TN－C系统，后者适用TN－S系统。

2. 导线和电缆截面面积的选择

照明线路导线和电缆截面面积可按发热条件来选择，并对电压损失和机械强度进行校验。按发热条件选择导线和电缆截面面积就是要求线路计算电流不超过导线或电缆的允许载流量，即

$$I_c \leqslant I_{al}$$

式中，I_c是照明线路的计算电流（A）；I_{al}为导线或电缆的允许载流量（A）。

上一章表7－9列出了500V铝芯绝缘线的允许载流量，铜芯导线允许载流量是同规格铝芯导线的1.29倍。

上述选择是指相线截面面积，对于三相电路中性线（N线）和保护线（PE线）截面面积选择如上一章第五节所述；对于单相二线制和二相三线制，其中性线截面面积和相线截面面积相同。

六、照明配电箱与保护电器的选择

1. 照明配电箱及其选择

在照明供电系统中，配电箱是用来接收和分配电能的。其内部装有低压断路器、漏电保护开关、中性线（N）端子、保护线（PE）端子、汇流排等，有的装有千瓦小时表。配电箱一般采用封闭式箱结构，有挂墙式（明装）和嵌墙式（暗装）两种安装方式。电源进线大多数为三相线路；出线是单相多回路，其回路数按负荷管理所划分的区域来确定，并应留

有1~2个备用回路。配电箱的容量和电压等级根据控制对象负荷大小和电压等级选取。

2. 熔断器和低压断路器的选择

（1）熔断器熔体额定电流一般按下式确定

$$I_N \geqslant I_c$$

式中，I_N 为熔体的额定电流（A）；I_c 为线路的计算电流（A）。

（2）低压断路器脱扣器额定电流由下式确定

$$I_N \geqslant I_c$$

式中，I_N 为低压断路器长延时过电流脱扣器的额定电流（A）；I_c 为线路的计算电流（A）。

另外，电源侧和负载侧保护电器之间要有选择性配合，以避免断电范围扩大。例如，支线短路或过载，只能使支线的熔断器熔体烧断或断路器过电流脱扣器动作，而不应扩大到干线，因此干线熔断器熔体的额定电流或断路器动作电流至少要比支线大一级。

七、照明线路的敷设

在室内敷设的线路有明敷和暗敷两种。明敷应用有护套绝缘的导线，沿墙壁和顶棚表面、桁架、屋柱等处敷设。暗敷一般用焊接钢管、电线管或塑料管埋入墙内、地板内或装设在顶棚内。这种敷设方式比较美观，也不易受到机械损伤，但施工的工程量较大，耗费也较大。

穿管敷设的绝缘导线，其电压等级不应低于500V。不同回路、不同电压、不同用途和不同电流种类的导线不得穿入同一管内。工作照明和事故照明线路也不允许共管敷设。

如图8-39所示为各种室内线缆敷设方式，摘自西门子《电气安装技术手册》。

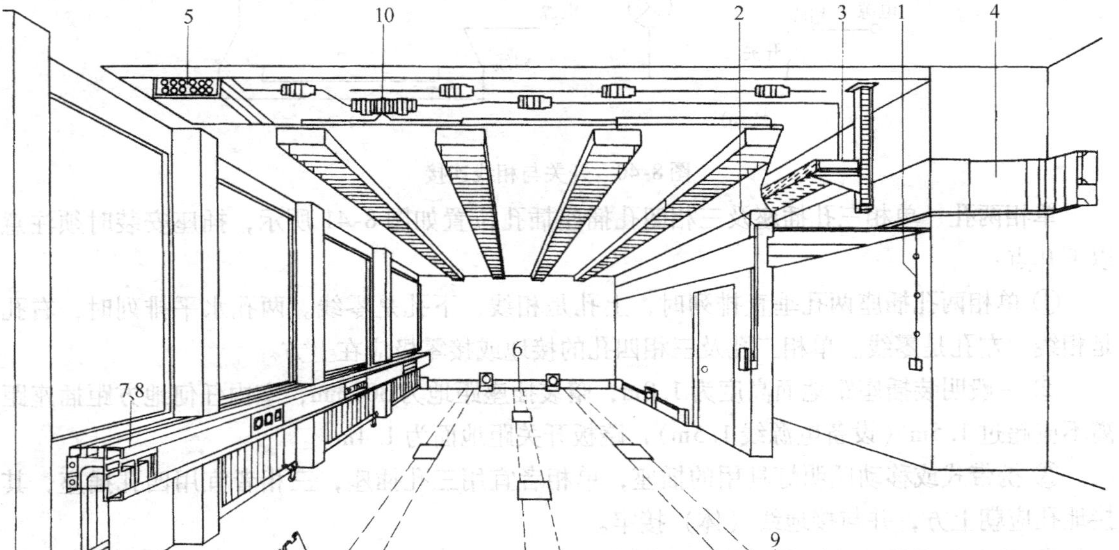

图8-39 线缆敷设方式

1—凸壁式安装 2—嵌壁式安装 3—电缆铺道 4—倚墙的电线敷设通道
5—顶棚上的布线通道 6—地板接线端子板式通道 7—窗台布线通道
8—端墙布线通道 9—地板下面的布线系统 10—快速安装系统

1. 配电箱的安装

配电箱的安装高度，无分路开关的照明配电箱，底边距地面应不小于1.8m；带分路开关的配电箱，底边距地面一般为1.2m。导线引出板面处均应套绝缘管，配电箱的垂直度偏差应不大于1.5/1000。暗装配电箱的板面四周边缘，应贴紧墙面。配电箱上各回路立有标牌，用以标明回路的名称和用途。

2. 开关及插座的安装

为了更加方便地使用照明设备，需要进行各种配线和施工，一般注意事项如下。

室内插座回路和照明回路宜分别供电。各种开关、插座安装牢固，位置准确。根据安装形式分明装和暗装两种，线路暗敷，开关暗装。安装跷板开关时，其开关方向应一致，一般向上为“合”，向下为“断”。不论是拉线开关还是跷板开关，接线时，要让相线进入开关，开关线及零线进入灯头，使得开关断相线，开关必须安装牢固，接线要正确，容量要合适。

照明灯具的控制从一次控制动作所控制的灯具数量规模上分，可以分为单灯或数灯控制和支路整体甚至几个回路同时控制两种情况，后者一般在较大空间室内或室外使用，借助接触器实行远程控制。如果从同一灯具（或一批灯具）控制位置的情况划分，又分为单控、双控和多控三种。分别采用单极开关、双控开关和多控开关。如图8-40所示是常用的两种开关控制线路，图8-40a是一只单极开关控制一盏灯，为维修方便，开关应装在相线上。图8-40b是两只双控开关分别装在楼上楼下或走廊两端，对一盏灯进行两地控制。

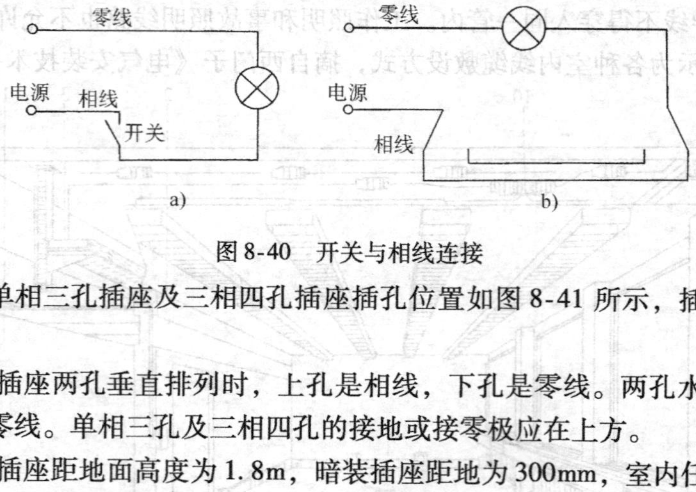

图8-40　开关与相线连接

单相两孔、单相三孔插座及三相四孔插座插孔位置如图8-41所示，插座安装时须注意以下几点：

① 单相两孔插座两孔垂直排列时，上孔是相线，下孔是零线。两孔水平排列时，右孔是相线，左孔是零线。单相三孔及三相四孔的接地或接零极应在上方。

② 一般明装插座距地面高度为1.8m，暗装插座距地为300mm，室内任何地方距插座距离不应超过1.5m（设备电源线1.5m），跷板开关距地面为1.4m。

③ 携带式或移动照明灯具用的插座，单相者宜用三孔插座，三相者宜用四孔插座，其接地孔应朝上方，并与接地线（体）接牢。

④ 凡有儿童活动的场所所使用的插座，应采用安全型插座。如果采用普通插座，其安装高度应大于1.8m。

3. 照明灯具的安装

常用的照明灯具有多种安装方式，吸顶式、固定线吊式、移动线吊式、吊链式、杆吊式、壁式、防水吊灯式、防水三通吊式等，可根据施工图样上的要求按规范安装。

吊灯安装要求牢固。因此吊灯灯具质量在1kg以下时，允许采用线吊。当灯具质量超过1kg不足3kg时，应采用金属链吊。当灯具质量超过3kg时，应在结构内预埋吊钩或螺柱。

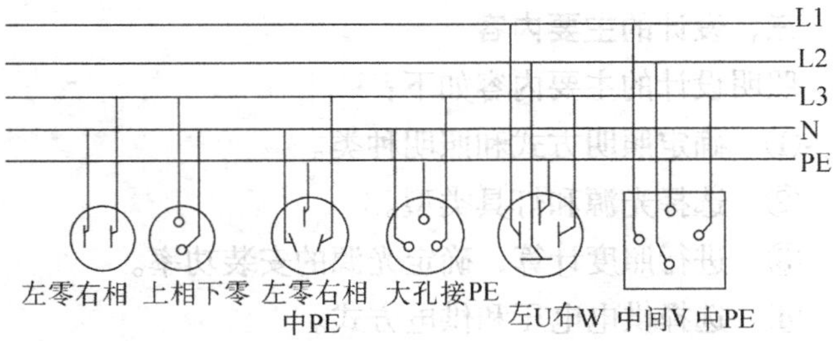

图 8-41　插座孔的位置

使用壁灯往往也是作为层高偏低（或过高），不适合用吸顶灯时的一种选择。壁灯安装高度一般在视线高度的范围内，如果超过 1.8m 只起到顶棚照射的延长作用，而失去对居室功能的其他作用。

灯具安装高度，在室内不低于 2.5m，室外不低于 3m。具体安装高度由施工图样灯具标注决定。

灯具的金属部分一定要保护接零，特别是壁灯、落地灯及电扇等电器金属外壳一定要有保护接零措施，否则会引起触电事故。

灯具的安装位置要按施工图中所标位置安装，不要随便改动。

第八节　照明设计举例

一、设计所需的资料

① 房间的平面布置图和剖面图及尺寸。

② 顶棚结构的资料。

③ 顶棚、墙壁、地板及家具的颜色及反射度。

④ 房间的用途规定，面临的视看任务。

⑤ 家具或机器设备的布局。

⑥ 工作条件如温度、湿度、尘埃等。

二、设计的要素

设计中要考虑的主要因素有：

(1) 建筑　建筑空间的大小、形状、风格，室内表面的反射比与质地，照明同家具陈设、空调、报警、自动洒水等设备系统的协调布置。

(2) 空间的利用　了解空间如何使用，工作地点的分布，在室内进行的作业与其频繁程度和重要性。

(3) 颜色　灯的颜色要同室内装修色彩配合。如果需要辨认颜色，显色性也很重要。

(4) 经济因素　照明系统的投资及运行费。

(5) 节能　是否符合节能要求和规定。

(6) 物理因素　允许噪声级、温度、振动、电压变化，都会影响照明设备的选择。

(7) 使用环境　灰尘多、潮湿、有化学腐蚀和爆炸危险等特殊环境的照明，要使用防护级别合格的照明设备。

(8) 安全和应急照明　照明系统应包含必要的应急照明。

(9) 维护管理　在设计阶段就应考虑到选择便于维护的照明设备维护管理计划，以保证照明系统高效地运行。

三、设计的主要内容

照明设计的主要内容如下：

① 确定照明方式和照明种类。

② 选择光源和灯具类型。

③ 进行照度计算，确定光源的安装功率。

④ 选择供电电压和供电方式。

⑤ 确定照明配电系统。

⑥ 选择导线和电缆的型号和布线方式。

⑦ 选择配电装置、照明开关和其他电气设备。

四、设计方案形成的步骤

① 确定照度水平、质量指标。

② 选择照明方式和照明设备。

③ 照明计算，经济分析。

④ 照明布局。

⑤ 照明装置的细部设计。

五、建筑 CAD 软件

我国从1984年开始，首先是大的设计部门关注建筑电气 CAD，投入开发研究。促使不少专门从事此项目的开发、应用、推广的公司相继出现，形成起步晚、发展快的势头。很快各种电气专业软件在国内设计市场展开竞相争艳的局面，建筑电气 CAD 已成为电气工程设计人员不能离开的必备工具。

目前国内常用的建筑 CAD 软件有：EES2000（北京博超）、ABD—E（中国建筑科学研究计算中心）、ASE（北京容创达软件技术有限公司）、INTER—DQ（北京浩辰技术开发公司）、Telec（北京天正工程软件）、LZ（北京理正软件开发公司）等。

建筑电气软件集电气绘图、计算和信息查询、统计于一体，使设计人员在绘图过程中，可根据照度要求计算灯具功率或根据负荷确定导线截面面积等，并将计算的结果直接标注于图中。负荷计算时所用的数据可以直接从对话框中输入，也可以令程序从一张绘制好的系统图中搜索获得。利用软件提供的图库，可以迅速地生成各种系统图和原理图。利用 CAD 设计简便、迅速，因此条件许可应尽量使用建筑电气 CAD 软件，土建设计和施工工程师也应具备建筑 CAD 电气施工图的识图能力。

六、电气施工图识图

电气施工图是土建工程施工图样中的重要组成内容，它是施工技术人员及工人安装电气设施的依据，它能将设计意图和内容简明、全面、正确地表达出来。由于土建施工与电气安装施工有密切关系，所以土建技术人员也要掌握阅读电气施工图的方法，做到各工种间的配合施工。

1. 图例及符号

照明电气施工图中采用大量统一图例和符号表示线路和各种电气设备，以及敷设方式及安装方式等，因此我们首先必须了解这些图例及文字符号所代表的内容和意义。图例及文字符号均采用国际电工委员会（IEC）的通用标准，表8-22～表8-26为照明常用图例及符号。

表8-22　灯具安装方式的文字标注含义

序号	名　　称	旧代号	新代号	英　　文
1	线吊式	X	CP☆	Wire（cord）Pendant
2	自在器线吊式	X	CP	Wire（cord）Pendant
3	固定线吊式	X1	CP1	
4	防水线吊式	X2	CP2	
5	吊线器式	X3	CP3	
6	链吊式	L	Ch☆	Chain Pendand
7	管吊式	G	P	Pipe（conduit）Erected
8	壁装式	B	W☆	Wall Mounted
9	吸顶式或直附式	D	S☆	Ceiling Mounted（Absorbed）
10	嵌入式（嵌入不可进人的顶棚）	R	R☆	Recessed in
11	顶棚内安装（嵌入可进人的顶棚）	DR	CR☆	Coil Recessed
12	墙壁内安装	BR	WR	Wall Recessed
13	台上安装	T	T	Table
14	支架上安装	J	SP	
15	柱上安装	Z	CL	Column
16	座装	ZH	HM	

注：表中☆表示常见安装方式。

表8-23　照明灯具标注方法

标准方式	说　　明
一般标注方法 $a-b\frac{c\times d\times l}{e}f$ 灯具吸顶安装 $a-b\frac{c\times d\times l}{—}$	a——灯数 b——型号或编号 c——每盏照明灯具的灯泡数 d——灯泡容量（W） e——灯泡安装高度（m） f——安装方式（壁灯灯具中心与地距离/吊灯灯具底部与地距离） l——光源种类 IN——白炽灯 FL——荧光灯 IR——红外灯 UV——紫外灯 Ne——氖灯 Xe——氙灯 Na——钠灯 Hg——汞灯 I——碘灯 ARC——弧光灯 LED——发光二极管

例如，某房间灯具的标注为 $4-\frac{2\times60}{2.8}Ch$，查表 8-23 可知，房间内有 4 盏灯，每盏灯内有 60W 白炽灯泡两只，安装高度 2.8m。查表 8-22 可知，为链吊式安装。

2. 照明施工图

照明施工图主要由电气照明线路平面布置图和照明配电系统图组成。

（1）电气照明线路平面布置图　它是在土建施工用的平面图上绘出电气照明分布图，即在土建平面图上画出全部灯具、线路和电源的进线，配电盘（箱）等的位置、型号规格，穿线管径、数量、容量大小、敷设方式，干支线的编号、走向，开关、插座、照明器的种类、安装高度和方式等。

表 8-24　电力和照明设备标注方法

一般标注方法 $a\frac{b}{c}$ 或 $a-b-c$	a——设备编号 b——设备型号 c——设备功率（kW） d——导线型号
当需要标注引入线的规格时 $a\frac{b-c}{d\ (e\times f)\ -g}$	e——导线根数 f——导线截面面积（mm^2） g——导线敷设方式及部位

表 8-25　照明图例灯具图例

灯和信号灯的一般符号			防水防尘灯	
荧光灯	一般符号		球形灯	
荧光灯	三管荧光灯	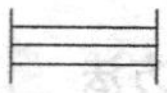	局部照明灯	
荧光灯	五管荧光灯	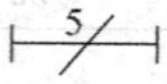	弯灯	
广照型（配照型）灯			壁灯	
深照型灯			安全灯	
			隔爆灯	

（2）照明配电系统图　它是对整个建筑物内的配电系统和容量分配情况、所用的配电装置、配电线路、总的设备容量等进行绘制的电气施工图之一。图上标出了各级配电装置和照明线路，各配电装置内的开关、熔断器等电器的规格，导线型号、截面、敷设方式、所用管径，安装容量（kW）等。

在阅读电气施工图时，要结合电气系统图和施工说明，分析电气施工平面图。了解各种配电管线的敷设方法和敷设要求，了解各电器设备安装方法和技术要求，特别是电气工程对土建施工配合的要求。防止因暗配管线和暗装配电设备及灯具开关插座没有及时预埋、预留造成工程质量问题。

照明设计的施工图样，除主要有上述的平面布置图和系统图外，还有外线平面图、构件大样图和详图，此外还有图样目录、材料表、图样说明等，这里就不一一介绍了，读者可参阅有关照明设计手册或参考书。

表 8-26　插座和开关图形符号

插座或插孔的一般符号			开关的一般符号		
单相插座	一般符号		单极开关	一般符号	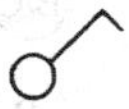
	暗装			暗装	
	密闭（防水）			密闭（防水）	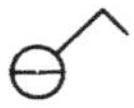
	防爆			防爆	
带接地插孔的单相插座	一般符号		双极开关	一般符号	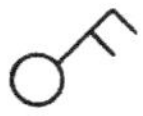
	暗装			暗装	
	密闭（防水）			密闭（防水）	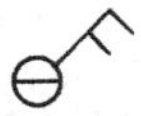
	防爆			防爆	
带接地插孔的三相插座	一般符号		三极开关	一般符号	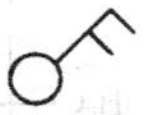
	暗装			暗装	
	密闭（防水）			密闭（防水）	
	防爆			防爆	

七、照明设计举例

1. 设计对象的平面图

某中学实验楼二层平面图如图 8-42 和图 8-43 所示。

2. 本建筑对电气照明的要求

首层对照明的要求是：

① 物理、化学实验室由于有电子仪器和计算机，每室需各安装 6 只单相三孔插座。

② 分析室、办公室有计算机，每室各安装 3 只单相三孔插座。

③ 浴室湿度大，需安装防水防尘灯，开关装在室外走廊内。

④ 门厅采用花吊灯，正门口用两只壁灯，两个侧门各装一只吸顶灯。

⑤ 其余各室无特殊要求。

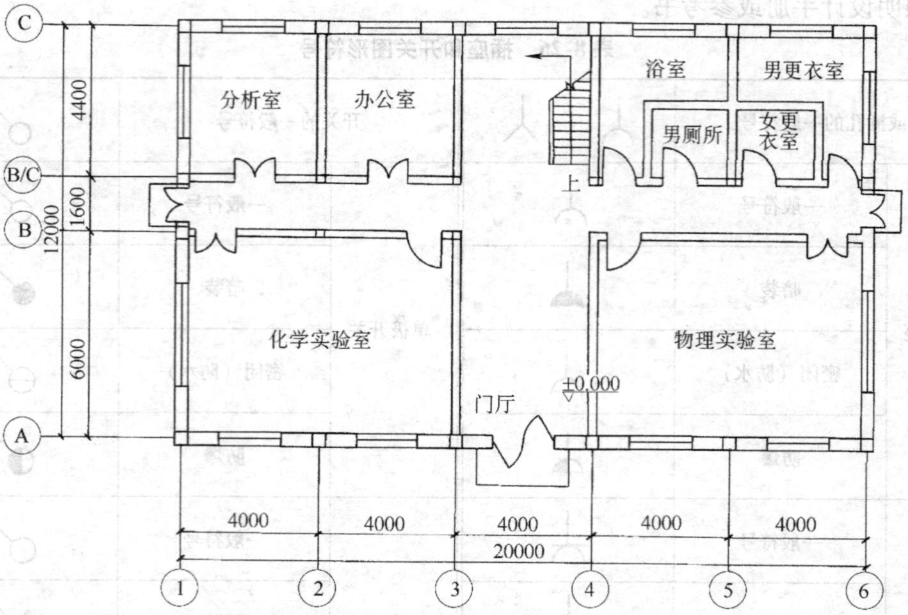

图 8-42 一层平面图

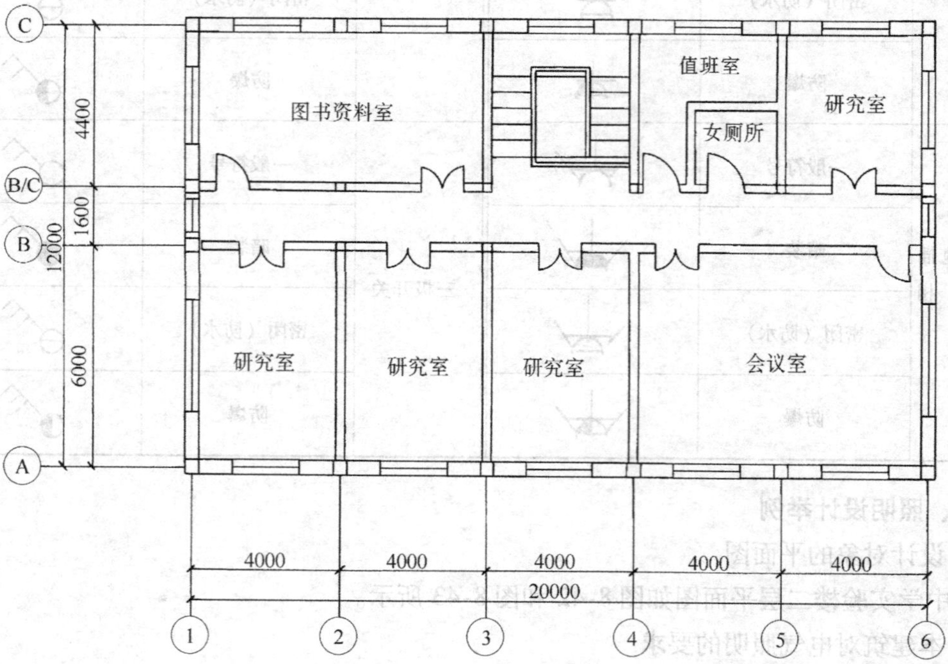

图 8-43 二层平面图

3. 光照设计

查表 8-2，学校实验室照度标准值 $E_{av}=300\text{lx}$，电光源宜选三基色 T8 直管荧光灯，采用 YG1－1 型荧光灯具，每盏 36W。链吊式安装，吊线长度 $h_c=1\text{m}$，工作面高度 0.8m，房间高度 $H=4\text{m}$，计算高度：

$$h = H - h_c - h_f = (4 - 1 - 0.8)\ \text{m} = 2.2\text{m}$$

室空间比

$$RCR = \frac{5h\ (l + w)}{lw} = \frac{5 \times 2.2 \times\ (8 + 6)}{8 \times 6} = 3.2$$

顶棚和墙面刷白，窗子挂深色窗帘，$\rho_w = 50\%$，$\rho_c = 50\%$。由表 8-11 获知，若 $RCR = 4$，$U = 0.41$；$RCR = 3$，$U = 0.47$，利用插值法求得 $RCR = 3.2$ 时，利用系数 $U = 0.46$。查表 8-3，维护系数 $K = 0.8$。三基色 T8 直管荧光灯型号是 YZ36RL26，其光通量由表 8-12 可知，$\Phi = 3350\text{lm}$。所需灯具数

$$n = \frac{E_{av}A}{\Phi UK} = \frac{300 \times 8 \times 6}{3350 \times 0.46 \times 0.8} = 11.6$$

n 取 12 盏，均匀布置，如图 8-44 所示。

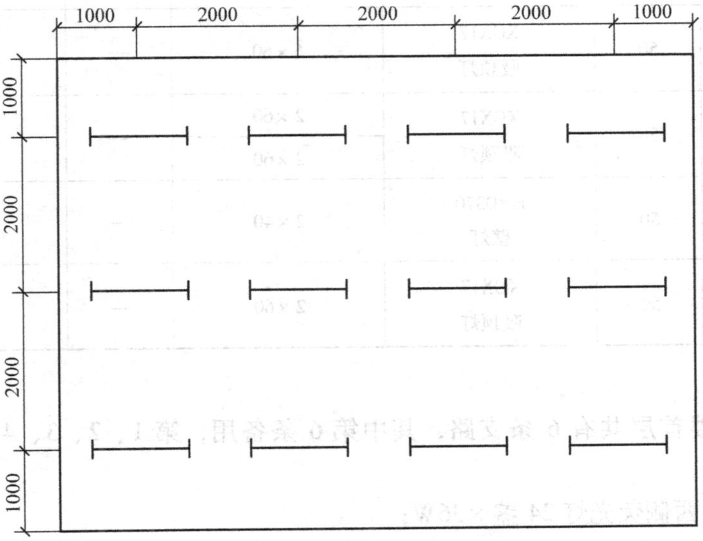

图 8-44　实验室灯具布置

办公室、分析室用单位容量法估算。两室面积相同，$A = 4.4\text{m} \times 4\text{m} = 17.6\text{m}^2$；计算高度与实验室相同，$h = 2.2\text{m}$；办公室、分析室照度标准值 $E_{av} = 300\text{lx}$。两室室空间比为

$$RCR = \frac{5h(l + w)}{lw} = \frac{5 \times 2.2 \times (4.4 + 4)}{4.4 \times 4} = 5.25$$

按半直接配光灯具，查表 8-10，并采用插值法求得单位容量 $P_0 = 0.0637\text{W}/(\text{m}^2 \cdot \text{lx})$ 采用 T8 直管三基色荧光灯，调整系数 $C = 0.675$，安装总功率

$$P = P_0AE_{av}C = (0.0637 \times 17.6 \times 300 \times 0.675)\ \text{W} = 227\text{W}$$

每只荧光灯为 36W，电光源数量为

$$n = \frac{227}{36} = 6.3$$

n 取 6，灯具选 YG2 - 2，每盏灯具内装 2 只 36W 三基色 T8 直管荧光灯，均匀布置，如图 8-45 所示。

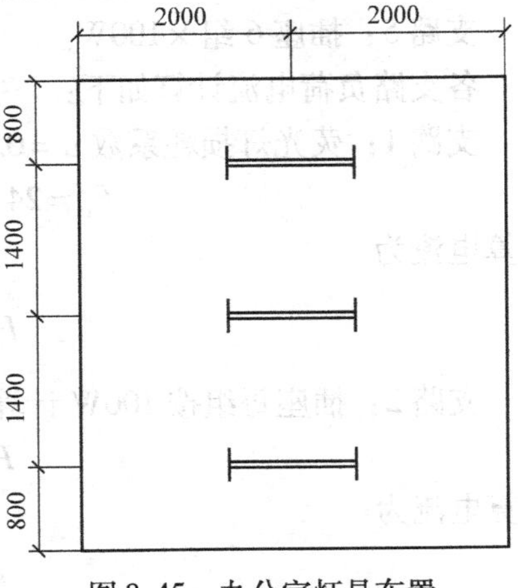

图 8-45　办公室灯具布置

其余场所设计按照表8-27，其照明标准均取50lx，结果列表如下：

表8-27 光照设计列表

房间或场所	照度/lx	灯具	功率/W	插座	配线方式
物理实验室	300	YG1－1 36W荧光灯	12×36	6	电线管暗敷
化学实验室			12×36	6	
办公室	300	YG2－2 2×36W荧光灯	3×（2×36）	3	电线管暗敷
分析室			3×（2×36）	3	
门厅	50	XGMX 吊灯	6×60	—	电线管暗敷
浴室	50	CC22－1 防水防尘灯	2×60	—	电线管暗敷
楼梯走廊	50	XGX17 吸顶灯	6×60	—	电线管暗敷
厕所	50	XGX17 吸顶灯	2×60	—	电线管暗敷
更衣室			2×60		
正门口	50	HBD370 壁灯	2×40	—	电线管暗敷
侧门口	50	XGX17 吸顶灯	2×60	—	电线管暗敷

4. 线路设计

本中学实验楼首层共有6条支路，其中第6条备用，第1、2、3、4、5支路所带负载是：

支路1：首层西侧荧光灯24盏×36W；

支路2：插座12组×100W；

支路3：首层走廊白炽灯6盏×60W，侧门白炽灯2盏×60W，门厅白炽灯6盏×60W，正门白炽灯2盏×40W；

支路4：首层东侧荧光灯12盏×36W，白炽灯6盏×60W；

支路5：插座6组×100W。

各支路负荷电流计算如下：

支路1：荧光灯损耗系数$\alpha=0.2$，功率因数$\cos\varphi=0.55$，该支路计算负荷

$$P_c=24\times36\times(1+0.2)\text{W}=1036.8\text{W}$$

计算电流为

$$I_c=\frac{1036.8}{220\times0.55}\text{A}=8.56\text{A}$$

支路2：插座每组按100W计算，功率因数$\cos\varphi$取0.8，该支路计算负荷

$$P_c=12\times100\text{W}=1200\text{W}$$

计算电流为

$$I_c=\frac{1200}{220\times0.8}\text{A}=6.82\text{A}$$

支路3：白炽灯损耗系数 $\alpha=0$，功率因数 $\cos\varphi=1$，计算负荷

$$P_c=(6\times60+2\times60+6\times60+2\times40)\text{W}=920\text{W}$$

计算电流为

$$I_c=\frac{920}{220\times1}\text{A}=4.18\text{A}$$

支路4：此支路有两种电光源，其中白炽灯计算负荷与计算电流为

$$P_{c1}=6\times60\text{W}=360\text{W}$$

$$I_{c1}=\frac{360}{220\times1}\text{A}=1.64\text{A}$$

荧光灯计算负荷与计算电流为

$$P_{c2}=12\times36\times(1+0.2)\text{W}=518.4\text{W}$$

$$I_{c2}=\frac{518.4}{220\times0.55}\text{A}=4.28\text{A}$$

荧光灯功率因数 $\cos\varphi=0.55$，$\sin\varphi=\sqrt{1-0.55^2}=0.83$，该支路总计算电流为

$$I_c=\sqrt{(I_{c1}+I_{c2}\cos\varphi)^2+(I_{c2}\sin\varphi)^2}=\sqrt{(1.64+4.28\times0.55)^2+(4.28\times0.83)^2}\text{A}=5.34\text{A}$$

支路5：插座每组按100W计算，功率因数 $\cos\varphi$ 取0.8，该支路计算负荷和计算电流为

$$P_c=6\times100\text{W}=600\text{W}$$

$$I_c=\frac{600}{220\times0.8}\text{A}=3.41\text{A}$$

现代建筑配电干线与支线采用铜芯绝缘导线，故照明支路（1、3、4支路）采用2根塑料绝缘铜线（一根相线，一根N线），插座支路（2、5支路）采用3根塑料绝缘铜线（相线、N线、PE线各一根）。

查表7-9，按30℃塑料管情况，由于铜芯导线允许载流量是同规格铝芯载流量的1.29倍，故选2.5mm² BV导线2根穿管和3根穿管，允许载流量分别约为22A和20A，照明支路中1支路电流最大，$I_c=8.56\text{A}$，$I_{al}=22\text{A}>8.56\text{A}$ 满足要求；插座支路中2支路电流最大，$I_c=6.82\text{A}$，$I_{al}=20\text{A}>6.82\text{A}$，也符合要求。各条支路均采用穿阻燃塑料管（PVC），保护管径15mm。

照明支路所选低压断路器型号与规格为C45N-16/2P，插座支路所选漏电断路器型号与规格为C45NL-16/1P，前者是双极型，后者是单极型，其脱扣器的额定电流均为16A。

把各支路计算电流、所选导线和保护管型号规格、低压断路器型号与规格列于表8-28。

表8-28 计算电流和导线、断路器选择

支路号	计算电流/A	导线与保护管	低压断路器或漏电断路器
1	8.56	BV—2×2.5—PVC15	C45N—16/2P
2	6.82	BV—3×2.5—PVC15	C45NL—16/1P
3	4.18	BV—2×2.5—PVC15	C45N—16/2P
4	5.34	BV—2×2.5—PVC15	C45N—16/2P
5	3.41	BV—3×2.5—PVC15	C45NL—16/1P

5. 施工说明

电源采用220/380V三相五线（3根相线，1根N线，1根PE线）电缆埋地引入，室外电缆埋深0.7m，进户线为聚氯乙烯绝缘，聚氯乙烯护套铜芯电力电缆（VV—5×16），进入建筑物部分穿直径为40mm的焊接钢管（SC40），引至首层照明配电箱AL—1，首层照明配电箱AL—1至二层照明配电箱AL—2采用铜芯聚氯乙烯绝缘线（BV—5×10），穿直径为32mm的钢管（SC32）在墙内暗敷。

首层照明配电箱总电源开关为三极低压断路器（C45N—60/3P），照明支路和插座支路分路供电，其中照明支路采用BV—2.5铜芯导线2根，穿PVC阻燃塑料管，管径为15mm（BV—2×2.5—PVC15），插座支路均为（BV—3×2.5—PVC15）。照明支路由C45N—16/2P照明用微型断路器控制，插座支路由C45NL—16/1P漏电断路器控制。

6. 电气照明系统图

首层照明系统图如图8-46所示。

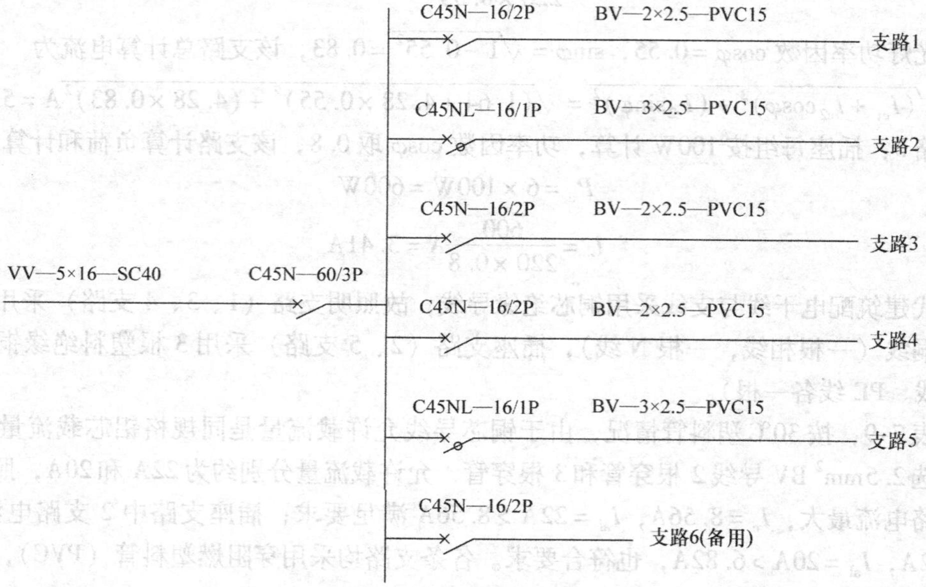

图8-46 首层照明系统图

7. 照明平面图

首层照明平面图如图8-47所示。首层照明配电箱AL—1设在楼道墙内，安装高度距地面1.4m。由AL—1配电箱向东、西两侧各引出一条照明支路，再引出一条路至走廊、正侧门和门厅。荧光灯固定线吊式，安装高度距地面2.2m；壁灯安装高度距地面3m；其余各灯均采用吸顶式安装。首层楼梯灯采用声、光控开关控制，门厅灯用三联单控跷板开关控制，其余各灯分组采用单联单控跷板开关控制，跷板开关一律暗装在墙上，距地面1.4m。

8. 插座平面图

首层插座平面图如图8-48所示。由首层照明配电箱AL—1向东、西两侧各引出一条插座支路，均采用BV—2.5导线，穿阻燃塑料管（PVC）保护管径为15mm，在地面内暗敷设。插座距地面一律0.3m。

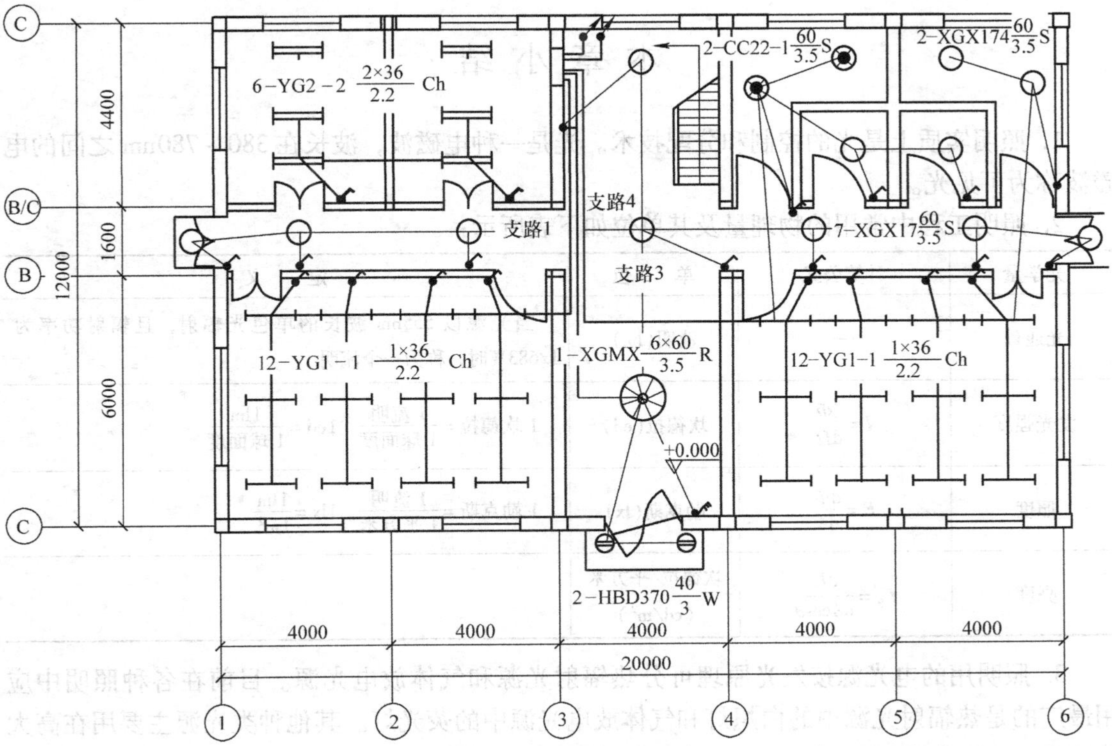

图 8-47 首层照明平面图

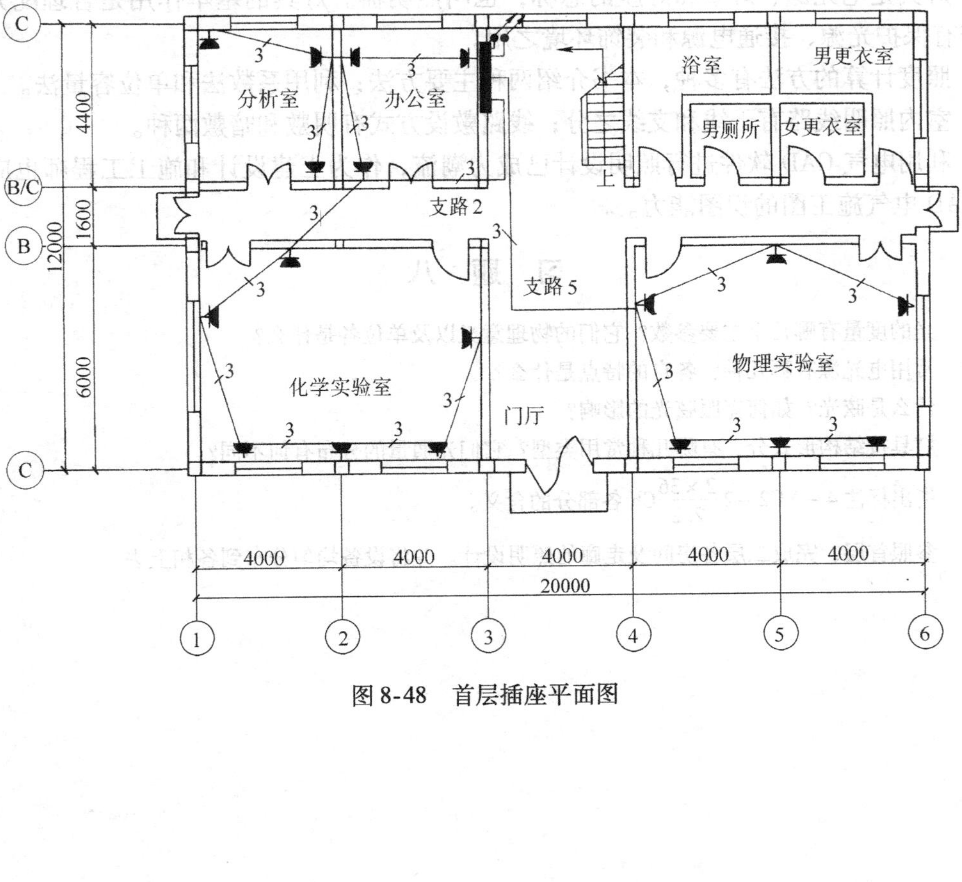

图 8-48 首层插座平面图

本章小结

1. 照明实质上是光的控制和分配技术。光是一种电磁波，波长在380～780nm之间的电磁波称为可见光。

2. 照明工程中常用的物理量及其单位如下表所示：

光学量	计算公式	单　位	定　义
光通量	—	流明(lm)	当光源以555nm波长的单色光辐射，且辐射功率为1/683W时，称为一个流明
发光强度	$I=\frac{d\Phi}{d\Omega}$	坎德拉(cd)	$1\text{坎德拉}=\frac{1\text{流明}}{1\text{球面度}}$　$1cd=\frac{1lm}{1\text{球面度}}$
照度	$E=\frac{d\Phi}{dA}$	勒克斯(lx)	$1\text{勒克斯}=\frac{1\text{流明}}{1\text{平方米}}$　$1lx=\frac{1lm}{1m^2}$
亮度	$L_\theta=\frac{dI_\theta}{dA\cos\theta}$	坎德拉/平方米(cd/m^2)	

3. 照明用的电光源按发光原理可分热辐射光源和气体放电光源。目前在各种照明中应用最广的是热辐射光源中的白炽灯和气体放电光源中的荧光灯。其他种类光源主要用在高大建筑物和大面积照明场所。

4. 灯具是电光源、灯罩和灯座的总称，也叫照明器。灯具的基本作用是合理配光，此外尚兼有保护光源、接通电源和装饰环境之用。

5. 照度计算的方法有多种，本书介绍两种主要方法：利用系数法和单位容量法。

6. 室内照明线路有干线和支线之分；线路敷设方式有明敷和暗敷两种。

7. 利用电气CAD软件进行照明设计已成为潮流，作为土建设计和施工工程师也应具备建筑CAD电气施工图的识图能力。

习　题　八

8-1　光的度量有哪几个主要参数？它们的物理意义以及单位各是什么？

8-2　常用电光源有哪几种？各自的特点是什么？

8-3　什么是眩光？如何克服眩光的影响？

8-4　灯具按结构形式分，有哪几种常用类型？它们光通量的分布有何不同？

8-5　指出标注 $4-YG2-2\frac{2\times36}{2.2}Ch$ 各部分的含义。

8-6　参照首层，完成二层各房间及走廊的照明设计。并将设备均匀分布到各相上去。

第九章　安全用电与建筑防雷

电能的广泛应用在给人类带来各种便捷的同时，也使人类面临着可能发生的用电设备在非正常情况下带来的危害——触电。因此，应了解电气安全的基本知识，在建筑设计和施工中，采取相应的防护措施。另外，我国幅员辽阔，很多地区雷电活动十分强烈，加上大型、高层建筑日趋增多，使之成为雷击的主要目标。所以从人员的安全和建筑物的保护来说，防雷设计和施工也是建筑设计和施工中十分重要的一环。

第一节　电 气 安 全

为了安全用电，有必要了解电流对人体的危害和触电的类型，进而采用相应的保护措施。

一、电流对人体的危害

从本质上看，触电就是电流对人体的伤害。实验表明，工业频率（50Hz）的电流对人体伤害最为严重。当1mA的工频电流通过人体便有不适的感觉；50mA的工频电流流过人体则有生命危险；100mA的工频电流流过人体就能致人以死命。触电对人伤害程度与通电时间有关，我国规定安全电流为工频30mA，触电时间不超过1s，即30mA·s。

流过人体的电流大小主要决定于触电电压与人体电阻。由于人的皮肤状况不同，使得人体电阻在很大范围内变化。统计数据表明，人体电阻平均值为2000Ω（下限值是1700Ω）。但如果皮肤角质层受到破坏，人体电阻会显著下降，约为1000Ω。

若人体电阻取下限值（1700Ω），通过30mA电流时，则人体承受电压为

$$U = IR = 30 \times 10^{-3} \times 1700\text{V} \approx 50\text{V}$$

所以，我国的国家标准GB/T 3805—2008，规定在任何情况下，两导体间或任一导体与地之间的安全电压上限值不得超过交流有效值50V，安全电压额定值的等级为42V、36V、24V、12V、6V。

统计资料还表明，建筑工地比其他场合更容易发生触电事故，我国建筑业安全电压分为3个等级：36V、24V、12V。所以在土建施工时应根据不同的条件和场合采用不同等级的安全电压。如在潮湿的地下施工中，手持的电动工具和工作行灯电压均采用12V的安全电压。

二、触电的类型

触电事故按电流对人体的伤害方式可归纳为两种：电击与电伤。

1. 电击

电击是指电流通过人体内部，造成脏器的损伤。电击的危险性很大，一般触电死亡事故都是由于电击。按照人体触及带电体的方式和电流通过人体的途径，将电击形式分为3种：人体和带电体直接接触触电、跨步电压触电和接触电压触电。

（1）人体和带电体直接接触触电　通常将人体直接接触带电体后造成的触电又分为单相触电、两相触电和过分接近高压系统所引起的高压放电触电。下面分述如下：

1）单相触电。单相触电是指人体在地面或其他接地导体上，人体的其他部位触及一相带电体的触电事故。根据电网运行方式则分为中性点接地系统的单相触电和中性点不接地系统的单相触电。

在中性点接地系统中，人站在地面（或其他接地导体）上，人体的某一部位直接接触（或通过某种导体间接接触）电源的一相，则使人体与大地之间形成了电流的通路，触电情况如图9-1a所示。

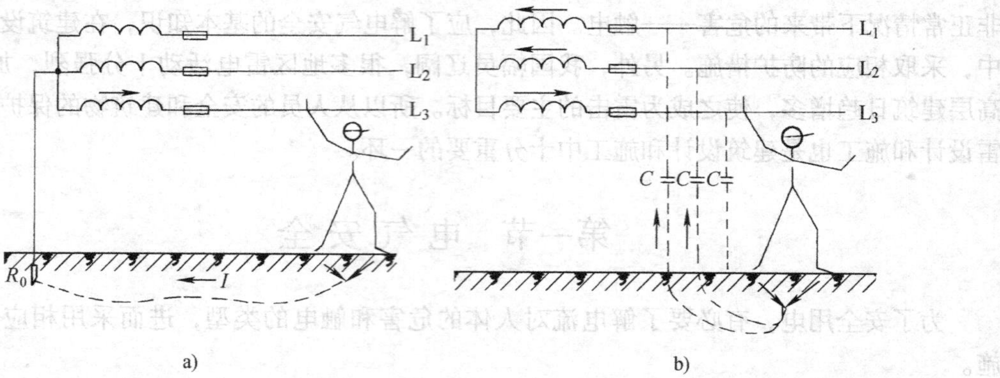

图9-1 单相触电
a）中性点接地系统 b）中性点不接地系统

此时，通过人体的电流计算如下：

$$I = \frac{U_p}{R_0 + R_b} \tag{9-1}$$

式中，U_p 为电网的相电压，在低压配电系统为220V；R_0 是系统接地电阻，一般按4Ω计算；R_b 为人体电阻，若按平均值2000Ω估算，则电流

$$I = \frac{220}{4 + 2000}\text{A} \approx 0.11\text{A} = 110\text{mA}$$

此电流已大于致命的100mA。

在中性点不接地系统，电流会经过人体和另外两条相线对地的分布电容而构成回路，如图9-1b所示。与中性点接地系统单相触电相比较，这种触电事故其危险程度较小，但是当电力线路较长使导线对地电容增大或线路绝缘不良时，对人体的危险性依然很大。

2）两相触电。如图9-2所示，两相触电是指人体两个部位同时分别触及两相带电体。由于此时，人体承受的是电网的线电压，因此不管电网的中性点是否接地，通过人体的电流都是很大的，其伤亡程度比单相触电更为严重。

3）过分接近高压系统所引起的高压放电触电。在高压电力系统中，由于电压高，相线之间或相线与地之间，当距离在一定范围之内，空气就会击穿，发生高压放电和短路事故。为此，带电体之间与带电体和地之间均需保持一定的安全距离，安全距离见表9-1。当人体过分接近高压电源，人与电源之间的介质也会击穿，从而发生触电。

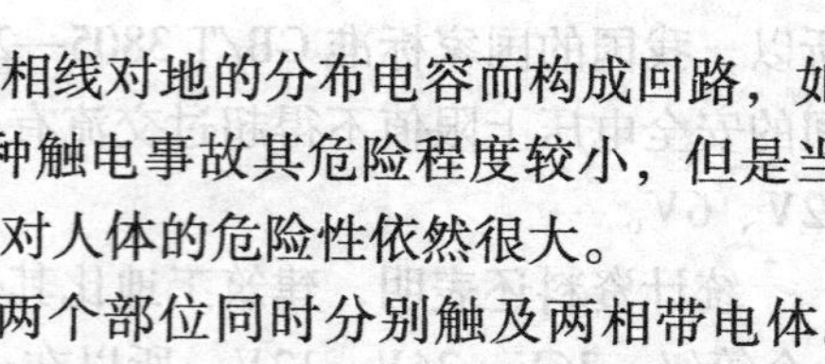

图9-2 两相触电

表 9-1 运行设备的安全距离

电压等级/kV	安全距离/m	电压等级/kV	安全距离/m
10 及以下	0.70	220	3.00
20～35	1.00	330	4.00
60～110	1.50	550	5.00

(2) 跨步电压触电　这种触电是指电气设备发生接地故障，有电流流入地下，电流在接地处周围土壤中产生电压降，因此在以接地点为中心的半径约 20m 的圆形范围内形成电位分布区，越靠近接地点，电位就越高。如果人在接地点附近，两脚之间则承受电压而触电，故称为跨步电压触电。人的步距一般按 0.8m 考虑，步距越大，离接地点越近，则跨步电压越大，触电的危险性也越高。跨步电压与接触电压如图 9-3 所示。

(3) 接触电压触电　当电气设备的金属外壳因故障意外带电，人站在故障设备附近以手触及故障设备的外壳时，人体的两个部位（手和脚）同时接触不同电位的两处，致使电流通过人体，这就是接触电压触电。手和脚之间电压即接触电压。图 9-3 还表示了接触电压触电的情况。

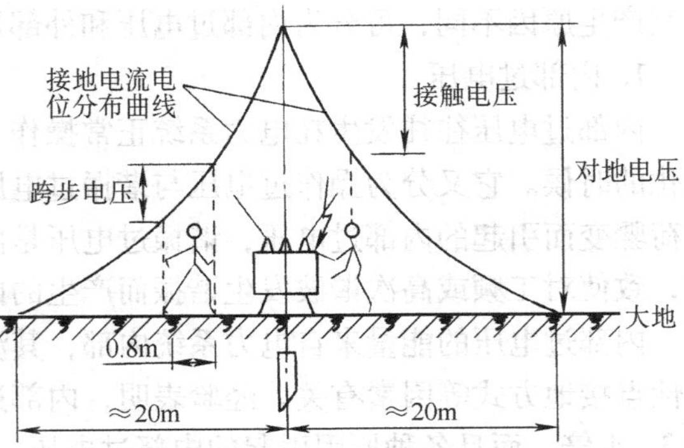

图 9-3　跨步电压与接触电压

2. 电伤

电伤是指电流对人体外部造成的局部伤害。这是由于电流的热效应、化学效应、机械效应以及电流作用下使熔化和蒸发的金属微粒侵入皮肤，使人受到灼伤、烙伤和皮肤金属化等伤害。

实际证明：绝大部分触电事故都是电击造成的。通常所说触电事故基本上是就电击而言的。

三、电气安全措施

触电事故往往在一瞬间就会造成严重后果，因此对触电事故应以预防为主。为了防止触电事故，应建立完善的安全制度，并采取相应的安全防护措施。

必要而合理的安全管理制度是人们长期的经验总结，是安全生产的重要措施，其内容很多，主要有以下几点：

凡一切电气维修、安装的工作，必须由专业电工操作；一般不要带电操作，特殊情况需要带电作业时应严格按“带电作业规则”进行操作；在潮湿、有导电尘埃、有腐蚀性气体的危险场所应采用相应的安全电压；电气设备必须按规格加装熔断器，插座支路或手持电动工具的电源应安装漏电保护器；经常对电气设备进行安全检查，特别注意对建筑工地露天电气设备的检查，检查有无漏电、绝缘老化和裸露带电部分。

安全防护措施通常有以下几种：

为了防止偶然直接触及或过分靠近带电体，可以采用绝缘（即用良好的绝缘材料把带电体封闭起来）、屏护（即采用遮栏、护罩、护盖、箱匣等把带电体同外界隔绝开来），设置安全色标（包括安全色和安全牌）以及保证安全距离（在带电体与地面之间、带电体与其他设施和设备之间、带电体与带电体之间均需保持一定的安全距离）。为了防止触及意外带电体，可以采用保护接地、保护接零，即将电气设备在正常情况不带电的外露可导电部分与大地或供电系统零线做良好连接。

第二节　建筑物的防雷

随着我国现代化建设的发展，各种大型、高层建筑越来越多，因此如何防止雷电危害，保证建筑物以及人身安全，就成为建筑工程中的重要问题。下面我们首先介绍过电压概念以及雷电的性质与危害，然后简要介绍建筑工程中的防雷技术。

一、过电压的概念

过电压是指在电气设备或线路上出现超过正常工作要求，并对其绝缘造成损害的电压。按其产生原因不同，可分为内部过电压和外部过电压，后者也称为雷电过电压。

1. 内部过电压

内部过电压往往发生在电力系统正常操作（如送电或停电操作）、出现故障、负荷突然变化的时候。它又分为操作过电压与谐振过电压。操作过电压是由于电力系统的开关操作或负荷骤变而引起的内部过电压，谐振过电压是由于电力系统的电路参数（R、L、C）选择不当，致使对工频或高次谐波发生谐振而产生的内部过电压。

内部过电压的能量来自电力系统内部，其激发的能量大小与系统容量、结构、参数以及中性点接地方式等因素有关。经验表明，内部过电压一般不超过系统正常运行的额定相电压的3~4倍，而且各种原因引起的内部过电压，可以采取适当措施加以抑制，所以它对电力系统不会造成很大威胁。

2. 外部过电压

外部过电压是由于雷电引起的，雷电是大气中一种放电现象，故亦称雷电过电压或大气过电压。由于外部过电压的能量来自大气中的雷电，其释放的能量相当之大（雷电冲击波的电压幅值可高达100MV，其电流幅值可高达数百千安），因此它对电力系统中设备和建筑物的危害要远远超过内部过电压。

二、雷电的危害

1. 雷电的形成

雷电是发生在大气中的放电现象，其起源与大地电场有关。当太阳把地面晒得很热时，地面上的水分变成水蒸气，水蒸气受热变轻上升，在升至相当高度时遇冷凝结成冰晶状态，冰晶与强气流相互摩擦而带电，并因气流的作用而破裂，上升的气流带正电充斥积云的上部，冰晶带负电沉降在积云的中下部，因此对地面上的建筑构成威胁的主要是负雷云。

由于静电感应，雷云在大地表面感应出与云块异性的电荷，即形成一个大的电容器，当其电场强度达到使空气击穿的强度时，引起组成空气的分子电离，雷云中电离的空气形成导电通道，称为雷电先导。当它向地面靠近时，使地面与其异性的电荷更加集中，尤其集中在高耸的建筑物上，并形成迎雷先导，两者彼此接近而汇合形成雷电通道，接着雷云与大地之间发生强烈放电，出现耀眼的闪光，由于雷电通道的温度高达30000℃，致使空气突然加热而迅速膨胀，形成声的冲击波。这就是人们通常所说的雷电。

2. 雷电的种类

根据雷电产生和危害形式的不同，大体可分为直击雷、感应雷、雷电波侵入与球雷四种。

（1）直击雷　直接作用于地面凸出物（如建筑物）的雷击，称为直击雷，如图9-4所示。直击雷产生相当高的过电压，引起的雷电流可达几万安培甚至几十万安培，对被击中的电气设备、线路及建筑物产生极大的破坏作用。直击雷往往有重复放电性质，一次雷击平均有3～4次放电。

（2）感应雷　也称为雷电感应，分为静电感应和电磁感应两种。前者是指，雷云接近地面，在地面凸出物上感应出大量异性电荷，在雷云与其他部位或其他雷云放电后，凸出物上的感应电荷得不到释放，其上对地形成很高的电压；后者是指，雷击后雷电流在其周围空间产生迅速变化的强大磁场，由于动磁生电，也会使处在强磁场范围内的金属导体上感应出很高的电压。

（3）雷电波侵入　雷电波侵入又称高电位引入，它是雷击在架空线路或金属管道产生的冲击电压沿这些导体的两个方向迅速传播，如图9-5所示。雷电波侵入对供电系统的危害很大，应予足够重视。

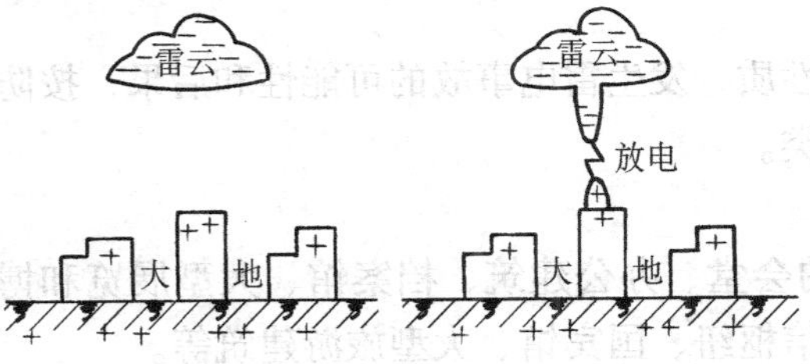

图9-4　直击雷

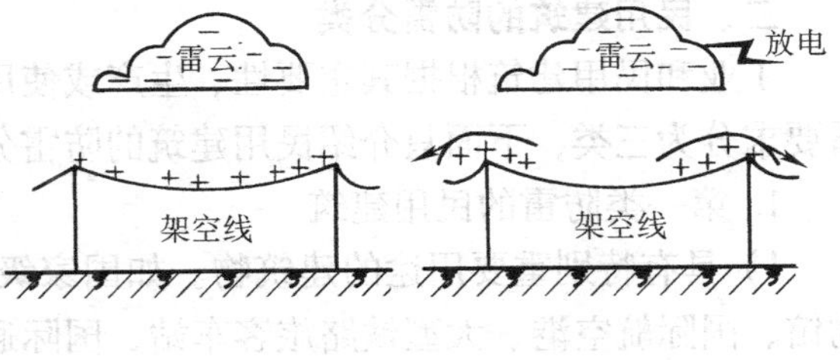

图9-5　雷电波侵入

（4）球雷　球雷是一种球状的炽热的等离子体，温度极高，多为橙黄色。它常沿着地面滚动或在空气中飘动，能通过门窗、烟囱或其他缝隙进入建筑物内部，球雷可以辐射出大量热能，从而引发火灾。

3. 雷电的危害

雷电会产生很高的过电压，引起很大的雷电流，因此具有极大的破坏力。其破坏作用是综合性的，主要表现在以下几个方面：

（1）热效应　强大的雷电流通过被击物时，在极短时间内转换成大量热能，因此雷电流通过的金属被熔化，树木被烧焦，如果雷击在易燃物品上，将引起火灾。另外，雷击使周围空气受热急剧膨胀，产生极大的冲击波，导致附近建筑物倒塌和人畜伤亡。

（2）电磁效应　感应雷使电力线路和电气设备产生数十万伏甚至数百万伏的冲击电压，使其绝缘材料击穿，造成短路和大规模停电。雷电波通过架空管线进入建筑物内部，如果金属结构的回路接触不良或有空隙就会形成火花放电。还有，雷电流流入地下时，会在入地点附近产生极高的对地电压，导致接触电压或跨步电压的触电事故。

（3）机械效应　雷电的机械效应主要表现为两种形式：一是雷电流通过金属导体产生巨大的电动力，使之变形或折断；二是雷电流经过本质纤维和金属构件产生内压力，因此能击倒树木或使建筑构件解体。

最后还要强调指出，雷电波通过电源或信号等线路侵入计算机网络和通信系统，造成设备或元器件损坏，使储存或传输的信号或数据遭受干扰或丢失，电子设备产生误动作或暂时瘫痪，其危害也触目惊心。

4. 易受雷击的建筑物和构筑物

雷电的活动与气候、地域和季节等条件有关。从气候上看，热而潮湿的地区比冷而干燥的地区多，我国以华南、西南及长江流域比较多，华北、东北较少，西北最少；从地域上看山区多于平原；从季节上看，雷电在夏季最为频繁，其次是春夏和夏秋相交时。

具体到一个地区，根据雷害事故的统计和实验证明，下列地点最易遭受雷击：

1）建筑群中高耸建筑物及尖顶建筑物、构筑物，如水塔、古塔、烟囱及发射台天线等。

2）空旷地区的突起物，如野外孤立的建筑、输电线路的杆塔等。

3）建筑物的突出部位：屋脊、屋角、女儿墙、高位水箱、烟囱及接收天线等。

4）屋顶为金属结构的建筑物、地下埋设的金属管道、内部有大量金属设备的厂房或有导电尘埃的地方。

5）土壤电阻率小的地方，如金属矿床和地下水位高的地方。

总之，雷击是有选择性的。

三、民用建筑的防雷分类

工业和民用建筑根据其重要性、生产或使用性质、发生雷电事故的可能性和后果，按防雷要求分为三类，下面只介绍民用建筑的防雷分类。

1. 第一类防雷的民用建筑

1）具有特别重要用途的建筑物。如国家级的会堂、办公建筑、档案馆、大型展览和博物馆、国际航空港、大型铁路旅客车站、国际通信枢纽、国宾馆、大型旅游建筑等。

2）国家级重点文物保护类的建筑物和构筑物。

3）高度超过100m的超高建筑。

2. 第二类防雷的民用建筑

1）重要的或人员密集的大型建筑物。如省部级办公楼、省级会堂、体育馆、博物馆、大型商店和影剧院等。

2）省级重点文物保护类的建筑物和构筑物。

3）19层及以上住宅建筑和高度超过50m的其他民用建筑。

4）省级装有大量重要电子设备的建筑物，如大型计算中心、通信枢纽等。

3. 第三类防雷的民用建筑

1）历史上雷害事故较多需要防雷保护的民用建筑。

2）在建筑群中最高或位于建筑群边缘高度超过20m的建筑物。

3）高度为15m及以上的水塔、烟囱等孤立的建筑物或构筑物。年平均雷暴日数不超过15天（年平均雷暴日数由当地气象台资料确定）其高度为20m以上。

四、建筑物的防雷装置

对上述各类建筑，并根据可能发生的雷电种类都应采取相应的防护措施，对此，GB 50057—2010《建筑物防雷设计规范》已作了规定。

建筑物的防雷设计就是合理地选择防雷装置，以构成建筑物及其内部设施的雷电防护系统。防直击雷主要用避雷针、避雷线、避雷带和避雷网（避雷带和避雷网还可以防感应雷)；防感应雷的措施是将建筑物内金属构件就近接地，并将平行或交叉敷设的金属管道用金属线跨接；防雷电侵入波则主要有避雷器，用以对变配电装置和电力线路的保护。

1. 防直击雷装置

防直击雷常用的装置是避雷针、避雷线、避雷带和避雷网，这些金属导体统称为接闪器，它们安装在建筑物的顶端或顶部，当雷云的下行先导向地面上被保护建筑物发展时，处在高处的接闪器率先将下行先导引向自身，使雷击发生在接闪器上，让强大的雷电流经引下线和接地体泄入大地，从而使被保护建筑物免遭雷击。由此可见，避雷针等接闪器的真正功能不是避雷，而是引雷。

一套完整的防直击雷装置由接闪器、引下线和接地装置组成，现分别对它们加以介绍：

(1) 接闪器　除避雷针、避雷线、避雷带、避雷网可作为接闪器外，建筑物的金属屋面、屋顶上的金属装饰物、旗杆和栏杆也可利用来作接闪器。应根据被保护建筑物和构筑物外形的不同，选择不同形状的接闪器。

1) 避雷针。18 世纪中叶，富兰克林就发明了避雷针，开创了人类科学防雷的先河，避雷针是结构最简单的防直击雷装置，一般将其安装在建筑物易受雷击的顶端，也可以离开建筑物单独装设，由于其针状接闪器是直接承受雷电的部分，故必须高出被保护建筑物。

避雷针适用于保护细高的建筑物或构筑物，如烟囱和水塔等。避雷针采用镀锌圆钢或焊接钢管制成，其直径不应小于表 9-2 所列的数值。

表 9-2　避雷针直径最小值

针长 1m 以下		针长 1 ~2m		烟囱上的针	
圆钢	钢管	圆钢	钢管	圆钢	钢管
12mm	20mm	16mm	25mm	20mm	—

对于大屋顶结构的仿古建筑可在屋角设置短针，其防雷效果较好，也不影响观瞻。

2) 避雷线。用水平悬挂的镀锌钢绞线作接闪器，其截面面积不小于 35mm^2，避雷线架设在被保护物的上方，并须一端或两端接地，故亦称为架空地线。避雷线主要用以保护狭长的建筑物、构筑物以及长距离的高压供电线路。

3) 避雷带和避雷网。用圆钢或扁钢制成长条状或网状接闪器，装设在建筑物的顶部或沿屋角、屋脊或屋檐等易受雷击部位敷设。一般屋顶面积较大时，应采用避雷网；反之，则选用避雷带。所采用的圆钢直径不应小于 8mm，扁钢截面面积不应小于 48mm^2，其厚度不应小于 4mm。若使用避雷网，应根据被保护建筑物的防雷类别分别采用 5m×5m、10m×10m 以及 20m×20m 的网格。避雷网有明装和暗装两种方法，其中暗装使用广泛。暗装避雷网一般为笼式结构，它由建筑物中钢筋混凝土结构里的钢筋构成，把柱、梁、楼板中的钢筋连接成浑然一体的导电网络，既节约材料，又不损坏建筑的外观，同时可以防建筑物顶部和侧面雷击。对于高层建筑，往往将外墙的金属门窗、阳台与整个建筑的金属构件全部焊接成一个整体，此被称之为法拉第笼。

4) 避雷环。在烟囱或其他圆形建筑物顶上用环形金属做成接闪器，避雷环用圆钢或扁钢制成，圆钢直径不应小于 12mm，扁钢截面面积不应小于 100mm^2，其厚度不应小于 4mm。若还采用避雷针保护，应将多根避雷针与避雷环相连接。

对于高层建筑，为了防止雷电流袭击其侧面，每隔一定距离，沿建筑物四周外墙的圈梁内用扁钢作均压带。

（2）引下线 引下线是连接接闪器和接地装置的金属导体，其作用是构成雷电流的通路。引下线分明装和暗装两种，明装时所用圆钢直径不应小于8mm，扁钢截面面积不应小于$48mm^2$，其厚度不应小于4mm，明装引下线必须从接闪器绕过屋顶，沿建筑物外墙敷设，并以最短的路径接地。暗装引下线常见于建筑艺术水平较高的建筑物或高层建筑，其截面面积应加大一级。若采用多根引下线时，为了便于测量各引下线的接地电阻以及检查引下线与接地线的连接情况应在距地面1.8m处设置断接卡子。

引下线可专门敷设，也可以利用建筑物、构筑物的金属构件，如钢筋混凝土内的钢筋、钢柱、消防梯、金属烟囱等。当利用钢筋混凝土柱内的主筋作引下线时，要求钢筋直径不小于12mm，每根柱子焊接不少于两根主筋，每幢楼房最少利用四根柱子。

高层建筑应将屋顶装设的避雷网、防雷电流侧面袭击的均压带与引下线连接成一个整体，这样作可以减少引下线的电感效应，使雷电流顺利通过。

（3）接地装置 接地装置的作用是把雷电流均匀泄放到接地点周围土壤中去，以限制防雷装置对地的过电压。接地电阻的大小是衡量接地装置性能好坏的主要指标，防雷接地电阻一般指冲击接地电阻，其阻值与防雷种类和建筑物类别有关。第一、二类民用建筑防直击雷的接地电阻不得大于10Ω，第三类民用建筑防直击雷的接地电阻不得大于30Ω，3kV及以上架空电力线路防感应雷的接地电阻为10～30Ω。

接地装置包括接地线和接地体，接地线是连接引下线和接地体的金属导体，接地体则是埋入地下或混凝土基础中直接与大地良好接触的金属导体。

接地体，也称接地极，分为人工接地体和自然接地体。人工接地体是人为埋入地下专为防雷设置的，它有两种埋设方法：一种是垂直埋设，称为垂直接地体，另一种是水平埋设，称为水平接地体。前者一般采用角钢、钢管和圆钢，后者一般采用扁钢和圆钢。其中圆钢直径不应小于10mm，扁钢截面面积不应小于$100mm^2$，角钢厚度不应小于4mm，钢管壁厚不应小于3.5mm。接地体埋深不应小于0.5m，垂直接地体长度一般以2.5m为宜，间距一般为5m。

防雷接地应尽量利用自然接地体，比如建筑物内的基础钢筋、直埋金属水管以及深水泵金属外套等。这样作可以节约有色金属，降低工程造价，实践证明采用建筑物的基础主筋作接地装置，接地电阻很小，防雷效果很好。

上述防雷装置所用钢材必须满足机械强度和耐腐蚀性要求，并有足够的热稳定性，以能承受雷电流的热破坏作用。因此要采用镀锌防锈钢材，连接方式要用焊接。

2. 防雷电波侵入装置

前已述及，雷电波侵入对供电线路危害极大，因此在变配电所和电力线路上安装避雷器加以防护。

避雷器的类型主要有角形保护间隙（或称角型避雷器）、管型避雷器、阀型避雷器和氧化锌避雷器等。其中角形保护间隙一般用于室外架空线路；管型避雷器用于配电所、线路和发电厂的进线段保护；阀型避雷器用于变电所和发电厂的防雷保护；氧化锌避雷器用于低压电气设备的防雷，高压氧化锌避雷器宜用来保护高压电机。

（1）角形保护间隙与管型避雷器 角形保护间隙由镀锌圆钢制成的主间隙和辅助间隙组成，主间隙做成羊角形，水平安装，因其暴露在空气中，比较容易短接，所以加上辅助间隙以防意外短路。角形保护间隙及其与被保护设备的连接如图 9-6 所示。保护间隙装设在被保护设备的引入端，其上端接线路上，下端接地。正常时，间隙保持绝缘状态，当雷电波袭来时，间隙击穿，从而强行切断冲击波，因此保护了设备。

管型避雷器由内、外间隙和灭弧管组成，实质上是一个具有较高灭弧能力的保护间隙，其防雷保护原理与角形保护间隙相同。

（2）阀型避雷器 阀型避雷器由火花间隙和一些串联的电阻阀片组成。其中的电阻阀片用特种碳化硅制成，其阻值随通过电流不同在很大范围变化。在雷电波侵入时，间隙被击穿，此时阀片电阻很小，雷电流经过阀片泄入大地，使设备得到了保护。阀型避雷器工作原理如图 9-7 所示。在正常情况下，火花间隙不会被工频交流工作电压击穿，阀片呈现很大的电阻，电力系统保持正常运行。因此，阀型避雷器如同一个阀门，雷电袭来，阀门开启，使雷电流泄入地下，对于工频电流，则阀门关闭。

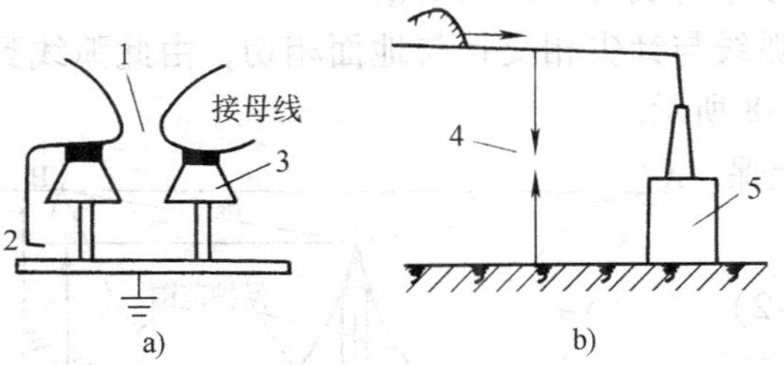

图 9-6 角形保护间隙及其与被保护设备的连接
a）结构 b）与被保护设备的连接
1—主间隙 2—辅助间隙 3—瓷瓶
4—保护间隙 5—被保护设备

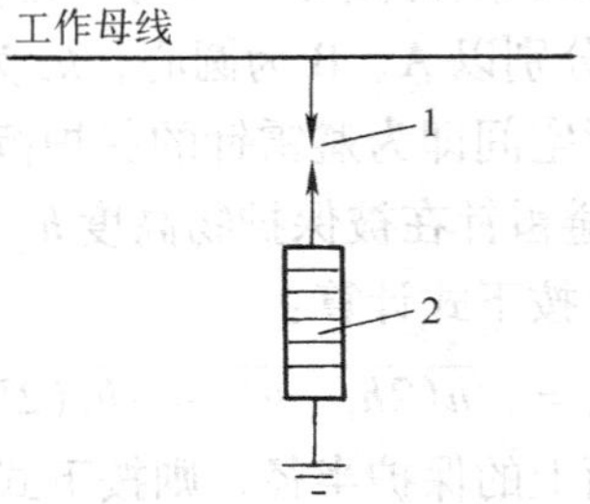

图 9-7 阀型避雷器工作原理
1—间隙 2—阀片

（3）氧化锌避雷器 常见的氧化锌避雷器无火花间隙，只有用氧化锌作为主要材料的压敏电阻片，故也称为压敏式避雷器。压敏电阻片有很理想的伏安特性，在工频电压下呈现极大的电阻，当雷电波侵入时，其电阻很小，使雷电流泄放入地。压敏电阻片通流容量很大，其体积很小。

上述防雷装置都是通过控制雷击点来防止雷害的，实质上是引雷装置。近年来由于闪电，致使计算机网络、通信系统遭受破坏的事故时有发生，因此对于上述信息系统还要采用多种措施进行防护，包括对微电子设备、机房和建筑物实行屏蔽；电源线、信号线实行穿金属管敷设；加装防雷电暂态冲击的电子避雷器件（压敏电阻、气体放电管和雪崩二极管）；对系统设备实行等电位联结等。

最后要强调指出，防雷装置设计和安装一定要遵照国家规范。

3. 用滚球法检验接闪器的保护范围

在避雷针（线）的下方形成一个不受雷击的空间，称为保护范围。按GB 50057—2010《建筑物防雷设计规范》采用滚球法来确定接闪器的保护范围。

滚球法是以 h_r 为半径的一个球体，沿需要防直击雷的部位滚动，当球体只触及避雷针（线）等接闪器或接闪器与地面，而不触及需要保护的部位时，则该部分就得到接闪器的保护。

不同类别的防雷建筑物的滚球半径见表9-3。

表9-3　滚球半径与避雷网尺寸

建筑物的防雷类别	滚球半径/m	避雷网尺寸/m×m
第一类防雷建筑物	30	5×5
第二类防雷建筑物	45	10×10
第三类防雷建筑物	60	20×20

单支避雷针保护范围由下列方法确定：

（1）当避雷针高度 $h \leqslant h_r$ 时

1）距地面 h_r 处作一平行于地面的平行线。

2）以针尖为圆心，h_r 为半径，作弧线交于平行线的A、B两点。

3）分别以A、B为圆心，h_r 为半径，作弧线与针尖相交且与地面相切，由此弧线到地面的锥形空间即为避雷针的保护范围，如图9-8所示。

4）避雷针在被保护物高度 h_x 的 xx' 平面上保护半径，按下式计算：

$$r_x = \sqrt{h(2h_r - h)} - \sqrt{h_x(2h_r - h_x)} \quad (9\text{-}2)$$

地面上的保护半径，则按下式计算：

$$r_0 = \sqrt{h(2h_r - h)} \quad (9\text{-}3)$$

（2）当避雷针高度 $h \geqslant h_r$ 时　除将上述步骤2）中以针尖为圆心改为以避雷针距地面 h_r 处为圆心外，其余做法相同。

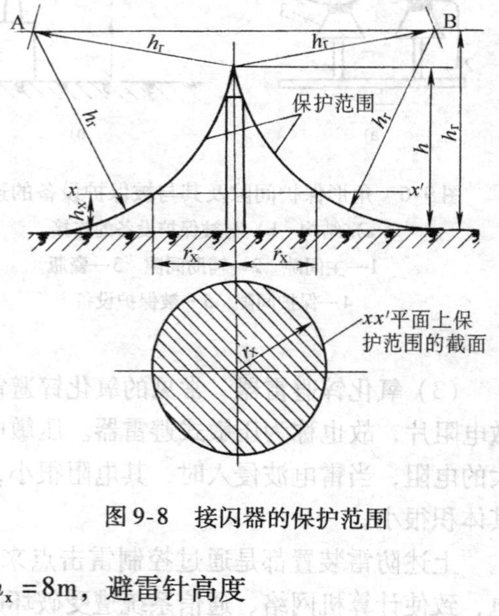

图9-8　接闪器的保护范围

例9-1　某单位有一座30m高的水塔，附近建有高度为8m的水泵房，如图9-9所示。在水塔上装有一支2m的避雷针，试问水塔的避雷针能否保护此水泵房（设该水泵房属第三类防雷建筑物）。

解　查表9-3，滚球半径 h_r = 60m，依题意，h_x = 8m，避雷针高度

$$h = (30 + 2)\text{m} = 32\text{m}$$

由式（9-2）得此避雷针在水泵房顶部（高度为8m处）的水平保护半径为

$$r_x = \sqrt{32 \times (2 \times 60 - 32)}\text{m} - \sqrt{8 \times (2 \times 60 - 8)}\text{m} = 23.13\text{m}$$

水泵房顶部最远一角距水塔中心水平距离是

$$r = \sqrt{(15 + 10)^2 + 10^2}\text{m} = 26.93\text{m} > r_x$$

故此水塔上的避雷针并不能保护此水泵房。

五、等电位联结

防雷装置的接闪器承受雷击时，其引下线、接地装置会呈现很高的电压，可能击穿与邻近金属导体之间的绝缘，发生强烈的放电，这种情况称为雷电反击。雷电反击往往会酿成火灾或爆炸事故，也可能造成人身伤亡。

为了防止反击，应保证引下线、接地装置与附近的金属导体之间有足够安全的距离，如果间距不能保证防雷规范的要求，可以采用等电位联结的措施。

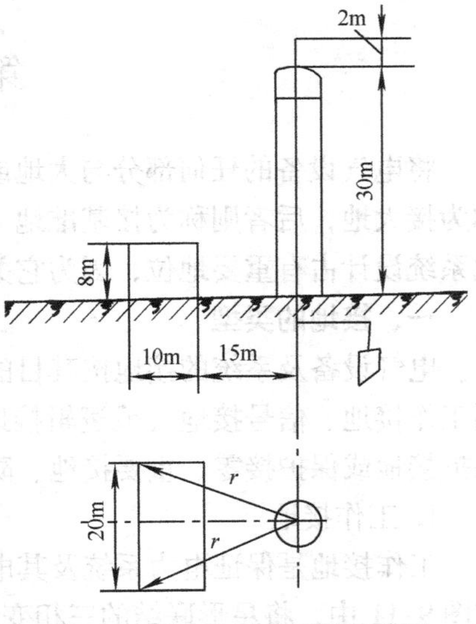

图 9-9　例 9-1 避雷针保护范围

所谓等电位联结是指用金属导体把建筑物内分开的大型装置联结成一个等电位体。它可分为总等电位联结（MEB）、辅助等电位联结和局部等电位联结（LEB）。

1. 总等电位联结（MEB）

总等电位联结是设置一个总接地端子箱，该端子箱用黄铜板制成，并固定在土建预留接地钢板上，低压配电线路的保护线（PE 线）或保护中性线（PEN 线）、建筑物内各种金属管道（如水管、天然气或煤气管、采暖空调管等）以及建筑内各种金属构件都接向总接地端子箱，如图 9-10 所示。当雷电来袭时，由于建筑物内部及其附近基本上做到等电位，因而不会发生建筑物内部的设备被高电位反击的事故。

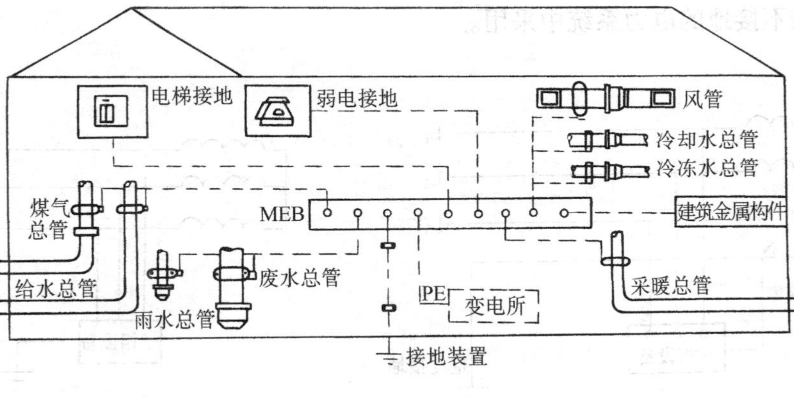

图 9-10　总等电位联结

按防雷设计规范，总等电位联结的接触电压应小于 50V。

2. 辅助等电位联结和局部等电位联结（LEB）

当总等电位联结的接触电压不能保证上述要求时，可采用辅助等电位联结和局部等电位联结，作为总等电位联结的补充。两者在施工做法上有所不同：前者是将局部范围内的建筑物金属构件、金属管道、设备外露可导电部分，保护线（PE 线）等做等电位联结；后者是将分配电箱中的保护线（PE 线）做一个分接地端子箱，并将局部范围内的建筑物金属构件、金属管道、设备外露部分、保护线（PE 线）接向分接地端子箱。

由于等电位联结使电气设备的外露导电部分与地面的电位趋于接近，因此它还有另一重要作用，即降低接触电压，防止触电事故。

第三节　接　地

将电气设备的任何部分与大地或某一基准电位点作良好的电气连接称为接地。前者一般称为接大地，后者则称为接基准地（也称为信号地、逻辑地）。在建筑物供配电设计中，接地系统设计占有重要地位，因为它关系到供配电系统的可靠性和安全性。

一、接地的类型

电气设备及系统的接地按其目的或作用可分为功能性接地和保护性接地。功能性接地包括工作接地、信号接地（或逻辑接地）、屏蔽接地等；保护性接地除前述的防雷接地外还有保护接地或保护接零、重要接地、防静电接地等。现分述如下：

1. 工作接地

工作接地是保证电力系统及其电气设备正常运行而进行的接地，如电源的中性点接地。在图9-11中，将星形联结的三相变压器二次侧中性点直接接地，从而保证相线对地电压不变。另外，工作接地还可以降低一相接地故障的危险性。

2. 保护接地

电气设备外露可导电部分因绝缘损坏或其他原因意外带电，容易造成人身触电。为了减少对人身的危害，将电气设备的金属外壳接地，称为保护接地，如图9-12所示。保护接地一般在中性点不接地的电力系统中采用。

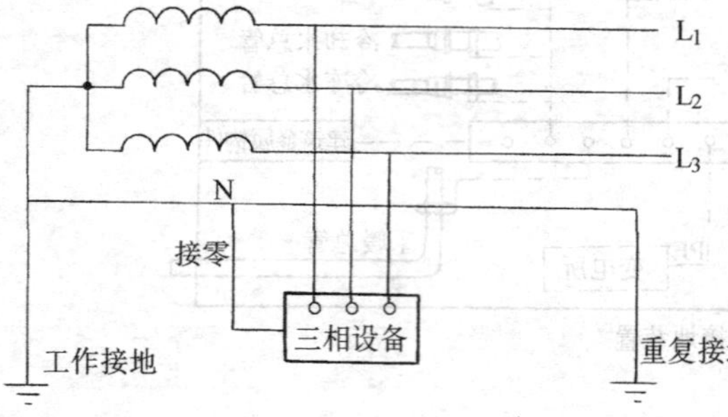

图9-11　接地与接零

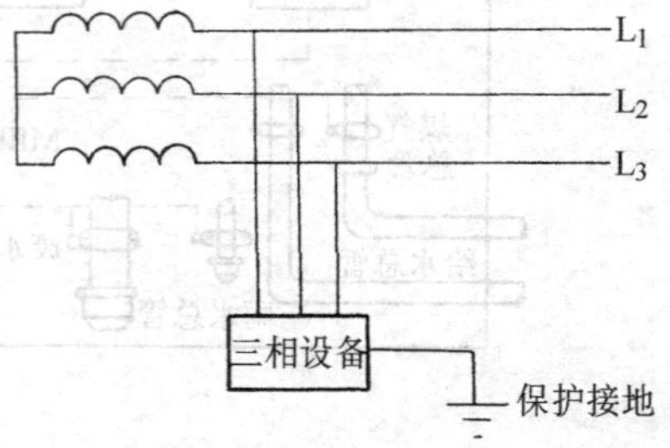

图9-12　保护接地

设置保护接地后，如果电气设备的外壳带电时，接地短路电流将同时沿着接地装置和触及设备外壳的人身两条通路流过。但通常人体电阻（平均值约为2000Ω）比接地装置电阻（不大于4Ω）大得多，故流经人体电流几乎为零，因此保证了人身的安全。

3. 保护接零

在图9-11所示的中性点直接接地的电力系统中，将电气设备的外露可导电部分与其中的零线（中性线）相连接，这种接地方式，称为接零。

保护接零的作用是，当电气设备的某一相发生碰壳短路时，形成该相线对零线的单相短路，短路电流使线路上的保护装置（如熔断器等）迅速动作，将故障设备断开电源，消除触电的危险。

4. 重复接地

将零线上的一点或多点再次与大地连接，称为重复接地。图 9-11 中也表示了重复接地的情况。

重复接地在减轻零线断开的危险性、降低碰壳或漏电电气设备的对地电压等方面有重要作用。零线断开故障如图 9-13 所示，其中 *OM* 段零线断开，三相设备发生碰壳故障，则 *M* 点以后所有采取接零保护的设备外壳都带了电，致使触电危险性扩大。因此，架空线路和电缆进入建筑物之前、架空线路终端和沿线每隔 1km 处将零线再次接地。

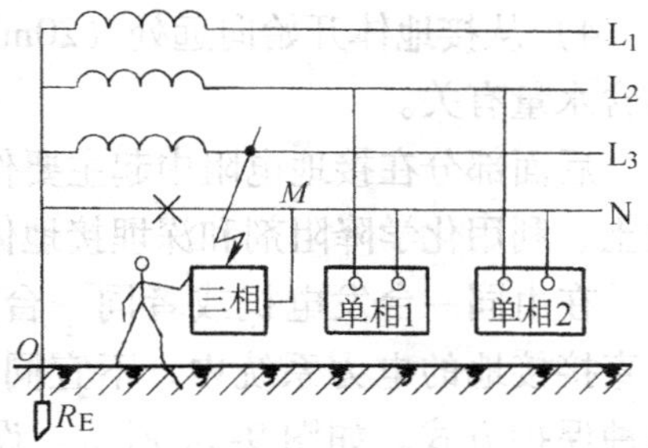

图 9-13　零线断开故障

5. 信号接地（或逻辑接地）

电子计算机等电子设备在工作时应有一个统一的公共参考电位点，即基准地，它可以是大地，也可以是接地母线。将电子设备的信号电路接基准地称为信号接地（或逻辑接地）。

采用信号接地，可以减小电子设备信号量的误差，并能防止有害电磁场的干扰。

6. 屏蔽接地

为了防止内部或外部电磁感应和静电感应对电气设备、电子设备的干扰，往往将建筑物的金属屏蔽体、电气设备的金属外壳、电子设备的屏蔽罩以及屏蔽线缆的屏蔽层进行接地，称为屏蔽接地。

7. 防静电接地

某些工厂或车间生产工艺过程中会产生有害静电，这些静电电量并不大，但电压很高，静电火花可能引起火灾，并对附近电子设备产生干扰，因此将产生静电的设备或设施进行接地。

建筑物的接地按其连接方式又可分为独立接地和联合接地。独立接地是对防雷接地、保护接地、信号接地装置各自独立的接地网络，以排除来自地线的干扰。如计算机与通信系统就采用独立接地。联合接地是将建筑物的基础钢筋、梁柱钢筋、金属框架以及建筑防雷引下线等连接起来，形成法拉第笼，把建筑物的各种接地（包括保护接地、信号接地、防雷接地等）与法拉第笼良好连接，联合接地可以减小各接地线之间的电位差，防止感应过电压的发生。联合接地往往在高层建筑中采用。

二、接地的技术要求

与前节述及的防雷系统接地装置一样，其他类型的接地装置也由接地体和接地线构成，接地体亦分为人工和自然接地体。接地电阻仍是衡量接地性能优劣的主要技术指标，不过防雷接地电阻是雷电流流经接地装置所呈现的冲击电阻，而其他类型接地装置的接地电阻一般泛指工频接地电阻，即工频接地电流流经接地装置所呈现的电阻，接地装置的接地电阻越小越好。

根据设计规范，独立的工作接地电阻不大于 4Ω；独立的保护接地电阻也不大于 4Ω；防静电接地电阻不大于 100Ω；电子设备与防雷共用的接地系统则要求不大于 1Ω 等。

接地电阻由以下四部分构成：

1）接地线电阻，指电气设备的总接地端子或接地母线至接地体之间引线的电阻。

2）接地体电阻，指埋入地下并与之紧密接触的金属导体的电阻。

前两部分电阻都与其材质和几何尺寸有关。

3）接地体表面与土壤的接触电阻，其阻值取决于土壤的性质、颗粒、含水量、接地体与土壤的接触面大小以及接触的紧密程度。

4）从接地体开始向远处（20m）扩散所流经路径的土壤电阻，称为流散电阻。它与土壤含水量有关。

后面部分在接地电阻中起主要作用，为此在接地电阻达不到设计规范要求时，可以采用换土、利用化学降阻剂和深埋接地体等措施。

在由同一台发电机或者同一台变压器供电的中性点直接接地的电力系统中，不宜同时采用接地和接零两种保护方式。如图9-14所示，设备1接零，设备2接地。当设备2发生某相碰壳事故时，单相短路电流$I_K^{(1)}$通过两接地体形成回路，设电源相电压$U_P=220V$，$R_0=R_E=4\Omega$，则

$$I_K^{(1)}=\frac{U_P}{R_0+R_E}=\frac{220}{4+4}A=27.5A$$

使零线上出现高于安全电压的危险电压

$$U=I_K^{(1)}R_0=27.5\times4V=110V$$

致使触及设备1的人员触电。

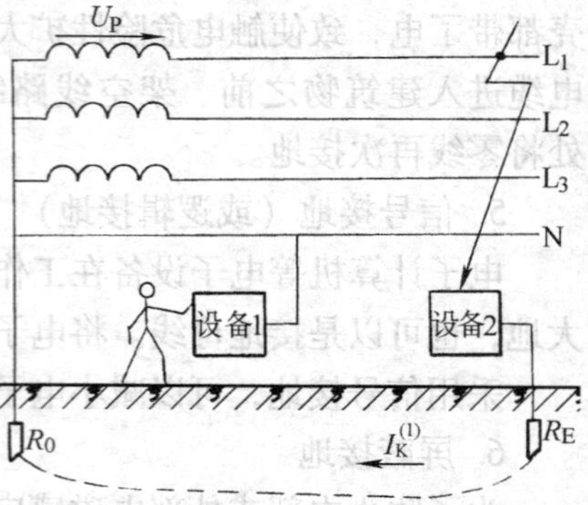

图9-14 同时采用接地、接零故障

三、按接地方式构成的低压配电系统

在我国建筑工程供电一般采用380/220V的低压配电系统，低压配电系统按接地方式分为TT、TN、IT方式供电系统，代号中第一个字母T或I表示电源对地关系，第二个字母N或T则表示电气设备外露导电部分对地关系。其中TN系统和TT系统属于“三相四线制”，而IT系统属于“三相三线制”，在三相四线制系统中由电源中性点除引出中性线（N线）外，还引出保护线（PE线）或保护中性线（PEN线）。

1. TT方式供电系统（TT系统）

代号中第一个字母T表示电源中性点直接接地，第二个字母T表示电气设备的外露导电部分也接地，而且后者所用接地体与电源接地无电气联系，如图9-15所示。

TT系统由于电源的接地线和各个电气设备的保护接地线是彼此分开的，因此排除了相互间的电磁干扰，故适用于对电磁干扰要求较高的场所，如电子计算机房等；在负荷小而彼此分散的农村也宜采用TT系统。

这种供电系统发生某相碰壳故障，形成单相短路，如图9-16所示，当电源相电压为220V，电源接地电阻和电气设备接地电阻均为4Ω时，短路电流$I_K^{(1)}$为27.5A，对于额定电流小的继电保护装置可以切断电源，对于容量大的设备，继电保护装置不动作，因此还需要漏电保护器作配合进行保护。

2. TN方式供电系统（TN系统）

该代号第一个字母T表示电源中性点直接接地，第二个字母N表示电气设备的外露导电部分通过保护线（PE线）或保护中性线（PEN线）与该接地点相连接。按保护线和中性线是否分开又分为TN—C、TN—S、TN—C—S三种方式。

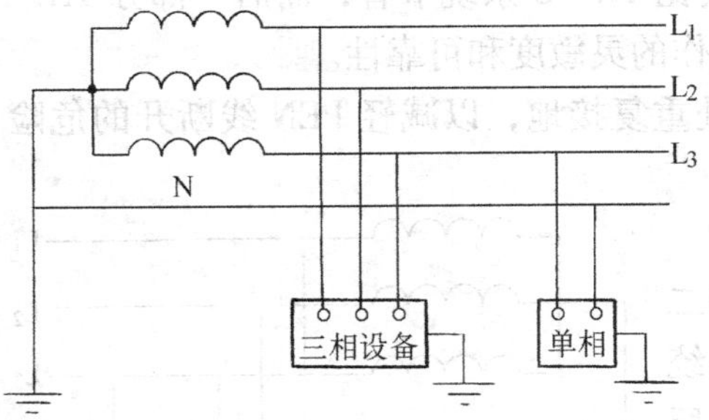

图 9-15 TT 方式供电系统

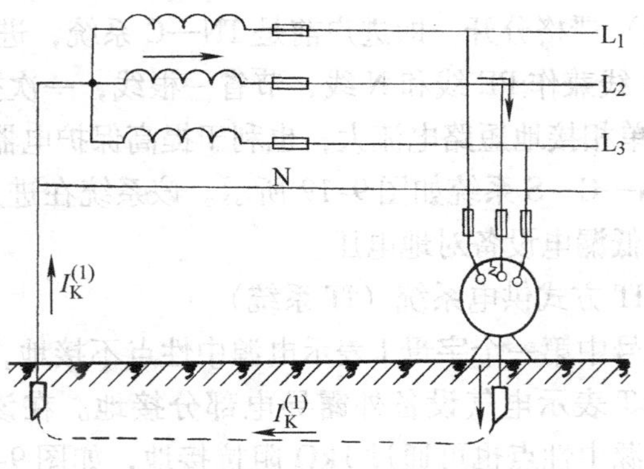

图 9-16 TT 方式供电系统故障

(1) TN—C 方式供电系统 TN—C 中的 C 表示中性线与保护线合二为一，即中性线兼作保护线，故称为保护中性线（PEN 线），该系统如图 9-17 所示。其中的电气设备即采用保护接零。

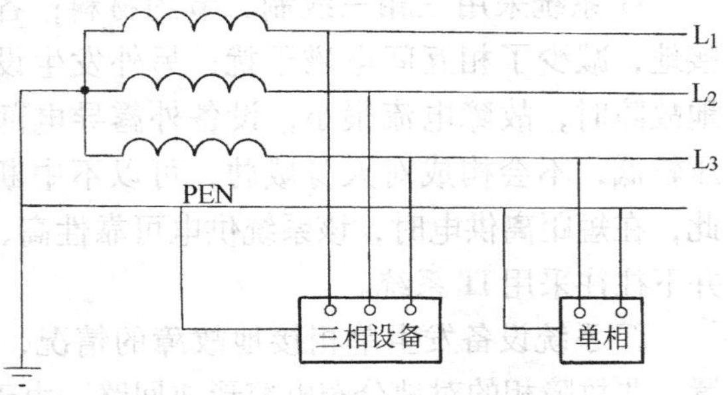

图 9-17 TN—C 方式供电系统

该系统中电气设备发生碰壳故障时，故障电流相对较大，保护装置动作灵敏度高，且与 TN—S 系统相比较节省一根专用保护线，故往往用于三相负荷基本平衡的工业厂房。在有大量单相负载的民用建筑内，由于三相负荷不平衡，致使 PEN 线带电，会发生触电危险。不仅如此，由于 PEN 线有电流通过，还会造成对电子设备的干扰。因此，在单相负载较多和对安全要求较高的住宅建筑、办公大楼不宜采用 TN—C 系统，科研试验单位、实验大楼也不宜采用。

(2) TN—S 方式供电系统 TN—S 中的 S 表示 PE 线和 N 线是分开的。所有电气设备的外露导电部分均接在 PE 线上，在正常情况下，PE 线上没有电流，设备外壳也不会带电，如图 9-18 所示。

如果 PE 线断开，有电气设备发生碰壳故障，会使其他设备外露可导电部分带电，引起触电事故，故 TN—S 系统的专用保护线不允许断开，也不许进入漏电保护器。

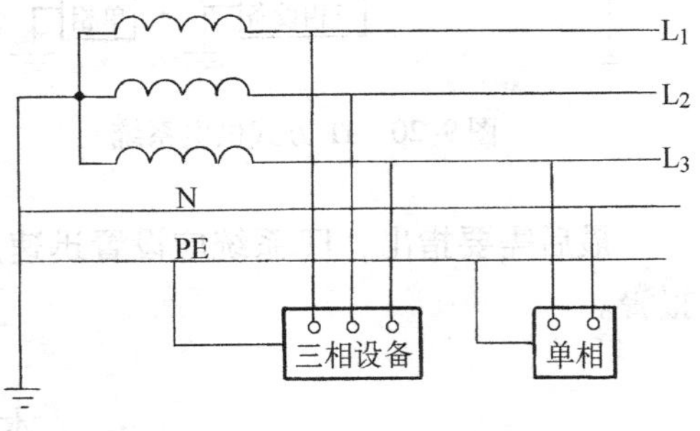

图 9-18 TN—S 方式供电系统

这一系统由于将 PE 线和 N 线分开，与 TN—C 系统相比较，增加了设计和施工的工作量和造价成本，但供电的安全性能和抗电磁干扰性能显然优于 TN—C 系统，因此，由区域变电所供电的民用建筑、附设变电所的高层建筑以及对接地类型无特殊要求的电子计算机房等均宜采用 TN—S 系统，另外建筑施工的临时供电也应采用 TN—S 系统。

(3) TN—C—S 方式供电系统 这一系统由两部分组成，前一部分中性线和保护线共用一根线，即 PEN 线，后一部分（从建筑物进户总配电箱开始）将中性线（N 线）和保护线

（PE线）严格分开。即进户前是TN—C系统，进户后变成了TN—S系统。由于前一部分是用PEN线兼作PE线和N线，节省一根线，一次投资比TN—S系统节省，而后一部分TN—S系统单相接地短路电流大；也利于提高保护电器动作的灵敏度和可靠性。

TN—C—S系统如图9-19所示。该系统在进户处重复接地，以减轻PEN线断开的危险性、降低漏电设备对地电压。

3. IT方式供电系统（IT系统）

代号中第一个字母I表示电源中性点不接地，第二个字母T表示电气设备外露导电部分接地。在该系统中，电源中性点也可通过1kΩ阻抗接地，如图9-20所示。由于没有中性线，其中单相设备接在线电压T。

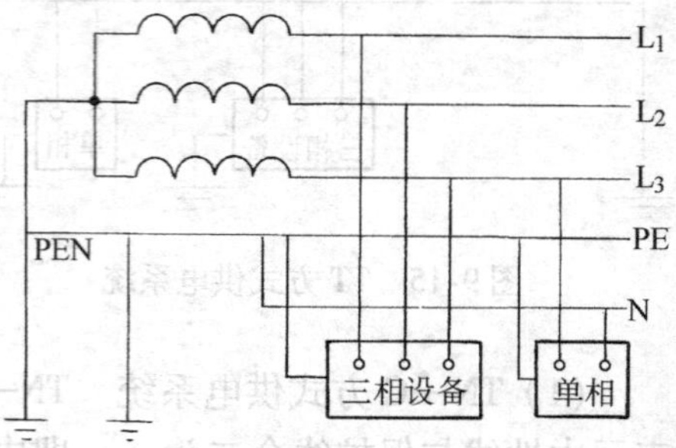

图9-19　TN—C—S方式供电系统

IT系统采用三相三线制，节约材料；各设备独立接地，减少了相互间电磁干扰；另外发生设备单相接地故障时，故障电流很小，设备外露导电部分对地电压较低，不会构成对人身威胁，可以不中断供电，因此，在短距离供电时，该系统供电可靠性高、安全性好，这是它的另一主要优点。在矿山、井下往往采用IT系统。

IT系统设备发生单相接地故障的情况，如图9-21所示，故障电流经电气设备接地装置、非故障相的对地分布电容形成回路。由于人体和设备的接地电阻并联，通过人体电流很小，故没有触电危险。

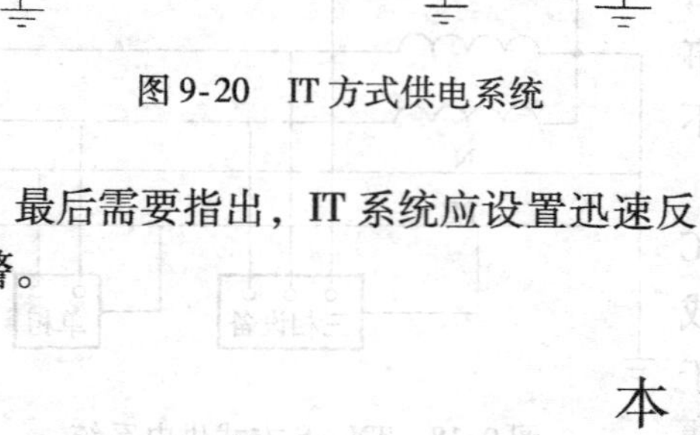

图9-20　IT方式供电系统

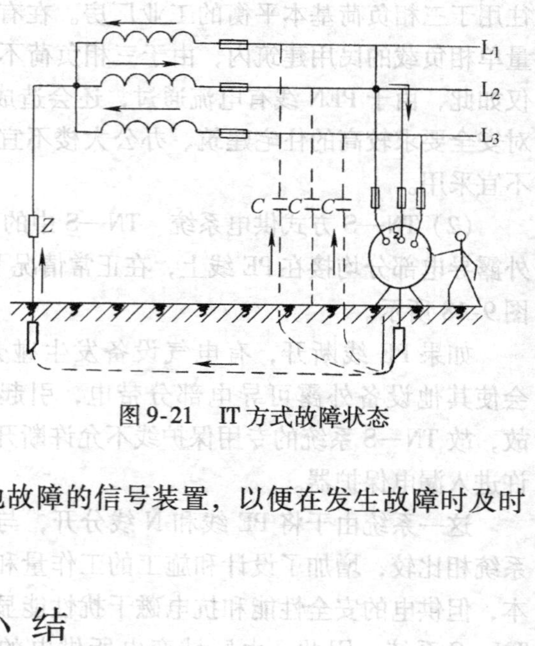

图9-21　IT方式故障状态

最后需要指出，IT系统应设置迅速反映接地故障的信号装置，以便在发生故障时及时报警。

本章小结

1. 触电的原因主要是人们直接触及电气设备正常带电的部分或触及意外带电体。电流对人体作用所产生的伤害取决于通过人体的电流的大小、持续时间、通过途径，电源的频率，作用人体的电压高低以及人体状况等因素。

2. 保护接地和保护接零是防止触及意外带电体和保证电气设备正常运行所采取的技术

性措施。在中性点不接地的供电系统中，应采用保护接地；在中性点接地的系统中，应采用保护接零，但在同一供电系统不允许同时采用这两种保护。

3. 雷云与大地之间放电所形成的直击雷，雷电的二次作用所形成的感应雷以及雷电侵入波都可能造成巨大的破坏作用，其表现为雷电的热效应、电磁效应以及机械效应。

4. 避雷针是建筑物常用防雷装置之一，主要用于对直击雷的防护。避雷网（带）不但可以防直击雷的危害，也可防感应雷的危害。一套完整的防雷装置由接闪器、引下线和接地装置组成。防雷装置的安装必须遵照国家规范进行。

习 题 九

9-1 电流对人体有哪些危害？触电类型主要有哪几种？

9-2 什么是过电压？过电压有哪些类型？雷电过电压有哪些种类？

9-3 电气安全措施有哪些？

9-4 什么叫接闪器？避雷针（线、带、网）的功能是什么？分别用在哪些场合？

9-5 什么叫滚球法？怎样用滚球法确定避雷针（线）的保护范围？

9-6 民用建筑物按防雷要求分为哪几类？

9-7 什么叫接地？电气上的“地”有何意义？

9-8 低压配电系统是怎样分类的？TN—C、TN—S、TN—C—S、TT和IT系统各有什么特点？其中的中性线（N线）、保护线（PE线）和保护中性线（PEN线）各有哪些功能？

9-9 什么叫工作接地和保护接地？“保护接零”指的是什么？同一低压系统中，能否有的采用保护接地有的又采取保护接零？为什么？

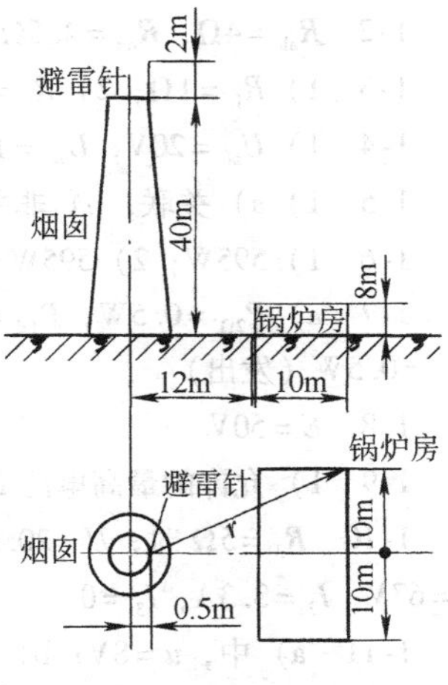

图 9-22 题 9-12 图

9-10 什么是接地装置？什么是人工接地体和自然接地体？

9-11 什么叫总等电位联结和局部等电位联结？各起什么作用？

9-12 某烟囱的高度为40m，其上安装一支高为2m的避雷针，锅炉房（属第三类防雷建筑物）的尺寸如图 9-22 所示，试问此避雷针能否保护锅炉房。

附 录

附录A 基础篇部分习题答案

习 题 一

1-1 $V_A = 3V$

1-2 $R_{ab} = 4\Omega$，$R_{cd} = 4.5\Omega$

1-3 1）$R_L = 1\Omega$；2）$R_L = 5\Omega$；3）$R_L = 3\Omega$

1-4 1）$U_{ac} = 20V$，$U_{bc} = 12V$；2）$U_{bc} = 8V$

1-5 1）a）关联，b）非关联；2）a）吸收，b）发出；3）a）、b）均实际发出功率

1-6 1）595W；2）595W

1-7 a）$P_{2\Omega} = 0.5W$，$P_{1V} = 0.5W$（吸收），$P_{0.5A} = 1W$（发出）； b）$P_R = 1.5W$，$P_{2V} = 1W$（发出），$P_{1V} = 0.5W$（发出）

1-8 $E = 50V$

1-9 1）允许的最高电压124V，最大电流2.53mA；2）允许的最高电压50V，最大电流6.28mA

1-10 $R_3 = 5\Omega$ 时，$U = 20.6V$，$I_2 = 1.03A$，$I_3 = 4.14A$；$R_3 = 0$ 时，$U = 0$，$I_2 = 0$，$I_3 = 6A$；$R_3 = \infty$ 时，$U = 67V$，$I_2 = 3.3A$，$I_3 = 0$

1-11 a）中，$u = 8V$；b）中 $u = 6V$

1-12 $I_1 = 1.25A$，$I_2 = -0.625A$，$I_3 = 1.875A$

1-13 同上

1-14 24A，8A，16A

1-15 10A，20A，30A

1-16 $\frac{3}{11}$A，$\frac{36}{11}$A，3.27W，19.64W，36.8W，0.74W，9W，10.7W

1-17 1）1.5A，0.67A，1.16A；2）0.5A

1-18 1）$I_1 = 35A$，$I_2 = -20A$，$I_3 = 15A$；2）$I_1 = 31A$，$I_2 = -14A$，$I_3 = 17A$

1-19 1.23A

1-20 10A

1-21 $E = 5.55V$，$R_0 = 21.1\Omega$

1-22 $U = -34.6V$

1-23 $I = 4A$

1-24 $u_C = \left(1 - e^{-\frac{3}{4}t}\right)V$，$u_o = \left(2 + e^{-\frac{3}{4}t}\right)V$

1-25 $i_L = 3e^{-2t}A$，$u_o = 9e^{-2t}V$

习 题 二

2-1 1）电压幅值：311V、180V、537V；有效值220V、127V、380V；频率：50Hz；周期：0.02s；初

相：30°、-45°、180°；3）$\dot{U}_1=220\angle 30°$V，$\dot{U}_2=127\angle 45°$V，$\dot{U}_3=380\angle 180°$V

2-2　1）$i=9.67\sin(\omega t+41.9°)$ A；2）$i=5\sin(\omega t+53.1°)$ A；3）$u=22.36\sin(314t+26.5°)$ V

2-3　1）$u=10\sqrt{2}\sin(\omega t-53.1°)$ V；2）$u=10\sqrt{2}\sin(\omega t-180°)$ V；3）$u=10\sqrt{2}\sin(\omega t+53.1°)$ V；4）$u=10\sqrt{2}\sin(\omega t+143.1°)$ V

2-4　a）8V，b）16V，c）4V

2-5　a）45°（超前）；b）45°（滞后）

2-6　1）$\cos\varphi=0.5$；2）$R=5\Omega$，$L=27.6$mH

2-7　$I=1$mA，$U_L=U_C=1$V，$U=10$mV，$P=10^{-5}$W，$Q=0$

2-8　1）$I=7$A；2）$I=5$A；3）$I=1$A

2-9　45°，容性

2-10　1）$38\angle 9.5°$V，$12.5\angle -90°$V，$13.9\angle 26.5°$V，$4.42\angle -45°$A；2）156W，156var，221V·A；3）97.5W，39.1W，19.4W；136.7var，-39.1var，58.3var；168V·A，55.3V·A，61.4V·A

2-11　1）$U=5.27$V，$I_1=3.73$A，$I_2=2.36$A；2）$P=25$W，$Q=8.36$var，$S=26.35$V·A；3）$P_1=13.9$W，$P_2=11.1$W；$Q_1=13.9$var，$Q_2=-5.54$var；$S_1=19.6$V·A，$S_2=12.4$V·A

2-12　$I_1=11$A，$I_2=22$A，$I_3=11$A，$I=22$A

2-13　$C=211$pF，$I_0=10.6\mu$A，$U_C=4$mV

2-14　$C=160\mu$F

2-15　感性负载：1320W，0.6；整个电路：3300W，0.88

2-16　（1）4.54A，4.54A，4.54A，0；（2）4.54A，4.54A，0，4.54A

2-17　44A，36.6A，22A，59.3A

2-18　（1）5.45A，0；（2）1.82A，3.64A，5.45A，3.14A

2-19　220V，12.2A，12.2A

2-20　12.2A，21.1A；21.1A，36.5A

2-21　$I_{Yl}=11$A，$P_Y\approx 4344$W；$I_{\Delta l}=33$A，$P_\Delta=13032$W

2-22　（1）$I_l=27.5$A，$I_p=15.9$A；（2）$R=19.1\Omega$，$X_l=14.3\Omega$

习　题　三

3-1　2，$\frac{1}{2}$，1

3-2　K，$\sqrt{3}K$

3-3　（1）$K=10$，（2）$P_{max}=1.12$W

3-4　36V，300W

3-5　Yyn

3-6　10V

3-7　166只，3.03A，45.4A

3-8　1）400V，144A；2）230V，249A

3-9　18.2A，454A，SL7—315/10

习　题　四

4-3　$s_N=0.013$，$I_N=84.2$A，$T_N=290.4$N·m，$I_{st}=589.4$A，$T_{max}=638.9$N·m

4-4　（1）$I_N=23$A；（2）158.3N·m；（3）52.8N·m；（4）可以

4-5　35.2N · m，214.8A

习　题　五

5-1　$u_F=1V$；VD_1 导通，VD_2 截止

5-2　$u_{o1}=2V$，$u_{o2}=0$，$u_{o3}=-2V$，$u_{o4}=2V$，$u_{o5}=2V$，$u_{o6}=-2V$

5-3　$V_A=6V$，$I_D=5mA$

5-5　$U_{o1}=U_Z=6V$，$U_{o2}=5V$

5-6　（1）0；（2）9mA；（3）12mA

5-7　（1）14V，10mA，5mA；（2）变压，整流，滤波，稳压

5-8　（1）负载断开；（2）正常；（3）电容器开路；（4）电容器开路，且整流电路中一只二极管损坏

习　题　六

6-1　PNP 锗，PNP 硅，NPN 硅，NPN 硅

6-2　（1）5.15mA；6.0mA；（2）NPN 型；PNP 型；（3）$\beta\approx33$；$\beta=60$

6-3　（1）$I_B=20\mu A$，$I_C=2mA$，$U_{CE}=2.7V$；（2）$A_u\approx-67$，$r_i=1.5k\Omega$，$r_o=2k\Omega$

6-4　（1）$I_C\approx I_E=1.65mA$，$U_{CE}=5.4V$；（2）$r_{be}=846\Omega$；（3）$A_u=-63$，$r_i\approx0.75k\Omega$，$r_o=2k\Omega$

6-5　（1）$I_B=20\mu A$，$I_C=1.6mA$，$U_{CE}=6.8V$；（2）$r_i\approx65k\Omega$，$r_o\approx19\Omega$

6-6　$R_{11}=2.5k\Omega$，$R_{12}=50k\Omega$，$R_2=1.92k\Omega$

6-7　S 闭合 $A_{uf}=-1$；S 打开 $A_{uf}=1$

6-8　（1）$t=0.1s$；（2）输出电压 u_o 维持 $-10V$ 不变

6-9　$u_o=2\dfrac{R_F}{R_1}u_i$

附录 B　全国注册结构、土木工程师资格考试基础试卷电工学部分考题选编和解析

[2003 年] 1. 一个线圈，其感应电动势大小与通过线圈的磁通量的以下哪一项成正比？

（A）最大值　　（B）有效值　　（C）变化率　　（D）增加值

答案：C

解析：由电磁感应定律，磁通量的变化，会产生感应电动势，感应电动势大小与磁通量对时间的变化率成正比，故选 C。

[2008 年] 2. 如图 B-1 所示电路中，磁性材料上绕有两个导电线圈，若上方线圈加的是 100V 直流电压，则

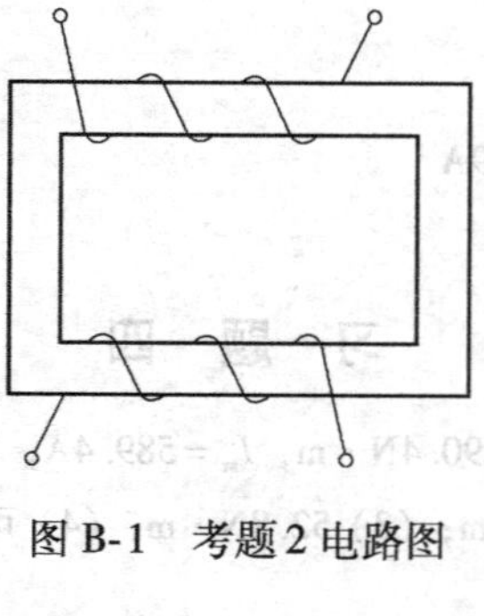

图 B-1　考题 2 电路图

（A）下方线圈两端不会产生磁感电势

（B）下方线圈两端产生左“－”右“＋”的磁感电势

（C）下方线圈两端产生左“＋”右“－”的磁感电势

（D）磁性材料的内部磁通取逆时针

答案：A

解析：根据电磁感应定律，磁通变化才能产生感应电动势，上方线圈加的是直流电压，不会产生变化的磁通，因此下方线圈不会产生感应电动势，故选 A。

［2011 年］3. 点电荷 $+q$ 和点电荷 $-q$ 相距 30cm，那么它们构成的静电场中：

（A）电场强度处处相等

（B）在两个点电荷连线的中点位置，电场力为 0

（C）电场方向总是从 $+q$ 指向 $-q$

（D）位于两个点电荷连线中点位置上，带负电的可移动体向 $-q$ 处移动

答案：C

解析：电力线起自正电荷，止于负电荷，即电场方向由 $+q$ 指向 $-q$，故选 C。

［2003 年］4. 如图 B-2 所示，电压 U 等于以下何值？

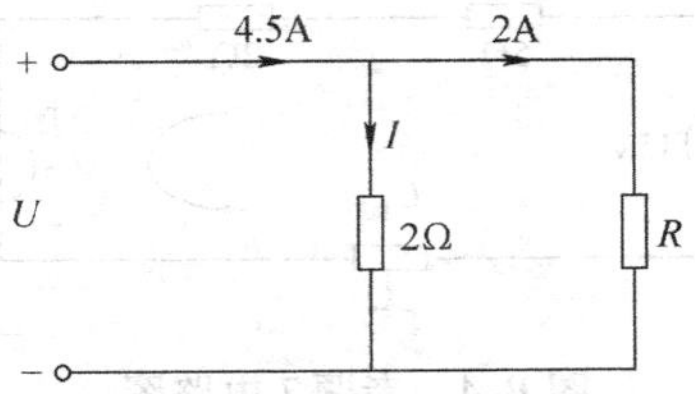

图 B-2　考题 4 电路图

（A）4V　　（B）5V　　（C）9V　　（D）12V

答案：B

解析：由节点电流定律，电流 $I=(4.5-2)\,\text{A}=2.5\text{A}$，据欧姆定律，电压 $U=(2.5\times2)\,\text{V}=5\text{V}$，故选 B。

［2008 年］5. 图 B-3 所示电路中，I_{S1}、I_{S2}、U_S 均为已知的恒定直流量，设流过电阻 R 上的电流 I_R 如图 B-3 所示，则如下说法正确的是：

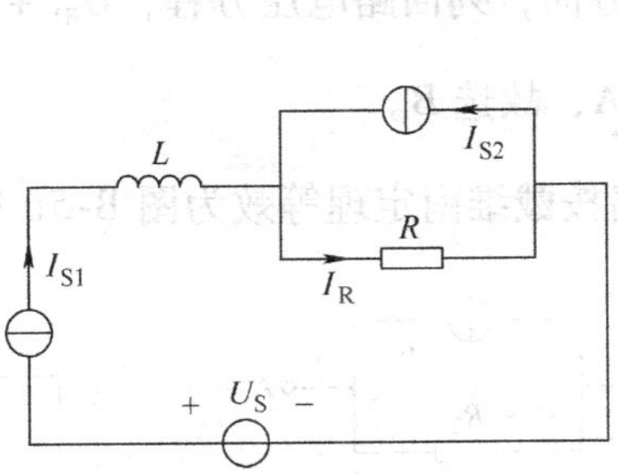

图 B-3　考题 5 电路图

（A）按照基尔霍夫定律，可求得 $I_R=I_{S1}+I_{S2}$

（B）$I_R = I_{S1} - I_{S2}$

（C）因为电感元件的直流电路模型是短接线，所以 $I_R = \frac{U_S}{R}$

（D）因为电感元件的直流电路模型是断路，所以 $I_R = I_{S2}$

答案：A

解析：由节点电流定律，$I_{S1} + I_{S2} - I_R = 0$，即 $I_R = I_{S1} + I_{S2}$，故选 A。

［2011 年］6. 流经电感元件的电流 $i = 2\sin 1000t$ A，若 $L = 1$mH，则电感电压：

（A）$u_L = 2\sin 1000t$ V　（B）$u_L = -2\cos 1000t$ V

（C）u_L 的有效值 $U_L = 2$V　（D）u_L 的有效值 $U_L = 1.414$V

答案：D

解析：由电磁感应定律，$u_L = L\frac{di}{dt} =$（$1 \times 10^{-3} \times 2000\cos 1000t$）V $= 2\cos 1000t$ V，其有效值 $u_L = \frac{2}{\sqrt{2}}$V $= 1.414$V，故选 D。

［2003 年］7. 如图 B-4 所示电路，列出电路的回路电压方程，并求解出电路 I 等于以下何值？

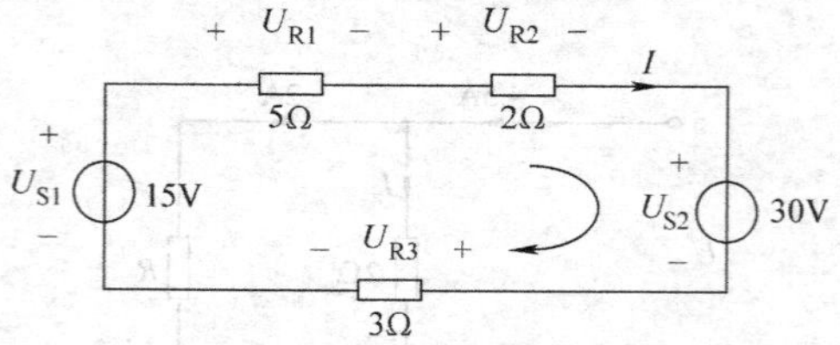

图 B-4　考题 7 电路图

（A）$U_{R1} + U_{R2} - U_{S2} + U_{R3} - U_{S1} = 0$　　$I = 4.5$A

（B）$U_{R1} + U_{R2} + U_{S2} + U_{R3} - U_{S1} = 0$　　$I = -1.5$A

（C）$U_{R1} + U_{R2} - U_{S2} + U_{R3} + U_{S1} = 0$　　$I = 1.5$A

（D）$U_{R1} + U_{R2} + U_{S2} + U_{R3} + U_{S1} = 0$　　$I = -4.5$A

答案：B

解析：按图 B-4 所示绕行方向，列回路电压方程，$U_{R1} + U_{R2} + U_{S2} + U_{R3} - U_{S1} = 0$，并求得电流 $I = \left(\frac{15-30}{5+2+3}\right)$A $= -1.5$A，故选 B。

［2008 年］8. 图 B-5a 所示电路按戴维南定理等效为图 B-5b 所示电压源时，计算 R_0 的正确算式是：

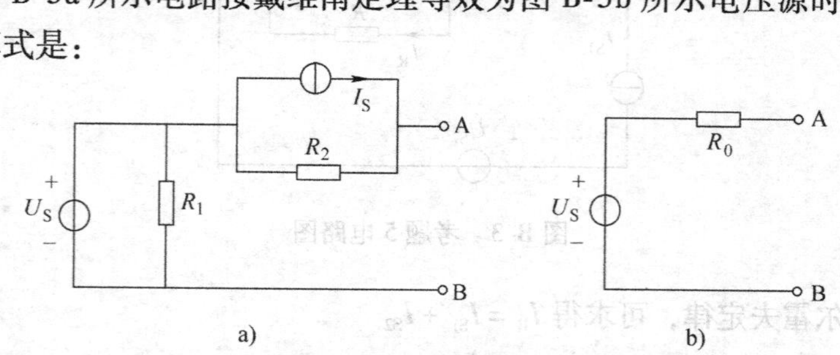

图 B-5　考题 8 电路图

（A）$R_0=R_1//R_2$　　（B）$R_0=R_1+R_2$

（C）$R_0=R_1$　　（D）$R_0=R_2$

答案：D

解析：应用戴维南定理计算等效电路时，要将所有电源置 0，即电压源短路，电流源开路，因此，$R_0=R_2$，故选 D。

［2011 年］9. 图 B-6 所示两电路等效，由图 B-6b 可知，流经 10Ω 电阻的电流 $I_R=1A$，由此可求得流经图 B-6a 电路中 10Ω 电阻的电流 I 等于：

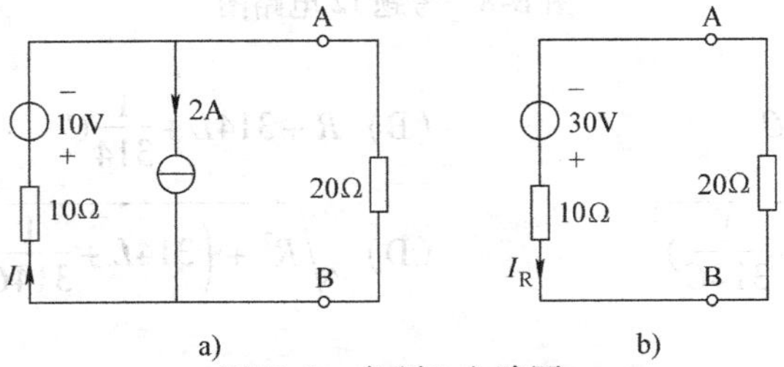

图 B-6　考题 9 电路图

（A）1A　　（B）－1A　　（C）－3A　　（D）3A

答案：A

解析：据等效概念，图 B-6a 中，从 B 经 20Ω 流向 A 的电流即是 I_R，由节点电流定律得 $I=2A-I_R=(2-1)\ A=1A$，故选 A。

［2003 年］10. 如图 B-7 所示无源二端网络，已知 $\dot{U}=10\angle -30°V$，$\dot{I}=2\angle -90°A$，这个无源网络等效阻抗 Z 等于以下何值？

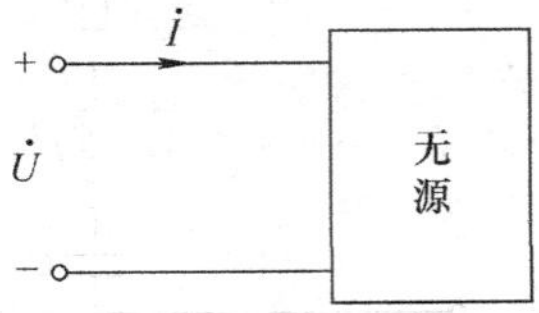

图 B-7　考题 10 电路图

（A）$5\angle 30°Ω$　　（B）$5\angle 60°Ω$　　（C）$5\angle 90°Ω$　　（D）$5\angle -60°Ω$

答案：B

解析：根据等效阻抗概念，$Z=\dfrac{\dot{U}}{\dot{I}}=\left(\dfrac{10\angle -30°}{2\angle -90°}\right)Ω=5\angle 60°Ω$，故选 B。

［2008 年］11. 有三个 100Ω 的电阻联结成△三相对称负载，然后挂接在电压 220V 的三相对称电源上，这时供电线路的电流应为：

（A）6.6A　　（B）3.8A　　（C）2.2A　　（D）1.3A

答案：B

解析：三相对称负载联结成△，每相电流 $I_p=\dfrac{220}{100}A=2.2A$，供电线路的电流，即线电流 $I_l=\sqrt{3}I_p=(\sqrt{3}\times 2.2)\ A=3.8A$，故选 B。

［2011 年］12. *RLC* 串联电路如图 B-8 所示，在工频电压 $u(t)$ 激励下，电路的阻抗等于：

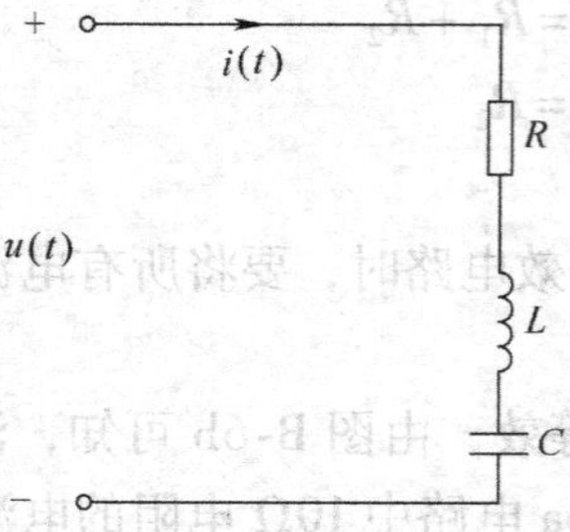

图 B-8　考题 12 电路图

（A）$R+314L+314C$　　（B）$R+314L+\frac{1}{314}C$

（C）$\sqrt{R^2+(314L-\frac{1}{314C})^2}$　　（D）$\sqrt{R^2+\left(314L+\frac{1}{314C}\right)^2}$

答案：C

解析：工频 $\omega=2\pi\times50\text{rad/s}=314\text{rad/s}$，由 *RLC* 串联电路的阻抗三角形，阻抗 $|Z|=\sqrt{R^2+\left(\omega L-\frac{1}{\omega C}\right)^2}=\sqrt{R^2+\left(314L-\frac{1}{314C}\right)^2}$，故选 C。

［2003 年］13. 如图 B-9 所示，*RLC* 串联电路，该电路发生串联谐振时，谐振频率 f_0 等于以下何值？

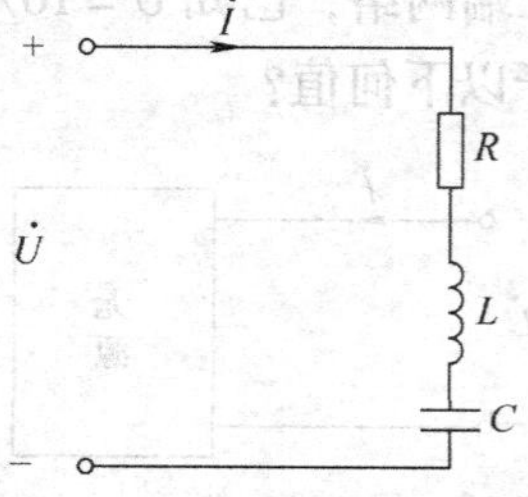

图 B-9　考题 13 电路图

（A）$\sqrt{\frac{L}{C}}$　（B）$\frac{1}{2\pi\sqrt{LC}}$　（C）$\frac{\sqrt{LC}}{2\pi}$　（D）$\frac{L}{CR}$

答案：B

解析：*RLC* 电路发生串联谐振时，$\omega L=\frac{1}{\omega C}$，谐振角频率与频率分别为：

$\omega_0=\frac{1}{\sqrt{LC}}$，$f_0=\frac{1}{2\pi\sqrt{LC}}$，故选 B。

［2008 年］14. 图 B-10 所示电路中，电容初始能量为 0，设开关 S 在 $t=0$ 时刻闭合，此后电路将发生过渡过程，那么决定该过渡过程的时间常数：

（A）$\tau=(R_1+R_2)\ C$　　（B）$\tau=(R_1//R_2)\ C$

（C）$\tau=R_2C$　　（D）与电路外加激励 U_i 有关

答案：B

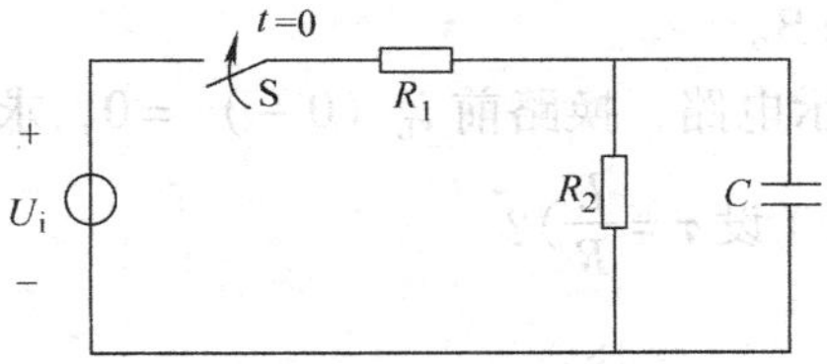

图 B-10　考题 14 电路图

解析：对于 RC 电路，时间常数 $\tau = RC$，其中 R 是从电容 C 两端看进去的戴维南等效电阻，应将电压源短路，得 $R = R_1 // R_2$，故选 B。

［2011 年］15. 图 B-11 所示电路 $u = 10\sin(1000t + 30°)$ V，如果使用相量法求解图示电路中的 i，如下步骤存在错误的是：

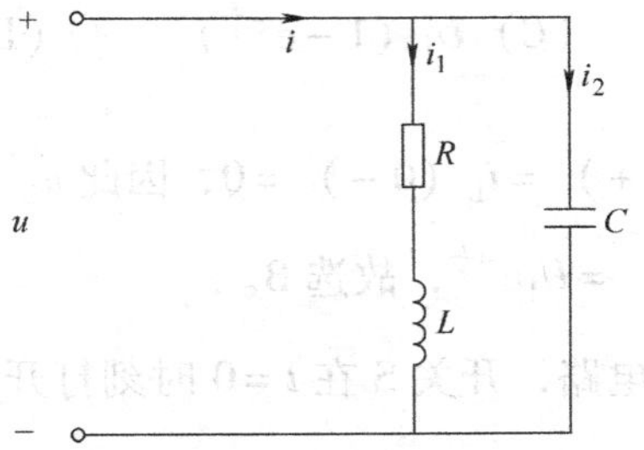

图 B-11　考题 15 电路图

步骤 1：$\dot{I}_1 = \dfrac{10}{R + \mathrm{j}1000L}$

步骤 2：$\dot{I}_2 = 10\mathrm{j}1000C$

步骤 3：$\dot{I} = \dot{I}_1 + \dot{I}_2 = I\angle\psi_i$

步骤 4：$i = I\sqrt{2}\sin\psi_i$

（A）仅步骤 1 和步骤 2 错　　（B）仅步骤 2 错

（C）步骤 1、步骤 2 和步骤 4 错　　（D）仅步骤 4 错

答案：C

解析：根据相量法，$\dot{I}_1 = \dfrac{\dot{U}}{R + \mathrm{j}\omega L} = \dfrac{10\angle 30°}{R + \mathrm{j}1000L}$，$\dot{I}_2 = \mathrm{j}\omega C\dot{U} = 10\angle 30° \cdot \mathrm{j}1000C$，所以步骤 1、步骤 2 均不正确，步骤 4 中电流 i 应写成时间 t 的三角函数，即 $i = I\sqrt{2}\sin(1000t + \psi_i)$，因此步骤 4 也是错的，故选 C。

［2008 年］16. 某 $\cos\varphi = 0.4$ 的感性负载，外加 100V 的直流电压时，消耗功率 100W，该感性负载感抗为：

（A）100Ω　　（B）229Ω　　（C）0.73Ω　　（D）329Ω

答案：B

解析：感性负载等效 RL 串联电路，外加直流电压时，电感相当于短路，因此求得：$R = \dfrac{U^2}{P} = \left(\dfrac{100^2}{100}\right)\Omega = 100\Omega$，又阻抗 $|Z| = \dfrac{R}{\cos\varphi} = \left(\dfrac{100}{0.4}\right)\Omega = 250\Omega$，所以感抗 $X_L = \sqrt{|Z|^2 - R^2} =$

$\sqrt{250^2-100^2}\Omega=229\Omega$，故选 B。

［2003 年］17. 如图 B-12 所示电路，换路前 $i_L(0-)=0$，求该电路换路后的电压 $u_L(t)$ 等于以下何值（设 $\tau=\frac{L}{R}$）?

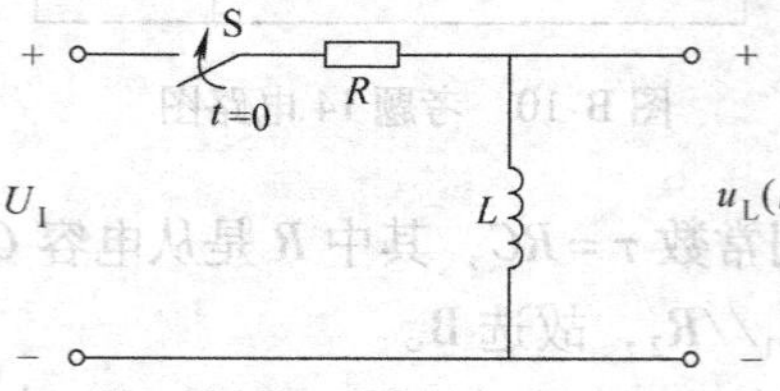

图 B-12　考题 17 电路图

（A）0　（B）$U_I e^{-\frac{t}{\tau}}$　（C）$U_I(1-e^{-\frac{t}{\tau}})$　（D）$U_I(e^{-\frac{t}{\tau}}-1)$

答案：B

解析：据换路定则，$i_L(0+)=i_L(0-)=0$，因此 $u_L(0+)=u_I$，又 $u_L(\infty)=0$，$\tau=\frac{L}{R}$，由三要素法得：$u_L(t)=U_I e^{-\frac{t}{\tau}}$，故选 B。

［2011 年］18. 如图 B-13 所示电路，开关 S 在 $t=0$ 时刻打开，电路 i 的初始值和稳定值分别是：

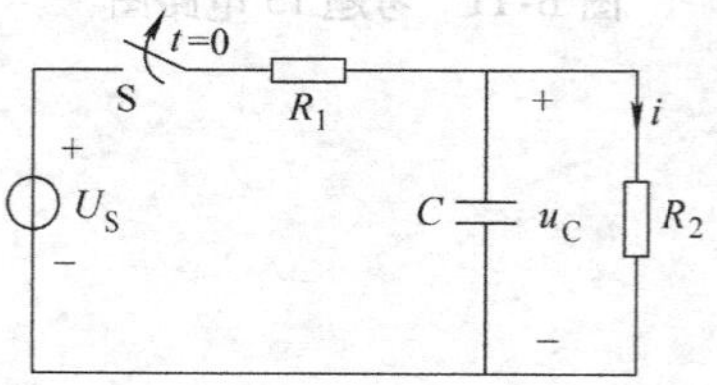

图 B-13　考题 18 电路图

（A）$\frac{U_S}{R_2}$和 0　（B）$\frac{U_S}{R_1+R_2}$和 0　（C）$\frac{U_S}{R_1}$和$\frac{U_S}{R_1+R_2}$　（D）$\frac{U_S}{R_1+R_2}$和$\frac{U_S}{R_1+R_2}$

答案：B

解析：由换路定则，初始值 $u_C(0_+)=u_C(0_-)=\frac{R_2}{R_1+R_2}U_S$；$i(0_+)=\frac{u_C(0_+)}{R_2}=\frac{U_S}{R_1+R_2}$；又稳态值 $i(\infty)=0$，故选 B。

［2003 年］19. 如图 B-14 所示变压器，$N_1=380$ 匝，$N_2=190$ 匝，负载 Z 的阻抗值 $|Z|=12\Omega$，求等效阻抗 $|Z'|$ 等于以下何值?

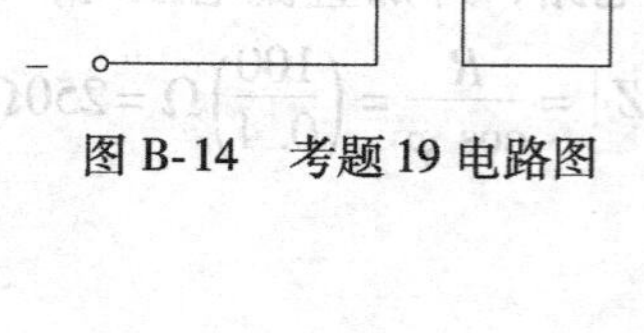

图 B-14　考题 19 电路图

（A）6Ω　（B）12Ω　（C）24Ω　（D）48Ω

答案：D

解析：由变压器阻抗变换作用，$|Z'|=K^2|Z|$，而 $K=\frac{N_1}{N_2}=\frac{380}{190}=2$，因此 $|Z'|=(2^2\times12)\Omega=48\Omega$，故选 D。

［2008 年］20. 实际变压器工作时：

（A）存在铁损，不存在铜损　（B）存在铜损，不存在铁损

（C）铁损、铜损均存在　（D）铁损、铜损均不存在

答案：C

解析：变压器工作时会产生铁损和铜损，前者在电源电压与频率一定时为常数，称为不变损耗，后者随负载变化而改变，又称可变损耗，故选 C。

［2011 年］21. 在信号源（U_S，R_S）和电阻 R_L 之间接入一个理想变压器，如图 B-15 所示，若 $U_S=80\sin\omega t$V，$R_L=10\Omega$，且此时信号源输出功率最大，那么变压器输出电压 u_2 等于：

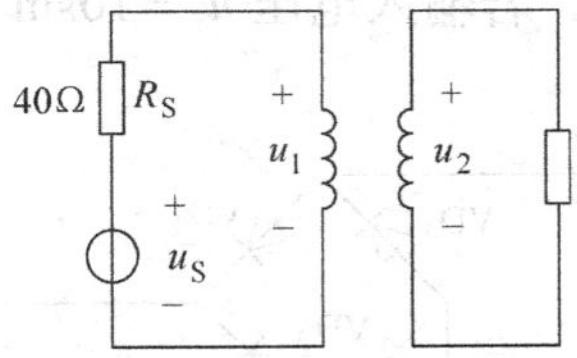

图 B-15　考题 21 电路图

（A）$40\sin\omega t$V　（B）$20\sin\omega t$V　（C）$80\sin\omega t$V　（D）20V

答案：B

解析：信号源输出功率最大，即实现阻抗匹配，$R_S=R'_L=K^2R_L$，因此 $K=\sqrt{\frac{R_S}{R_L}}=\sqrt{\frac{40}{10}}=2$，此时 $u_1=\frac{R'_L}{R_S+R'_L}u_S=\frac{1}{2}u_S$，$u_2=\frac{1}{K}u_1=\frac{1}{2}u_1=\frac{1}{4}u_S=20\sin\omega t$V，故选 B。

［2008 年］22. 在电动机的继电控制回路中，实现零压保护的电器是：

（A）停止按钮　（B）热继电器　（C）时间继电器　（D）交流接触器

答案：D

解析：电动机在运行时，由于外界的原因，突然断电后又重新供电，在未加防范的情况下会造成危害。将防范这种事故的保护称为零压（或失压）保护。采用接触器自锁的控制线路就有这种功能，故选 D。

［2003 年］23. 三相交流异步电动机铭牌上标示的额定功率是电动机何项功率？

（A）输入电功率　（B）输出机械功率

（C）既是输入也是输出功率　（D）电动机消耗功率

答案：B

解析：交流异步电动机是一种将电能转换成机械能，输出机械功率的动力设备。其铭牌上标示的额定功率是指它在额定情况下运行时，轴上输出的机械功率，故选 B。

[2011年] 24. 接触器控制线圈如图B-16a所示，动合触点如图B-16b所示，动断触点如图B-16c所示，当有额定电压接入线圈后，

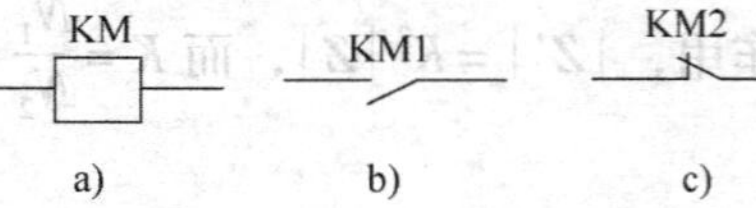

图B-16　考题24电路图

（A）触点KM1、KM2因未接入电路均处于断开状态

（B）KM1闭合，KM2不变

（C）KM1闭合，KM2断开

（D）KM1不变，KM2断开

答案：C

解析：接触器的控制线圈通电后，其常开（即动合）触点闭合，常闭（即动断）触点断开，故选C。

[2008年] 25. 如图B-17所示电路，若输入电压 $u_i = 10\sin(\omega t + 30°)$ V，则输出电压平均值 u_L 为：

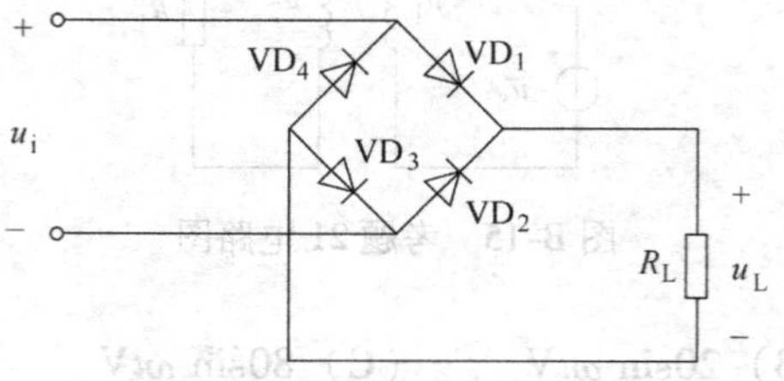

图B-17　考题25电路图

（A）3.18V　（B）5V　（C）6.36V　（D）10V

答案：C

解析：单相桥式整流电路，输出电压平均值 $U_L = 0.9U_i$，U_i 是整流电路输入电压有效值，所以 $U_L = \left(0.9 \times \frac{10}{\sqrt{2}}\right)\text{V} = 6.36\text{V}$，故选C。

[2007年] 26. 全波整流、滤波电路如图B-18所示，如果输入信号 $U_i = 10\sin(\omega t + 30°)$ V，则开关闭合前，输出电压 U_o 为：

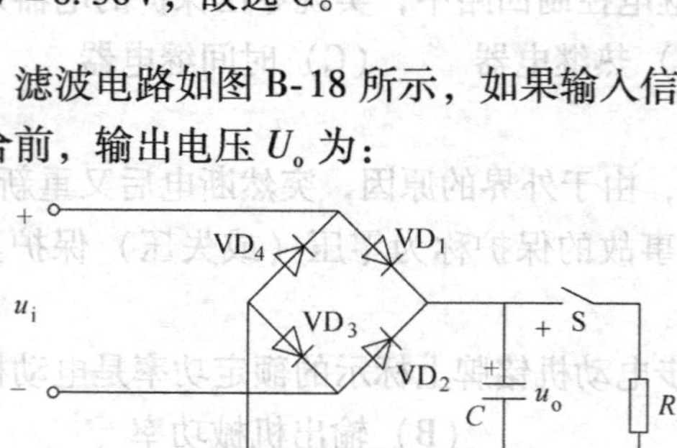

图B-18　考题26电路图

（A）0V　（B）7.64V　（C）10V　（D）12V

答案：C

解析：开关闭合前，即负载断开，此时电容 C 被充电到输入电压 U_i 的最大值，即 $U_o = U_{im} = 10V$，故选 C。

［2003 年］27. 如图 B-19 所示稳压电路，稳压管参数 $U_Z = 12V$，$I_{Z(max)} = 18mA$，R 是稳压电路的稳压电阻，求所示电路通过稳压管的电流 I_Z 等于以下何值?

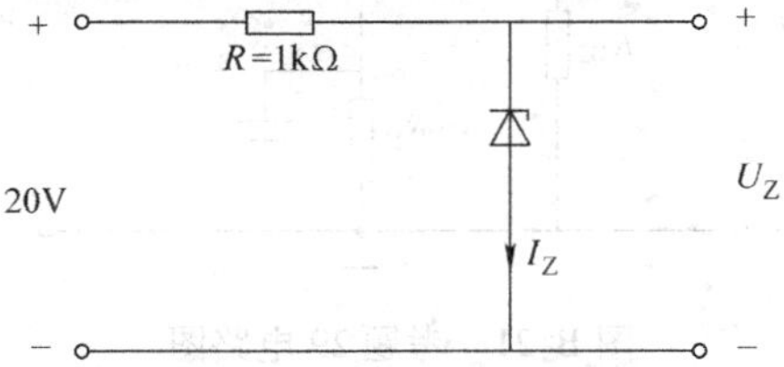

图 B-19　考题 27 电路图

（A）8mA　（B）12mA　（C）18mA　（D）20mA

答案：A

解析：此稳压电路通过稳压管的电流就是流过稳压电阻之电流，因此，$I_Z = \frac{20V - U_Z}{R} = \left(\frac{20-12}{1}\right)mA = 8mA$，故选 A。

［2003 年］28. 如图 B-20 所示单管放大电路，$R_B = 500k\Omega$，$R_C = 5k\Omega$，晶体管 $\beta = 60$，输入电阻 $r_{be} = 1.5k\Omega$，负载电阻 $R_L = 6k\Omega$。求图 B-20 所示放大电路输入电阻 R_i 和输出电阻 R_o。

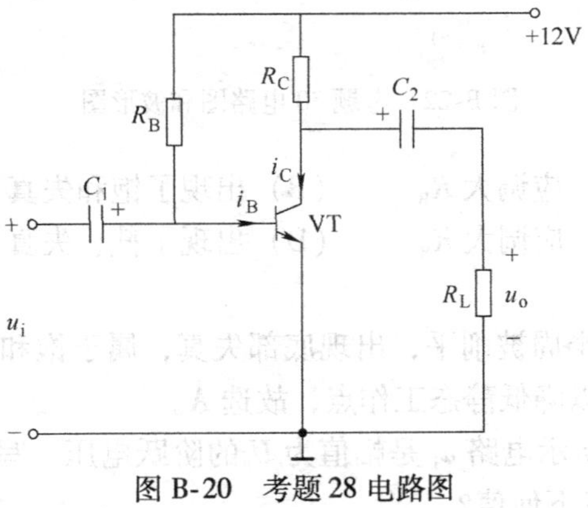

图 B-20　考题 28 电路图

（A）$R_i \approx 1.5k\Omega$　$R_o = 5k\Omega$　（B）$R_i \approx 1.5k\Omega$　$R_o = 6k\Omega$

（C）$R_i \approx 500k\Omega$　$R_o = 2.73k\Omega$　（D）$R_i \approx 500k\Omega$　$R_o = 6k\Omega$

答案：A

解析：单管放大电路输入电阻 $R_i = R_B // r_{be} \approx 1.5k\Omega$，输出电阻 $R_o = R_c = 5k\Omega$，故选 A。

［2008 年］29. 晶体管单管放大电路如图 B-21 所示，当晶体管工作在线性区，晶体管输入电阻为 r_{be}，那么放大电路输入电阻为：

（A）r_{be}　（B）$R_{B1}//R_{B2}//r_{be}$

（C）$R_{B1}//R_{B2}//(R_E + r_{be})$　（D）$R_{B1}//R_{B2}//[R_E + (1+\beta) r_{be}]$

答案：B

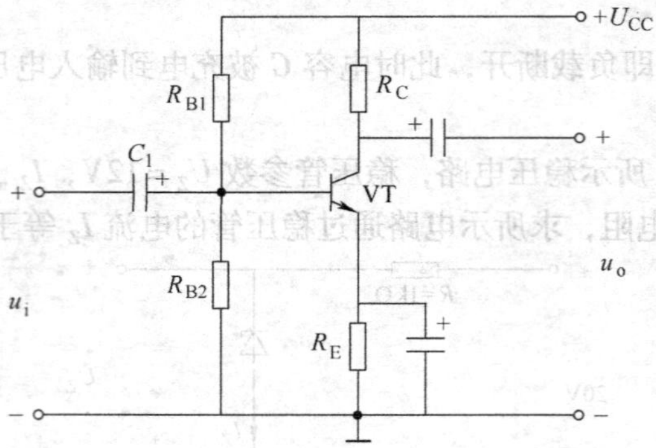

图 B-21　考题 29 电路图

解析：此为分压式电流负反馈偏置电路，输入电阻 $R_i = R_{B1}//R_{B2}//r_{be}$，故选 B。

［2007 年］30. 晶体管单管放大电路如图 B-22a 所示，其中 R_B 可调，当输入电压 u_i、输出电压 u_o 波形如图 B-22b 所示时，输出波形：

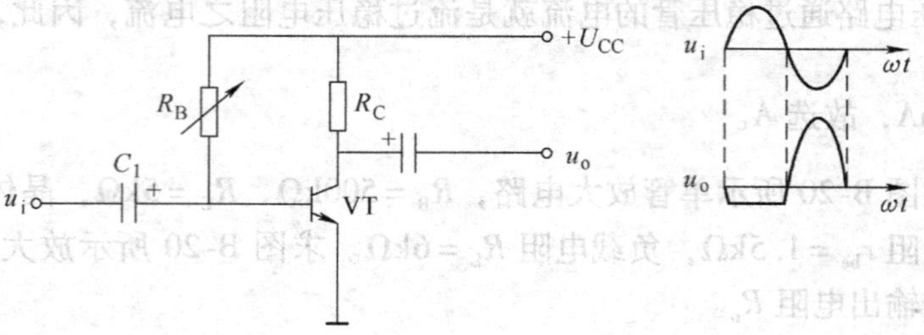

a)　　　　b)

图 B-22　考题 30 电路图和波形图

（A）出现了饱和失真，应调大 R_B　　（B）出现了饱和失真，应调小 R_B

（C）出现了截止失真，应调大 R_B　　（D）出现了截止失真，应调小 R_B

答案：A

解析：输出电压 u_o 负半周被削平，出现底部失真，属于饱和失真，这是静态工作点选得太高所致，应增大 R_B，以降低静态工作点，故选 A。

［2003 年］31. 如图 B-23 所示电路 u_i 是幅值为 U 的阶跃电压，写出所示电路 u_o 的表达式。即 u_o 等于以下何值？

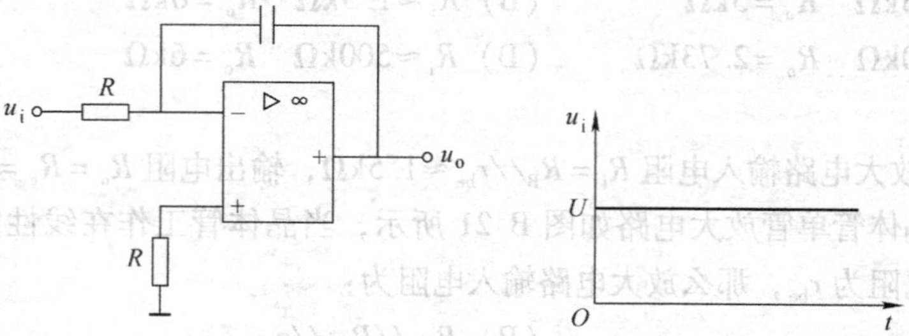

a)　　　　b)

图 B-23　考题 31 电路图和波形图

(A) $U\ (1-e^{-\frac{t}{RC}})$　(B) $Ue^{-\frac{t}{RC}}$　(C) $-\frac{U}{RC}t$　(D) $-RC\frac{dU}{dt}$

答案：C

解析：该电路是积分运算电路，输出电压 $u_o=-\frac{1}{RC}\int u_i dt=-\frac{U}{RC}t$，故选 C。

[2007 年] 32. 运算放大器应用电路如图 B-24 所示，在运算放大器线性工作区，输出电压与输入电压运算关系式是：

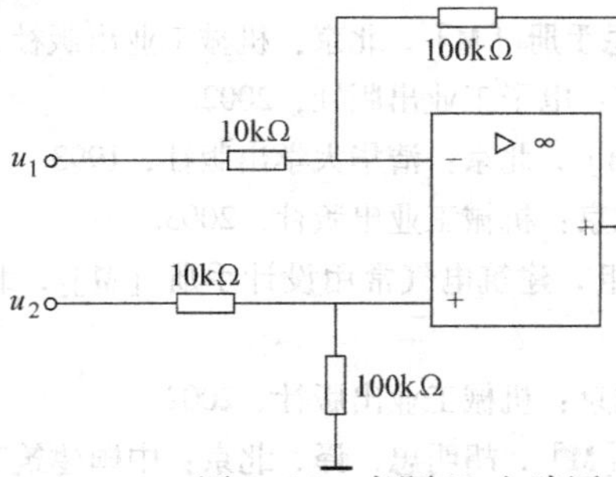

图 B-24　考题 32 电路图

(A) $u_o=10\ (u_1-u_2)$　(B) $u_o=10\ (u_2-u_1)$

(C) $u_o=-10u_1+11u_2$　(D) $u_o=10u_1-11u_2$

答案：B

解析：此为减法运算电路，其中 u_1 由反相输入端输入，u_2 由同相输入端输入，因此，$u_o=\frac{100}{10}\ (u_2-u_1)\ =10\ (u_2-u_1)$，故选 B。

[2008 年] 33. 运算放大器应用电路如图 B-25 所示，运算放大器在线性工作区，输出电压与输入电压的运算关系是：

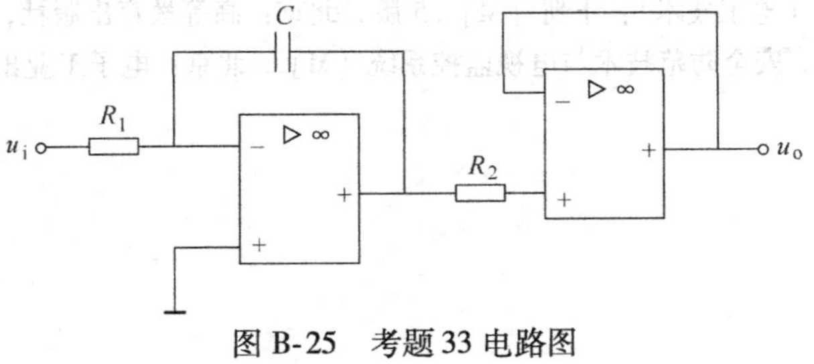

图 B-25　考题 33 电路图

(A) $u_o=-\frac{1}{R_1C}\int u_i dt$　(B) $u_o=\frac{1}{R_1C}\int u_i dt$

(C) $u_o=-\frac{1}{(R_1+R_2)C}\int u_i dt$　(D) $u_o=\frac{1}{(R_1+R_2)C}\int u_i dt$

答案：A

解析：这是两级运算放大器电路，第一级是积分运算电路，$u_{01}=-\frac{1}{R_1C}\int u_i dt$，第二级为电压追随器，因此 $u_o=u_{01}=-\frac{1}{R_1C}\int u_i dt$，故选 A。

参考文献

[1] 高礼魁．电工学［M］．北京：高等教育出版社，1989.
[2] 陈一才．建筑环境灯光工程设计手册［M］．北京：中国建筑工业出版社，2002.
[3] 陈一才．现代建筑电气设计与禁忌手册［M］．北京：机械工业出版社，2002.
[4] 唐志平．工厂供配电［M］．北京：电子工业出版社，2002.
[5] 胡乃定．民用电气技术与设计［M］．北京：清华大学出版社，1993.
[6] 唐定曾．建筑电气技术［M］．北京：机械工业出版社，2003.
[7] 建筑工程常用数据系列手册编写组．建筑电气常用设计手册［M］．北京：中国建筑工业出版社，2002.
[8] 马志溪．电气工程设计［M］．北京：机械工业出版社，2002.
[9] Günter Gseip. 电气安装技术手册［M］．胡明忠，译．北京：中国建筑工业出版社，2002.
[10] 李恩林，等．建筑装饰声控·光控·电控手册［M］．北京：中国计划出版社，1995.
[11] 芮静康．建筑防雷与电气安全技术［M］．北京：中国建筑工业出版社，2003.
[12] 张小青．建筑防雷与接地技术［M］．北京：中国电力出版社，2003.
[13] 田会杰．建筑水电知识［M］．北京：清华大学出版社，2002.
[14] 王明昌．建筑电工学［M］．重庆：重庆大学出版社，1995.
[15] 周治湖．建筑电气设计［M］．北京：中国建筑工业出版社，1996.
[16] 戴延年．建筑电气设计与应用［M］．北京：水利电力出版社，1992.
[17] 朱克．建筑电工［M］．北京：中国建筑工业出版社，1997.
[18] 秦曾煌．电工学（电工技术）：上册［M］．5版．北京：高等教育出版社，1999.
[19] 秦曾煌．电工学（电工技术）：下册［M］．5版．北京：高等教育出版社，1999.
[20] 秦兆海，殷德军．安全防范技术与电视监控系统［M］．北京：电子工业出版社，1998.